KB009333

임상의학 연구자를 위한

Essential R

최종기 지음

임상의학 연구자를 위한
Essential R

2022년 5월 20일 1판 1쇄 박음
2022년 5월 31일 1판 1쇄 펴냄

지은이 | 최종기
펴낸이 | 한기철, 조광재

펴낸곳 | (주) 한나래플러스
등록 | 1991. 2. 25. 제22-80호
주소 | 서울시 마포구 토정로 222, 한국출판콘텐츠센터 309호
전화 | 02) 738-5637 · 팩스 | 02) 363-5637 · e-mail | hannarae91@naver.com
www.hannarae.net

ISBN 978-89-5566-295-5 93310

저자가 처음 R을 접한 것은 2015년 미국 메이오클리닉(Mayo Clinic) 소화기내과에서 리서치펠로우를 하고 있을 때였다. 임상연구 자료를 분석할 때 기존에 저자가 자주 사용하던 SPSS만으로는 뭔가 부족함을 느끼게 되었고 인터넷을 통해 R을 처음 접하게 되었다. R은 무료 소프트웨어이고 관련 매뉴얼이 인터넷에 많다는 장점이 있지만 대부분이 영어로 된 자료라 부담이 되기도 했다. 그러나 당시에 성향점수(propensity score)를 이용하여 임상연구 자료분석을 해야 했는데 SPSS로는 가능하지 않아 어떻게든 R을 배워야겠다는 일념으로 한 줄 한 줄 코드를 따라하면서 사용법을 익혔다. 수많은 오류를 경험하며 좌절하기도 했지만 시간이 흐를수록 코드를 쓰면 쓸수록 흥미가 조금씩 생겼고, 무엇보다 자료분석 속도가 빨라지는 것을 느끼게 되었다. 그리고 이후 귀국하여 서울아산병원에서 많은 임상연구를 수행하면서 R을 다룰 수 있다는 점은 큰 장점이 되었으며, 효율적으로 일하는 습관을 만드는 데도 많은 도움이 되었다.

누구나 R을 처음 접하면 코드 작성이라는 벽에 부딪히게 된다. 이에 어려움을 겪다가 포기해버리는 경우도 주변에서 많이 보았다. 특히 R의 러닝커브는 완만해서 능숙히 사용하기까지 비교적 오랜 시간이 필요하다. 다행히도 필자가 R을 처음 접했던 때에 비해 최근에는 한글로 된 R 관련 책들이 많이 나와 있어서 R을 배우고자 하는 초심자들에게 좋은 환경이 갖추어졌다고 볼 수 있다. 그러나 개인적인 의견임을 전제로 밝히면, 시중의 많은 책들은 R의 기본적·원론적 내용을 주로 다루고 있어서 보건의료 분야, 특히 필자와 같이 임상연구를 목적으로 자료를 분석하거나 논문을 쓰는 이들에게는 다소 괴리감이 느껴질 수 있다. 물론 R의 기본은 아무리 강조해도 지나치지 않다. 함수, 명령어, 각종 기능들을 정확히 이해해야 더 나은 코드로 더 효율적인 분석을 수행하고, 각종 오류가 발생할 때 적절히 대처할 수 있다. 하지만 바쁜 진료 업무와 연구를 병행하면서 R의 기본을 하나씩 천천히 배워나가는 것은 쉬운 일이 아니다. 실제로 임상연구 자료분석을 시작하기까지 시간이 너무 많이 걸리고 중간에 동기부여가 감소될 수도 있다.

이 책은 실무에서 겪게 되는 이러한 어려움을 누구보다 잘 아는 필자가 실제로 지금까지 공부하였던 내용과 좌충우돌했던 경험을 바탕으로 R 분석의 핵심 내용을 정리한 책이다. 연구자들에게 실질적 도움을 드리고자 최대한 현실을 반영하는 임상데이터를 이용하여 실습을 수행하였고, R의 여러 가지 기능과 문법에 대해서는 실습 중간중간 필요한 경우에 설명 및 예제를 최대한 담았다. 물론 저자가 통계나 데이터 분석 전공자가 아니기에 일부 용어 사용에 있어 R 커뮤니티에서 사용되는 용어와 다소 차이가 있을 수 있으며, 분석 코드가 (우수한 전공자가 작성한 코드에 비해) 다소 길거나 불필요해 보일 수도 있다. 그러나 임상 현장에서 분석 업무를 수행해야 하는 연구자들에게는 분명 실질적 도움을 전할 수 있으리라 기대한다. 독자들 중 이 책에서 다루는 내용 이상의 전문적인 R 관련 내용을 배우고자 하는 분들은 본서의 내용을 충분히 익힌 다음 추가적으로 다른 전문서적을 참고하길 권한다.

끝으로 저자가 임상연구에 흥미를 갖도록 이끌어주시고 언제나 많은 가르침을 주셨던 지도교수님이신 임영석 교수님과 서울아산병원 소화기내과 이한주 교수님, 김강모 교수님, 심주현 교수님께 깊은 감사의 말씀을 드린다. 또한 평소 많은 시간을 같이 보내지 못해서 늘 미안한 사랑하는 아내와 아들 유빈이에게도 고마움을 전하고 싶다.

2022년 5월

최종기

contents

Ch 3 데이터 핸들링

Ch 4 데이터 분리와 합치기

Ch 5 데이터 시각화

Ch 6 임상연구 관련 의학통계

Ch 7 연구 따라하기 1: 아스피린과 간담도암

Ch 8 연구 따라하기 2: 생체표지자와 간암

Ch 9 연구 따라하기 3: ALT 정상화와 간암 발생 위험

Ch 1

R 시작하기

D 임상연구 및 빅데이터 사용에 유용한 R

임상연구 및 빅데이터 분석에서 R의 장점은 상당히 많다. 주요 장점을 꼽아보면 다음과 같다.

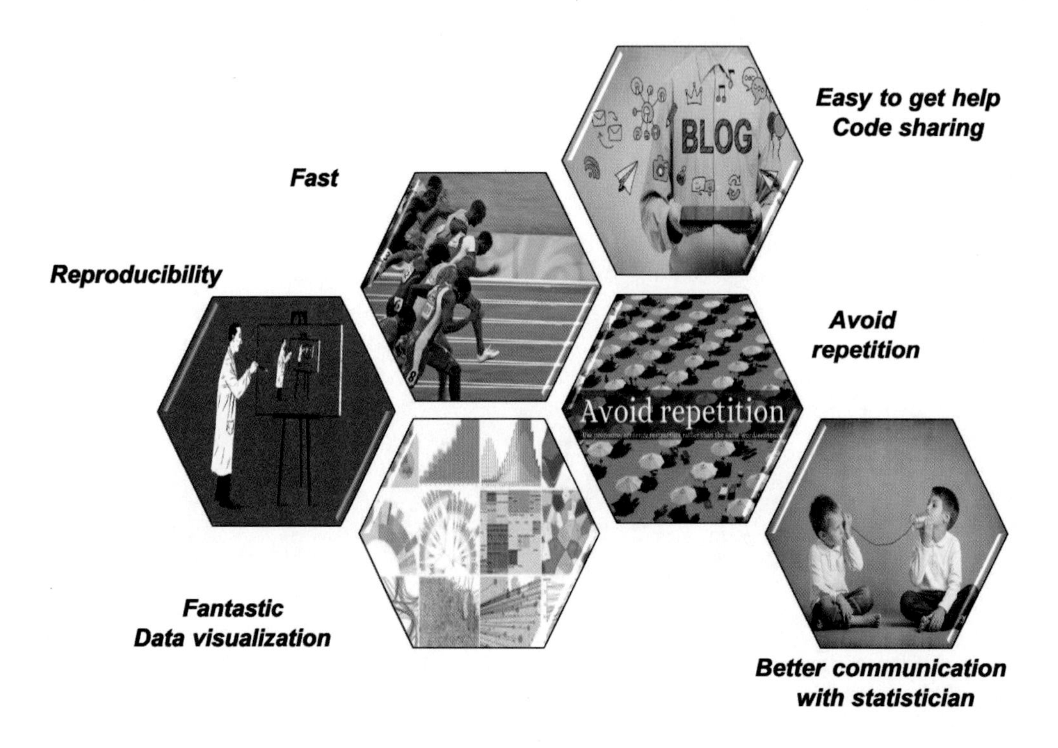

- Fast: 작업속도가 빨라질 수 있다.
- Avoid repetition: 반복적인 작업을 피할 수 있다.
- Reproducibility: 데이터를 분석하는 사람이 달라져도 같은 결과값을 가질 수 있다.
- Fantastic data visualization: 여러 가지 아름다운 시각화(그래프)를 구현할 수 있다.
- Easy to get help and code sharing: 인터넷에서 수많은 사람이 작성해놓은 코드를 구할 수 있고 공유할 수 있다.
- Better communication with statistician: 통계학자와 좀 더 수월하게 소통할 수 있다.

2 R 및 RStudio 설치하기

R은 인터넷에서 누구나 무료로 사용할 수 있는 프로그램이다. CRAN(The Comprehensive R Archive Network)에서는 R 프로그램 및 R 프로그램에서 유용하게 사용할 수 있는 여러 가지 패키지를 다운로드할 수 있다.
먼저 R 프로그램을 다운로드해보자. 순서는 다음과 같다.

① CRAN 홈페이지(https://cran.r-project.org/)에 접속하면 아래와 같은 설치 화면이 나오는데, 자신이 사용하는 시스템에 맞는 다운로드 메뉴를 선택한다.

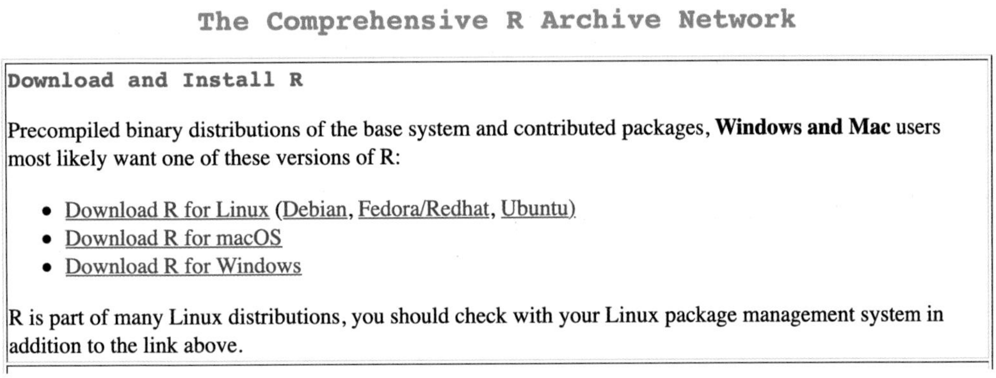

The Comprehensive R Archive Network

Download and Install R

Precompiled binary distributions of the base system and contributed packages, **Windows and Mac** users most likely want one of these versions of R:

- Download R for Linux (Debian, Fedora/Redhat, Ubuntu)
- Download R for macOS
- Download R for Windows

R is part of many Linux distributions, you should check with your Linux package management system in addition to the link above.

② 윈도우를 사용하는 경우 [Download R for Windows]를 클릭하면 아래 화면이 나타난다. [base]를 클릭하여 설치한다.

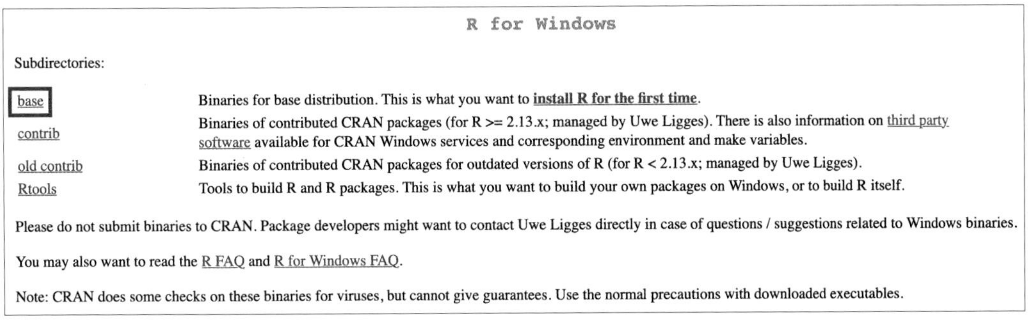

R for Windows

Subdirectories:

base	Binaries for base distribution. This is what you want to **install R for the first time**.
contrib	Binaries of contributed CRAN packages (for R >= 2.13.x; managed by Uwe Ligges). There is also information on third party software available for CRAN Windows services and corresponding environment and make variables.
old contrib	Binaries of contributed CRAN packages for outdated versions of R (for R < 2.13.x; managed by Uwe Ligges).
Rtools	Tools to build R and R packages. This is what you want to build your own packages on Windows, or to build R itself.

Please do not submit binaries to CRAN. Package developers might want to contact Uwe Ligges directly in case of questions / suggestions related to Windows binaries.

You may also want to read the R FAQ and R for Windows FAQ.

Note: CRAN does some checks on these binaries for viruses, but cannot give guarantees. Use the normal precautions with downloaded executables.

③ 맥을 사용하는 경우 [Download R for macOS]를 클릭하면 아래와 같은 화면이 나온다. [R-4.1.2.pkg]를 클릭하여 설치한다(2022년 1월 9일 기준).

R for macOS

This directory contains binaries for a base distribution and packages to run on macOS. Releases for old Mac OS X systems (through Mac OS X 10.5) and PowerPC Macs can be found in the old directory.

Note: Although we take precautions when assembling binaries, please use the normal precautions with downloaded executables.

Package binaries for R versions older than 3.2.0 are only available from the CRAN archive so users of such versions should adjust the CRAN mirror setting (`https://cran-archive.r-project.org`) accordingly.

R 4.1.2 "Bird Hippie" released on 2021/11/01

Please check the SHA1 checksum of the downloaded image to ensure that it has not been tampered with or corrupted during the mirroring process. For example type
`openssl sha1 R-4.1.2.pkg`
in the *Terminal* application to print the SHA1 checksum for the R-4.1.2.pkg image. On Mac OS X 10.7 and later you can also validate the signature using
`pkgutil --check-signature R-4.1.2.pkg`

Latest release:

R-4.1.2.pkg (notarized and signed)
SHA1-hash: 61d3909bc070f7fb86c5a2bd67209fda9408faaa
(ca. 87MB)

R 4.1.2 binary for macOS 10.13 (**High Sierra**) and higher, **Intel 64-bit** build, signed and notarized package. Contains R 4.1.2 framework, R.app GUI 1.77 in 64-bit for Intel Macs, Tcl/Tk 8.6.6 X11 libraries and Texinfo 6.7. The latter two components are optional and can be ommitted when choosing "custom install", they are only needed if you want to use the `tcltk` R package or build package documentation from sources.

Note: the use of X11 (including `tcltk`) requires XQuartz to be installed since it is no longer part of OS X. Always re-install XQuartz when upgrading your macOS to a new major version.

This release supports Intel Macs, but it is also known to work using Rosetta2 on M1-based Macs. For native Apple silicon arm64 binary see below.

RStudio는 R을 보다 편리하게 사용할 수 있게 만들어진 통합개발환경(Integrated Development Environment, IDE)이다. 따라서 초심자들은 편의성을 위해 RStudio를 사용하기를 권한다. 본서의 모든 내용 역시 RStudio를 기반으로 서술하였다.

다음으로 RStudio를 설치해보자. 순서는 다음과 같다.

① RStudio 홈페이지(https://www.rstudio.com/)에 접속하면 다음과 같은 첫 화면이 나온다.

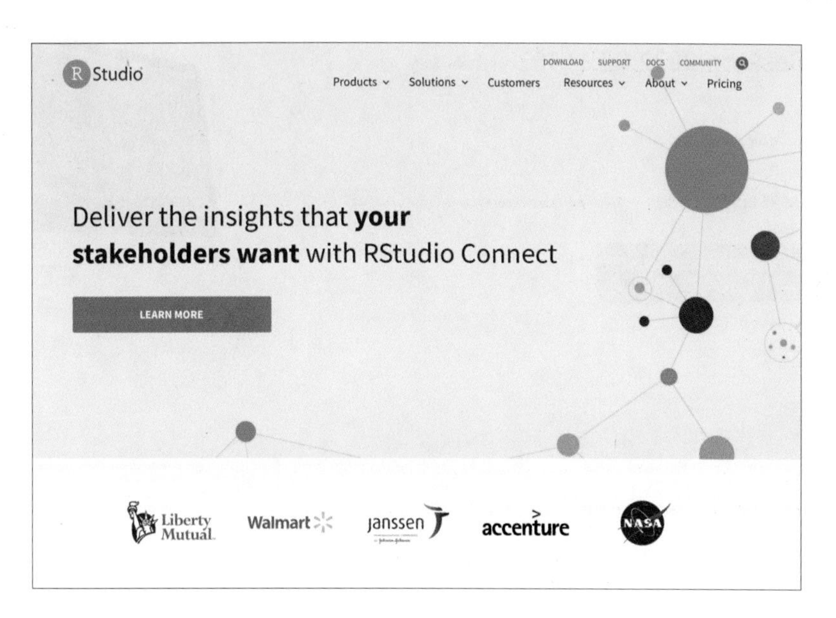

② 화면 가장 아래쪽에 있는 [DOWNLOAD FREE DESKTOP IDE]를 클릭하자.

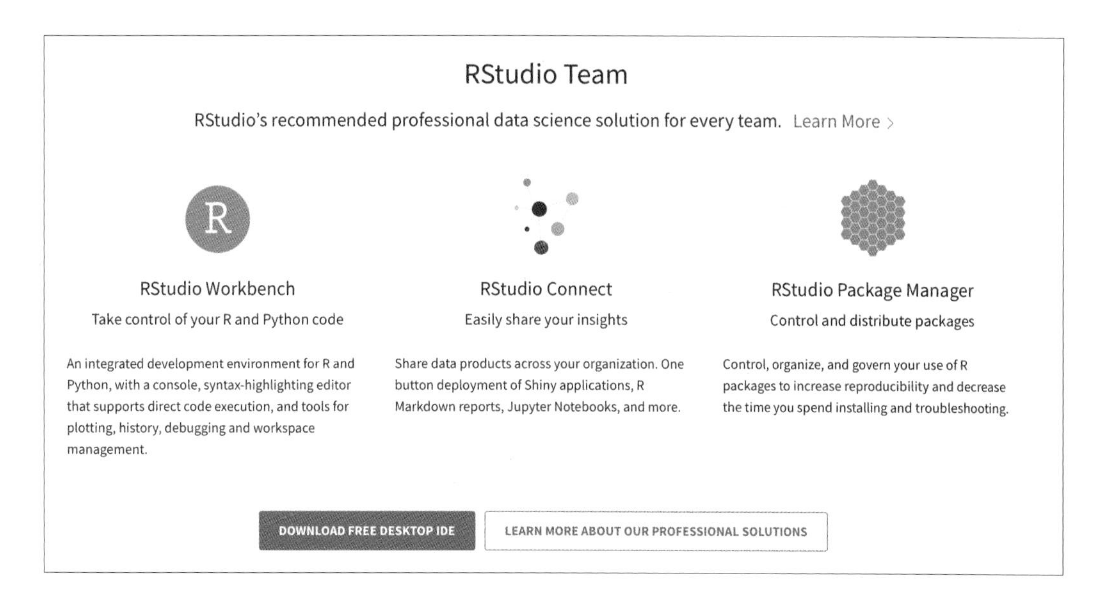

③ 각자의 운영체제에 맞는 RStudio를 선택해 다운로드한 뒤 설치를 진행한다. 기본 세팅으로 진행하면 대부분 특별한 어려움 없이 설치할 수 있다.

RStudio Desktop 2022.02.1+461 - Release Notes

1. Install R. RStudio requires R 3.3.0+ .

2. Download RStudio Desktop. Recommended for your system:

Requires macOS 10.15+ (64-bit)

All Installers

Linux users may need to import RStudio's public code-signing key prior to installation, depending on the operating system's security policy.

RStudio requires a 64-bit operating system. If you are on a 32 bit system, you can use an older version of RStudio.

OS	Download	Size	SHA-256
Windows 10/11	RStudio-2022.02.1-461.exe	177.27 MB	b14149b1
macOS 10.15+	RStudio-2022.02.1-461.dmg	217.25 MB	5b268cfa
Ubuntu 18+/Debian 10+	rstudio-2022.02.1-461-amd64.deb	128.58 MB	d5aaa02f
Fedora 19/Red Hat 7	rstudio-2022.02.1-461-x86_64.rpm	144.66 MB	48ea1732
Fedora 34/Red Hat 8	rstudio-2022.02.1-461-x86_64.rpm	144.70 MB	8d17f829
Debian 9	rstudio-2022.02.1-461-amd64.deb	128.90 MB	411dfd63
OpenSUSE 15	rstudio-2022.02.1-461-x86_64.rpm	129.29 MB	2094f63e

3 RStudio 구성, 환경설정

RStudio를 처음 시작하면 아래와 같이 3개의 창으로 구분되어 있다.

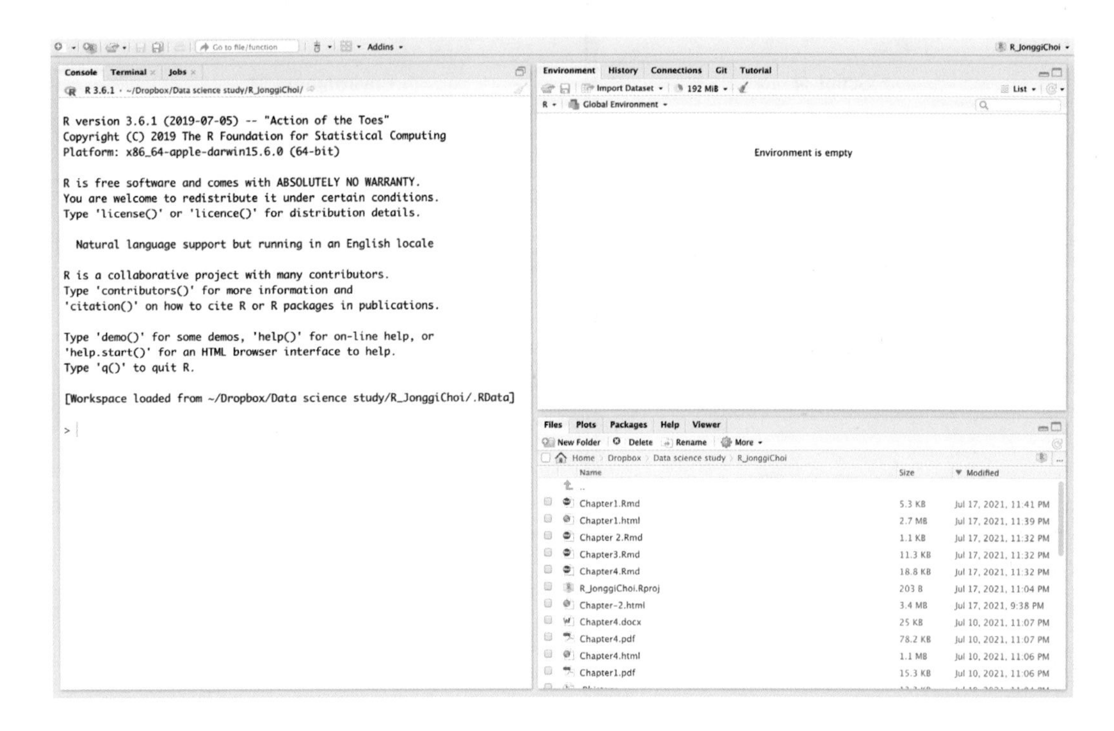

R 스크립트(script) 창을 열어보자. 주로 코드를 작성하는 창이다. (아래 화면은 맥 기준이지만 윈도우도 크게 다르지 않다.)

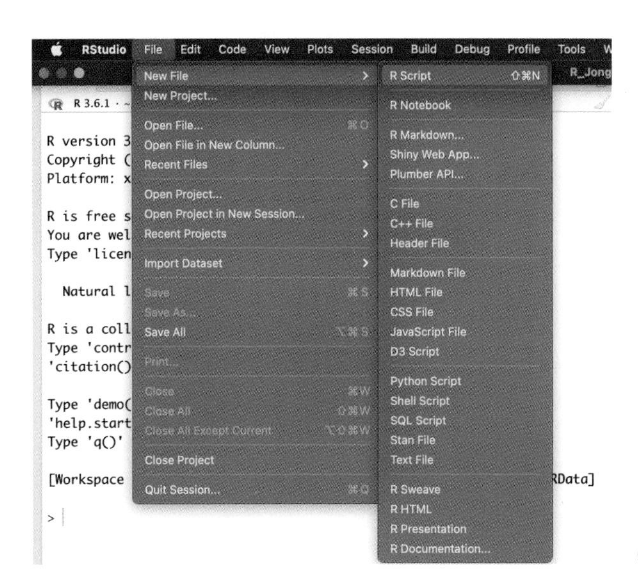

아래와 같이 왼쪽 위쪽에 스크립트창이 새롭게 생겼다.

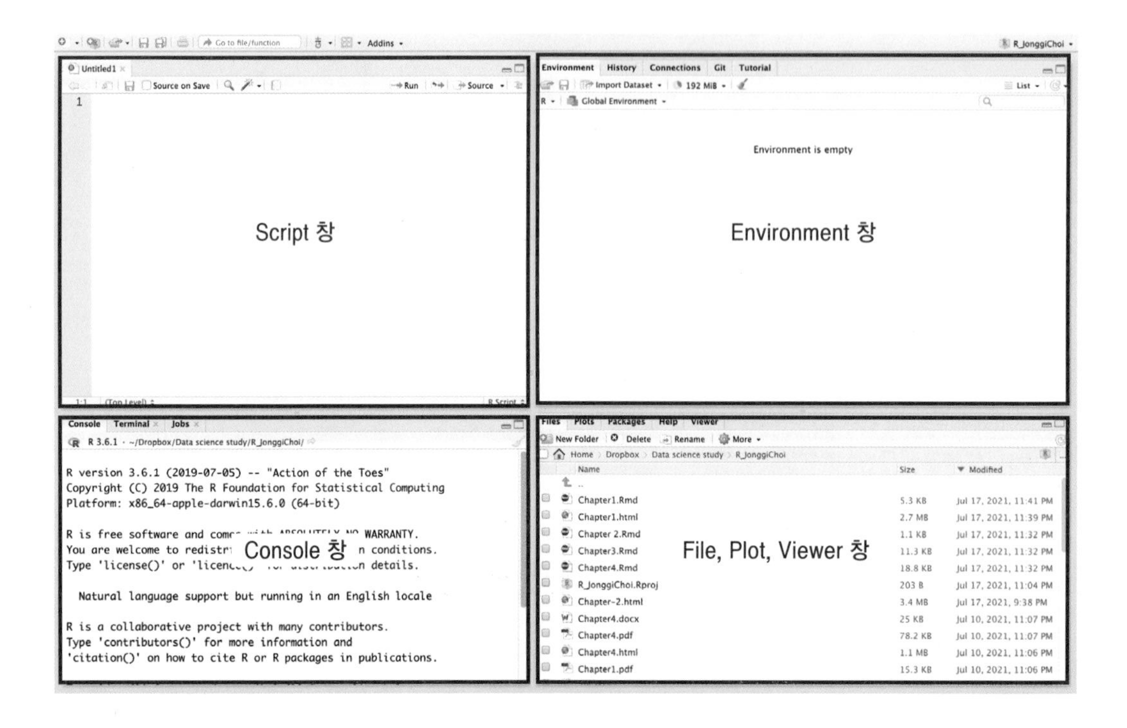

일반적으로 RStudio는 위의 4개 창으로 화면이 구성되어 있다. 4개 창의 기능은 아래와 같다.

- Script : 주로 R코드를 작성하는 창이다.
- Console : R 명령어가 실행되고 결과값이 반환되는 창이다.
- Environment, History, Connections, Git, Tutorial : 분석 중 사용된 데이터, 저장된 결과값 등이 기록되는 창이다. history에는 이전에 사용된 코드 기록이 남는다.
- File, Plot, Package, Help, Viewer : 이름 그대로 각각의 기능을 나타내주는 창이다.

4개 창의 위치나 크기, 배치는 모두 설정에서 변경 가능하다. 개별 세팅은 전체 RStudio 세팅으로 변경할 수 있으며, 개별 프로젝트별로 설정할 수도 있다. 화면 세팅을 변경하기 위해 설정 메뉴로 들어가보자.

아래 화면처럼 왼쪽의 [Pane Layout]을 클릭하여 기존 4개창의 위치를 개인의 선호대로 변경할 수 있다.

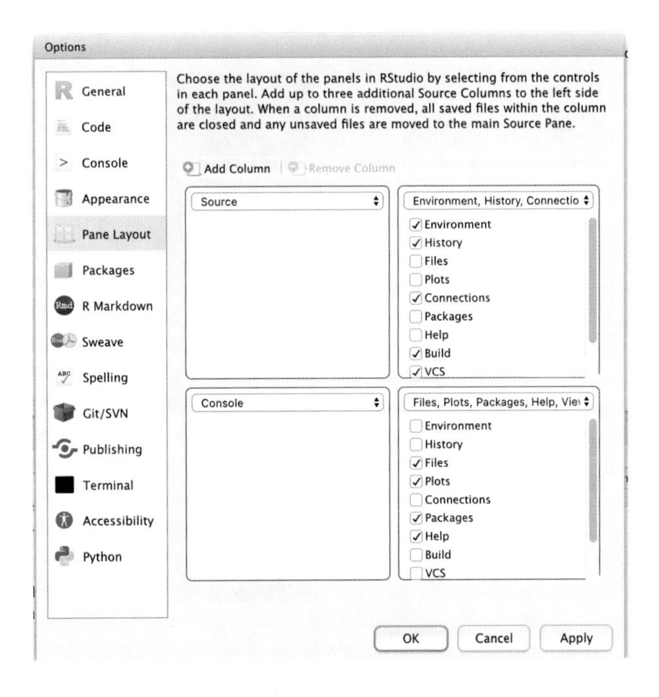

왼쪽의 [Appearance]를 클릭하여 화면의 전체 분위기, 폰트, 글씨 크기 역시 변경할 수 있다.

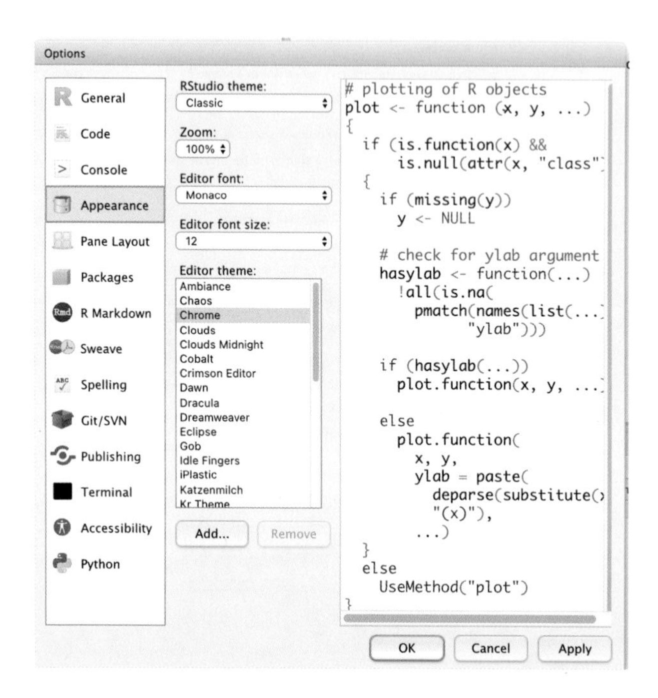

밝은 흰색 배경이 기본이지만 개인적으로는 가독성을 위해 검정색 배경을 선호한다.

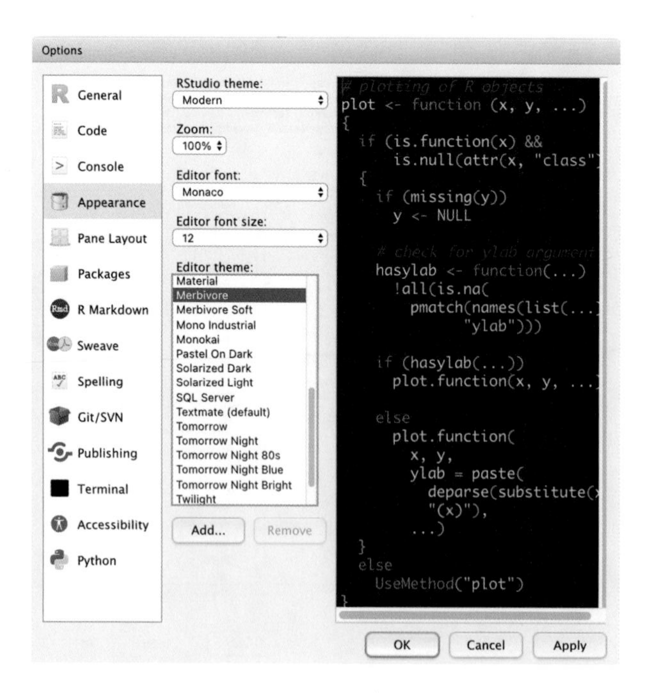

변경 후의 모습으로 저자가 즐겨 사용하는 세팅이다.

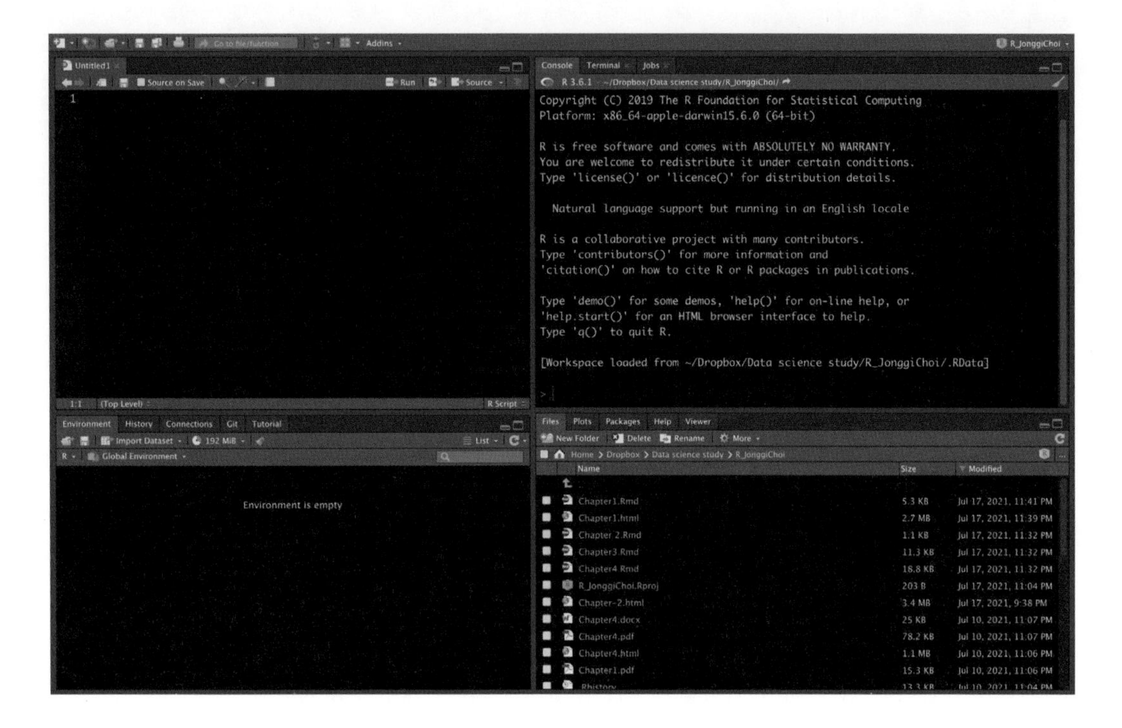

4 R 필수 개념 이해

앞에서 RStudio 설치 및 기본 세팅을 완료하였다. 이제 본격적으로 R을 배워보자. 첫 실습으로 새로운 R 스크립트 창을 열자. 여기서 최소한의 기본적 코딩을 배운 뒤 바로 실습 위주로 학습해보자.

4-1 객체에 값 할당하기

R에서는 기본적으로 특정 값을 저장하는 것을 객체(object)에 할당(assign)한다고 하며 다음과 같은 방법으로 한다. 예를 들어 5를 a라는 객체에 할당해보자.

```
a <- 5
```

할당할 때 <- 외에 = 역시 사용할 수 있으나, 코드의 편의성을 위해 <-을 사용하는 것을 추천한다.

5라는 값을 객체 a에 할당하였는데 확인을 해보자. 아래와 같이 객체 a를 호출해보면, a라는 객체가 5라는 값을 가지고 있음을 확인할 수 있다.

```
a
[1] 5
```

 **Tip 코드 실행하기**

현재 우리가 사용하고 있는 스크립트 창에서는 엔터를 누를 경우 코드가 실행되지 않고 줄바꿈이 될 것이다. 코드 실행을 위해서는 ctrl + enter (Windows) 혹은 cmd + enter (Mac)를 사용해야 한다.

1) 값 할당 시 주의점

R에서 값을 할당할 때 숫자로 시작하는 객체명을 사용하면 에러가 발생한다.

```
6month_alt <- 30
Error: <text>:1:2: unexpected symbol  # Error 메시지가 출력된다.
1: 6month_alt
     ^
```

물론 아래와 같이 백틱(` , 키보드 숫자 1 왼쪽에 있는 버튼)을 이용해 값을 할당할 수 있지만 추천하지는 않는다.

```
`6month_alt` <- 30
print(`6month_alt`)
[1] 30
```

2) 여러 개의 값을 할당하기: c(값1, 값2, 값3, …, 값n)

R에서 1개의 객체에 여러 개의 값을 할당할 수 있다. 이를 위해서는 concatenate 혹은 combine을 의미하는 c를 이용하여 여러 개의 값을 묶어줄 수 있다.

b라는 객체에 3, 5, 7 세 값을 할당해보자.

```
b <- c(3, 5, 7)
b
[1] 3 5 7
```

3) 계산으로 객체 만들기

객체는 값을 직접 할당할 수 있고 계산으로 만들 수도 있다. 아래의 예와 같이 계산 가능하다.

```
a <- 3
b <- 5
c <- a + b
c
[1] 8
a <- 3
b <- 5
c <- a * b
c
[1] 15
a <- 3
b <- 5
c <- a ^ b  # ^ 기호는 제곱을 의미한다. 즉 3의 5제곱(3의 5승)을 반환한다는 것이다.
c
[1] 243
```

%/% 기호는 몫을 의미한다. 즉 아래는 10을 2로 나누었을 때 몫을 반환한다는 것이다.

```
a <- 4
b <- a / 2
b
[1] 2
a <- 10
b <- 10 %/% 2
b
[1] 5
```

%% 기호는 나머지를 의미한다. 즉 아래는 10을 3으로 나누었을 때 나머지 1을 반환한다는 것이다.

```
a <- 10
b <- a %% 3
b
[1] 1
```

4-2 객체 이름 짓기

코드를 작성할 때는 새로운 객체, 벡터, 혹은 데이터에 이름을 지어야 한다. 개인의 선호에 따라 다를 수 있겠지만 효율적인 코딩을 위해서는 `tidyverse` 패키지를 만든 해들리 위컴(Hadley Wickham)이 추천하는 코딩 스타일을 참조하면 좋다.
객체 이름을 지을 때 유의해야 할 사항은 다음과 같다.

- 소문자를 사용한다. (예: alt)
- 단어를 분리해야 할 경우에는 언더바 _ 를 사용한다. (예: alt_m6)
- 변수는 주로 명사를 이용한다. (예: result, value 등)
- 함수는 주로 동사를 이용한다. (예: cal_hr, cal_or 등)
- 이름은 최대한 간결하며 의미를 잘 전달할 수 있도록 만든다.

[표 1-1] 객체 이름 예

추천 객체 이름	비추천 객체 이름
index_date	first_day_treatment_date
last_date	last_follow_up_date
die_tpl	death_transplantation
tbil	total_bilirubin
alb	serum_albumin
hbvdna	serum_hbv_dna
b_alt	baseline_alt
alt_6mo or m6_alt	alt_6months or 6months_alt
alt_1yr or y1_alt	alt_1year or 1year_alt

4-3 데이터의 구조와 종류

데이터의 구조와 종류를 잘 이해하는 것은 R 사용에 유용할 뿐만 아니라 데이터 분석의 첫걸음이라 할 수 있다.

1) 데이터 구조

R에서 사용되는 데이터의 구조는 아래와 같이 정의할 수 있다.

- **Vector(벡터)**: 같은 자료 형태의 원소들이 일렬로 모인 가장 기본이 되는 데이터 구조이다.
- **Matrix(행렬)**: 벡터들을 묶어놓은 2차형 데이터 구조로, 모든 원소의 자료 형태가 같아야 한다.
- **Array(배열)**: 행렬들을 묶어놓은 3차형 데이터 구조이다.
- **Dataframe(데이터프레임)**: 벡터들을 나열한 2차형 데이터 구조이지만, 행렬과 달리 서로 다른 자료 형태의 벡터들로 구성할 수 있다. 데이터 분석에 가장 많이 쓰이는 구조이다.
- **List(리스트)**: 벡터, 행렬, 배열, 데이터프레임 등의 모든 데이터 구조를 묶어서 하나로 저장할 수 있는 통합형 구조이다.
- **Scalar(스칼라), Element(원소)**: 엄밀히 데이터 구조는 아니지만 데이터 개개의 값 하나를 지칭한다.

데이터 구조를 그림으로 좀 더 쉽게 이해해보자.

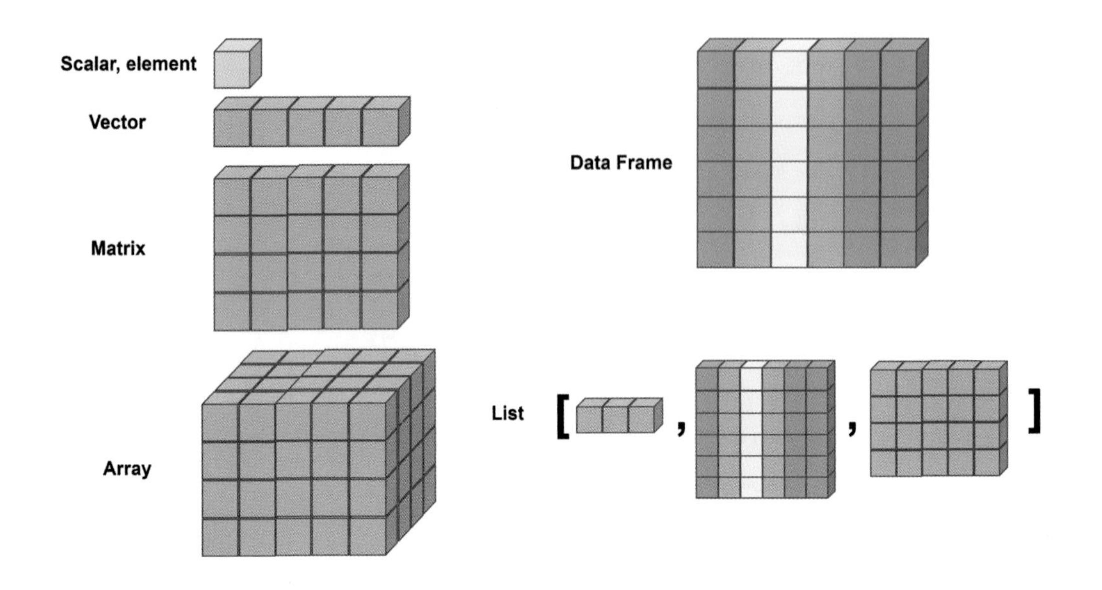

2) 자료 형태

R에서 개개의 객체는 자료 형태에 따라 아래와 같이 분류한다.

- Numeric(실수) : 일반적으로 이야기하는 숫자
- Integer(정수) : 소수점이 없는 숫자
- Factor(범주) : 명목형, 범주형 변수
- Character(문자) : 숫자가 아닌 문자형 변수
- Logical(논리) : True(혹은 T), False(혹은 F)로 이루어진 변수

3) 자료 형태 확인하기: `class (객체)`

자료 형태를 확인하기 위해 `class()` 함수를 이용할 수 있다.

다음을 보면 a는 numeric(실수)이다. 실제 문자를 객체에 할당할 경우에는 항상 따옴표로 감싸야 한다. character(문자)는 항상 따옴표로 감싼다.

```
a <- 3
class(a)
[1] "numeric"
```

객체 b는 "student"라는 값을 가지는 character(문자) 형태이다.

```
b <- c('student')
b
[1] "student"
class(b)
[1] "character"
```

이번에는 객체 c에 숫자 3을 할당하는데 interger(정수) 형태로 만들어보자.

```
c <- 3
class(c)
[1] "numeric"
```

c는 우리가 의도한 대로 정수가 아니라 실수 형태이다. 숫자 뒤에 L을 붙여주어야 정수로 표시된다.

```
c <- 3L
class(c)
[1] "integer"
```

4-4 벡터 생성하기

1) 벡터 개념 이해하기

앞으로 제일 많이 나오는 개념 중 하나가 벡터이다. 벡터는 자료 형태가 같은 값들(scalar 혹은 element)이 일렬로 나열되어 있는 1차원의 데이터 구조를 말한다.

다음 코드를 보면, a는 1, 3, 5, 7, 9라는 값들을 엮어놓은 (하나의 객체에 할당된) 5개의 값을 가지는 벡터이다. 여기서 주의해야 할 점은 하나의 벡터 안에서 각각의 값들은 모두 같은 자료 형태이어야 한다는 것이다.

```
a <- c(1, 3, 5, 7, 9)
a
[1] 1 3 5 7 9
```

아래의 예를 보자. 자료의 형태가 a는 numeric, b는 character이다.

```
a <- c(1, 3, 5, 7, 9)
class(a)
[1] "numeric"
b <- c('male','female')
class(b)
[1] "character"
```

만약 서로 다른 자료 형태의 값들을 c라는 벡터에 할당하면 어떻게 될까? 아래를 보면 c에 두 종류의 자료 형태가 혼재해 있는데, 이 경우 1, 3, 5를 numeric이 아닌 character로 인식하게 된다. 즉 벡터 c에 포함되어 있는 1, 3, 5는 덧셈, 뺄셈 등이 불가능한 character로 자동 변형된다. R은 자료 형태가 다른 값들을 1개의 벡터에 할당할 경우 강제적으로 자료 형태를 변환하여(coersion), 1개의 벡터 안에 같은 자료 형태를 가진 값들로만 구성하도록 하기 때문이다.

```
c <- c(1, 3, 5, 'male')
class(c)
[1] "character"
```

이 경우 자료 형태의 강제 변환은 logical, factor → integer → numeric → character 순이다. 즉 위의 벡터 c의 경우 numeric 형태의 1, 3, 5가 character 형태의 male과 같은 자료 형태가 되기 위해 강제로 character 형태의 1, 3, 5로 자동 변환된 것이다.

2) 일정한 간격을 가지는 값을 생성하기: seq( )

seq 함수를 이용하여 일정한 순서를 가지는 값들을 만들 수 있다.

```
seq(from = 처음값, to = 마지막 값, by = 간격, length = 만들고자 하는 벡터의 길이)
```

일반적으로 대부분의 함수에서 위의 from, to, by, length 등의 매개변수를 아래와 같이 생략할 수 있다. 따라서 앞으로는 꼭 지정해야 하는 매개변수를 제외하고는 코딩을 할 때 생략하겠다.

1부터 20까지 5간격으로 값을 만들어보자.

```
a <- seq(1, 20, 5)
a
[1] 1 6 11 16
```

1부터 5까지 1간격으로 값을 만들어보자. 따로 by에 아무것도 지정하지 않을 경우 자동으로 간격을 1로 인식한다.

```
a <- seq(1, 5)
a
[1] 1 2 3 4 5
```

1부터 20까지 일정한 간격을 가지는 20개의 값을 가지는 벡터를 만들어보자.

```
a <- seq(1, 20, length=20)
a
 [1]  1  2  3  4  5  6  7  8  9 10 11 12 13 14 15 16 17 18 19 20
```

앞에서 from, to, by 등은 생략했지만 length는 직접 썼다. 그 이유는 from, to는 seq 함수의 필수 매개변수(없을 경우 함수 실행 시 오류가 발생함)이지만 length는 필수 매개변수가 아니므로 정확히 지정해주어야 length에 들어갈 옵션값 by에 잘못 넣지 않기 때문이다.

seq 기능은 단순 콜론(:)으로도 사용 가능한데 이때 간격을 특별히 지정하지 않으면 1씩 증가한다.

```
a <- c(1:5)
a
[1] 1 2 3 4 5
```

주의해야 하는 경우도 있다. 아래는 1부터 5까지 1씩 증가하는 값(1,2,3,4,5)과 3을 벡터 a에 할당한다는 의미이다.

```
a <- c(1:5, 3)
a
[1] 1 2 3 4 5 3
```

3) 반복되는 값을 생성하기: rep( )

rep() 함수를 이용해서 반복되는 값을 생성할 수 있다. 형식은 아래와 같다.

```
rep(반복할 값, 반복할 횟수, each = 개별값을 반복할 횟수, length = 만들고자 하는 벡터의 길이)
```

예를 들어, 3을 5개 가지는 객체를 만들어보자.

```
a <- rep(3, 5)
a
[1] 3 3 3 3 3
```

1, 2, 3, 1, 2, 3, 1, 2, 3은 아래와 같이 코드를 작성해서 만들 수 있다.

```
a <- rep(c(1,2,3), 3)
a
[1] 1 2 3 1 2 3 1 2 3
```

rep(c(1,2,3), 3)은 c(1,2,3)을 3번 반복해달라는 의미다. 그렇다면 1, 1, 1, 2, 2, 2, 3, 3, 3은 어떻게 만들까? each라는 옵션을 이용하면 된다. each라는 옵션은 반복할 값 혹은 벡터의 개별 값을 하나씩 반복한다.

```
a <- rep(c(1,2,3), each=3)
a
[1] 1 1 1 2 2 2 3 3 3
```

4-5 주석 달기

스크립트 창에서 코드를 입력할 때 제일 앞에 #을 입력할 경우 # 뒤에 작성되는 코드는 실행되지 않는다. 이를 주석이라고 하는데, 코드에 대한 간단한 설명 및 데이터 분석 시 요약 문구를 남길 때 아주 유용하다. 아래와 같이 사용해볼 수 있다.

```
# a에 5를 할당하기로 함
a <- 5

# 혹은

a <- 5  # a에 5를 할당하기로 함
b <- a  # a를 b에도 할당하기
print(b) # 결과값 b 확인
[1] 5
```

5 데이터 인덱싱과 슬라이싱

복잡한 인덱싱(indexing), 슬라이싱(slicing)은 다음 장에서 다루고 여기서는 1개의 벡터 내에서 간단한 인덱싱과 슬라이싱만 배워보자.

- **인덱싱** : 벡터 혹은 해당 데이터 내에서 내가 찾고자 하는 값을 선별 혹은 선택하는 것이다.
- **슬라이싱** : 전체 벡터 혹은 데이터 내에서 내가 찾고자 하는 값만 선택, 추출하여 새로운 1개의 벡터 혹은 데이터를 만드는 것이다.

인덱싱과 슬라이싱에는 대괄호 [ ]를 사용한다. 아래 예를 보면 a의 2번째 값은 3이 된다.

```
a <- c(1, 3, 5, 7)
a[2]
[1] 3
```

아래 코드를 이용하면 a의 1, 2, 3번째 값을 반환한다. :(콜론)을 이용할 경우 seq 함수에서처럼 연속된 값을 표기할 수 있다.

```
a[1:3]
[1] 1 3 5
```

6 예제 데이터 다운로드 및 저장

데이터 파일과 실행 코드는 다음 웹링크(https://github.com/kotizen/R_book_for_clinician.git)와 한나래출판사 자료실에서 다운로드할 수 있다. 다만, 코드의 경우 독자들이 직접 책을 보고 타이핑하면서 한 줄 한 줄 작성해보아야 향후 본인 데이터를 이용할 때 능숙하게 분석을 수행할 수 있기 때문에 꼭 스스로 입력해보길 권한다.

이 책에서 사용할 예제 데이터는 모두 Example_data라는 폴더를 만들어서 저장해두기를 권한다. 2장에서 RStudio를 다룰 때 초심자들이 힘들어하는 부분인 폴더와 경로에 대해 설명할 예정이나 이번 1장의 예제를 따라하기 위해서도 같은 폴더명(Example_data)으로 하기를 추천한다.

7 패키지

R의 가장 큰 강점 중의 하나는 기본 R(R base라고 한다)에 포함된 명령어, 함수, 기능 외에도 패키지(package)라는 형식으로 여러 개발자가 기본 R에 없는 새로운 명령어, 함수, 각종 기능을 만들어서 배포하고 있다는 점이다. 물론 패키지는 R과 마찬가지로 무료로 다운로드해서 사용할 수 있다.

R 자체만으로도 강력한 툴이지만, 여러 가지 패키지를 이용함으로써 그 활용도를 더욱 증가시킬 수 있다. 이는 스타크래프트에서 팩토리(base R)가 있지만 add-on(패키지)을 추가할 경우 다양한 기능을 사용할 수 있는 것과 비슷한 의미다.

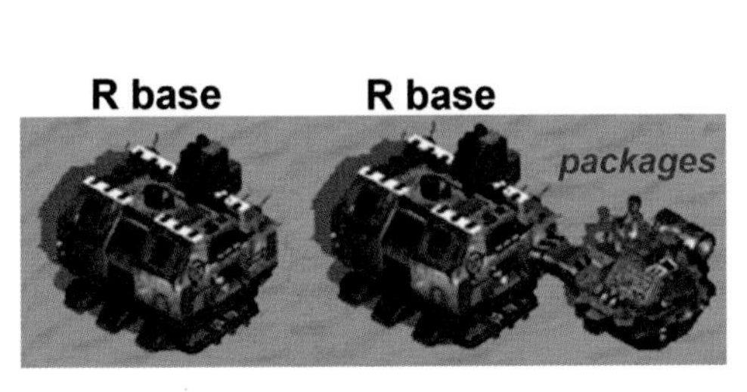

이렇게 특정 패키지를 이용할 경우 복잡한 연산, 데이터 정리 및 분석을 자동화할 수 있다. 또 특정 분석에 특화된 결과값을 제시해줄 수 있으며, 시각적으로 훌륭한 그래프를 그릴 수도 있다.

현재 수백 개의 패키지가 존재하며 지금도 전세계 R전문가들에 의해 편리한 기능을 제공하는 패키지들이 계속 만들어지고 있다. 저자는 이것이 R의 가장 큰 장점이라고 생각한다. 의학, 보건의료 자료분석에 사용되는 패키지도 다양하다. 따라서 본인 데이터 분석에 유용한 패키지 사용법을 잘 알아두면 아주 편리하게 자료를 분석할 수 있다.

7-1 패키지 설치 방법

패키지를 설치하는 방법에는 2가지가 있다. 첫 번째는 R 코드를 이용하여 설치하는 것이고, 두 번째는 RStudio 메뉴를 클릭해서 설치하는 것이다.

첫 번째, R 코드를 이용하여 설치할 때는 `install.packages('패키지 이름')` 형식으로 입력한다. 예를 들어 `tidyverse` 패키지를 설치한다면 아래와 같이 입력한다.

```
install.packages("tidyverse")
```

두 번째, RStudio에서 클릭해서 설치할 때는 다음 절차를 따른다.

① 오른쪽 아래창에서 [Packages]를 클릭한 다음 [Install]을 클릭하여 설치한다.

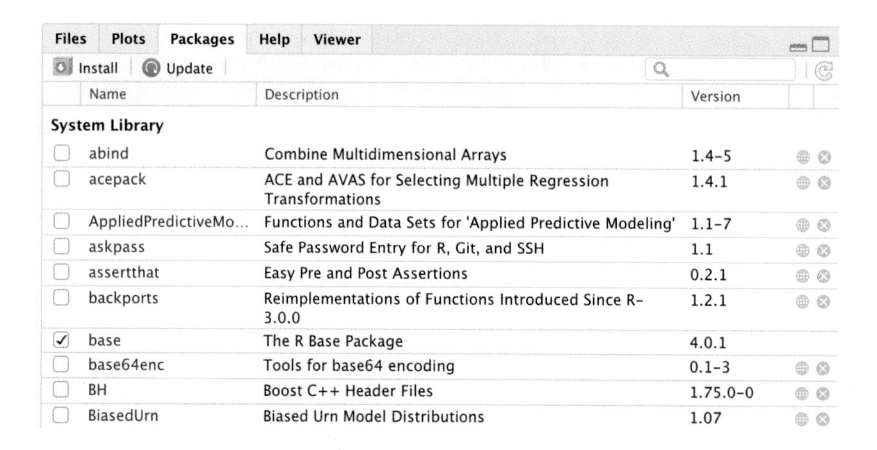

② 설치하고자 하는 패키지 이름을 Packages 창에 쓴다.

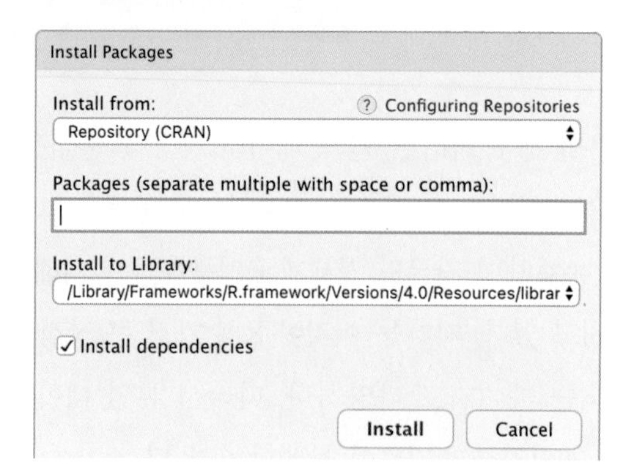

③ tidyverse라고 쓰면 자동완성이 된다. 이후 과정은 R 코드를 직접 써서 설치할 때와 같다.

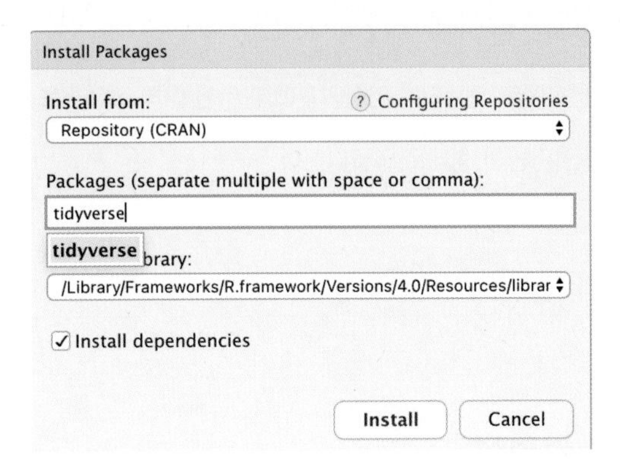

7-2 자주 사용하는 패키지

아래는 본서에서 사용할 패키지 리스트이다. 향후 원활한 실습을 위해 지금 한꺼번에 설치해 놓아도 무방하다.

[표 1-2] 주요 패키지의 기능

패키지	주요 기능
tidyverse	데이터 핸들링에 가장 중요한 패키지다.
ggplot2	데이터 시각화를 위한 패키지, 각종 그래프를 그려준다.
survival	생존분석을 위한 패키지다.
survminer	생존분석에서 다양한 그래프를 그려준다.
ggpubr	ggplot2를 바탕으로 논문에 바로 사용할 수 있는 그래프를 그려준다.
gridExtra	ggplot2로 그래프를 그린 후 한 화면에 여러 개의 그래프를 삽입할 수 있다.
gtsummary	잘 정리된 각종 테이블을 자동으로 만들어준다.
moonBook	문건웅 교수님께서 개발한 패키지로 임상연구 자료분석에 최고 특화되어 있다.
tableone	table 1을 만들어주는 패키지다.
Hmisc	describe 함수를 사용할 수 있다.
VIM	데이터 내 결측값의 존재 및 패턴을 파악해준다.
lubridate	날짜 변환 및 날짜 계산을 하기 위해 필요하다.

패키지	주요 기능
pROC	ROC 관련 분석의 필수 패키지다.
Epi	ROC 관련 분석에도 사용되며 임상연구에 관련된 여러 metric을 계산해준다.
crosstable	교차표를 출판 가능한 형태로 만들어준다.
forestmodel	forest plot을 그려준다.
finalfit	단변량, 다변량 분석의 결과를 표와 그래프로 제시해준다.

7-3 패키지 사용 시 주의점

패키지는 필요할 때마다 불러와서 사용하는 시스템이다. 따라서 R 혹은 RStudio를 새로 시작하는 경우 매번 필요한 패키지를 다시 불러와야 한다. 또한 R 혹은 RStudio를 이미 구동 중인 경우라 하더라도 새로운 프로젝트를 시작하게 되면 역시나 필요한 패키지를 새롭게 불러와야 한다.

패키지를 불러올 때는 `library(패키지이름)` 형식으로 입력한다. 예를 들어 `tidyverse` 패키지를 불러온다면 아래와 같이 입력한다.

```
library(tidyverse)
```

일반적으로 어떤 프로젝트(연구결과 분석)를 시작할 때 자주 사용하는 패키지는 아래와 같이 처음부터 한꺼번에 불러오는 것이 편하다.

```
library(readxl)
library(moonBook)
library(survival)
library(mice)
library(tidyverse)
library(survival)
library(gtsummary)
library(survminer)
```

만약 위의 패키지들을 설치하지 않았다면 '7-1절 패키지 설치 방법'으로 돌아가 설치를 완료하자.

8 R 나도 할 수 있다!

이번 절에서는 R을 배우면 어떤 것을 할 수 있는지 간략히 살펴보자. 아래는 무작정 따라해보길 바란다. 지금 코드를 잘 작성하고 원리를 이해하기보다는, 나도(누구나) 조금만 하면 이런 것들을 할 수 있다는 것을 느끼고 자신감을 얻기 위함이다. 한편, R을 어느 정도 사용할 수 있는 독자들은 본 교재를 필요한 부분만 발췌독하고 이해가 되지 않을 때는 해당 장으로 돌아가 찬찬히 살펴보는 것도 좋은 방법이 될 것이다.
자, 우선 시작해보자. 필요한 패키지들을 한꺼번에 `library` 함수를 이용해서 불러오자.

```
library(tidyverse)
library(survival)
library(survminer)
library(ggsci)
library(ggsignif)
library(gtsummary)
library(forestmodel)
```

8-1 Table 1 쉽게 만들기

table 1은 임상연구 논문에서 가장 먼저 나오는 테이블이다. 다음 코드를 그대로 써서 table 1을 만들어보자.

```
dt1 <- read_csv("Example_data/Ch1_table1.csv")

dt1 %>%
 select(-id, -hcc_yr, -m6_alb) %>%
 tbl_summary(by=LC,missing='no') %>%
 add_p() %>%
 add_overall() %>%
 modify_spanning_header( c('stat_1','stat_2')~'**Liver Function**')
```

		Liver Function		
Characteristic	Overall, N = 1,000[1]	Cirrhosis, N = 526[1]	No cirrhosis, N = 474[1]	p-value[2]
Sex				0.038
F	317 (32%)	182 (35%)	135 (28%)	
M	683 (68%)	344 (65%)	339 (72%)	
Age	47 (40, 53)	50 (44, 55)	43 (35, 49)	< 0.001
ALT	107 (61, 203)	86 (49, 155)	134 (86, 258)	< 0.001
Bilirubin	1.20 (0.90, 1.60)	1.30 (1.10, 1.80)	1.10 (0.90, 1.37)	< 0.001
PT	1.09 (1.03, 1.18)	1.14 (1.06, 1.27)	1.05 (1.01, 1.10)	< 0.001
Creatinine	0.90 (0.70, 1.00)	0.90 (0.70, 0.90)	0.90 (0.80, 1.00)	0.002
Platelet	149 (104, 186)	109 (81, 145)	182 (157, 210)	< 0.001
Albumin	3.80 (3.50, 4.10)	3.70 (3.20, 4.10)	4.00 (3.70, 4.12)	< 0.001
HBeAg				< 0.001
Negative	351 (35%)	214 (41%)	137 (29%)	
Positivie	641 (65%)	307 (59%)	334 (71%)	
HCC	151 (15%)	135 (26%)	16 (3.4%)	< 0.001

1 n (%); Median (IQR)

2 Pearson's Chi-squared test; Wilcoxon rank sum test

위의 테이블은 환자 1,000명으로 구성된 임상연구 데이터에서 간경변증(LC로 코딩되어 있음) 유무에 따른 환자들의 특성을 나누어서 만들었으며, 간경변증 유무에 따른 두 군의 특성 차이를 통계학적으로 검증한 *p*값도 같이 제시해주었다.

SPSS를 이용할 경우 이러한 테이블을 만드는 데 상당히 오래 걸리지만, R을 이용하면 좋은 패키지들의 도움을 받아 이처럼 쉽게 빨리 만들 수 있다. 정말 큰 장점이다.

8-2 Multivariable Analysis Table

임상연구에서 결과를 제시할 때 교차비(odds ratio)를 나열하는 다변량 분석 테이블을 제시하는 경우가 많다. 이 경우에도 아래와 같이 간단한 코드로 쉽게 구현할 수 있다.

```
dt2 <- read_csv("Example_data/Ch1_multi.csv")

fit.multi <- glm(Group~CurrentUser+Age+RaceGroup+Gender+
                   HBV+HCV+Cirrhosis+IBD+Diabetes+Obesity+
                   NAFLD+Smoking,
                 family=binomial, data=dt2)

tbl_regression(fit.multi, exponentiate = T) %>%
  bold_labels() %>%
  bold_p()
```

Characteristic	OR[1]	95% CI[1]	p-value
CurrentUser			
Aspirin user	—	—	
No aspirin	3.81	2.24, 6.68	**<0.001**
Age	1.02	1.00, 1.04	**0.037**
RaceGroup	1.50	0.66, 3.36	0.3
Gender	1.12	0.71, 1.77	0.6
HBV	3.82	0.13, 113	0.4
HCV	3.60	0.25, 87.4	0.3
Cirrhosis	16.4	4.32, 108	**<0.001**
IBD	19.3	6.06, 86.7	**<0.001**
Diabetes	2.81	1.38, 5.74	**0.004**
Obesity	1.23	0.78, 1.93	0.4
NAFLD	1.05	0.33, 3.02	>0.9
Smoking	0.83	0.51, 1.33	0.4

1 OR = Odds Ratio, CI = Confidence Interval

이처럼 불과 몇 줄의 코드만으로 높은 퀄리티의 테이블을 금방 만들 수 있다. 자세한 방법과 옵션은 뒤에서 배워보자.

8-3 forest plot

위의 다변수 분석 결과를 테이블뿐만 아니라 forest plot으로 보여줄 수도 있다. 논문에서 자주 보던 forest plot을 다음과 같이 한 줄의 코드로 바로 만들 수 있어서 참 편리하다.

```
forest_model(fit.multi)
```

Variable		N	Odds ratio		p
CurrentUser	Aspirin user	174		Reference	
	No aspirin	302		3.81 (2.24, 6.68)	<0.001
Age		476		1.02 (1.00, 1.04)	0.037
RaceGroup		476		1.50 (0.66, 3.36)	0.333
Gender		476		1.12 (0.71, 1.77)	0.639
HBV		476		3.82 (0.13, 113.43)	0.384
HCV		476		3.60 (0.25, 87.42)	0.341
Cirrhosis		476		16.41 (4.32, 108.14)	<0.001
IBD		476		19.32 (6.06, 86.68)	<0.001
Diabetes		476		2.81 (1.38, 5.74)	0.004
Obesity		476		1.23 (0.78, 1.93)	0.370
NAFLD		476		1.05 (0.33, 3.02)	0.934
Smoking		476		0.83 (0.51, 1.33)	0.439

0.2 0.5 1 2 5 10 20 50 100

8-4 NEJM 막대 그래프

비록 NEJM(New England Journal of Medicine: IF 91.2점, 2021년 기준)에 우리의 연구 결과를 출판하기는 힘들더라도 같은 형태의 그래프를 손쉽게 그릴 수 있다. 다음 막대 그래프는 NEJM에 출판된 것이다.

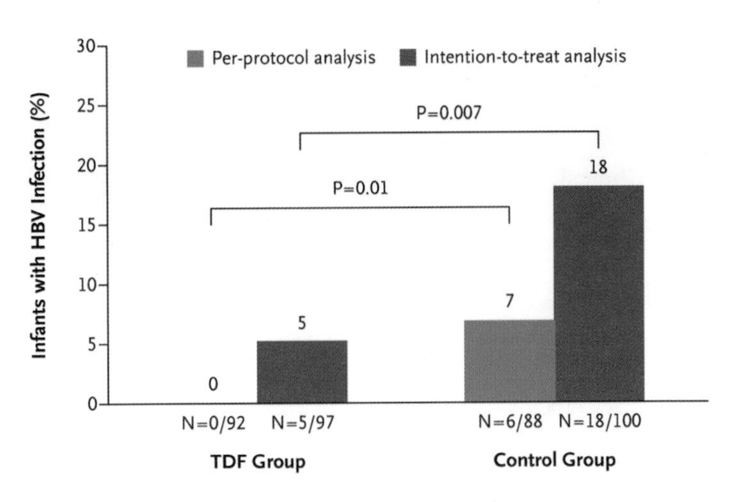

출처: https://www.nejm.org/doi/10.1056/NEJMoa1508660?url_ver=Z39.88-2003&rfr_id=ori:rid:crossref.org&rfr_dat=cr_pub%20%200www.ncbi.nlm.nih.gov

예제 데이터 dt1을 이용해서 비슷한 양식의 막대 그래프를 그려보자.

```
ggplot(dt1,aes(x= Sex, y=Platelet, fill=factor(HCC)))+
  geom_bar(stat='identity', position='dodge')+
  theme_bw()+
  scale_fill_nejm()+
  geom_signif(comparisons = list(c('F','M')))
```

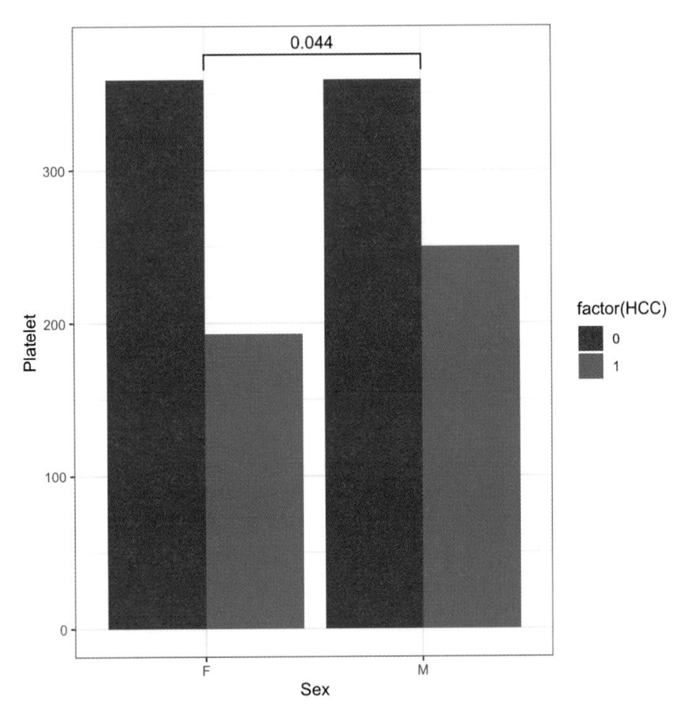

8-5 JCO KM 그래프

비록 JCO(Journal of Clinical Oncology: IF 44.5점, 2021년 기준)에 우리의 연구 결과를 출판하기는 힘들더라도 같은 형태의 카플란-마이어 곡선[Kaplan-Meier(KM) curve]을 손쉽게 그릴 수 있다.

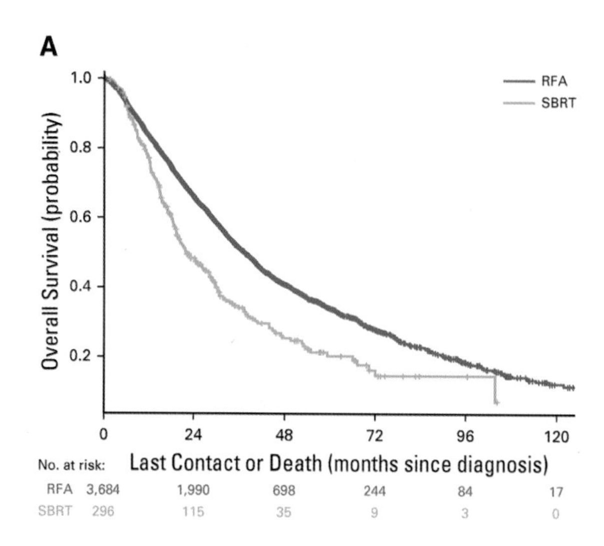

출처: https://ascopubs.org/doi/full/10.1200/JCO.2017.75.3228

역시 예제 데이터 dt1을 이용해서 KM 곡선을 같은 양식으로 그려보자.

```
dt1<-read_csv("Example_data/Ch1_table1.csv")

km1<-survfit(Surv(hcc_yr, HCC)~LC, data=dt1)

ggsurvplot(km1,palette = 'jco',
           risk.table = T)
```

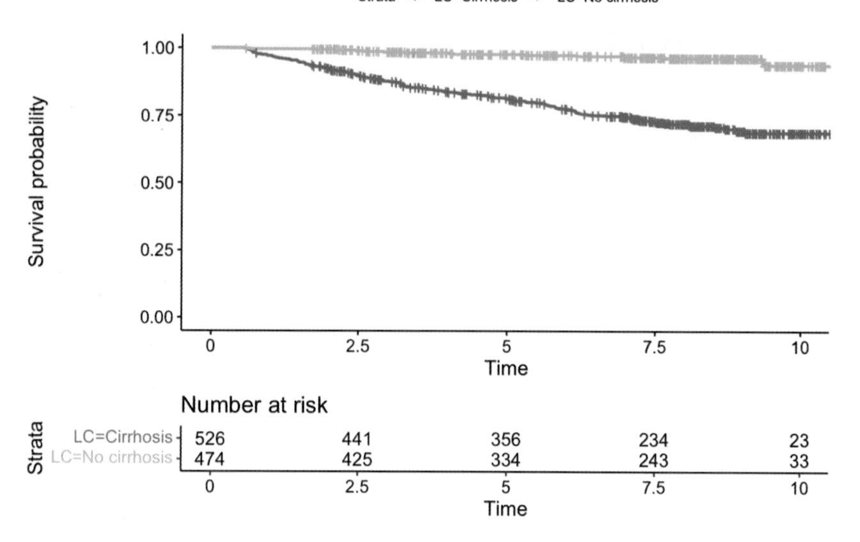

8-6 워터폴 그래프

최근 임상연구에서 결과를 제시할 때 많이 사용하는 워터폴(waterfall) 그래프도 그릴 수 있다.

```
dt1 %>%
 filter(id<=30) %>%
 select(id,Sex,Albumin,m6_alb) %>%
 mutate(delta_alb=Albumin-m6_alb) %>%
 ggbarplot(x='id', y='delta_alb',
         fill='Sex',
         sort.val='desc',
         sort.by.groups = FALSE)
```

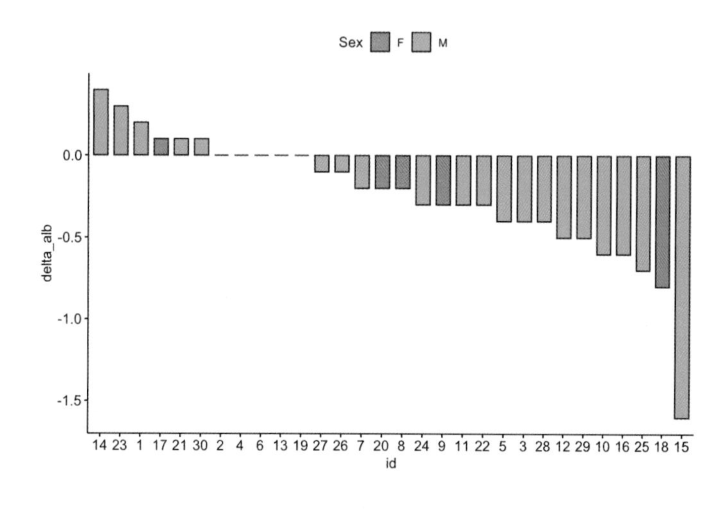

8-7 복잡한 summary table

실제 저자가 논문에 게재한 supplementary table이다. 한 개의 변수의 N, mean, median, IQR, min, max 등을 한꺼번에 제시해야 했는데 R을 이용해서 다음과 같이 쉽게 만들 수 있었다. 코드는 조금 길어서 여기서는 보여주지 않는다.

Supplementary Table 2. Summary of body weight and lipid profiles.

Total cholesterol (mg/dL)																		
	TAF 25 mg								TDF 300 mg									
	N	MEAN	SD	MIN	Q1	MEDIAN	Q3	MAX	N	MEAN	SD	MIN	Q1	MEDIAN	Q3	MAX	P value
Baseline	87	166.2	31.2	86	147.5	165	182.5	247	87	163.0	30.2	67	143	161	182.5	243	0.489
At Week 24	87	184.0	32.7	115	167	180	204	277	87	163.3	31.2	67	144.5	160	183	234	<0.001
At Week 48	86	182.9	34.6	100	162.5	184	207	265	85	161.3	31.2	59	141	162	180	238	<0.001
Change* at Week 24	87	17.8	28.8	-121	0.5	16	33.5	98	87	0.4	22.1	-103	-10	1	10.5	65	<0.001
Change* at Week 48	86	17.2	29.1	-69	2.25	17.5	31.75	116	85	-1.5	23.2	-122	-9	1	10	53	<0.001

출처: https://www.sciencedirect.com/science/article/pii/S1542356521005036?via%3Dihub

```
> hchol.sum2
# A tibble: 10 x 11
# Groups:   Treatment [2]
   Treatment Time                   N    MEAN     SD    MIN     Q1 MEDIAN    Q3    MAX pvalue
   <fct>     <fct>              <int>   <dbl>  <dbl>  <dbl>  <dbl>  <dbl> <dbl>  <dbl>  <dbl>
 1 TDF       Baseline              87  3.69    0.854   1.96   3.14   3.62  4.20   6.2   0.476
 2 TDF       At Week 24            86  3.67    0.867   2      3.09   3.54  4.19   5.97  0.264
 3 TDF       At Week 48            86  3.61    0.862   2.11   3.07   3.60  4.04   6.92  0.473
 4 TDF       Change at Week 24     86  0.0887 15.2   -37.7   -9.83  -1.36  9.22  38.5   0.378
 5 TDF       Change at Week 48     86 -1.38   15.3   -55.0  -11.9   -1.08  8.91  39.2   0.682
 6 TAF       Baseline              87  3.78    0.870   2.26   3.11   3.65  4.36   6.08  0.476
 7 TAF       At Week 24            87  3.83    1.00    2.23   3.16   3.61  4.39   8     0.264
 8 TAF       At Week 48            86  3.71    0.891   2.01   3.06   3.68  4.22   6.31  0.473
 9 TAF       Change at Week 24     87  2.64   22.1   -46.9  -10.2   -2.06  8.47 104.    0.378
10 TAF       Change at Week 48     86 -0.266  20.0   -45.9  -12.2   -1.90 10.0   85.4   0.682
```

한 번 코드를 작성해놓으면 변수만 바꾸어서 아래와 같이 똑같은 형태의 테이블을 손쉽게 빠르게 작성할 수 있다.

Supplementary Table 2. Summary of body weight and lipid profiles.

Body weight (kg)																	
	TAF 25 mg								TDF 300 mg								
	N	MEAN	SD	MIN	Q1	MEDIAN	Q3	MAX	N	MEAN	SD	MIN	Q1	MEDIAN	Q3	MAX	P value
Baseline	87	70.98	11.46	47	62.5	69.4	77.9	117.6	87	72.52	12.37	44.3	66.55	72	77.65	115	0.396
At Week 24	87	71.33	11.87	46.5	63.3	70	79	120.7	85	72.39	11.97	44	66.5	71.5	78.1	116.2	0.561
At Week 48	86	71.97	10.93	50.3	64.4	70.7	79.3	110	85	72.52	11.60	43.5	67	72.7	78	108.8	0.753
Change* at Week 24	87	0.35	2.22	-6.5	-0.95	0.5	1.95	5	85	-0.20	2.20	-8.3	-1.4	0	1	5.6	0.103
Change* at Week 48	86	0.71	2.39	-7.6	-0.775	0.65	1.95	7	85	-0.35	3.12	-13.1	-1.2	0	1.2	5.8	0.014
Total cholesterol (mg/dL)																	
	TAF 25 mg								TDF 300 mg								
	N	MEAN	SD	MIN	Q1	MEDIAN	Q3	MAX	N	MEAN	SD	MIN	Q1	MEDIAN	Q3	MAX	P value
Baseline	87	166.2	31.2	86	147.5	165	182.5	247	87	163.0	30.2	67	143	161	182.5	243	0.489
At Week 24	87	184.0	32.7	115	167	180	204	277	87	163.3	31.2	67	144.5	160	183	234	<0.001
At Week 48	86	182.9	34.6	100	162.5	184	207	265	85	161.3	31.2	59	141	162	180	238	<0.001
Change* at Week 24	87	17.8	28.8	-121	0.5	16	33.5	98	87	0.4	22.1	-103	-10	1	10.5	65	<0.001
Change* at Week 48	86	17.2	29.1	-69	2.25	17.5	31.75	116	85	-1.5	23.2	-122	-9	1	10	53	<0.001
LDL cholesterol (mg/dL)																	
	TAF 25 mg								TDF 300 mg								
	N	MEAN	SD	MIN	Q1	MEDIAN	Q3	MAX	N	MEAN	SD	MIN	Q1	MEDIAN	Q3	MAX	P value
Baseline	87	95.1	22.3	39	79	92	110	158	87	92.6	22.2	36	80	92	108	146	0.466
At Week 24	87	106.2	27.2	44	87	103	125.5	185	86	93.5	24.0	40	76.75	93	111.75	154	0.001
At Week 48	87	108.0	29.0	45	89.5	107	127.5	165	85	92.9	24.3	30	79	94	109	143	<0.001
Change* at Week 24	87	11.1	18.5	-45	-2	10	22.5	74	86	0.7	18.0	-72	-8.75	0.5	10.5	61	<0.001
Change* at Week 48	87	12.9	20.6	-66	4.5	13	24	83	86	-0.9	22.0	-120	-8.75	1	11	40	<0.001

HDL cholesterol (mg/dL)																	
	TAF 25 mg								TDF 300 mg								
	N	MEAN	SD	MIN	Q1	MEDIAN	Q3	MAX	N	MEAN	SD	MIN	Q1	MEDIAN	Q3	MAX	P value
Baseline	87	44.9	8.0	28	40	44	48.5	66	87	45.4	9.4	27	39	45	51.5	67	0.697
At Week 24	87	50.2	12.0	25	42	50	56.5	91	86	46.1	10.5	28	39	44	52	74	0.017
At Week 48	87	50.9	11.1	30	43	49	57.5	83	85	46.2	10.6	25	39	45	53	71	0.005
Change* at Week 24	87	5.3	8.8	-23	0	6	12	30	86	0.7	6.6	-16	-3	0	3.75	21	<0.001
Change* at Week 48	87	6.0	7.4	-13	0	7	11	25	86	0.3	8.7	-61	-3	1	5	20	<0.001
Triglyceride (mg/dL)																	
	TAF 25 mg								TDF 300 mg								
	N	MEAN	SD	MIN	Q1	MEDIAN	Q3	MAX	N	MEAN	SD	MIN	Q1	MEDIAN	Q3	MAX	P value
Baseline	87	118.8	80.8	28	65	101	152.5	631	87	127.7	89.5	35	70	106	145.5	617	0.49
At Week 24	87	117.5	62.9	24	74.5	106	152	373	86	103.1	52.0	25	67.25	94.5	126.75	312	0.101
At Week 48	87	113.0	73.5	24	69	99	130.5	500	85	101.3	56.6	22	57	90	131	310	0.246
Change* at Week 24	87	-1.3	74.4	-379	-31.5	7	31	238	86	-24.9	74.7	-385	-37	-10.5	14.5	144	0.039
Change* at Week 48	87	-5.8	77.3	-215	-46.5	-1	30.5	435	86	-27.8	62.5	-307	-56.75	-24.5	4.75	139	0.042

*Change = change from baseline

Ch 2

데이터 분석의 시작

아직은 R의 기본 기능을 다루기에도 완전하지 않지만, 기본기만 계속 공부하고 있으면 R이 더 어렵게 느껴지고 임상연구 자료분석의 동기가 다소 떨어질 수 있다. 따라서 실제 데이터를 다루면서 필요한 기능들을 하나씩 배워보도록 하자.

1 프로젝트 기반으로 시작하기

RStudio를 이용해서 데이터를 분석하는 경우 R 스크립트(코드 파일), R data, .Rhistory, 데이터 파일, 그래프, 결과 파일 등 여러 개의 파일이 동시에 만들어진다. 이때 데이터를 분석할 때마다 개별 파일을 모두 불러오기가 불편할 뿐만 아니라, 만약 파일들이 서로 다른 폴더에 있으면 오류가 발생할 가능성이 높다. 따라서 앞으로는 프로젝트(project) 기반으로 데이터 분석을 수행하기를 추천한다.

프로젝트는 아래 그림과 같이 RStudio 오른쪽 위의 R_HCV_linkcare ▾ 처럼 표시된다.

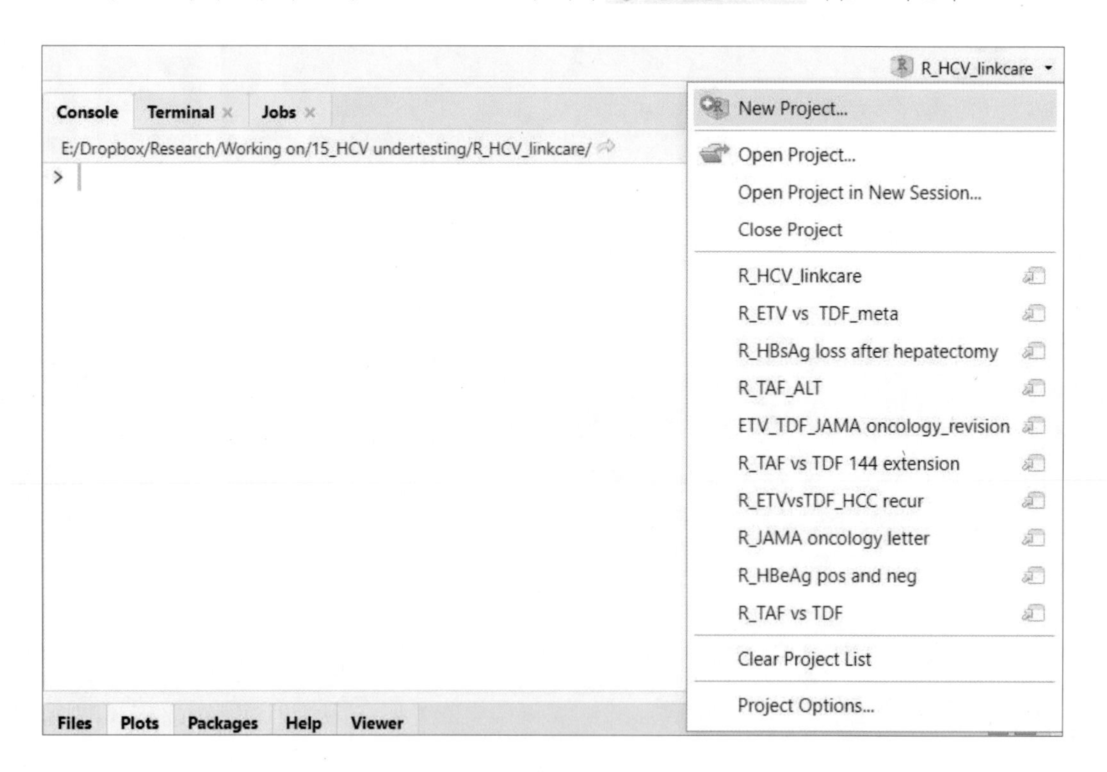

1) 새로운 프로젝트 만들기

① RStudio 제일 상단 메뉴에서 [Files] → [New] → [Project]를 클릭하면 아래와 같은 화면이 나온다.

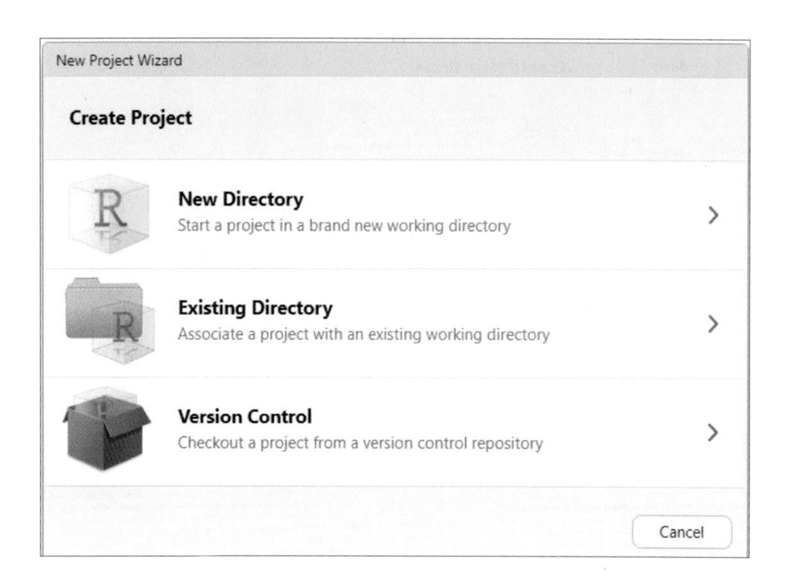

② [New Directory]를 클릭하면 아래와 같은 화면이 나온다. 기존의 데이터가 많이 저장되어 있는 Existing Directory에 지정해도 상관없지만, 새로운 프로젝트는 일반적으로 New Directory에 만드는 것이 좋다.

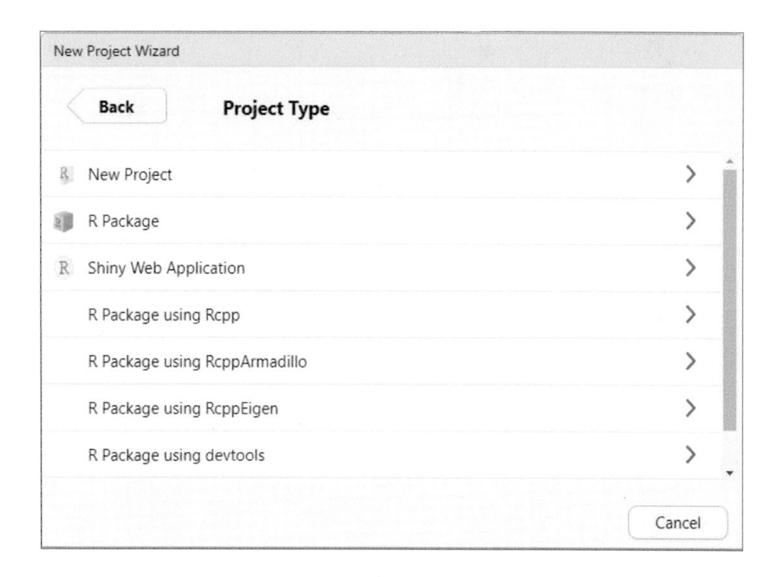

③ [Create New Project] 메뉴 아래 [Directory name:] 항목에 프로젝트 이름을 입력한다. 선호에 따라 짓는데, 이때 만든 프로젝트 이름이 directory(폴더) 이름이 된다.

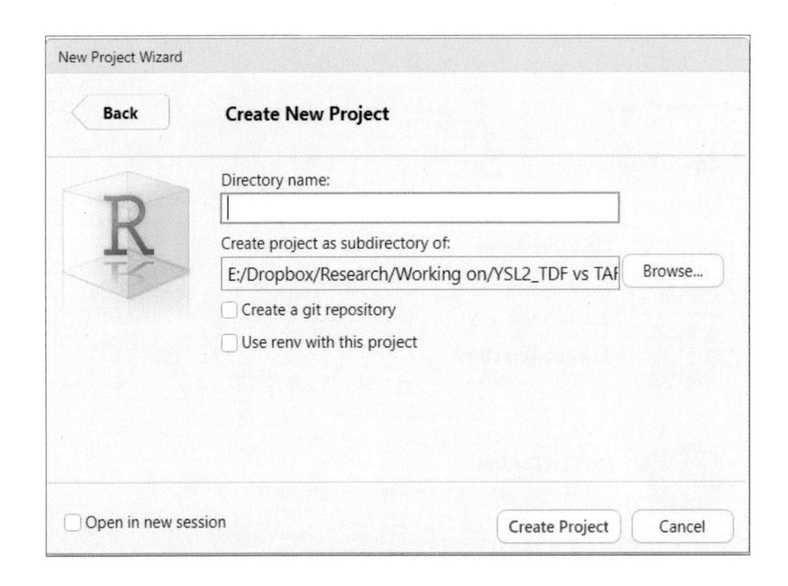

④ R_practice라는 이름의 새로운 프로젝트를 만들어보자.

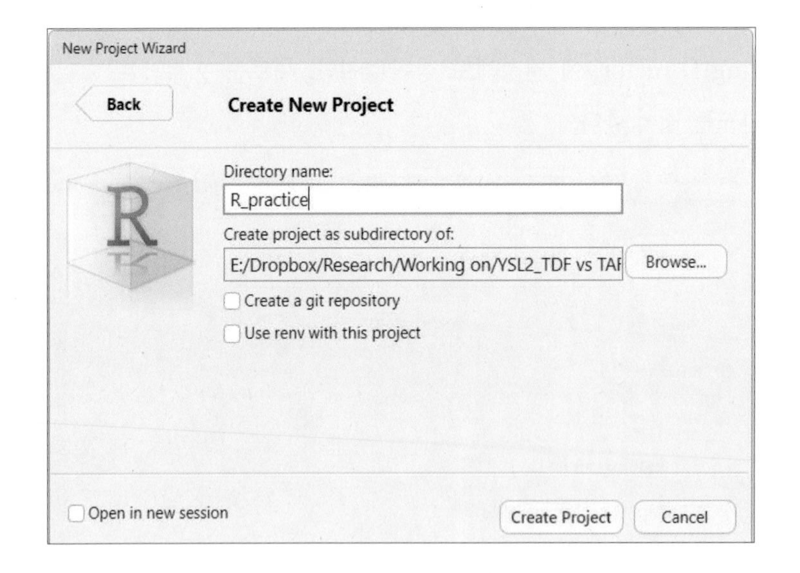

⑤ 새로운 프로젝트를 만들고 나면 아래와 같이 3개의 창이 열린다.

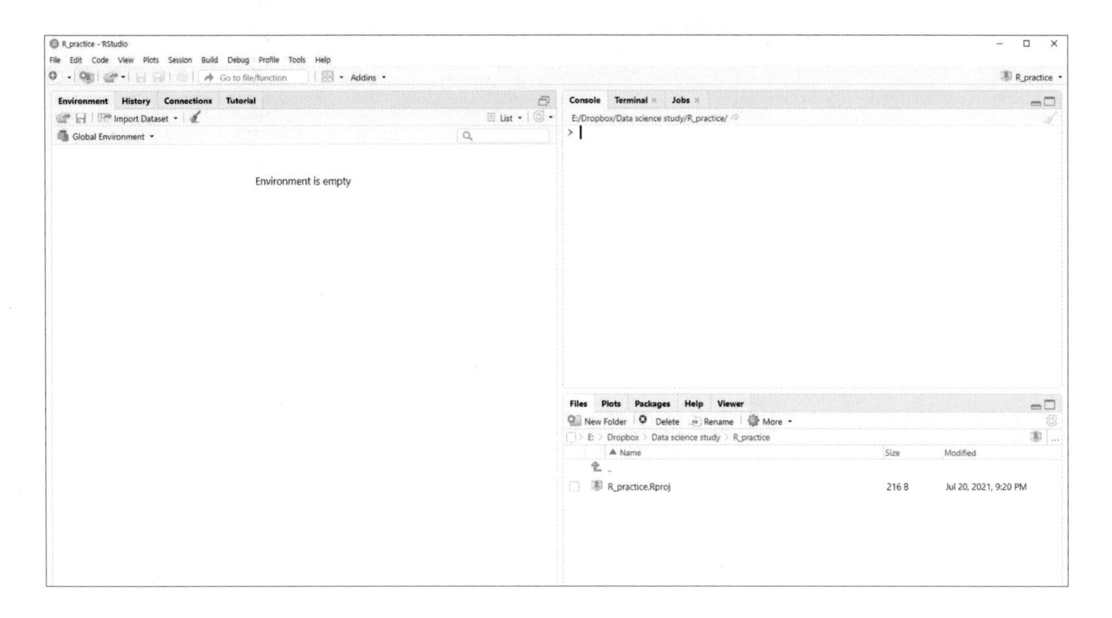

⑥ R 스크립트 파일을 새로 하나 열고 간단한 명령어를 써보자.

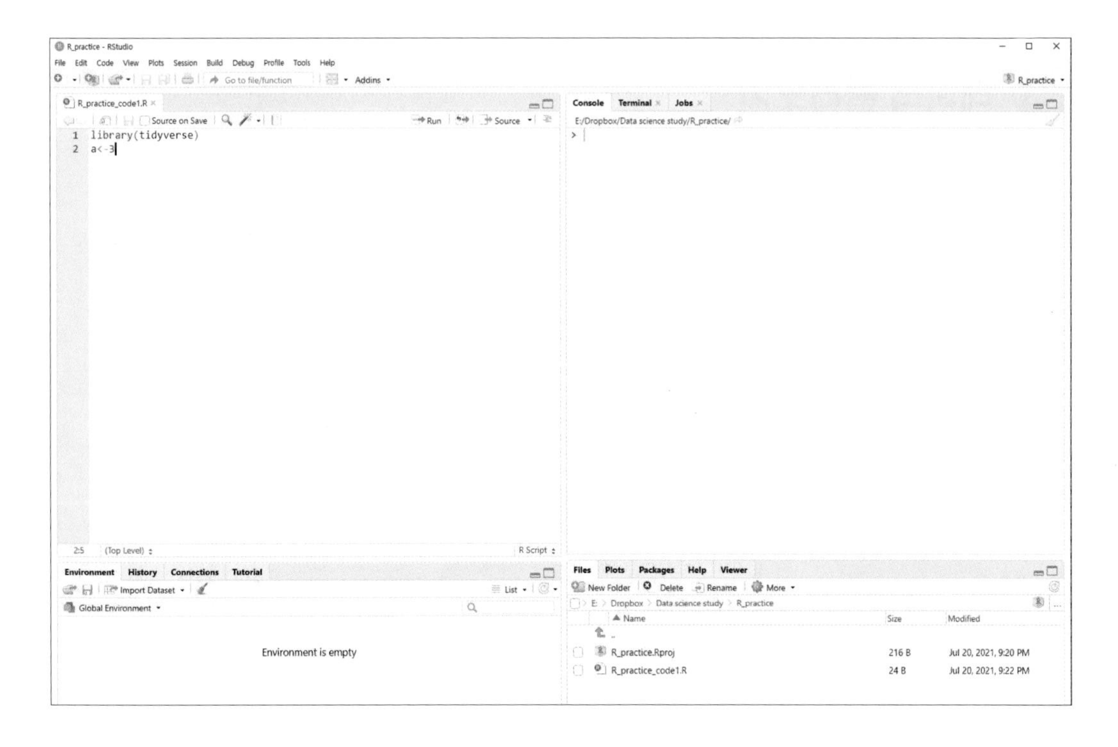

이렇게 임상연구를 할 때 데이터 분석은 프로젝트 기반으로 관리하는 것이 정리하기 좋다. 저자는 아래처럼 각 연구마다 RStudio에 프로젝트를 만들어 관리한다.

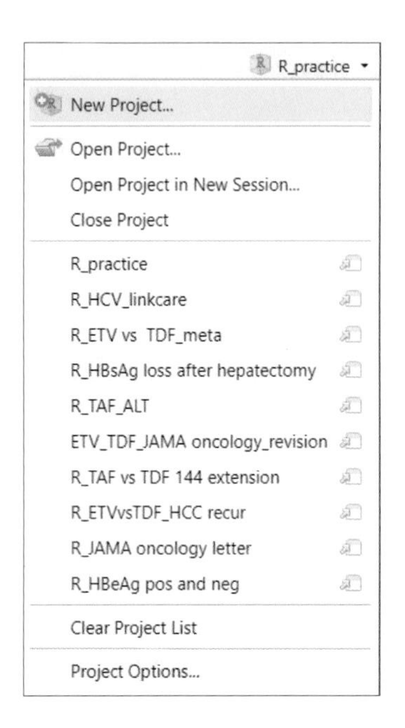

2 데이터 불러오기

2-1 폴더 경로 설정

초심자들은 R 데이터 분석의 첫 단계인 '데이터 불러오기'부터 어려움을 겪는 경우가 많다. 특히 기준폴더(working directory), 폴더 설정(set directory)의 개념을 어렵게 받아들이는 경우가 많은데, 이때 유의해야 할 사항이 폴더 경로 설정이다. 결국 폴더 경로가 중요한 이유는 오류 없이 필요한 데이터를 불러오거나 저장하기 위해서다.

폴더 경로 설정에는 절대경로 설정과 상대경로 설정, 2가지 방법이 있다.

- 절대경로 설정

`/Users/ChoiJongGi/Dropbox/Data science/study/R_books/Ch1_table1.csv` (맥을 사용하는 경우)

`E:/Dropbox/Data science/study/R_books/Ch1_table1.csv` (윈도우를 사용하는 경우)

이러한 폴더 경로를 절대경로라고 이야기할 수 있는데 이는 같은 작업 컴퓨터 내에서는 고정된 값으로 변하지 않는다. 장점은 어떤 프로젝트나 스크립트 파일에서 코딩을 하면서 절대경로를 이용하면 파일을 문제없이 불러올 수 있다는 점이다. 단점은 경로의 길이가 길 수밖에 없어 타이핑을 하다가 오류가 날 수 있으며, 폴더의 구조가 복잡한 경우 경로 설정이 너무 길어진다는 것이다.

• 상대경로 설정

`Example_data/Ch1_table1.csv` (맥 혹은 윈도우와 상관없이)

위와 같이 기준폴더를 중심으로 경로를 설정하는 것이 상대경로이다. 장점은 상대적으로 경로주소가 짧아 타이핑하기 좋으며, 작업 컴퓨터가 달라도 기준으로 정한 폴더만 동일하다면 새로 경로주소를 고칠 필요가 없다는 점이다. 단점은 만약 다른 작업 컴퓨터에서 기준으로 정한 폴더가 동일하지 않을 경우 오류가 발생할 수 있다는 것이다.

1) 현재 사용하고 있는 기준폴더 확인하기: getwd()

getwd()를 이용해서 현재 사용하고 있는 기준폴더를 확인할 수 있다. 맥과 윈도우는 폴더 경로 표시 방식이 다르기 때문에 주의해야 한다. 기준폴더가 중요한 이유는 RStudio를 사용하면서 저장되는 모든 파일이 기준폴더에 저장되기 때문이다. 따라서 내가 현재 작업하고 있는 파일들과 분석결과 파일들이 어디에 저장되는지 알아둘 필요가 있다.

```
getwd()
[1] "/Users/ChoiJongGi/Dropbox/Data science study/R_books"
```

2) 현재 사용하고 있는 폴더를 기준폴더로 설정하기: setwd()

setwd()를 이용해서 현재 사용하고 있는 폴더를 기준폴더로 설정할 수 있다.

```
setwd()
```

Tip 폴더 경로 설정의 팁

- 사용할 데이터 파일은 항상 해당 프로젝트 폴더에 저장해놓는다.
- 개인의 선호에 따라 절대경로 혹은 상대경로 방식 중 한 가지만 사용하는 것이 좋다.
- 여러 작업 컴퓨터를 동시에 이용하는 경우(맥 vs 윈도우, 데스크톱 vs 랩톱) 상대경로 방식을 이용하는 것을 추천한다.
- 주로 한 대의 작업 컴퓨터를 이용하며 데이터 파일을 이곳저곳에 복사해두기보다 원래 경로에 두는 것을 선호하는 경우에는 절대경로 방식을 추천한다.
- RStudio의 오른쪽 아래 Files창에서 직접 클릭해 파일을 불러온다.

2-2 파일 불러오기

1) 패키지 불러오기: library(패키지 이름)

패키지를 불러올 때는 library() 함수를 이용한다. library(패키지이름) 형식으로 입력하는데 자주 사용하는 패키지들은 R 코드를 작성할 때 처음부터 불러오기를 해놓으면 편하다. 만약 tidyverse 패키지가 설치되어 있지 않다면 앞서 본 1장의 내용을 참조하여 패키지를 먼저 설치하자.

```
library(tidyverse)
```

2) CSV 파일 불러오기: read.csv() 혹은 read_csv()

CSV 파일을 불러올 때는 read.csv() 혹은 read_csv() 형식으로 입력한다.

```
read.csv(file = '파일이름.csv', header = TRUE) # TRUE로 설정할 경우 첫 번째 행을 column명으로 불러온다.
# skip = 데이터를 불러올 때 위에서부터 생략할 행의 개수
```

처음에 사용할 예제 파일은 Ch2_chb.csv이다. 여기서 사용하는 데이터 파일은 .csv 형태인데, csv 파일을 불러오는 방식에는 다음과 같이 3가지가 있다.

(1) R base 기능을 이용하여 데이터프레임 형식으로 불러오는 경우 (read.csv 사용)

불러오기한 데이터 형태가 데이터프레임(data.frame)으로 표시된다.

```
dat <- read.csv("Example_data/Ch2_chb.csv")
class(dat)

[1] "data.frame"
```

(2) tidyverse 패키지를 이용하여 tibble 형식으로 불러오는 경우 (read_csv 사용)

불러오기한 데이터 형태가 tibble(tbl_df)로 표시된다.

```
dat <- read_csv("Example_data/Ch2_chb.csv")
class(dat)

[1] "spec_tbl_df" "tbl_df"    "tbl"      "data.frame"
```

Tip

> 여기서 tibble이란 데이터프레임과 기본적으로 같은 특성을 가지지만 tidyverse 패키지에서 좀 더 유연하게 사용될 수 있도록 변형된 데이터 형태라고 볼 수 있다.
> 일반적인 데이터프레임의 형태로 데이터를 불러와도 되지만 tibble 형태가 조금 더 깔끔하고 처리속도가 빠르며 tidyverse 명령어 사용에 적합하다. 결론적으로 저자는 read_csv를 사용하기를 추천한다. 이유는 read_csv가 데이터 로딩속도가 빠르며 범주형 변수를 취급하는 것도 용이하기 때문이다.

(3) 마우스 클릭으로 데이터를 불러오는 경우

코드를 쓰기보다 직접 클릭해서 데이터를 불러올 수도 있다. 절차는 다음과 같다.

① Environment 창에서 [Import Dataset]을 클릭하고 [From Text(readr)]를 선택한다.

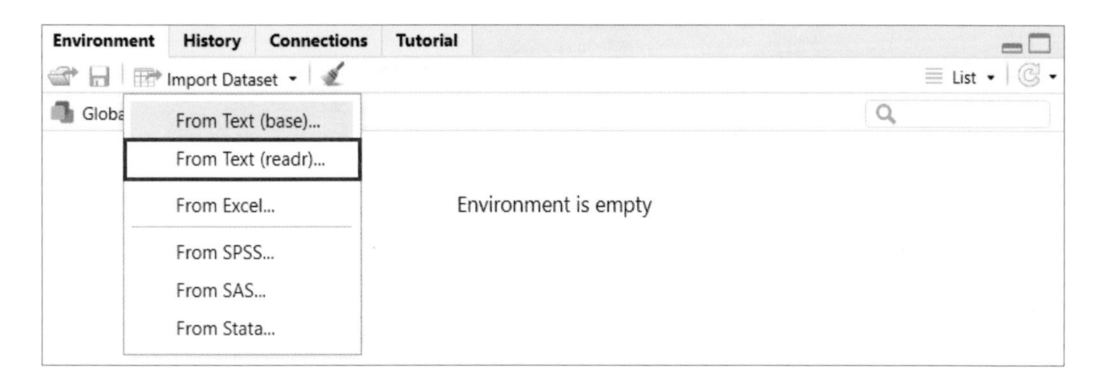

② 아래와 같은 창이 뜨면 오른쪽 위 [Browse]를 클릭한다.

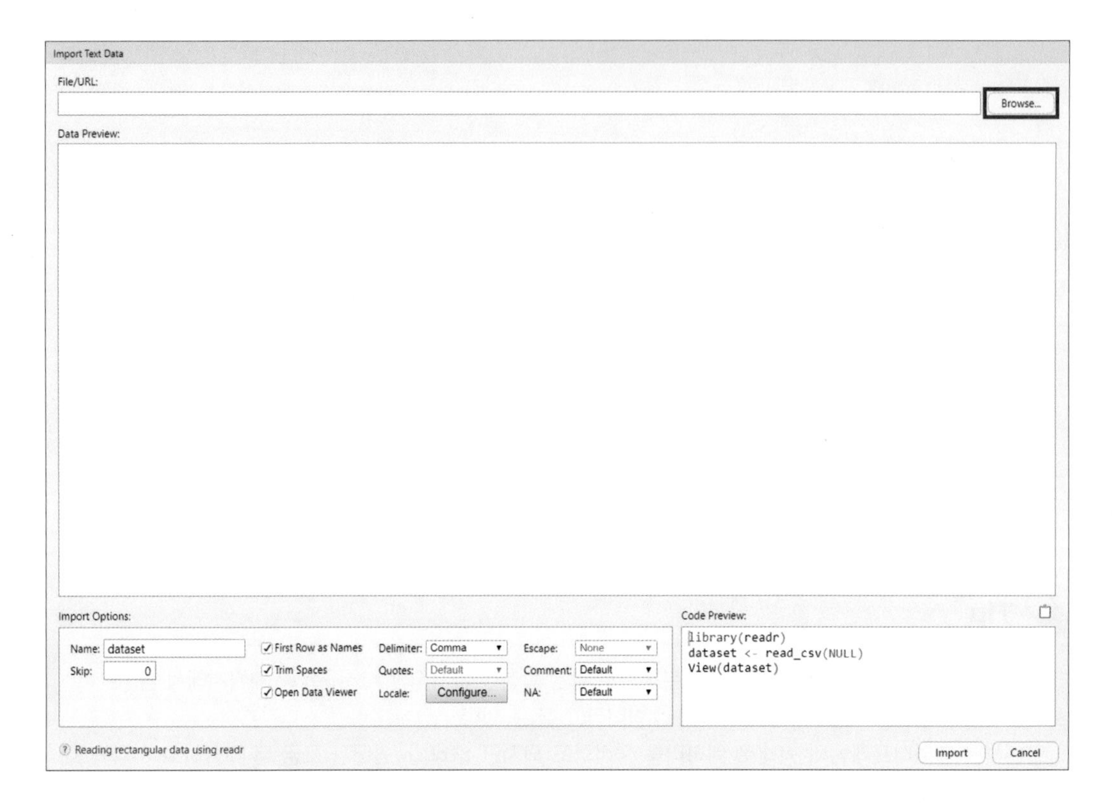

③ 일반 다른 프로그램들처럼 직접 경로를 찾아서 해당 파일을 선택한다.

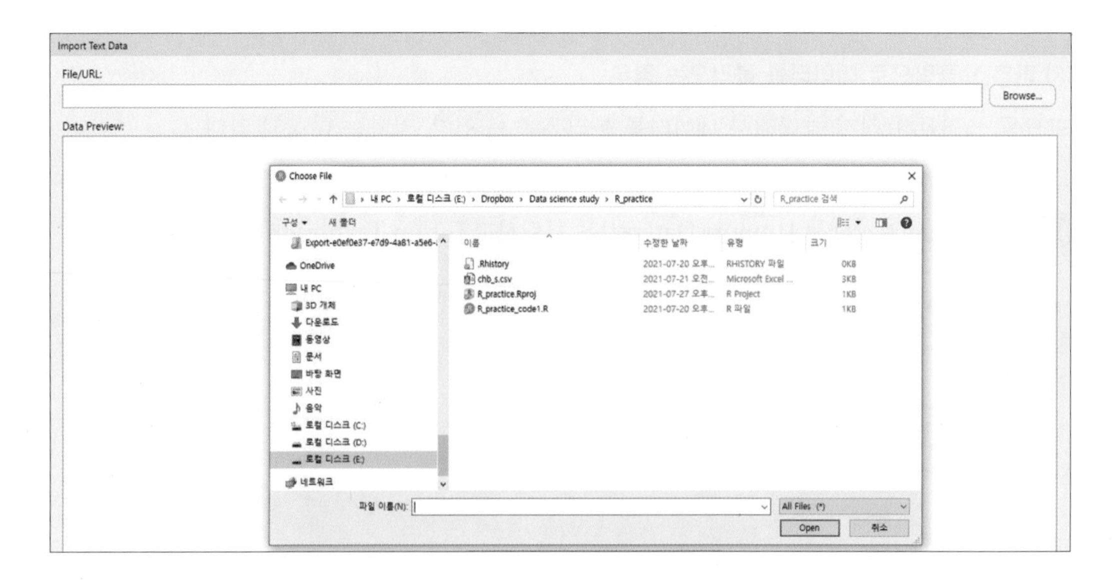

④ 파일이 선택되고 나면 엑셀 프로그램처럼 데이터의 일부가 표시된다.

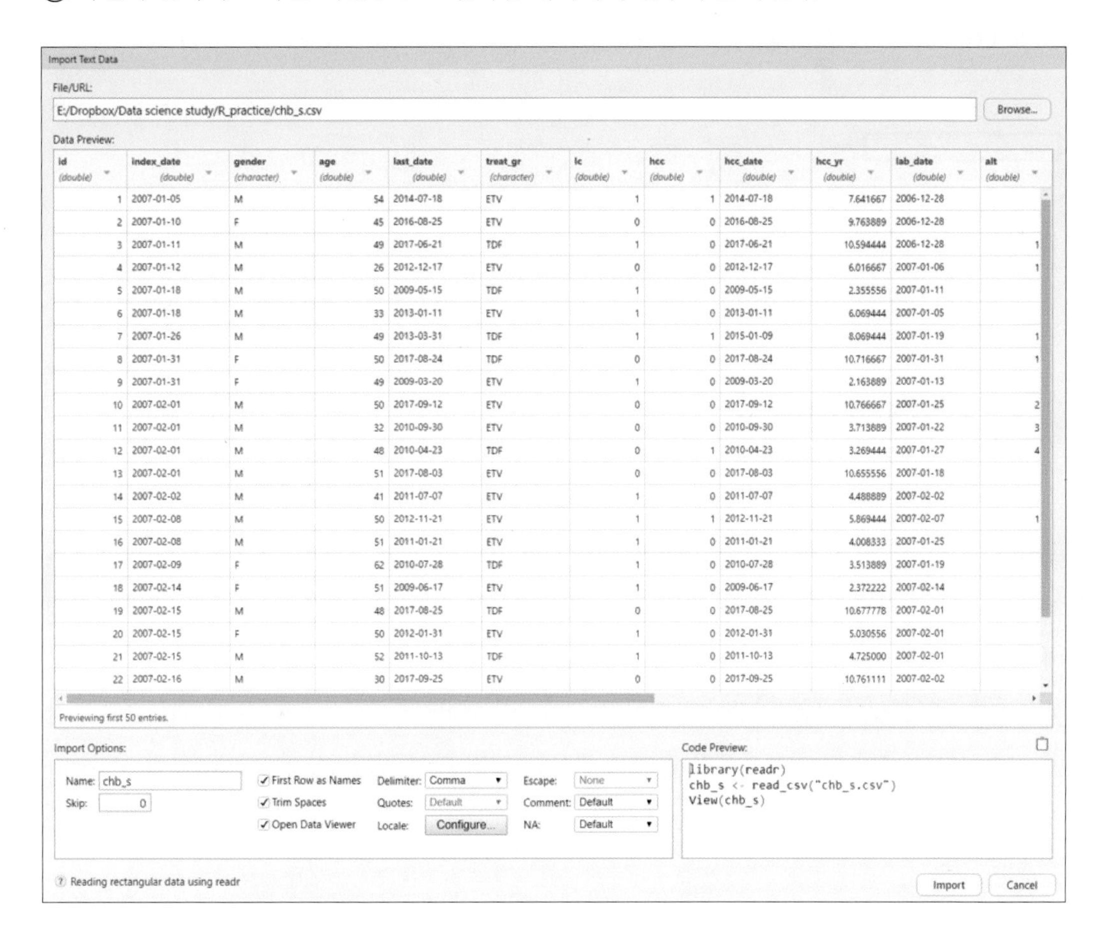

⑤ 이때 아래쪽의 [Import Option] 부분을 보면 [Name] 부분에 우리가 불러오는 데이터의 이름이 chb_s라고 표기되어 있다.

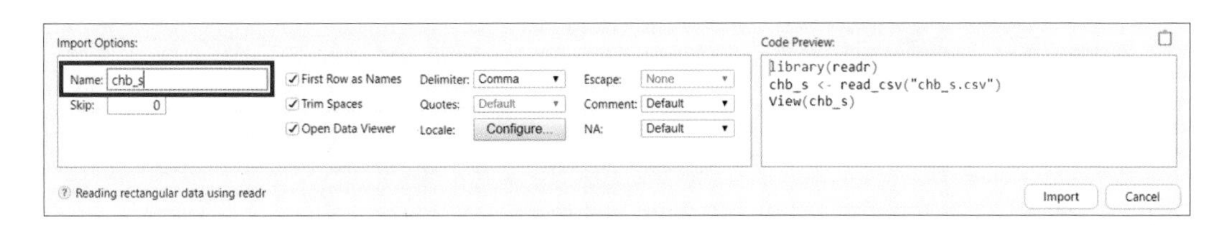

⑥ 실습 데이터 이름을 chb_s 대신 dat로 변경해보자. option 창에서 변경할 경우 오른쪽의 Code Preview 창에서도 자동으로 변경된다.

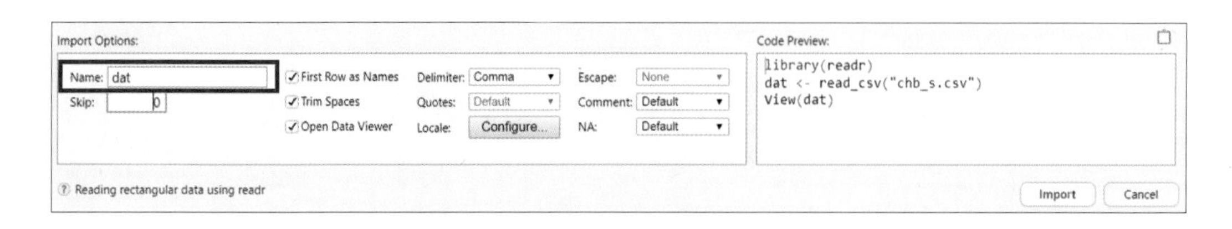

3 데이터 훑어보기

데이터를 불러온 후 가장 먼저 할 일은 데이터가 어떤 모양 혹은 구조를 하고 있는지 파악하는 것이다. 엑셀 프로그램을 사용할 때는 바로 데이터를 볼 수 있지만, R을 사용하면 당장 눈앞에 데이터가 보이지 않아서 초심자들은 답답해하기 마련이다.

물론 R에도 `View(data)` 명령어가 있어서 엑셀처럼 데이터를 한눈에 볼 수 있지만, R에 조금만 익숙해지고 나면 실제로 사용하게 되는 경우는 그리 많지 않다. `View(data)` 입력 시 한 가지 주의할 점은 V가 대문자라는 것이다.

```
View(dat)
```

Chapter2.Rmd × dat ×

Filter

	id	index_date	gender	age	last_date	treat_gr	lc	hcc	hcc_date	hcc_yr	lab_date	alt	bil	inr	cr	plt	alb	eag	dna	dna_log
1	1	2007-01-05	M	54	2014-07-18	ETV	1	1	2014-07-18	7.641667	2006-12-28	67	1.2	1.17	1.00	110	3.8	1	31934936.8	7.504266
2	2	2007-01-10	F	45	2016-08-25	ETV	0	0	2016-08-25	9.763889	2006-12-28	32	1.1	0.90	0.60	187	3.8	0	1100	3.041393
3	3	2007-01-11	M	49	2017-06-21	ETV	1	0	2017-06-21	10.594444	2006-12-28	106	1.8	1.03	1.00	133	3.9	0	35968299.4	7.555920
4	4	2007-01-12	M	26	2012-12-17	ETV	0	0	2012-12-17	6.016667	2007-01-06	159	1.4	1.04	0.93	164	4.2	0	9145608.2	6.961213
5	5	2007-01-18	M	50	2009-05-15	ETV	1	0	2009-05-15	2.355556	2007-01-11	94	0.8	1.12	0.90	153	4.2	1	1095481.2	6.039605
6	6	2007-01-18	M	33	2013-01-11	ETV	1	0	2013-01-11	6.069444	2007-01-05	32	0.7	0.88	1.20	170	3.4	1	900	2.954243
7	7	2007-01-26	M	49	2013-03-31	ETV	1	1	2015-01-09	8.069444	2007-01-19	104	1.1	1.10	0.90	162	3.7	1	29000000	7.462398
8	8	2007-01-31	F	50	2017-08-24	ETV	0	0	2017-08-24	10.716667	2007-01-31	143	1.5	1.10	0.70	165	3.5	1	1400000000	9.146128
9	9	2007-01-31	F	49	2009-03-20	ETV	1	0	2009-03-20	2.163889	2007-01-13	31	1.3	1.04	0.70	157	3.9	1	2000000	6.301030
10	10	2007-02-01	M	50	2017-09-12	ETV	0	0	2017-09-12	10.766667	2007-01-25	239	1.3	1.03	1.20	166	3.2	1	58425664	7.766604
11	11	2007-02-01	M	32	2010-09-30	ETV	0	0	2010-09-30	3.713889	2007-01-22	359	0.9	0.97	1.10	202	4.1	0	12340761.7	7.091342
12	12	2007-02-01	M	48	2010-04-23	ETV	0	1	2010-04-23	3.269444	2007-01-27	486	0.7	1.02	0.80	159	2.8	0	47000	4.672098
13	13	2007-02-01	M	51	2017-08-03	ETV	0	0	2017-08-03	10.655556	2007-01-18	56	1.3	1.10	1.00	186	4.2	1	220	2.342423
14	14	2007-02-02	M	41	2011-07-07	ETV	1	0	2011-07-07	4.488889	2007-02-02	34	1.7	1.08	0.70	159	4.1	0	14000000	7.146128
15	15	2007-02-08	M	50	2012-11-21	ETV	1	1	2012-11-21	5.869444	2007-02-07	107	2.1	1.57	1.00	66	2.1	1	497946000	8.697182
16	16	2007-02-08	M	51	2011-01-21	ETV	1	0	2011-01-21	4.008333	2007-01-25	40	1.3	1.15	0.90	118	3.4	1	720	2.857332
17	17	2007-02-09	F	62	2010-07-28	ETV	1	0	2010-07-28	3.513889	2007-01-19	48	1.0	1.02	0.80	105	4.0	1	82000000	7.913814
18	18	2007-02-14	F	51	2009-06-17	ETV	1	0	2009-06-17	2.372222	2007-02-14	61	2.1	1.43	0.60	55	2.7	0	440000	5.643453
19	19	2007-02-15	M	48	2017-08-25	ETV	0	0	2017-08-25	10.677778	2007-02-01	34	1.1	1.10	1.00	163	4.3	0	undetectable	1.000000
20	20	2007-02-15	F	50	2012-01-31	ETV	1	0	2012-01-31	5.030556	2007-02-01	31	0.9	1.25	0.60	163	3.1	1	24000	4.380211
21	21	2007-02-15	M	52	2011-10-13	ETV	1	0	2011-10-13	4.725000	2007-02-01	57	1.1	1.11	0.80	91	4.1	1	66392.8	4.822121
22	22	2007-02-16	M	30	2017-09-25	ETV	0	0	2017-09-25	10.761111	2007-02-02	81	1.0	0.97	1.00	292	4.1	1	337540995.2	8.528327
23	23	2007-02-16	M	29	2017-07-14	ETV	0	0	2017-07-14	10.558333	2007-02-03	35	1.9	1.03	0.90	204	4.4	0	280000	5.447158
24	24	2007-02-20	M	43	2011-01-28	ETV	1	0	2011-01-28	3.994444	2007-02-03	84	1.1	1.07	0.90	181	4.2	1	270000	5.431364

3-1 데이터 구조 파악하기

위에서 불러온 dat로 명명한 데이터 내부의 변수와 코딩 정보를 먼저 살펴본 후 아래 실습을 진행해보자.

[표 2-1] 실습 데이터 변수와 코딩 정보

변수 이름	변수 정보
id	환자 ID (임의로 설정)
index_date	항바이러스제 치료 시작 일자
gender	성별 (M: 남자, F: 여자)
age	환자 나이
last_date	마지막 추적관찰 일자
treat_gr	항바이러스제 종류 (ETV: entecavir, TDF: tenofovir)
lc	간경변증 유무 (1: 간경변증 있음, 0: 없음)
hcc	간암 발생 유무 (1: 간암 발생, 0: 없음)
hcc_date	간암 발생 일자 (간암 발생환자) 혹은 최종 관찰 일자 (간암 발생하지 않은 환자)
hcc_yr	치료 시작시점부터 간암 발생 일자 혹은 최종 관찰까지 기간 (단위: 년)
lab_date	Baseline lab 시행 일자
alt	Baseline ALT
bil	Baseline total bilirubin
inr	Baseline prothrombin time (INR)
cr	Baseline creatinine
plt	Baseline platelet
alb	Baseline serum albumin
eag	Baseline HBeAg positivity (1: positive, 0: negative)
dna	Baseline serum HBV DNA level
dna_log	Baseline serum HBV DNA level (Log transformed)
risk_gr	간암 발생위험도 그룹
region	환자 거주지

1) 데이터 전체 크기 살펴보기: dim(data)

데이터를 불러온 뒤에는 해당 데이터가 몇 행(row), 몇 열(column)로 구성되었는지 항상 먼저 살펴봐야 한다. dim(data) 입력 결과 dat가 24행과 22열로 구성되어 있음을 확인할 수 있다.

```
dim(dat)
[1] 24 22
```

2) 데이터 열 이름 확인: colnames(data)

colnames(data)를 입력해 데이터의 열 이름을 확인할 수 있다. 임상연구에서 주로 변수로 일컬어지는 열의 이름을 확인한 결과 dat에 포함된 22개 변수의 이름을 알 수 있다.

```
colnames(dat)
 [1] "id"         "index_date" "gender"     "age"        "last_date"
 [6] "treat_gr"   "lc"         "hcc"        "hcc_date"   "hcc_yr"
[11] "lab_date"   "alt"        "bil"        "inr"        "cr"
[16] "plt"        "alb"        "eag"        "dna"        "dna_log"
[21] "risk_gr"    "region"
```

3) 데이터 행 이름 확인: rownames(data)

rownames(data)를 입력해 데이터의 행(임상연구에서 주로 환자 1명을 의미) 이름도 확인할 수 있는데, colnames(data)에 비해 상대적으로 잘 쓰이지 않는다. 아래는 24명 환자들의 이름, 즉 id가 출력된 결과다.

```
rownames(dat)
 [1] "1"  "2"  "3"  "4"  "5"  "6"  "7"  "8"  "9"  "10" "11" "12" "13" "14" "15"
[16] "16" "17" "18" "19" "20" "21" "22" "23" "24"
```

4) 데이터의 기본 구조 확인: str(data)

str(data)를 입력해 데이터에 포함된 변수들의 이름, 변수들의 형식(문자, 숫자, 날짜), 값들의 일부를 볼 수 있다. 상당히 많이 사용되는 기능이다.

```
str(dat)

spec_tbl_df [24 × 22] (S3: spec_tbl_df/tbl_df/tbl/data.frame)
 $ id        : num [1:24] 1 2 3 4 5 6 7 8 9 10 ...
 $ index_date: Date[1:24], format: "2007-01-05" "2007-01-10" ...
 $ gender    : chr [1:24] "M" "F" "M" "M" ...
 $ age       : num [1:24] 54 45 49 26 50 33 49 50 49 50 ...
 $ last_date : Date[1:24], format: "2014-07-18" "2016-08-25" ...
 $ treat_gr  : chr [1:24] "ETV" "ETV" "TDF" "ETV" ...
 $ lc        : num [1:24] 1 0 1 0 1 1 1 0 1 0 ...
 $ hcc       : num [1:24] 1 0 0 0 0 0 1 0 0 0 ...
 $ hcc_date  : Date[1:24], format: "2014-07-18" "2016-08-25" ...
 $ hcc_yr    : num [1:24] 7.64 9.76 10.59 6.02 2.36 ...
 $ lab_date  : Date[1:24], format: "2006-12-28" "2006-12-28" ...
 $ alt       : num [1:24] 67 32 106 159 94 32 104 143 31 239 ...
 $ bil       : num [1:24] 1.2 1.1 1.8 1.4 0.8 0.7 1.1 1.5 1.3 1.3 ...
 $ inr       : num [1:24] 1.17 0.9 1.03 1.04 1.12 0.88 1.1 1.1 NA 1.03 ...
 $ cr        : num [1:24] 1 0.6 1.05 0.93 0.9 1.2 0.91 0.7 0.73 1.2 ...
 $ plt       : num [1:24] 110 187 133 164 153 170 162 165 157 166 ...
 $ alb       : num [1:24] 3.8 3.8 3.9 4.2 4.2 3.4 NA 3.5 3.9 3.2 ...
 $ eag       : num [1:24] 1 0 0 0 1 1 1 1 1 1 ...
 $ dna       : chr [1:24] "31934937" "1100" "35968299" "9145608" ...
 $ dna_log   : num [1:24] 7.5 3.04 7.56 6.96 6.04 2.95 7.46 9.15 6.3 7.77 ...
 $ risk_gr   : chr [1:24] "high" "low" "intermediate" "low" ...
 $ region        : chr [1:24] "seoul" "seoul" "busan" "busan" ...
```

3-2 데이터 요약 보기

앞서 언급한 것과 같이 R에서는 화면 인터페이스에 데이터 자체가 제시되지는 않는다. 따라서 데이터 연산이나 변형을 한 뒤에는 잘되었는지 확인하기 위해 중간중간 데이터 요약을 살펴보아야 한다.

1) 데이터 첫 6줄 확인: head(data)

head(data)를 입력해 데이터의 첫 6줄을 빠르게 볼 수 있다.

```
head(dat)

# A tibble: 6 × 22
     id index_date gender   age last_date  treat_gr    lc   hcc hcc_date
  <dbl> <date>     <chr>  <dbl> <date>     <chr>    <dbl> <dbl> <date>
1     1 2007-01-05 M         54 2014-07-18 ETV          1     1 2014-07-18
2     2 2007-01-10 F         45 2016-08-25 ETV          0     0 2016-08-25
3     3 2007-01-11 M         49 2017-06-21 TDF          1     0 2017-06-21
4     4 2007-01-12 M         26 2012-12-17 ETV          0     0 2012-12-17
5     5 2007-01-18 M         50 2009-05-15 TDF          1     0 2009-05-15
6     6 2007-01-18 M         33 2013-01-11 ETV          1     0 2013-01-11
# … with 13 more variables: hcc_yr <dbl>, lab_date <date>, alt <dbl>,
#   bil <dbl>, inr <dbl>, cr <dbl>, plt <dbl>, alb <dbl>, eag <dbl>, dna <chr>,
#   dna_log <dbl>, risk_gr <chr>, region <chr>
```

열이 많아서 결과값에 일부 열만 보이고 나머지는 이름만 보인다(보이지 않는 열은 …with 13 more variables라고 표시되어 있음). head 기능에서 몇 줄을 볼지 변경할 수 있다. head(data, 보기 원하는 줄 수 지정) 형식을 이용하면 된다. 아래는 첫 10줄이 표시된다.

```
head(dat, 10)

# A tibble: 10 × 22
      id index_date gender   age last_date  treat_gr    lc   hcc hcc_date
   <dbl> <date>     <chr>  <dbl> <date>     <chr>    <dbl> <dbl> <date>
 1     1 2007-01-05 M         54 2014-07-18 ETV          1     1 2014-07-18
 2     2 2007-01-10 F         45 2016-08-25 ETV          0     0 2016-08-25
 3     3 2007-01-11 M         49 2017-06-21 TDF          1     0 2017-06-21
 4     4 2007-01-12 M         26 2012-12-17 ETV          0     0 2012-12-17
 5     5 2007-01-18 M         50 2009-05-15 TDF          1     0 2009-05-15
 6     6 2007-01-18 M         33 2013-01-11 ETV          1     0 2013-01-11
 7     7 2007-01-26 M         49 2013-03-31 TDF          1     1 2015-01-09
 8     8 2007-01-31 F         50 2017-08-24 TDF          0     0 2017-08-24
 9     9 2007-01-31 F         49 2009-03-20 ETV          1     0 2009-03-20
10    10 2007-02-01 M         50 2017-09-12 ETV          0     0 2017-09-12
# … with 13 more variables: hcc_yr <dbl>, lab_date <date>, alt <dbl>,
#   bil <dbl>, inr <dbl>, cr <dbl>, plt <dbl>, alb <dbl>, eag <dbl>, dna <chr>,
#   dna_log <dbl>, risk_gr <chr>, region <chr>
```

2) 데이터 마지막 6줄 확인: tail(data)

tail(data)를 입력해 데이터의 마지막 6줄을 볼 수 있다.

```
tail(dat)

# A tibble: 6 × 22
     id index_date gender   age last_date  treat_gr    lc   hcc hcc_date
  <dbl> <date>     <chr>  <dbl> <date>     <chr>    <dbl> <dbl> <date>
1    19 2007-02-15 M         48 2017-08-25 TDF          0     0 2017-08-25
2    20 2007-02-15 F         50 2012-01-31 ETV          1     0 2012-01-31
3    21 2007-02-15 M         52 2011-10-13 TDF          1     0 2011-10-13
4    22 2007-02-16 M         30 2017-09-25 ETV          0     0 2017-09-25
5    23 2007-02-16 M         29 2017-07-14 TDF          0     0 2017-07-14
6    24 2007-02-20 M         43 2011-01-28 ETV          1     0 2011-01-28
# … with 13 more variables: hcc_yr <dbl>, lab_date <date>, alt <dbl>,
#   bil <dbl>, inr <dbl>, cr <dbl>, plt <dbl>, alb <dbl>, eag <dbl>, dna <chr>,
#   dna_log <dbl>, risk_gr <chr>, region <chr>
```

tail 기능 역시 head와 같은 방식으로 보기 원하는 줄 수를 지정할 수 있다. 아래는 마지막 8줄이 표시된다.

```
tail(dat,8)

# A tibble: 8 × 22
     id index_date gender   age last_date  treat_gr    lc   hcc hcc_date
  <dbl> <date>     <chr>  <dbl> <date>     <chr>    <dbl> <dbl> <date>
1    17 2007-02-09 F         62 2010-07-28 TDF          1     0 2010-07-28
2    18 2007-02-14 F         51 2009-06-17 ETV          1     0 2009-06-17
3    19 2007-02-15 M         48 2017-08-25 TDF          0     0 2017-08-25
4    20 2007-02-15 F         50 2012-01-31 ETV          1     0 2012-01-31
5    21 2007-02-15 M         52 2011-10-13 TDF          1     0 2011-10-13
6    22 2007-02-16 M         30 2017-09-25 ETV          0     0 2017-09-25
7    23 2007-02-16 M         29 2017-07-14 TDF          0     0 2017-07-14
8    24 2007-02-20 M         43 2011-01-28 ETV          1     0 2011-01-28
# … with 13 more variables: hcc_yr <dbl>, lab_date <date>, alt <dbl>,
#   bil <dbl>, inr <dbl>, cr <dbl>, plt <dbl>, alb <dbl>, eag <dbl>, dna <chr>,
#   dna_log <dbl>, risk_gr <chr>, region <chr>
```

3) tidyverse 패키지의 요약기능 이용하기: `glimpse(data)`

`glimpse` 기능은 `str`와 비슷하지만 console 화면창 크기에 따라 결과값의 제시 범위를 자동으로 조정해주는 편의성이 있다. 화면 크기에 맞추어 가독성이 좋게 나타내준다.

```
glimpse(dat)

Rows: 24
Columns: 22
$ id          <dbl> 1, 2, 3, 4, 5, 6, 7, 8, 9, 10, 11, 12, 13, 14, 15, 16, 17,
$ index_date  <date> 2007-01-05, 2007-01-10, 2007-01-11, 2007-01-12, 2007-01-18
$ gender      <chr> "M", "F", "M", "M", "M", "M", "M", "F", "F", "M", "M", "M",
$ age         <dbl> 54, 45, 49, 26, 50, 33, 49, 50, 49, 50, 32, 48, 51, 41, 50,
$ last_date   <date> 2014-07-18, 2016-08-25, 2017-06-21, 2012-12-17, 2009-05-15
$ treat_gr    <chr> "ETV", "ETV", "TDF", "ETV", "TDF", "ETV", "TDF", "TDF", "ET
$ lc          <dbl> 1, 0, 1, 0, 1, 1, 1, 0, 1, 0, 0, 0, 0, 1, 1, 1, 1, 1, 0, 1,
$ hcc         <dbl> 1, 0, 0, 0, 0, 0, 1, 0, 0, 0, 0, 1, 0, 0, 1, 0, 0, 0, 0, 0,
$ hcc_date    <date> 2014-07-18, 2016-08-25, 2017-06-21, 2012-12-17, 2009-05-15
$ hcc_yr      <dbl> 7.641667, 9.763889, 10.594444, 6.016667, 2.355556, 6.069444
$ lab_date    <date> 2006-12-28, 2006-12-28, 2006-12-28, 2007-01-06, 2007-01-11
$ alt         <dbl> 67, 32, 106, 159, 94, 32, 104, 143, 31, 239, 359, 486, 56,
$ bil         <dbl> 1.2, 1.1, 1.8, 1.4, 0.8, 0.7, 1.1, 1.5, 1.3, 1.3, 0.9, 0.7,
$ inr         <dbl> 1.17, 0.90, 1.03, 1.04, 1.12, 0.88, 1.10, 1.10, NA, 1.03, 0
$ cr          <dbl> 1.00, 0.60, 1.05, 0.93, 0.90, 1.20, 0.91, 0.70, 0.73, 1.20,
$ plt         <dbl> 110, 187, 133, 164, 153, 170, 162, 165, 157, 166, 202, 159,
$ alb         <dbl> 3.8, 3.8, 3.9, 4.2, 4.2, 3.4, NA, 3.5, 3.9, 3.2, 4.1, 2.8,
$ eag         <dbl> 1, 0, 0, 0, 1, 1, 1, 1, 1, 1, 0, 0, 1, 0, 1, 1, 1, 0, 0, 1,
$ dna         <chr> "31934937", "1100", "35968299", "9145608", "1095481", "900"
$ dna_log     <dbl> 7.50, 3.04, 7.56, 6.96, 6.04, 2.95, 7.46, 9.15, 6.30, 7.77,
$ risk_gr     <chr> "high", "low", "intermediate", "low", "high", "intermediate
$ region      <chr> "seoul", "seoul", "busan", "busan", "daegu", "seoul", "daeg
```

4 데이터 인덱싱, 슬라이싱

1장에서 1개의 벡터 안에서 인덱싱과 슬라이싱을 하는 방법을 간단히 배웠다. 여기에서는 실제 임상연구 자료에 많이 쓰이는 데이터프레임에서 인덱싱과 슬라이싱을 하여 원하는 값 혹은 벡터를 선택하는 방법을 배워본다. 예를 들어 현재 실습 데이터인 dat에는 24명 환자의 22개 변수가 있는데, 이 중에 분석해야 할 환자들 혹은 특정 변수만을 선택하는 것이다. 인덱싱과 슬라이싱은 자유자재로 사용할 수 있어야 한다.

먼저 실습 데이터의 형태를 엑셀 프로그램으로 보며 빨리 눈에 익히고, 개념을 잡으며 연습해보자. dat의 형태는 아래와 같다.

A	B	C	D	E	F	G	H	I	J	K	L	M	N	O	P	Q	R	S	T
id	index_date	gender	age	last_date	treat_gr	lc	hcc	hcc_date	hcc_yr	lab_date	alt	bil	inr	cr	plt	alb	eag	dna	dna_log
1	2007-01-05	M	54	2014-07-18	ETV	1	1	2014-07-18	7.641667	2006-12-28	67	1.2	1.17	1	110	3.8	1	31934937	7.50
2	2007-01-10	F	45	2016-08-25	ETV	0	0	2016-08-25	9.763889	2006-12-28	32	1.1	0.9	0.6	187	3.8	0	1100	3.04
3	2007-01-11	M	49	2017-06-21	ETV	1	0	2017-06-21	10.59444	2006-12-28	106	1.8	1.03	1	133	3.9	0	35968299	7.56
4	2007-01-12	M	26	2012-12-17	ETV	0	0	2012-12-17	6.016667	2007-01-06	159	1.4	1.04	0.93	164	4.2	0	9145608	6.96
5	2007-01-18	M	50	2009-05-15	ETV	1	0	2009-05-15	2.355556	2007-01-11	94	0.8	1.12	0.9	153	4.2	1	1095481	6.04
6	2007-01-18	M	33	2013-01-11	ETV	1	0	2013-01-11	6.069444	2007-01-05	32	0.7	0.88	1.2	170	3.4	1	900	2.95
7	2007-01-26	M	49	2013-03-31	ETV	1	1	2015-01-09	8.069444	2007-01-19	104	1.1	1.1	0.9	162	3.7	1	29000000	7.46
8	2007-01-31	F	50	2017-08-24	ETV	0	0	2017-08-24	10.71667	2007-01-31	143	1.5	1.1	0.7	165	3.5	1	1400000000	9.15
9	2007-01-31	F	49	2009-03-20	ETV	1	0	2009-03-20	2.163889	2007-01-13	31	1.3	1.04	0.7	157	3.9	1	2000000	6.30
10	2007-02-01	M	50	2017-09-12	ETV	0	0	2017-09-12	10.76667	2007-01-25	239	1.3	1.03	1.2	166	3.2	1	58425664	7.77
11	2007-02-01	M	32	2010-09-30	ETV	0	0	2010-09-30	3.713889	2007-01-22	359	0.9	0.97	1.1	202	4.1	0	12340762	7.09
12	2007-02-01	M	48	2010-04-23	ETV	0	1	2010-04-23	3.269444	2007-01-27	486	0.7	1.02	0.8	159	2.8	0	47000	4.67
13	2007-02-01	M	51	2017-08-03	ETV	0	0	2017-08-03	10.65556	2007-01-18	56	1.3	1.1	1	186	4.2	1	220	2.34
14	2007-02-02	M	41	2011-07-07	ETV	1	0	2011-07-07	4.488889	2007-02-02	34	1.7	1.08	0.7	159	4.1	0	14000000	7.15
15	2007-02-08	M	50	2012-11-21	ETV	1	1	2012-11-21	5.869444	2007-02-07	107	2.1	1.57	1	66	2.1	1	497946000	8.70
16	2007-02-08	M	51	2011-01-21	ETV	1	0	2011-01-21	4.008333	2007-01-25	40	1.3	1.15	0.9	118	3.4	1	720	2.86
17	2007-02-09	F	62	2010-07-28	ETV	1	0	2010-07-28	3.513889	2007-01-19	48	1	1.02	0.8	105	4	1	82000000	7.91
18	2007-02-14	F	51	2009-06-17	ETV	1	0	2009-06-17	2.372222	2007-02-14	61	2.1	1.43	0.6	55	2.7	0	440000	5.64
19	2007-02-15	M	48	2017-08-25	ETV	0	0	2017-08-25	10.67778	2007-02-01	34	1.1	1.1	1	163	4.3	0	undetectable	1.00
20	2007-02-15	F	50	2012-01-31	ETV	1	0	2012-01-31	5.030556	2007-02-01	31	0.9	1.25	0.6	163	3.1	1	24000	4.38
21	2007-02-15	M	52	2011-10-13	ETV	1	0	2011-10-13	4.725	2007-02-01	57	1.1	1.11	0.8	91	4.1	1	66393	4.82
22	2007-02-16	M	30	2017-09-25	ETV	0	0	2017-09-25	10.76111	2007-02-02	81	1	0.97	1	292	4.1	1	337540995	8.53
23	2007-02-16	M	29	2017-07-14	ETV	0	0	2017-07-14	10.55833	2007-02-03	35	1.9	1.03	0.9	204	4.4	0	280000	5.45
24	2007-02-20	M	43	2011-01-28	ETV	1	0	2011-01-28	3.994444	2007-02-03	84	1.1	1.07	0.9	181	4.2	1	270000	5.43

4-1 1개의 열 선택하기

데이터에서 열(column)을 하나 선택할 경우, 대괄호 [ ]를 이용하는 방법과 기호 $를 이용하는 방법이 있다.

1) 대괄호를 이용해 1개의 열 선택하기

다음 그림에서 age 변수를 선택해보자.

A	B	C	D	E	F	G	H	I	J	K	L	M	N	O	P	Q	R	S	T
id	index_date	gender	age	last_date	treat_gr	lc	hcc	hcc_date	hcc_yr	lab_date	alt	bil	inr	cr	plt	alb	eag	dna	dna_log
1	2007-01-05	M	54	2014-07-18	ETV	1	1	2014-07-18	7.64167	2006-12-28	67	1.2	1.17	1	110	3.8	1	31934937	7.50427
2	2007-01-10	F	45	2016-08-25	ETV	0	0	2016-08-25	9.76389	2006-12-28	32	1.1	0.9	0.6	187	3.8	0	1100	3.04139
3	2007-01-11	M	49	2017-06-21	ETV	1	0	2017-06-21	10.5944	2006-12-28	106	1.8	1.03	1	133	3.9	0	35968299	7.55592
4	2007-01-12	M	26	2012-12-17	ETV	0	0	2012-12-17	6.01667	2007-01-06	159	1.4	1.04	0.93	164	4.2	0	9145608.2	6.96121
5	2007-01-18	M	50	2009-05-15	ETV	1	0	2009-05-15	2.35556	2007-01-11	94	0.8	1.12	0.9	153	4.2	1	1095481.2	6.03961
6	2007-01-18	M	33	2013-01-11	ETV	1	0	2013-01-11	6.06944	2007-01-05	32	0.7	0.88	1.2	170	3.4	1	900	2.95424
7	2007-01-26	M	49	2013-03-31	ETV	1	1	2015-01-09	8.06944	2007-01-19	104	1.1	1.1	0.9	162	3.7	1	29000000	7.4624
8	2007-01-31	F	50	2017-08-24	ETV	0	0	2017-08-24	10.7167	2007-01-31	143	1.5	1.1	0.7	165	3.5	1	1.4E+09	9.14613
9	2007-01-31	F	49	2009-03-20	ETV	1	0	2009-03-20	2.16389	2007-01-13	31	1.3	1.04	0.7	157	3.9	1	2000000	6.30103
10	2007-02-01	M	50	2017-09-12	ETV	0	0	2017-09-12	10.7667	2007-01-25	239	1.3	1.03	1.2	166	3.2	1	58425664	7.7666
11	2007-02-01	M	32	2010-09-30	ETV	0	0	2010-09-30	3.71389	2007-01-22	359	0.9	0.97	1.1	202	4.1	0	12340762	7.09134
12	2007-02-01	M	48	2010-04-23	ETV	0	1	2010-04-23	3.26944	2007-01-27	486	0.7	1.02	0.8	159	2.8	0	47000	4.6721
13	2007-02-01	M	51	2017-08-03	ETV	0	0	2017-08-03	10.6556	2007-01-18	56	1.3	1.1	1	186	4.2	1	220	2.34242
14	2007-02-02	M	41	2011-07-07	ETV	1	0	2011-07-07	4.48889	2007-02-02	34	1.7	1.08	0.7	159	4.1	0	14000000	7.14613
15	2007-02-08	M	50	2012-11-21	ETV	1	1	2012-11-21	5.86944	2007-02-07	107	2.1	1.57	1	66	2.1	1	497946000	8.69718
16	2007-02-08	M	51	2011-01-21	ETV	1	0	2011-01-21	4.00833	2007-01-25	40	1.3	1.15	0.9	118	3.4	1	720	2.85733
17	2007-02-09	F	62	2010-07-28	ETV	1	0	2010-07-28	3.51389	2007-01-19	48	1	1.02	0.8	105	4	1	82000000	7.91381
18	2007-02-14	F	51	2009-06-17	ETV	1	0	2009-06-17	2.37222	2007-02-14	61	2.1	1.43	0.6	55	2.7	0	440000	5.64345
19	2007-02-15	M	48	2017-08-25	ETV	0	0	2017-08-25	10.6778	2007-02-01	34	1.1	1.1	1	163	4.3	0	undetectable	1
20	2007-02-15	F	50	2012-01-31	ETV	1	0	2012-01-31	5.03056	2007-02-01	31	0.9	1.25	0.6	163	3.1	1	24000	4.38021
21	2007-02-15	M	52	2011-10-13	ETV	1	0	2011-10-13	4.725	2007-02-01	57	1.1	1.11	0.8	91	4.1	1	66392.8	4.82212
22	2007-02-16	M	30	2017-09-25	ETV	0	0	2017-09-25	10.7611	2007-02-02	81	1	0.97	1	292	4.1	1	337540995	8.52833
23	2007-02-16	M	29	2017-07-14	ETV	0	0	2017-07-14	10.5583	2007-02-03	35	1.9	1.03	0.9	204	4.4	0	280000	5.44716
24	2007-02-20	M	43	2011-01-28	ETV	1	0	2011-01-28	3.99444	2007-02-03	84	1.1	1.07	0.9	181	4.2	1	270000	5.43136

[그림 2-1] 엑셀 형태의 데이터 1

대괄호 [ ]를 이용하여 인덱싱을 할 수 있는데 data[row, column] 으로 구성된다고 보면 된다. 즉 대괄호를 이용하여 원하는 1개의 열을 선택하려면 data[,원하는 column] 형식으로 사용한다. 즉 행(row) 칸은 비워둔다(모든 환자가 포함되어야 하기 때문에 아무것도 선택하지 않는 것이다). 아래와 같이 age는 대괄호 [ ]를 이용하여 선택할 수 있다.

```
dat[ ,age]
Error in `[.tbl_df`(dat, , age): object 'age' not found
```

오류가 생겼는데 이유는 무엇일까? age는 문자형 변수이므로 따옴표로 감싸야 한다. 즉 대괄호 [ ] 안에 문자를 쓸 때는 따옴표 ' '를 넣어야 오류가 발생하지 않는다.

```
dat[ , 'age']
# A tibble: 24 × 1
    age
  <dbl>
1    54
2    45
3    49
4    26
5    50
6    33
```

```
7   49
8   50
9   49
10  50
# … with 14 more rows
```

또 다른 방법은 열의 이름을 직접 쓰는 대신 몇 번째 열인지 숫자로 지정하는 것이다. age는 4번째 열이므로 다음과 같이 입력한다.

```
dat[, 4]
# A tibble: 24 × 1
    age
  <dbl>
1   54
2   45
3   49
4   26
5   50
6   33
7   49
8   50
9   49
10  50
# … with 14 more rows
```

2) $를 이용해 1개의 열 선택하기

열을 선택할 때는 $ 기호를 이용하는 방법도 많이 사용한다. age 열을 1개 선택한다면 dat$age 형태로 입력하면 된다.

```
dat$age
[1] 54 45 49 26 50 33 49 50 49 50 32 48 51 41 50 51 62 51 48 50 52 30 29 43
```

즉 dat$age의 결과값은 [그림 2-1]의 붉은색 표시 부분의 값과 동일한 것을 알 수 있다. 여기서 대괄호 [ ]를 사용한 것과 기호 $를 사용한 것의 차이를 눈치챘는가? dat[, 'age']와 dat$age는 무슨 차이가 있을까? 아래의 예를 통해 확인해보자.

```
a1 <- dat[ ,'age'] # a1 객체에 할당
a1
# A tibble: 24 × 1
    age
  <dbl>
1    54
2    45
3    49
4    26
5    50
6    33
7    49
8    50
9    49
10   50
# … with 14 more rows
class(a1)
[1] "tbl_df"  "tbl"     "data.frame"
```

위에서 a1 <- dat[,'age']는 'a1이라는 새로운 객체에 할당한다'는 의미다. 그리고 class(a1)은 'a1 객체의 class는 data. frame, tibble이며, 2차원 구조를 그대로 가진다'는 의미를 나타낸다. 즉 dat[,'age']는 데이터프레임 2차원 구조의 데이터이고, 24개의 행(row)과 1개의 열(column)을 갖는다. 다르게 표현하면 dat[,'age']와 같은 방식의 슬라이싱은 기존 dat의 구조는 그대로 유지하면서 age 변수만 잘라놓은 다음과 같은 형태의 데이터다.

D
age
54
45
49
26
50
33
49
50
49
50
32
48
51
41
50
51
62
51
48
50
52
30
29
43

하지만 dat$age의 경우는 벡터 형태로 반환하게 된다.

```
b1 <- dat$age
class(b1)
[1] "numeric"
```

b1은 2차원의 데이터프레임인가? 그렇지 않다.

```
is.data.frame(b1)
[1] FALSE
```

그러면 1차원의 벡터인가? 그렇다. 즉 dat$age 형태의 슬라이싱은 기존 2차원의 데이터프레임에서 age 열만 선택하되 age 열 안의 값들은 1차원의 벡터 형태로 반환하는 것이다. 이것이 대괄호를 이용한 슬라이싱(dat[, 'age'])과의 차이점이다.

```
is.vector(b1)
[1] TRUE
b1
 [1] 54 45 49 26 50 33 49 50 49 50 32 48 51 41 50 51 62 51 48 50 52 30 29 43
```

3) 대괄호를 이용해 슬라이싱을 할 때 1차원의 벡터로 반환하기

대괄호 [ ]를 이용해 슬라이싱을 하더라도 `drop=TRUE`라는 옵션을 사용하면 1차원의 벡터 형태로 반환할 수 있다. 아래와 같이 dat$age와 같은 형태의 벡터로 반환된다.

```
a2 <-dat[ ,'age', drop=TRUE]
a2

 [1] 54 45 49 26 50 33 49 50 49 50 32 48 51 41 50 51 62 51 48 50 52 30 29 43

class(a2)

[1] "numeric"
```

4-2 여러 개의 열 선택하기

동시에 여러 개의 열을 선택하는 방법을 살펴보자. 먼저, 아래 그림에 해당하는 age, treat_gr, lc, hcc 변수를 선택해보자.

A	B	C	D	E	F	G	H	I	J	K	L	M	N	O	P	Q	R	S	T
id	index_date	gender	age	last_date	treat_gr	lc	hcc	hcc_date	hcc_yr	lab_date	alt	bil	inr	cr	plt	alb	eag	dna	dna_log
1	2007-01-05	M	54	2014-07-18	ETV	1	1	2014-07-18	7.64167	2006-12-28	67	1.2	1.17	1	110	3.8	1	31934937	7.50427
2	2007-01-10	F	45	2016-08-25	ETV	0	0	2016-08-25	9.76389	2006-12-28	32	1.1	0.9	0.6	187	3.8	0	1100	3.04139
3	2007-01-11	M	49	2017-06-21	ETV	1	0	2017-06-21	10.5944	2006-12-28	106	1.8	1.03	1	133	3.9	0	35968299	7.55592
4	2007-01-12	M	26	2012-12-17	ETV	0	0	2012-12-17	6.01667	2007-01-06	159	1.4	1.04	0.93	164	4.2	0	9145608.2	6.96121
5	2007-01-18	M	50	2009-05-15	ETV	1	0	2009-05-15	2.35556	2007-01-11	94	0.8	1.12	0.9	153	4.2	1	1095481.2	6.03961
6	2007-01-18	M	33	2013-01-11	ETV	1	0	2013-01-11	6.06944	2007-01-05	32	0.7	0.88	1.2	170	3.4	1	900	2.95424
7	2007-01-26	M	49	2013-03-31	ETV	1	1	2015-01-09	8.06944	2007-01-19	104	1.1	1.1	0.9	162	3.7	1	29000000	7.4624
8	2007-01-31	F	50	2017-08-24	ETV	0	0	2017-08-24	10.7167	2007-01-31	143	1.5	1.1	0.7	165	3.5	1	1.4E+09	9.14613
9	2007-01-31	F	49	2009-03-20	ETV	1	0	2009-03-20	2.16389	2007-01-13	31	1.3	1.04	0.7	157	3.9	1	2000000	6.30103
10	2007-02-01	M	50	2017-09-12	ETV	0	0	2017-09-12	10.7667	2007-01-25	239	1.3	1.03	1.2	166	3.2	1	58425664	7.7666
11	2007-02-01	M	32	2010-09-30	ETV	0	0	2010-09-30	3.71389	2007-01-22	359	0.9	0.97	1.1	202	4.1	0	12340762	7.09134
12	2007-02-01	M	48	2010-04-23	ETV	0	1	2010-04-23	3.26944	2007-01-27	486	0.7	1.02	0.8	159	2.8	0	47000	4.6721
13	2007-02-01	M	51	2017-08-03	ETV	0	0	2017-08-03	10.6556	2007-01-18	56	1.3	1.1	1	186	4.2	1	220	2.34242
14	2007-02-02	M	41	2011-07-07	ETV	1	0	2011-07-07	4.48889	2007-02-02	34	1.7	1.08	0.7	159	4.1	0	14000000	7.14613
15	2007-02-08	M	50	2012-11-21	ETV	1	1	2012-11-21	5.86944	2007-02-07	107	2.1	1.57	1	66	2.1	1	497946000	8.69718
16	2007-02-08	M	51	2011-01-21	ETV	1	0	2011-01-21	4.00833	2007-01-25	40	1.3	1.15	0.9	118	3.4	1	720	2.85733
17	2007-02-09	F	62	2010-07-28	ETV	1	0	2010-07-28	3.51389	2007-01-19	48	1	1.02	0.8	105	4	1	82000000	7.91381
18	2007-02-14	F	51	2009-06-17	ETV	1	0	2009-06-17	2.37222	2007-02-14	61	2.1	1.43	0.6	55	2.7	0	440000	5.64345
19	2007-02-15	M	48	2017-08-25	ETV	0	0	2017-08-25	10.6778	2007-02-01	34	1.1	1.1	1	163	4.3	0	undetectable	1
20	2007-02-15	F	50	2012-01-31	ETV	1	0	2012-01-31	5.03056	2007-02-01	31	0.9	1.25	0.6	163	3.1	1	24000	4.38021
21	2007-02-15	M	52	2011-10-13	ETV	1	0	2011-10-13	4.725	2007-02-01	57	1.1	1.11	0.8	91	4.1	1	66392.8	4.82212
22	2007-02-16	M	30	2017-09-25	ETV	0	0	2017-09-25	10.7611	2007-02-02	81	1	0.97	1	292	4.1	1	337540995	8.52833
23	2007-02-16	M	29	2017-07-14	ETV	0	0	2017-07-14	10.5583	2007-02-03	35	1.9	1.03	0.9	204	4.4	0	280000	5.44716
24	2007-02-20	M	43	2011-01-28	ETV	1	0	2011-01-28	3.99444	2007-02-03	84	1.1	1.07	0.9	181	4.2	1	270000	5.43136

[그림 2-2] 엑셀 형태의 데이터 2

위에서 배운 대로 열 이름을 직접 사용해서 선택해보자. 이 경우 여러 개를 1개의 벡터로 인식시키기 위해 `c(column1, column2, column3)` 형식으로 쓸 수 있다. 그러면 [그림 2-2]의 붉은색 영역이 선택된다.

```
dat[ ,c('age','treat_gr','lc','hcc')]

# A tibble: 24 × 4
     age  treat_gr     lc    hcc
   <dbl>     <chr>  <dbl>  <dbl>
 1    54       ETV      1      1
 2    45       ETV      0      0
 3    49       TDF      1      0
 4    26       ETV      0      0
 5    50       TDF      1      0
 6    33       ETV      1      0
 7    49       TDF      1      1
 8    50       TDF      0      0
 9    49       ETV      1      0
10    50       ETV      0      0
# … with 14 more rows
```

개인의 코딩 선호방식에 따라서 이렇게도 가능하다.

```
var <- c('age','treat_gr','lc','hcc')
dat[ ,var]

# A tibble: 24 × 4
     age  treat_gr     lc    hcc
   <dbl>     <chr>  <dbl>  <dbl>
 1    54       ETV      1      1
 2    45       ETV      0      0
 3    49       TDF      1      0
 4    26       ETV      0      0
 5    50       TDF      1      0
 6    33       ETV      1      0
 7    49       TDF      1      1
 8    50       TDF      0      0
 9    49       ETV      1      0
10    50       ETV      0      0
# … with 14 more rows
```

차이가 잘 이해되는가? 차이는 var라는 새로운 객체를 만들어 선택할 열들의 이름을 미리 저장해두고 슬라이싱 코드를 짧게 쓴 것뿐이다.

아래와 같이 열 번호(column의 순서)를 이용해도 같은 결과값을 얻을 수 있다.

```
dat[ , c(4,6,7,8)]

# A tibble: 24 × 4
     age  treat_gr    lc    hcc
   <dbl>     <chr> <dbl>  <dbl>
 1  54        ETV      1      1
 2  45        ETV      0      0
 3  49        TDF      1      0
 4  26        ETV      0      0
 5  50        TDF      1      0
 6  33        ETV      1      0
 7  49        TDF      1      1
 8  50        TDF      0      0
 9  49        ETV      1      0
10  50        ETV      0      0
# … with 14 more rows
```

아래 그림의 붉은색 영역을 선택해보자.

A	B	C	D	E	F	G	H	I	J	K	L	M	N	O	P	Q	R	S	T
id	index_date	gender	age	last_date	treat_gr	lc	hcc	hcc_date	hcc_yr	lab_date	alt	bil	inr	cr	plt	alb	eag	dna	dna_log
1	2007-01-05	M	54	2014-07-18	ETV	1	1	2014-07-18	7.64167	2006-12-28	67	1.2	1.17	1	110	3.8	1	31934937	7.50427
2	2007-01-10	F	45	2016-08-25	ETV	0	0	2016-08-25	9.76389	2006-12-28	32	1.1	0.9	0.6	187	3.8	0	1100	3.04139
3	2007-01-11	M	49	2017-06-21	ETV	1	0	2017-06-21	10.5944	2006-12-28	106	1.8	1.03	1	133	3.9	0	35968299	7.55592
4	2007-01-12	M	26	2012-12-17	ETV	0	0	2012-12-17	6.01667	2007-01-06	159	1.4	1.04	0.93	164	4.2	0	9145608.2	6.96121
5	2007-01-18	M	50	2009-05-15	ETV	1	0	2009-05-15	2.35556	2007-01-11	94	0.8	1.12	0.9	153	4.2	1	1095481.2	6.03961
6	2007-01-18	M	33	2013-01-11	ETV	1	0	2013-01-11	6.06944	2007-01-05	32	0.7	0.88	1.2	170	3.4	1	900	2.95424
7	2007-01-26	M	49	2013-03-31	ETV	1	1	2015-01-09	8.06944	2007-01-19	104	1.1	1.1	0.9	162	3.7	1	29000000	7.4624
8	2007-01-31	F	50	2017-08-24	ETV	0	0	2017-08-24	10.7167	2007-01-31	143	1.5	1.1	0.7	165	3.5	1	1.4E+09	9.14613
9	2007-01-31	F	49	2009-03-20	ETV	1	0	2009-03-20	2.16389	2007-01-13	31	1.3	1.04	0.7	157	3.9	1	2000000	6.30103
10	2007-02-01	M	50	2017-09-12	ETV	0	0	2017-09-12	10.7667	2007-01-25	239	1.3	1.03	1.2	166	3.2	1	58425664	7.7666
11	2007-02-01	M	32	2010-09-30	ETV	0	0	2010-09-30	3.71389	2007-01-22	359	0.9	0.97	1.1	202	4.1	0	12340762	7.09134
12	2007-02-01	M	48	2010-04-23	ETV	0	1	2010-04-23	3.26944	2007-01-27	486	0.7	1.02	0.8	159	2.8	0	47000	4.6721
13	2007-02-01	M	51	2017-08-03	ETV	0	0	2017-08-03	10.6556	2007-01-18	56	1.3	1.1	1	186	4.2	1	220	2.34242
14	2007-02-02	M	41	2011-07-07	ETV	1	0	2011-07-07	4.48889	2007-02-02	34	1.7	1.08	0.7	159	4.1	0	14000000	7.14613
15	2007-02-08	M	50	2012-11-21	ETV	1	1	2012-11-21	5.86944	2007-02-07	107	2.1	1.57	1	66	2.1	1	497946000	8.69718
16	2007-02-08	M	51	2011-01-21	ETV	1	0	2011-01-21	4.00833	2007-01-25	40	1.3	1.15	0.9	118	3.4	1	720	2.85733
17	2007-02-09	F	62	2010-07-28	ETV	1	0	2010-07-28	3.51389	2007-01-19	48	1	1.02	0.8	105	4	1	82000000	7.91381
18	2007-02-14	F	51	2009-06-17	ETV	1	0	2009-06-17	2.37222	2007-02-14	61	2.1	1.43	0.6	55	2.7	0	440000	5.64345
19	2007-02-15	M	48	2017-08-25	ETV	0	0	2017-08-25	10.6778	2007-02-01	34	1.1	1.1	1	163	4.3	0	undetectable	1
20	2007-02-15	F	50	2012-01-31	ETV	1	0	2012-01-31	5.03056	2007-02-01	31	0.9	1.25	0.6	163	3.1	1	24000	4.38021
21	2007-02-15	M	52	2011-10-13	ETV	1	0	2011-10-13	4.725	2007-02-01	57	1.1	1.11	0.8	91	4.1	1	66392.8	4.82212
22	2007-02-16	M	30	2017-09-25	ETV	0	0	2017-09-25	10.7611	2007-02-02	81	1	0.97	1	292	4.1	1	337540995	8.52833
23	2007-02-16	M	29	2017-07-14	ETV	0	0	2017-07-14	10.5583	2007-02-03	35	1.9	1.03	0.9	204	4.4	0	280000	5.44716
24	2007-02-20	M	43	2011-01-28	ETV	1	0	2011-01-28	3.99444	2007-02-03	84	1.1	1.07	0.9	181	4.2	1	270000	5.43136

붉은색 영역을 선택해서 temp에 할당해보자.

```
temp <- dat[ , c('id','index_date','gender','age','last_date','treat_gr','lc','hcc')]
head(temp)

# A tibble: 6 × 8
     id index_date gender   age last_date  treat_gr    lc   hcc
  <dbl>     <date>  <chr> <dbl>     <date>    <chr> <dbl> <dbl>
1     1 2007-01-05      M    54 2014-07-18      ETV     1     1
2     2 2007-01-10      F    45 2016-08-25      ETV     0     0
3     3 2007-01-11      M    49 2017-06-21      TDF     1     0
4     4 2007-01-12      M    26 2012-12-17      ETV     0     0
5     5 2007-01-18      M    50 2009-05-15      TDF     1     0
6     6 2007-01-18      M    33 2013-01-11      ETV     1     0
```

위의 코드도 가능하지만 너무 길고 쓰기가 힘들기 때문에 아래와 같이 효율적으로 코딩할 수도 있다.

```
temp <- dat[ ,1:8]
head(temp)

# A tibble: 6 × 8
     id index_date gender   age last_date  treat_gr    lc   hcc
  <dbl>     <date>  <chr> <dbl>     <date>    <chr> <dbl> <dbl>
1     1 2007-01-05      M    54 2014-07-18      ETV     1     1
2     2 2007-01-10      F    45 2016-08-25      ETV     0     0
3     3 2007-01-11      M    49 2017-06-21      TDF     1     0
4     4 2007-01-12      M    26 2012-12-17      ETV     0     0
5     5 2007-01-18      M    50 2009-05-15      TDF     1     0
6     6 2007-01-18      M    33 2013-01-11      ETV     1     0
```

그렇다면 이렇게 나누어져 있는 경우 어떻게 선택할 수 있을까?

A	B	C	D	E	F	G	H	I	J	K
id	index_date	gender	age	last_date	treat_gr	lc	hcc	hcc_date	hcc_yr	lab_date
1	2007-01-05	M	54	2014-07-18	ETV	1	1	2014-07-18	7.64167	2006-12-28
2	2007-01-10	F	45	2016-08-25	ETV	0	0	2016-08-25	9.76389	2006-12-28
3	2007-01-11	M	49	2017-06-21	ETV	1	0	2017-06-21	10.5944	2006-12-28
4	2007-01-12	M	26	2012-12-17	ETV	0	0	2012-12-17	6.01667	2007-01-06
5	2007-01-18	M	50	2009-05-15	ETV	1	0	2009-05-15	2.35556	2007-01-11
6	2007-01-18	M	33	2013-01-11	ETV	1	0	2013-01-11	6.06944	2007-01-05
7	2007-01-26	M	49	2013-03-31	ETV	1	1	2015-01-09	8.06944	2007-01-19
8	2007-01-31	F	50	2017-08-24	ETV	0	0	2017-08-24	10.7167	2007-01-31
9	2007-01-31	F	49	2009-03-20	ETV	1	0	2009-03-20	2.16389	2007-01-13
10	2007-02-01	M	50	2017-09-12	ETV	0	0	2017-09-12	10.7667	2007-01-25
11	2007-02-01	M	32	2010-09-30	ETV	0	0	2010-09-30	3.71389	2007-01-22
12	2007-02-01	M	48	2010-04-23	ETV	0	1	2010-04-23	3.26944	2007-01-27
13	2007-02-01	M	51	2017-08-03	ETV	0	0	2017-08-03	10.6556	2007-01-18
14	2007-02-02	M	41	2011-07-07	ETV	1	0	2011-07-07	4.48889	2007-02-02
15	2007-02-08	M	50	2012-11-21	ETV	1	1	2012-11-21	5.86944	2007-02-07
16	2007-02-08	M	51	2011-01-21	ETV	1	0	2011-01-21	4.00833	2007-01-25
17	2007-02-09	F	62	2010-07-28	ETV	1	0	2010-07-28	3.51389	2007-01-19
18	2007-02-14	F	51	2009-06-17	ETV	1	0	2009-06-17	2.37222	2007-02-14
19	2007-02-15	M	48	2017-08-25	ETV	0	0	2017-08-25	10.6778	2007-02-01
20	2007-02-15	F	50	2012-01-31	ETV	1	0	2012-01-31	5.03056	2007-02-01
21	2007-02-15	M	52	2011-10-13	ETV	1	0	2011-10-13	4.725	2007-02-01
22	2007-02-16	M	30	2017-09-25	ETV	0	0	2017-09-25	10.7611	2007-02-02
23	2007-02-16	M	29	2017-07-14	ETV	0	0	2017-07-14	10.5583	2007-02-03
24	2007-02-20	M	43	2011-01-28	ETV	1	0	2011-01-28	3.99444	2007-02-03

A	L	M	N	O	P	Q	R	S	T
id	alt	bil	inr	cr	plt	alb	eag	dna	dna_log
1	67	1.2	1.17	1	110	3.8	1	31934937	7.50427
2	32	1.1	0.9	0.6	187	3.8	0	1100	3.04139
3	106	1.8	1.03	1	133	3.9	0	35968299	7.55592
4	159	1.4	1.04	0.93	164	4.2	0	9145608.2	6.96121
5	94	0.8	1.12	0.9	153	4.2	1	1095481.2	6.03961
6	32	0.7	0.88	1.2	170	3.4	1	900	2.95424
7	104	1.1	1.1	0.9	162	3.7	1	29000000	7.4624
8	143	1.5	1.1	0.7	165	3.5	1	1.4E+09	9.14613
9	31	1.3	1.04	0.7	157	3.9	1	2000000	6.30103
10	239	1.3	1.03	1.2	166	3.2	1	58425664	7.7666
11	359	0.9	0.97	1.1	202	4.1	0	12340762	7.09134
12	486	0.7	1.02	0.8	159	2.8	0	47000	4.6721
13	56	1.3	1.1	1	186	4.2	1	220	2.34242
14	34	1.7	1.08	0.7	159	4.1	0	14000000	7.14613
15	107	2.1	1.57	1	66	2.1	1	497946000	8.69718
16	40	1.3	1.15	0.9	118	3.4	1	720	2.85733
17	48	1	1.02	0.8	105	4	1	82000000	7.91381
18	61	2.1	1.43	0.6	55	2.7	0	440000	5.64345
19	34	1.1	1.1	1	163	4.3	0	undetectable	1
20	31	0.9	1.25	0.6	163	3.1	1	24000	4.38021
21	57	1.1	1.11	0.8	91	4.1	1	66392.8	4.82212
22	81	1	0.97	1	292	4.1	1	337540995	8.52833
23	35	1.9	1.03	0.9	204	4.4	0	280000	5.44716
24	84	1.1	1.07	0.9	181	4.2	1	270000	5.43136

더이상 열 이름을 직접 길게 쓰지 말고 코딩해보자. 즉 1-10번째까지 열과 12-20번째 열을 선택한다.

```
temp <- dat[ ,c(1:10, 12:20)]
head(temp)

# A tibble: 6 × 19
     id index_date gender   age last_date  treat_gr    lc   hcc hcc_date
  <dbl> <date>     <chr>  <dbl> <date>     <chr>    <dbl> <dbl> <date>
1     1 2007-01-05 M         54 2014-07-18 ETV          1     1 2014-07-18
2     2 2007-01-10 F         45 2016-08-25 ETV          0     0 2016-08-25
3     3 2007-01-11 M         49 2017-06-21 TDF          1     0 2017-06-21
4     4 2007-01-12 M         26 2012-12-17 ETV          0     0 2012-12-17
5     5 2007-01-18 M         50 2009-05-15 TDF          1     0 2009-05-15
6     6 2007-01-18 M         33 2013-01-11 ETV          1     0 2013-01-11
# … with 10 more variables: hcc_yr <dbl>, alt <dbl>, bil <dbl>, inr <dbl>,
#   cr <dbl>, plt <dbl>, alb <dbl>, eag <dbl>, dna <chr>, dna_log <dbl>
```

다르게 표현하면 11번째 열만 제외한 것이니 이렇게도 가능하다.

```
temp <- dat[ , -11]
head(temp)

# A tibble: 6 × 21
     id index_date gender   age last_date treat_gr    lc   hcc   hcc_date
  <dbl>     <date>  <chr> <dbl>    <date>    <chr> <dbl> <dbl>     <date>
1     1 2007-01-05      M    54 2014-07-18      ETV     1     1 2014-07-18
2     2 2007-01-10      F    45 2016-08-25      ETV     0     0 2016-08-25
3     3 2007-01-11      M    49 2017-06-21      TDF     1     0 2017-06-21
4     4 2007-01-12      M    26 2012-12-17      ETV     0     0 2012-12-17
5     5 2007-01-18      M    50 2009-05-15      TDF     1     0 2009-05-15
6     6 2007-01-18      M    33 2013-01-11      ETV     1     0 2013-01-11
# … with 12 more variables: hcc_yr <dbl>, alt <dbl>, bil <dbl>, inr <dbl>,
#   cr <dbl>, plt <dbl>, alb <dbl>, eag <dbl>, dna <chr>, dna_log <dbl>,
#   risk_gr <chr>, region <chr>
```

4-3 1개의 행 선택하기

행(row)을 1개 선택하는 경우(환자 1명 선택하기)는 다음과 같이 할 수 있다. 아래 푸른색 영역의 첫 번째 환자 (id:1)를 선택해보자.

A	B	C	D	E	F	G	H	I	J	K	L	M	N	O	P	Q	R	S	T
id	index_date	gender	age	last_date	treat_gr	lc	hcc	hcc_date	hcc_yr	lab_date	alt	bil	inr	cr	plt	alb	eag	dna	dna_log
1	2007-01-05	M	54	2014-07-18	ETV	1	1	2014-07-18	7.64167	2006-12-28	67	1.2	1.17	1	110	3.8	1	31934937	7.50427
2	2007-01-10	F	45	2016-08-25	ETV	0	0	2016-08-25	9.76389	2006-12-28	32	1.1	0.9	0.6	187	3.8	0	1100	3.04139
3	2007-01-11	M	49	2017-06-21	ETV	1	0	2017-06-21	10.5944	2006-12-28	106	1.8	1.03	1	133	3.9	0	35968299	7.55592
4	2007-01-12	M	26	2012-12-17	ETV	0	0	2012-12-17	6.01667	2007-01-06	159	1.4	1.04	0.93	164	4.2	0	9145608.2	6.96121
5	2007-01-18	M	50	2009-05-15	ETV	1	0	2009-05-15	2.35556	2007-01-11	94	0.8	1.12	0.9	153	4.2	1	1095481.2	6.03961
6	2007-01-18	M	33	2013-01-11	ETV	1	0	2013-01-11	6.06944	2007-01-05	32	0.7	0.88	1.2	170	3.4	1	900	2.95424
7	2007-01-26	M	49	2013-03-31	ETV	1	1	2015-01-09	8.06944	2007-01-19	104	1.1	1.1	0.9	162	3.7	1	29000000	7.4624
8	2007-01-31	F	50	2017-08-24	ETV	0	0	2017-08-24	10.7167	2007-01-31	143	1.5	1.1	0.7	165	3.5	1	1.4E+09	9.14613
9	2007-01-31	F	49	2009-03-20	ETV	1	0	2009-03-20	2.16389	2007-01-13	31	1.3	1.04	0.7	157	3.9	1	2000000	6.30103
10	2007-02-01	M	50	2017-09-12	ETV	0	0	2017-09-12	10.7667	2007-01-25	239	1.3	1.03	1.2	166	3.2	1	58425664	7.7666
11	2007-02-01	M	32	2010-09-30	ETV	0	0	2010-09-30	3.71389	2007-01-22	359	0.9	0.97	1.1	202	4.1	0	12340762	7.09134
12	2007-02-01	M	48	2010-04-23	ETV	0	1	2010-04-23	3.26944	2007-01-27	486	0.7	1.02	0.8	159	2.8	0	47000	4.6721
13	2007-02-01	M	51	2017-08-03	ETV	0	0	2017-08-03	10.6556	2007-01-18	56	1.3	1.1	1	186	4.2	1	220	2.34242
14	2007-02-02	M	41	2011-07-07	ETV	1	0	2011-07-07	4.48889	2007-02-02	34	1.7	1.08	0.7	159	4.1	0	14000000	7.14613
15	2007-02-08	M	50	2012-11-21	ETV	1	1	2012-11-21	5.86944	2007-02-07	107	2.1	1.57	1	66	2.1	1	497946000	8.69718
16	2007-02-08	M	51	2011-01-21	ETV	1	0	2011-01-21	4.00833	2007-01-25	40	1.3	1.15	0.9	118	3.4	1	720	2.85733
17	2007-02-09	F	62	2010-07-28	ETV	1	0	2010-07-28	3.51389	2007-01-19	48	1	1.02	0.8	105	4	1	82000000	7.91381
18	2007-02-14	F	51	2009-06-17	ETV	1	0	2009-06-17	2.37222	2007-02-14	61	2.1	1.43	0.6	55	2.7	0	440000	5.64345
19	2007-02-15	M	48	2017-08-25	ETV	0	0	2017-08-25	10.6778	2007-02-01	34	1.1	1.1	1	163	4.3	0	undetectable	1
20	2007-02-15	F	50	2012-01-31	ETV	1	0	2012-01-31	5.03056	2007-02-01	31	0.9	1.25	0.6	163	3.1	1	24000	4.38021
21	2007-02-15	M	52	2011-10-13	ETV	1	0	2011-10-13	4.725	2007-02-01	57	1.1	1.11	0.8	91	4.1	1	66392.8	4.82212
22	2007-02-16	M	30	2017-09-25	ETV	0	0	2017-09-25	10.7611	2007-02-02	81	1	0.97	1	292	4.1	1	337540995	8.52833
23	2007-02-16	M	29	2017-07-14	ETV	0	0	2017-07-14	10.5583	2007-02-03	35	1.9	1.03	0.9	204	4.4	0	280000	5.44716
24	2007-02-20	M	43	2011-01-28	ETV	1	0	2011-01-28	3.99444	2007-02-03	84	1.1	1.07	0.9	181	4.2	1	270000	5.43136

선택할 때는 대괄호 [ ]를 이용해 열을 선택할 때와 다르게 행을 앞쪽에서 해당 행을 지정해준다.

```
pt1 <- dat[1, ]
pt1
# A tibble: 1 × 22
     id index_date gender   age last_date treat_gr    lc   hcc hcc_date
  <dbl>     <date>  <chr> <dbl>     <date>    <chr> <dbl> <dbl>    <date>
1     1 2007-01-05      M    54 2014-07-18      ETV     1     1 2014-07-18
# … with 13 more variables: hcc_yr <dbl>, lab_date <date>, alt <dbl>,
# bil <dbl>, inr <dbl>, cr <dbl>, plt <dbl>, alb <dbl>, eag <dbl>, dna <chr>,
# dna_log <dbl>, risk_gr <chr>, region <chr>
class(pt1)
[1] "tbl_df"     "tbl"     "data.frame"
```

이렇게 선택할 경우 앞에서 열을 슬라이싱할 때와 같이 2차원의 데이터프레임 구조는 그대로 남아 있다. 즉 아래와 같이 환자 1명만 잘라낸 데이터라고 보면 된다.

id	index_date	gender	age	last_date	treat_gr	lc	hcc	hcc_date	hcc_yr	lab_date	alt	bil	inr	cr	plt	alb	eag	dna	dna_log
1	2007-01-05	M	54	2014-07-18	ETV	1	1	2014-07-18	7.64167	2006-12-28	67	1.2	1.17	1	110	3.8	1	31934937	7.50427

4-4 여러 개의 행 선택하기

이번에는 한 번에 여러 개의 행을 선택해보자(환자 여러 명 선택하기). 아래 그림의 푸른색 영역의 환자 4명을 선택해보자.

A	B	C	D	E	F	G	H	I	J	K	L	M	N	O	P	Q	R	S	T
id	index_date	gender	age	last_date	treat_gr	lc	hcc	hcc_date	hcc_yr	lab_date	alt	bil	inr	cr	plt	alb	eag	dna	dna_log
1	2007-01-05	M	54	2014-07-18	ETV	1	1	2014-07-18	7.64167	2006-12-28	67	1.2	1.17	1	110	3.8	1	31934937	7.50427
2	2007-01-10	F	45	2016-08-25	ETV	0	0	2016-08-25	9.76389	2006-12-28	32	1.1	0.9	0.6	187	3.8	0	1100	3.04139
3	2007-01-11	M	49	2017-06-21	ETV	1	0	2017-06-21	10.5944	2006-12-28	106	1.8	1.03	1	133	3.9	0	35968299	7.55592
4	2007-01-12	M	26	2012-12-17	ETV	0	0	2012-12-17	6.01667	2007-01-06	159	1.4	1.04	0.93	164	4.2	0	9145608.2	6.96121
5	2007-01-18	M	50	2009-05-15	ETV	1	0	2009-05-15	2.35556	2007-01-11	94	0.8	1.12	0.9	153	4.2	1	1095481.2	6.03961
6	2007-01-18	M	33	2013-01-11	ETV	1	0	2013-01-11	6.06944	2007-01-05	32	0.7	0.88	1.2	170	3.4	1	900	2.95424
7	2007-01-26	M	49	2013-03-31	ETV	1	1	2015-01-09	8.06944	2007-01-19	104	1.1	1.1	0.9	162	3.7	1	29000000	7.4624
8	2007-01-31	F	50	2017-08-24	ETV	0	0	2017-08-24	10.7167	2007-01-31	143	1.5	1.1	0.7	165	3.5	1	1.4E+09	9.14613
9	2007-01-31	F	49	2009-03-20	ETV	1	0	2009-03-20	2.16389	2007-01-13	31	1.3	1.04	0.7	157	3.9	1	2000000	6.30103
10	2007-02-01	M	50	2017-09-12	ETV	0	0	2017-09-12	10.7667	2007-01-25	239	1.3	1.03	1.2	166	3.2	1	58425664	7.7666
11	2007-02-01	M	32	2010-09-30	ETV	0	0	2010-09-30	3.71389	2007-01-22	359	0.9	0.97	1.1	202	4.1	0	12340762	7.09134
12	2007-02-01	M	48	2010-04-23	ETV	0	1	2010-04-23	3.26944	2007-01-27	486	0.7	1.02	0.8	159	2.8	0	47000	4.6721
13	2007-02-01	M	51	2017-08-03	ETV	0	0	2017-08-03	10.6556	2007-01-18	56	1.3	1.1	1	186	4.2	1	220	2.34242
14	2007-02-02	M	41	2011-07-07	ETV	1	0	2011-07-07	4.48889	2007-02-02	34	1.7	1.08	0.7	159	4.1	0	14000000	7.14613
15	2007-02-08	M	50	2012-11-21	ETV	1	1	2012-11-21	5.86944	2007-02-07	107	2.1	1.57	1	66	2.1	1	497946000	8.69718
16	2007-02-08	M	51	2011-01-21	ETV	1	0	2011-01-21	4.00833	2007-01-25	40	1.3	1.15	0.9	118	3.4	1	720	2.85733
17	2007-02-09	F	62	2010-07-28	ETV	1	0	2010-07-28	3.51389	2007-01-19	48	1	1.02	0.8	105	4	1	82000000	7.91381
18	2007-02-14	F	51	2009-06-17	ETV	1	0	2009-06-17	2.37222	2007-02-14	61	2.1	1.43	0.6	55	2.7	0	440000	5.64345
19	2007-02-15	M	48	2017-08-25	ETV	0	0	2017-08-25	10.6778	2007-02-01	34	1.1	1.1	1	163	4.3	0	undetectable	1
20	2007-02-15	F	50	2012-01-31	ETV	1	0	2012-01-31	5.03056	2007-02-01	31	0.9	1.25	0.6	163	3.1	1	24000	4.38021
21	2007-02-15	M	52	2011-10-13	ETV	1	0	2011-10-13	4.725	2007-02-01	57	1.1	1.11	0.8	91	4.1	1	66392.8	4.82212
22	2007-02-16	M	30	2017-09-25	ETV	0	0	2017-09-25	10.7611	2007-02-02	81	1	0.97	1	292	4.1	1	337540995	8.52833
23	2007-02-16	M	29	2017-07-14	ETV	0	0	2017-07-14	10.5583	2007-02-03	35	1.9	1.03	0.9	204	4.4	0	280000	5.44716
24	2007-02-20	M	43	2011-01-28	ETV	1	0	2011-01-28	3.99444	2007-02-03	84	1.1	1.07	0.9	181	4.2	1	270000	5.43136

```
pt2 <- dat[1:4, ]
pt2

# A tibble: 4 × 22
     id index_date gender   age last_date  treat_gr    lc   hcc hcc_date
  <dbl> <date>     <chr>  <dbl> <date>     <chr>    <dbl> <dbl> <date>
1     1 2007-01-05 M         54 2014-07-18 ETV          1     1 2014-07-18
2     2 2007-01-10 F         45 2016-08-25 ETV          0     0 2016-08-25
3     3 2007-01-11 M         49 2017-06-21 TDF          1     0 2017-06-21
4     4 2007-01-12 M         26 2012-12-17 ETV          0     0 2012-12-17
# … with 13 more variables: hcc_yr <dbl>, lab_date <date>, alt <dbl>,
#   bil <dbl>, inr <dbl>, cr <dbl>, plt <dbl>, alb <dbl>, eag <dbl>, dna <chr>,
#   dna_log <dbl>, risk_gr <chr>, region <chr>

class(pt2)

[1] "tbl_df"     "tbl"        "data.frame"
```

역시 데이터프레임 구조가 유지되면서 4명의 환자와 22개의 변수로 된 데이터 구조이다. 그렇다면 아래 그림의 푸른색 영역의 3명의 환자(id: 1, 4, 9)들을 선택하려면 어떻게 해야 할까?

A	B	C	D	E	F	G	H	I	J	K	L	M	N	O	P	Q	R	S	T
id	index_date	gender	age	last_date	treat_gr	lc	hcc	hcc_date	hcc_yr	lab_date	alt	bil	inr	cr	plt	alb	eag	dna	dna_log
1	2007-01-05	M	54	2014-07-18	ETV	1	1	2014-07-18	7.64167	2006-12-28	67	1.2	1.17	1	110	3.8	1	31934937	7.50427
2	2007-01-10	F	45	2016-08-25	ETV	0	0	2016-08-25	9.76389	2006-12-28	32	1.1	0.9	0.6	187	3.8	0	1100	3.04139
3	2007-01-11	M	49	2017-06-21	ETV	1	0	2017-06-21	10.5944	2006-12-28	106	1.8	1.03	1	133	3.9	0	35968299	7.55592
4	2007-01-12	M	26	2012-12-17	ETV	0	0	2012-12-17	6.01667	2007-01-06	159	1.4	1.04	0.93	164	4.2	0	9145608.2	6.96121
5	2007-01-18	M	50	2009-05-15	ETV	1	0	2009-05-15	2.35556	2007-01-11	94	0.8	1.12	0.9	153	4.2	1	1095481.2	6.03961
6	2007-01-18	M	33	2013-01-11	ETV	1	0	2013-01-11	6.06944	2007-01-05	32	0.7	0.88	1.2	170	3.4	1	900	2.95424
7	2007-01-26	M	49	2013-03-31	ETV	1	1	2015-01-09	8.06944	2007-01-19	104	1.1	1.1	0.9	162	3.7	1	29000000	7.4624
8	2007-01-31	F	50	2017-08-24	ETV	0	0	2017-08-24	10.7167	2007-01-31	143	1.5	1.1	0.7	165	3.5	1	1.4E+09	9.14613
9	2007-01-31	F	49	2009-03-20	ETV	1	0	2009-03-20	2.16389	2007-01-13	31	1.3	1.04	0.7	157	3.9	1	2000000	6.30103
10	2007-02-01	M	50	2017-09-12	ETV	0	0	2017-09-12	10.7667	2007-01-25	239	1.3	1.03	1.2	166	3.2	1	58425664	7.7666
11	2007-02-01	M	32	2010-09-30	ETV	0	0	2010-09-30	3.71389	2007-01-22	359	0.9	0.97	1.1	202	4.1	0	12340762	7.09134
12	2007-02-01	M	48	2010-04-23	ETV	0	1	2010-04-23	3.26944	2007-01-27	486	0.7	1.02	0.8	159	2.8	0	47000	4.6721
13	2007-02-01	M	51	2017-08-03	ETV	0	0	2017-08-03	10.6556	2007-01-18	56	1.3	1.1	1	186	4.2	1	220	2.34242
14	2007-02-02	M	41	2011-07-07	ETV	1	0	2011-07-07	4.48889	2007-02-02	34	1.7	1.08	0.7	159	4.1	0	14000000	7.14613
15	2007-02-08	M	50	2012-11-21	ETV	1	1	2012-11-21	5.86944	2007-02-07	107	2.1	1.57	1	66	2.1	1	497946000	8.69718
16	2007-02-08	M	51	2011-01-21	ETV	1	0	2011-01-21	4.00833	2007-01-25	40	1.3	1.15	0.9	118	3.4	1	720	2.85733
17	2007-02-09	F	62	2010-07-28	ETV	1	0	2010-07-28	3.51389	2007-01-19	48	1	1.02	0.8	105	4	1	82000000	7.91381
18	2007-02-14	F	51	2009-06-17	ETV	1	0	2009-06-17	2.37222	2007-02-14	61	2.1	1.43	0.6	55	2.7	0	440000	5.64345
19	2007-02-15	M	48	2017-08-25	ETV	0	0	2017-08-25	10.6778	2007-02-01	34	1.1	1.1	1	163	4.3	0	undetectable	1
20	2007-02-15	F	50	2012-01-31	ETV	1	0	2012-01-31	5.03056	2007-02-01	31	0.9	1.25	0.6	163	3.1	1	24000	4.38021
21	2007-02-15	M	52	2011-10-13	ETV	1	0	2011-10-13	4.725	2007-02-01	57	1.1	1.11	0.8	91	4.1	1	66392.8	4.82212
22	2007-02-16	M	30	2017-09-25	ETV	0	0	2017-09-25	10.7611	2007-02-02	81	1	0.97	1	292	4.1	1	337540995	8.52833
23	2007-02-16	M	29	2017-07-14	ETV	0	0	2017-07-14	10.5583	2007-02-03	35	1.9	1.03	0.9	204	4.4	0	280000	5.44716
24	2007-02-20	M	43	2011-01-28	ETV	1	0	2011-01-28	3.99444	2007-02-03	84	1.1	1.07	0.9	181	4.2	1	270000	5.43136

앞에서 여러 개의 열을 지정할 때와 같은 형태로 여러 개의 행을 선택해보자.

```
pt <- dat[c(1,4,9), ]
pt

# A tibble: 3 × 22
     id index_date gender   age last_date treat_gr    lc   hcc  hcc_date
  <dbl>     <date>  <chr> <dbl>    <date>    <chr> <dbl> <dbl>    <date>
1     1 2007-01-05      M    54 2014-07-18      ETV     1     1 2014-07-18
2     4 2007-01-12      M    26 2012-12-17      ETV     0     0 2012-12-17
3     9 2007-01-31      F    49 2009-03-20      ETV     1     0 2009-03-20
# … with 13 more variables: hcc_yr <dbl>, lab_date <date>, alt <dbl>,
#   bil <dbl>, inr <dbl>, cr <dbl>, plt <dbl>, alb <dbl>, eag <dbl>, dna <chr>,
#   dna_log <dbl>, risk_gr <chr>, region <chr>
```

id가 1, 4, 9인 환자만 선택된다. 이번에는 아래 그림처럼 id가 1~4, 10~14인 환자만 골라보자.

A	B	C	D	E	F	G	H	I	J	K	L	M	N	O	P	Q	R	S	T
id	index_date	gender	age	last_date	treat_gr	lc	hcc	hcc_date	hcc_yr	lab_date	alt	bil	inr	cr	plt	alb	eag	dna	dna_log
1	2007-01-05	M	54	2014-07-18	ETV	1	1	2014-07-18	7.64167	2006-12-28	67	1.2	1.17	1	110	3.8	1	31934937	7.50427
2	2007-01-10	F	45	2016-08-25	ETV	0	0	2016-08-25	9.76389	2006-12-28	32	1.1	0.9	0.6	187	3.8	0	1100	3.04139
3	2007-01-11	M	49	2017-06-21	ETV	1	0	2017-06-21	10.5944	2006-12-28	106	1.8	1.03	1	133	3.9	0	35968299	7.55592
4	2007-01-12	M	26	2012-12-17	ETV	0	0	2012-12-17	6.01667	2007-01-06	159	1.4	1.04	0.93	164	4.2	0	9145608.2	6.96121
5	2007-01-18	M	50	2009-05-15	ETV	1	0	2009-05-15	2.35556	2007-01-11	94	0.8	1.12	0.9	153	4.2	1	1095481.2	6.03961
6	2007-01-18	M	33	2013-01-11	ETV	1	0	2013-01-11	6.06944	2007-01-05	32	0.7	0.88	1.2	170	3.4	1	900	2.95424
7	2007-01-26	M	49	2013-03-31	ETV	1	1	2015-01-09	8.06944	2007-01-19	104	1.1	1.1	0.9	162	3.7	1	29000000	7.4624
8	2007-01-31	F	50	2017-08-24	ETV	0	0	2017-08-24	10.7167	2007-01-31	143	1.5	1.1	0.7	165	3.5	1	1.4E+09	9.14613
9	2007-01-31	F	49	2009-03-20	ETV	1	0	2009-03-20	2.16389	2007-01-13	31	1.3	1.04	0.7	157	3.9	1	2000000	6.30103
10	2007-02-01	M	50	2017-09-12	ETV	0	0	2017-09-12	10.7667	2007-01-25	239	1.3	1.03	1.2	166	3.2	1	58425664	7.7666
11	2007-02-01	M	32	2010-09-30	ETV	0	0	2010-09-30	3.71389	2007-01-22	359	0.9	0.97	1.1	202	4.1	0	12340762	7.09134
12	2007-02-01	M	48	2010-04-23	ETV	0	1	2010-04-23	3.26944	2007-01-27	486	0.7	1.02	0.8	159	2.8	0	47000	4.6721
13	2007-02-01	M	51	2017-08-03	ETV	0	0	2017-08-03	10.6556	2007-01-18	56	1.3	1.1	1	186	4.2	1	220	2.34242
14	2007-02-02	M	41	2011-07-07	ETV	1	0	2011-07-07	4.48889	2007-02-02	34	1.7	1.08	0.7	159	4.1	0	14000000	7.14613
15	2007-02-08	M	50	2012-11-21	ETV	1	1	2012-11-21	5.86944	2007-02-07	107	2.1	1.57	1	66	2.1	1	497946000	8.69718
16	2007-02-08	M	51	2011-01-21	ETV	1	0	2011-01-21	4.00833	2007-01-25	40	1.3	1.15	0.9	118	3.4	1	720	2.85733
17	2007-02-09	F	62	2010-07-28	ETV	1	0	2010-07-28	3.51389	2007-01-19	48	1	1.02	0.8	105	4	1	82000000	7.91381
18	2007-02-14	F	51	2009-06-17	ETV	1	0	2009-06-17	2.37222	2007-02-14	61	2.1	1.43	0.6	55	2.7	0	440000	5.64345
19	2007-02-15	M	48	2017-08-25	ETV	0	0	2017-08-25	10.6778	2007-02-01	34	1.1	1.1	1	163	4.3	0	undetectable	1
20	2007-02-15	F	50	2012-01-31	ETV	1	0	2012-01-31	5.03056	2007-02-01	31	0.9	1.25	0.6	163	3.1	1	24000	4.38021
21	2007-02-15	M	52	2011-10-13	ETV	1	0	2011-10-13	4.725	2007-02-01	57	1.1	1.11	0.8	91	4.1	1	66392.8	4.82212
22	2007-02-16	M	30	2017-09-25	ETV	0	0	2017-09-25	10.7611	2007-02-02	81	1	0.97	1	292	4.1	1	337540995	8.52833
23	2007-02-16	M	29	2017-07-14	ETV	0	0	2017-07-14	10.5583	2007-02-03	35	1.9	1.03	0.9	204	4.4	0	280000	5.44716
24	2007-02-20	M	43	2011-01-28	ETV	1	0	2011-01-28	3.99444	2007-02-03	84	1.1	1.07	0.9	181	4.2	1	270000	5.43136

똑같이 c()을 이용해서 대괄호 [ ] 안에 쓰면 된다.

```
pt <- dat[c(1:4,10:14), ]
pt

# A tibble: 9 × 22
     id index_date gender   age last_date  treat_gr    lc   hcc hcc_date
  <dbl> <date>     <chr>  <dbl> <date>     <chr>    <dbl> <dbl> <date>
1     1 2007-01-05 M         54 2014-07-18 ETV          1     1 2014-07-18
2     2 2007-01-10 F         45 2016-08-25 ETV          0     0 2016-08-25
3     3 2007-01-11 M         49 2017-06-21 TDF          1     0 2017-06-21
4     4 2007-01-12 M         26 2012-12-17 ETV          0     0 2012-12-17
5    10 2007-02-01 M         50 2017-09-12 ETV          0     0 2017-09-12
6    11 2007-02-01 M         32 2010-09-30 ETV          0     0 2010-09-30
7    12 2007-02-01 M         48 2010-04-23 TDF          0     1 2010-04-23
8    13 2007-02-01 M         51 2017-08-03 ETV          0     0 2017-08-03
9    14 2007-02-02 M         41 2011-07-07 ETV          1     0 2011-07-07
# … with 13 more variables: hcc_yr <dbl>, lab_date <date>, alt <dbl>,
#   bil <dbl>, inr <dbl>, cr <dbl>, plt <dbl>, alb <dbl>, eag <dbl>, dna <chr>,
#   dna_log <dbl>, risk_gr <chr>, region <chr>
```

4-5 행과 열을 동시에 선택하기

특정 행과 열을 동시에 선택하는 방법을 알아보자. 아래 그림의 노란색 영역을 선택해보자. 이번에는 행도 지정하고 열도 지정해야 한다.

A	B	C	D	E	F	G	H	I	J	K	L	M	N	O	P	Q	R	S	T
id	index_date	gender	age	last_date	treat_gr	lc	hcc	hcc_date	hcc_yr	lab_date	alt	bil	inr	cr	plt	alb	eag	dna	dna_log
1	2007-01-05	M	54	2014-07-18	ETV	1	1	2014-07-18	7.64167	2006-12-28	67	1.2	1.17	1	110	3.8	1	31934937	7.50427
2	2007-01-10	F	45	2016-08-25	ETV	0	0	2016-08-25	9.76389	2006-12-28	32	1.1	0.9	0.6	187	3.8	0	1100	3.04139
3	2007-01-11	M	49	2017-06-21	ETV	1	0	2017-06-21	10.5944	2006-12-28	106	1.8	1.03	1	133	3.9	0	35968299	7.55592
4	2007-01-12	M	26	2012-12-17	ETV	0	0	2012-12-17	6.01667	2007-01-06	159	1.4	1.04	0.93	164	4.2	0	9145608.2	6.96121
5	2007-01-18	M	50	2009-05-15	ETV	1	0	2009-05-15	2.35556	2007-01-11	94	0.8	1.12	0.9	153	4.2	1	1095481.2	6.03961
6	2007-01-18	M	33	2013-01-11	ETV	1	0	2013-01-11	6.06944	2007-01-05	32	0.7	0.88	1.2	170	3.4	1	900	2.95424
7	2007-01-26	M	49	2013-03-31	ETV	1	1	2015-01-09	8.06944	2007-01-19	104	1.1	1.1	0.9	162	3.7	1	29000000	7.4624
8	2007-01-31	F	50	2017-08-24	ETV	0	0	2017-08-24	10.7167	2007-01-31	143	1.5	1.1	0.7	165	3.5	1	1.4E+09	9.14613
9	2007-01-31	F	49	2009-03-20	ETV	1	0	2009-03-20	2.16389	2007-01-13	31	1.3	1.04	0.7	157	3.9	1	2000000	6.30103
10	2007-02-01	M	50	2017-09-12	ETV	0	0	2017-09-12	10.7667	2007-01-25	239	1.3	1.03	1.2	166	3.2	1	58425664	7.7666
11	2007-02-01	M	32	2010-09-30	ETV	0	0	2010-09-30	3.71389	2007-01-22	359	0.9	0.97	1.1	202	4.1	0	12340762	7.09134
12	2007-02-01	M	48	2010-04-23	ETV	0	1	2010-04-23	3.26944	2007-01-27	486	0.7	1.02	0.8	159	2.8	0	47000	4.6721
13	2007-02-01	M	51	2017-08-03	ETV	0	0	2017-08-03	10.6556	2007-01-18	56	1.3	1.1	1	186	4.2	1	220	2.34242
14	2007-02-02	M	41	2011-07-07	ETV	1	0	2011-07-07	4.48889	2007-02-02	34	1.7	1.08	0.7	159	4.1	0	14000000	7.14613
15	2007-02-08	M	50	2012-11-21	ETV	1	1	2012-11-21	5.86944	2007-02-07	107	2.1	1.57	1	66	2.1	1	497946000	8.69718
16	2007-02-08	M	51	2011-01-21	ETV	1	0	2011-01-21	4.00833	2007-01-25	40	1.3	1.15	0.9	118	3.4	1	720	2.85733
17	2007-02-09	F	62	2010-07-28	ETV	1	0	2010-07-28	3.51389	2007-01-19	48	1	1.02	0.8	105	4	1	82000000	7.91381
18	2007-02-14	F	51	2009-06-17	ETV	1	0	2009-06-17	2.37222	2007-02-14	61	2.1	1.43	0.6	55	2.7	0	440000	5.64345
19	2007-02-15	M	48	2017-08-25	ETV	0	0	2017-08-25	10.6778	2007-02-01	34	1.1	1.1	1	163	4.3	0	undetectable	1
20	2007-02-15	F	50	2012-01-31	ETV	1	0	2012-01-31	5.03056	2007-02-01	31	0.9	1.25	0.6	163	3.1	1	24000	4.38021
21	2007-02-15	M	52	2011-10-13	ETV	1	0	2011-10-13	4.725	2007-02-01	57	1.1	1.11	0.8	91	4.1	1	66392.8	4.82212
22	2007-02-16	M	30	2017-09-25	ETV	0	0	2017-09-25	10.7611	2007-02-02	81	1	0.97	1	292	4.1	1	337540995	8.52833
23	2007-02-16	M	29	2017-07-14	ETV	0	0	2017-07-14	10.5583	2007-02-03	35	1.9	1.03	0.9	204	4.4	0	280000	5.44716
24	2007-02-20	M	43	2011-01-28	ETV	1	0	2011-01-28	3.99444	2007-02-03	84	1.1	1.07	0.9	181	4.2	1	270000	5.43136

대괄호 [ ]를 이용하여 행과 열 칸에 각각 지정해주면 된다. 다음과 같이 할 수 있다.

```
temp <- dat[c(1:6), c(1:8)]
temp
# A tibble: 6 × 8
     id index_date gender   age  last_date treat_gr    lc   hcc
  <dbl>     <date>  <chr> <dbl>     <date>    <chr> <dbl> <dbl>
1     1 2007-01-05      M    54 2014-07-18      ETV     1     1
2     2 2007-01-10      F    45 2016-08-25      ETV     0     0
3     3 2007-01-11      M    49 2017-06-21      TDF     1     0
4     4 2007-01-12      M    26 2012-12-17      ETV     0     0
5     5 2007-01-18      M    50 2009-05-15      TDF     1     0
6     6 2007-01-18      M    33 2013-01-11      ETV     1     0
dim(temp)
[1] 6 8
```

이번에는 아래 그림의 노란색 부분을 선택해보자.

A	B	C	D	E	F	G	H	I	J	K	L	M	N	O	P	Q	R	S	T
id	index_date	gender	age	last_date	treat_gr	lc	hcc	hcc_date	hcc_yr	lab_date	alt	bil	inr	cr	plt	alb	eag	dna	dna_log
1	2007-01-05	M	54	2014-07-18	ETV	1	1	2014-07-18	7.64167	2006-12-28	67	1.2	1.17	1	110	3.8	1	31934937	7.50427
2	2007-01-10	F	45	2016-08-25	ETV	0	0	2016-08-25	9.76389	2006-12-28	32	1.1	0.9	0.6	187	3.8	0	1100	3.04139
3	2007-01-11	M	49	2017-06-21	ETV	1	0	2017-06-21	10.5944	2006-12-28	106	1.8	1.03	1	133	3.9	0	35968299	7.55592
4	2007-01-12	M	26	2012-12-17	ETV	0	0	2012-12-17	6.01667	2007-01-06	159	1.4	1.04	0.93	164	4.2	0	9145608.2	6.96121
5	2007-01-18	M	50	2009-05-15	ETV	1	0	2009-05-15	2.35556	2007-01-11	94	0.8	1.12	0.9	153	4.2	1	1095481.2	6.03961
6	2007-01-18	M	33	2013-01-11	ETV	1	0	2013-01-11	6.06944	2007-01-05	32	0.7	0.88	1.2	170	3.4	1	900	2.95424
7	2007-01-26	M	49	2013-03-31	ETV	1	1	2015-01-09	8.06944	2007-01-19	104	1.1	1.1	0.9	162	3.7	1	29000000	7.4624
8	2007-01-31	F	50	2017-08-24	ETV	0	0	2017-08-24	10.7167	2007-01-31	143	1.5	1.1	0.7	165	3.5	1	1.4E+09	9.14613
9	2007-01-31	F	49	2009-03-20	ETV	1	0	2009-03-20	2.16389	2007-01-13	31	1.3	1.04	0.7	157	3.9	1	2000000	6.30103
10	2007-02-01	M	50	2017-09-12	ETV	0	0	2017-09-12	10.7667	2007-01-25	239	1.3	1.03	1.2	166	3.2	1	58425664	7.7666
11	2007-02-01	M	32	2010-09-30	ETV	0	0	2010-09-30	3.71389	2007-01-22	359	0.9	0.97	1.1	202	4.1	0	12340762	7.09134
12	2007-02-01	M	48	2010-04-23	ETV	0	1	2010-04-23	3.26944	2007-01-27	486	0.7	1.02	0.8	159	2.8	0	47000	4.6721
13	2007-02-01	M	51	2017-08-03	ETV	0	0	2017-08-03	10.6556	2007-01-18	56	1.3	1.1	1	186	4.2	1	220	2.34242
14	2007-02-02	M	41	2011-07-07	ETV	1	0	2011-07-07	4.48889	2007-02-02	34	1.7	1.08	0.7	159	4.1	0	14000000	7.14613
15	2007-02-08	M	50	2012-11-21	ETV	1	1	2012-11-21	5.86944	2007-02-07	107	2.1	1.57	1	66	2.1	1	497946000	8.69718
16	2007-02-08	M	51	2011-01-21	ETV	1	0	2011-01-21	4.00833	2007-01-25	40	1.3	1.15	0.9	118	3.4	1	720	2.85733
17	2007-02-09	F	62	2010-07-28	ETV	1	0	2010-07-28	3.51389	2007-01-19	48	1	1.02	0.8	105	4	1	82000000	7.91381
18	2007-02-14	F	51	2009-06-17	ETV	1	0	2009-06-17	2.37222	2007-02-14	61	2.1	1.43	0.6	55	2.7	0	440000	5.64345
19	2007-02-15	M	48	2017-08-25	ETV	0	0	2017-08-25	10.6778	2007-02-01	34	1.1	1.1	1	163	4.3	0	undetectable	1
20	2007-02-15	F	50	2012-01-31	ETV	1	0	2012-01-31	5.03056	2007-02-01	31	0.9	1.25	0.6	163	3.1	1	24000	4.38021
21	2007-02-15	M	52	2011-10-13	ETV	1	0	2011-10-13	4.725	2007-02-01	57	1.1	1.11	0.8	91	4.1	1	66392.8	4.82212
22	2007-02-16	M	30	2017-09-25	ETV	0	0	2017-09-25	10.7611	2007-02-02	81	1	0.97	1	292	4.1	1	337540995	8.52833
23	2007-02-16	M	29	2017-07-14	ETV	0	0	2017-07-14	10.5583	2007-02-03	35	1.9	1.03	0.9	204	4.4	0	280000	5.44716
24	2007-02-20	M	43	2011-01-28	ETV	1	0	2011-01-28	3.99444	2007-02-03	84	1.1	1.07	0.9	181	4.2	1	270000	5.43136

선택해야 할 행이 두 부분이지만 차례대로 쓰면 된다. 그러면 환자 id 1~6까지, id 11~16까지 선택되고 해당 환자들에서 선택한 8개의 열이 나타난다.

```
temp <- dat[c(1:6,11:16), c(1:8)]
head(temp, 12)

# A tibble: 12 × 8
      id  index_date  gender   age  last_date  treat_gr    lc   hcc
   <dbl>      <date>   <chr> <dbl>     <date>     <chr> <dbl> <dbl>
1      1  2007-01-05       M    54 2014-07-18       ETV     1     1
2      2  2007-01-10       F    45 2016-08-25       ETV     0     0
3      3  2007-01-11       M    49 2017-06-21       TDF     1     0
4      4  2007-01-12       M    26 2012-12-17       ETV     0     0
5      5  2007-01-18       M    50 2009-05-15       TDF     1     0
6      6  2007-01-18       M    33 2013-01-11       ETV     1     0
7     11  2007-02-01       M    32 2010-09-30       ETV     0     0
8     12  2007-02-01       M    48 2010-04-23       TDF     0     1
9     13  2007-02-01       M    51 2017-08-03       ETV     0     0
10    14  2007-02-02       M    41 2011-07-07       ETV     1     0
11    15  2007-02-08       M    50 2012-11-21       ETV     1     1
12    16  2007-02-08       M    51 2011-01-21       ETV     1     0
```

아래 노란색 영역의 다중 행, 열을 선택해보자.

A	B	C	D	E	F	G	H	I	J	K	L	M	N	O	P	Q	R	S	T
id	index_date	gender	age	last_date	treat_gr	lc	hcc	hcc_date	hcc_yr	lab_date	alt	bil	inr	cr	plt	alb	eag	dna	dna_log
1	2007-01-05	M	54	2014-07-18	ETV	1	1	2014-07-18	7.64167	2006-12-28	67	1.2	1.17	1	110	3.8	1	31934937	7.50427
2	2007-01-10	F	45	2016-08-25	ETV	0	0	2016-08-25	9.76389	2006-12-28	32	1.1	0.9	0.6	187	3.8	0	1100	3.04139
3	2007-01-11	M	49	2017-06-21	ETV	1	0	2017-06-21	10.5944	2006-12-28	106	1.8	1.03	1	133	3.9	0	35968299	7.55592
4	2007-01-12	M	26	2012-12-17	ETV	0	0	2012-12-17	6.01667	2007-01-06	159	1.4	1.04	0.93	164	4.2	0	9145608.2	6.96121
5	2007-01-18	M	50	2009-05-15	ETV	1	0	2009-05-15	2.35556	2007-01-11	94	0.8	1.12	0.9	153	4.2	1	1095481.2	6.03961
6	2007-01-18	M	33	2013-01-11	ETV	1	0	2013-01-11	6.06944	2007-01-05	32	0.7	0.88	1.2	170	3.4	1	900	2.95424
7	2007-01-26	M	49	2013-03-31	ETV	1	1	2015-01-09	8.06944	2007-01-19	104	1.1	1.1	0.9	162	3.7	1	29000000	7.4624
8	2007-01-31	F	50	2017-08-24	ETV	0	0	2017-08-24	10.7167	2007-01-31	143	1.5	1.1	0.7	165	3.5	1	1.4E+09	9.14613
9	2007-01-31	F	49	2009-03-20	ETV	1	0	2009-03-20	2.16389	2007-01-13	31	1.3	1.04	0.7	157	3.9	1	2000000	6.30103
10	2007-02-01	M	50	2017-09-12	ETV	0	0	2017-09-12	10.7667	2007-01-25	239	1.3	1.03	1.2	166	3.2	1	58425664	7.7666
11	2007-02-01	M	32	2010-09-30	ETV	0	0	2010-09-30	3.71389	2007-01-22	359	0.9	0.97	1.1	202	4.1	0	12340762	7.09134
12	2007-02-01	M	48	2010-04-23	ETV	0	1	2010-04-23	3.26944	2007-01-27	486	0.7	1.02	0.8	159	2.8	0	47000	4.6721
13	2007-02-01	M	51	2017-08-03	ETV	0	0	2017-08-03	10.6556	2007-01-18	56	1.3	1.1	1	186	4.2	1	220	2.34242
14	2007-02-02	M	41	2011-07-07	ETV	1	0	2011-07-07	4.48889	2007-02-02	34	1.7	1.08	0.7	159	4.1	0	14000000	7.14613
15	2007-02-08	M	50	2012-11-21	ETV	1	1	2012-11-21	5.86944	2007-02-07	107	2.1	1.57	1	66	2.1	1	497946000	8.69718
16	2007-02-08	M	51	2011-01-21	ETV	1	0	2011-01-21	4.00833	2007-01-25	40	1.3	1.15	0.9	118	3.4	1	720	2.85733
17	2007-02-09	F	62	2010-07-28	ETV	1	0	2010-07-28	3.51389	2007-01-19	48	1	1.02	0.8	105	4	1	82000000	7.91381
18	2007-02-14	F	51	2009-06-17	ETV	1	0	2009-06-17	2.37222	2007-02-14	61	2.1	1.43	0.6	55	2.7	0	440000	5.64345
19	2007-02-15	M	48	2017-08-25	ETV	0	0	2017-08-25	10.6778	2007-02-01	34	1.1	1.1	1	163	4.3	0	undetectable	1
20	2007-02-15	F	50	2012-01-31	ETV	1	0	2012-01-31	5.03056	2007-02-01	31	0.9	1.25	0.6	163	3.1	1	24000	4.38021
21	2007-02-15	M	52	2011-10-13	ETV	1	0	2011-10-13	4.725	2007-02-01	57	1.1	1.11	0.8	91	4.1	1	66392.8	4.82212
22	2007-02-16	M	30	2017-09-25	ETV	0	0	2017-09-25	10.7611	2007-02-02	81	1	0.97	1	292	4.1	1	337540995	8.52833
23	2007-02-16	M	29	2017-07-14	ETV	0	0	2017-07-14	10.5583	2007-02-03	35	1.9	1.03	0.9	204	4.4	0	280000	5.44716
24	2007-02-20	M	43	2011-01-28	ETV	1	0	2011-01-28	3.99444	2007-02-03	84	1.1	1.07	0.9	181	4.2	1	270000	5.43136

이번에는 같은 방식으로 열 부분을 써보자. 총 16명의 환자(행)에서 13개 변수(열)가 선택된다.

```
temp <- dat[c(1:6), c(1:6, 12:18)]
head(temp)

# A tibble: 6 × 13
     id index_date gender   age last_date  treat_gr   alt   bil   inr    cr
  <dbl>     <date>  <chr> <dbl>     <date>    <chr> <dbl> <dbl> <dbl> <dbl>
1     1 2007-01-05      M    54 2014-07-18      ETV    67   1.2  1.17     1
2     2 2007-01-10      F    45 2016-08-25      ETV    32   1.1   0.9   0.6
3     3 2007-01-11      M    49 2017-06-21      TDF   106   1.8  1.03  1.05
4     4 2007-01-12      M    26 2012-12-17      ETV   159   1.4  1.04  0.93
5     5 2007-01-18      M    50 2009-05-15      TDF    94   0.8  1.12   0.9
6     6 2007-01-18      M    33 2013-01-11      ETV    32   0.7  0.88   1.2
# … with 3 more variables: plt <dbl>, alb <dbl>, eag <dbl>
```

아래 경우도 시도해보자.

A	B	C	D	E	F	G	H	I	J	K	L	M	N	O	P	Q	R	S	T
id	index_date	gender	age	last_date	treat_gr	lc	hcc	hcc_date	hcc_yr	lab_date	alt	bil	inr	cr	plt	alb	eag	dna	dna_log
1	2007-01-05	M	54	2014-07-18	ETV	1	1	2014-07-18	7.64167	2006-12-28	67	1.2	1.17	1	110	3.8	1	31934937	7.50427
2	2007-01-10	F	45	2016-08-25	ETV	0	0	2016-08-25	9.76389	2006-12-28	32	1.1	0.9	0.6	187	3.8	0	1100	3.04139
3	2007-01-11	M	49	2017-06-21	ETV	1	0	2017-06-21	10.5944	2006-12-28	106	1.8	1.03	1	133	3.9	0	35968299	7.55592
4	2007-01-12	M	26	2012-12-17	ETV	0	0	2012-12-17	6.01667	2007-01-06	159	1.4	1.04	0.93	164	4.2	0	9145608.2	6.96121
5	2007-01-18	M	50	2009-05-15	ETV	1	0	2009-05-15	2.35556	2007-01-11	94	0.8	1.12	0.9	153	4.2	1	1095481.2	6.03961
6	2007-01-18	M	33	2013-01-11	ETV	1	0	2013-01-11	6.06944	2007-01-05	32	0.7	0.88	1.2	170	3.4	1	900	2.95424
7	2007-01-26	M	49	2013-03-31	ETV	1	1	2015-01-09	8.06944	2007-01-19	104	1.1	1.1	0.9	162	3.7	1	29000000	7.4624
8	2007-01-31	F	50	2017-08-24	ETV	0	0	2017-08-24	10.7167	2007-01-31	143	1.5	1.1	0.7	165	3.5	1	1.4E+09	9.14613
9	2007-01-31	F	49	2009-03-20	ETV	1	0	2009-03-20	2.16389	2007-01-13	31	1.3	1.04	0.7	157	3.9	1	2000000	6.30103
10	2007-02-01	M	50	2017-09-12	ETV	0	0	2017-09-12	10.7667	2007-01-25	239	1.3	1.03	1.2	166	3.2	1	58425664	7.7666
11	2007-02-01	M	32	2010-09-30	ETV	0	0	2010-09-30	3.71389	2007-01-22	359	0.9	0.97	1.1	202	4.1	0	12340762	7.09134
12	2007-02-01	M	48	2010-04-23	ETV	0	1	2010-04-23	3.26944	2007-01-27	486	0.7	1.02	0.8	159	2.8	0	47000	4.6721
13	2007-02-01	M	51	2017-08-03	ETV	0	0	2017-08-03	10.6556	2007-01-18	56	1.3	1.1	1	186	4.2	1	220	2.34242
14	2007-02-02	M	41	2011-07-07	ETV	1	0	2011-07-07	4.48889	2007-02-02	34	1.7	1.08	0.7	159	4.1	0	14000000	7.14613
15	2007-02-08	M	50	2012-11-21	ETV	1	1	2012-11-21	5.86944	2007-02-07	107	2.1	1.57	1	66	2.1	1	497946000	8.69718
16	2007-02-08	M	51	2011-01-21	ETV	1	0	2011-01-21	4.00833	2007-01-25	40	1.3	1.15	0.9	118	3.4	1	720	2.85733
17	2007-02-09	F	62	2010-07-28	ETV	1	0	2010-07-28	3.51389	2007-01-19	48	1	1.02	0.8	105	4	1	82000000	7.91381
18	2007-02-14	F	51	2009-06-17	ETV	1	0	2009-06-17	2.37222	2007-02-14	61	2.1	1.43	0.6	55	2.7	0	440000	5.64345
19	2007-02-15	M	48	2017-08-25	ETV	0	0	2017-08-25	10.6778	2007-02-01	34	1.1	1.1	1	163	4.3	0	undetectable	1
20	2007-02-15	F	50	2012-01-31	ETV	1	0	2012-01-31	5.03056	2007-02-01	31	0.9	1.25	0.6	163	3.1	1	24000	4.38021
21	2007-02-15	M	52	2011-10-13	ETV	1	0	2011-10-13	4.725	2007-02-01	57	1.1	1.11	0.8	91	4.1	1	66392.8	4.82212
22	2007-02-16	M	30	2017-09-25	ETV	0	0	2017-09-25	10.7611	2007-02-02	81	1	0.97	1	292	4.1	1	337540995	8.52833
23	2007-02-16	M	29	2017-07-14	ETV	0	0	2017-07-14	10.5583	2007-02-03	35	1.9	1.03	0.9	204	4.4	0	280000	5.44716
24	2007-02-20	M	43	2011-01-28	ETV	1	0	2011-01-28	3.99444	2007-02-03	84	1.1	1.07	0.9	181	4.2	1	270000	5.43136

조금 복잡해 보이지만 똑같은 방식을 사용해 다음과 같이 입력하면 노란색 영역이 제대로 선택된다.

```
temp <- dat[c(1:6, 16:21), c(1:6, 12:18)]
head(temp,10)

# A tibble: 10 × 13
      id index_date gender   age last_date treat_gr   alt   bil   inr    cr
   <dbl>     <date>  <chr> <dbl>    <date>    <chr> <dbl> <dbl> <dbl> <dbl>
1      1 2007-01-05      M    54 2014-07-18      ETV    67   1.2  1.17     1
2      2 2007-01-10      F    45 2016-08-25      ETV    32   1.1   0.9   0.6
3      3 2007-01-11      M    49 2017-06-21      TDF   106   1.8  1.03  1.05
4      4 2007-01-12      M    26 2012-12-17      ETV   159   1.4  1.04  0.93
5      5 2007-01-18      M    50 2009-05-15      TDF    94   0.8  1.12   0.9
6      6 2007-01-18      M    33 2013-01-11      ETV    32   0.7  0.88   1.2
7     16 2007-02-08      M    51 2011-01-21      ETV    40   1.3  1.15  0.92
8     17 2007-02-09      F    62 2010-07-28      TDF    48     1  1.02  0.81
9     18 2007-02-14      F    51 2009-06-17      ETV    61   2.1  1.43   0.6
10    19 2007-02-15      M    48 2017-08-25      TDF    34   1.1   1.1     1
# … with 3 more variables: plt <dbl>, alb <dbl>, eag <dbl>
```

4-6 특정 조건으로 선택하기

특정 조건을 이용한 인덱싱과 슬라이싱에 대해 알아보자. 아래와 같이 id가 12인 환자의 alt 값을 찾으려면 어떻게 해야 할까? 실제로 자료 분석 시에 이렇게 개별 자료를 확인해야 하는 경우가 있다.

A	B	C	D	E	F	G	H	I	J	K	L	M	N	O	P	Q	R	S	T
id	index_date	gender	age	last_date	treat_gr	lc	hcc	hcc_date	hcc_yr	lab_date	alt	bil	inr	cr	plt	alb	eag	dna	dna_log
1	2007-01-05	M	54	2014-07-18	ETV	1	1	2014-07-18	7.64167	2006-12-28	67	1.2	1.17	1	110	3.8	1	31934937	7.50427
2	2007-01-10	F	45	2016-08-25	ETV	0	0	2016-08-25	9.76389	2006-12-28	32	1.1	0.9	0.6	187	3.8	0	1100	3.04139
3	2007-01-11	M	49	2017-06-21	ETV	1	0	2017-06-21	10.5944	2006-12-28	106	1.8	1.03	1	133	3.9	0	35968299	7.55592
4	2007-01-12	M	26	2012-12-17	ETV	0	0	2012-12-17	6.01667	2007-01-06	159	1.4	1.04	0.93	164	4.2	0	9145608.2	6.96121
5	2007-01-18	M	50	2009-05-15	ETV	1	0	2009-05-15	2.35556	2007-01-11	94	0.8	1.12	0.9	153	4.2	1	1095481.2	6.03961
6	2007-01-18	M	33	2013-01-11	ETV	1	0	2013-01-11	6.06944	2007-01-05	32	0.7	0.88	1.2	170	3.4	1	900	2.95424
7	2007-01-26	M	49	2013-03-31	ETV	1	1	2015-01-09	8.06944	2007-01-19	104	1.1	1.1	0.9	162	3.7	1	29000000	7.4624
8	2007-01-31	F	50	2017-08-24	ETV	0	0	2017-08-24	10.7167	2007-01-31	143	1.5	1.1	0.7	165	3.5	1	1.4E+09	9.14613
9	2007-01-31	F	49	2009-03-20	ETV	1	0	2009-03-20	2.16389	2007-01-13	31	1.3	1.04	0.7	157	3.9	1	2000000	6.30103
10	2007-02-01	M	50	2017-09-12	ETV	0	0	2017-09-12	10.7667	2007-01-25	239	1.3	1.03	1.2	166	3.2	1	58425664	7.7666
11	2007-02-01	M	32	2010-09-30	ETV	0	0	2010-09-30	3.71389	2007-01-22	359	0.9	0.97	1.1	202	4.1	0	12340762	7.09134
12	2007-02-01	M	48	2010-04-23	ETV	0	1	2010-04-23	3.26944	2007-01-27	486	0.7	1.02	0.8	159	2.8	0	47000	4.6721
13	2007-02-01	M	51	2017-08-03	ETV	0	0	2017-08-03	10.6556	2007-01-18	56	1.3	1.1	1	186	4.2	1	220	2.34242
14	2007-02-02	M	41	2011-07-07	ETV	1	0	2011-07-07	4.48889	2007-02-02	34	1.7	1.08	0.7	159	4.1	0	14000000	7.14613
15	2007-02-08	M	50	2012-11-21	ETV	1	1	2012-11-21	5.86944	2007-02-07	107	2.1	1.57	1	66	2.1	1	497946000	8.69718
16	2007-02-08	M	51	2011-01-21	ETV	1	0	2011-01-21	4.00833	2007-01-25	40	1.3	1.15	0.9	118	3.4	1	720	2.85733
17	2007-02-09	F	62	2010-07-28	ETV	1	0	2010-07-28	3.51389	2007-01-19	48	1	1.02	0.8	105	4	1	82000000	7.91381
18	2007-02-14	F	51	2009-06-17	ETV	1	0	2009-06-17	2.37222	2007-02-14	61	2.1	1.43	0.6	55	2.7	0	440000	5.64345
19	2007-02-15	M	48	2017-08-25	ETV	0	0	2017-08-25	10.6778	2007-02-01	34	1.1	1.1	1	163	4.3	0	undetectable	1
20	2007-02-15	F	50	2012-01-31	ETV	1	0	2012-01-31	5.03056	2007-02-01	31	0.9	1.25	0.6	163	3.1	1	24000	4.38021
21	2007-02-15	M	52	2011-10-13	ETV	1	0	2011-10-13	4.725	2007-02-01	57	1.1	1.11	0.8	91	4.1	1	66392.8	4.82212
22	2007-02-16	M	30	2017-09-25	ETV	0	0	2017-09-25	10.7611	2007-02-02	81	1	0.97	1	292	4.1	1	337540995	8.52833
23	2007-02-16	M	29	2017-07-14	ETV	0	0	2017-07-14	10.5583	2007-02-03	35	1.9	1.03	0.9	204	4.4	0	280000	5.44716
24	2007-02-20	M	43	2011-01-28	ETV	1	0	2011-01-28	3.99444	2007-02-03	84	1.1	1.07	0.9	181	4.2	1	270000	5.43136

행은 id가 12이며 열은 alt를 같이 선택해보자.

```
dat[12, 'alt']
# A tibble: 1 × 1
    alt
  <dbl>
1   486
```

위와 같이 직접 인덱싱을 할 수도 있지만 조건을 넣어서 할 수도 있다. 예를 들어 age가 50 이상인 환자들만 골라내보자. 여기서 주의해야 할 것은 age가 50 이상이라는 조건은 행에 적용해야 할 조건이라는 점이다. 따라서 대괄호 [ ] 안 행 칸에 조건을 써야 하며, 열에 해당하는 항목은 비워두어야 한다(해당되는 환자의 모든 열을 그대로 가지고 오기 위함이다).

```
dat[dat$age>=50, ]
# A tibble: 11 × 22
      id index_date gender   age last_date  treat_gr    lc   hcc hcc_date
   <dbl>     <date>  <chr> <dbl>     <date>    <chr> <dbl> <dbl>   <date>
 1     1 2007-01-05      M    54 2014-07-18      ETV     1     1 2014-07-18
 2     5 2007-01-18      M    50 2009-05-15      TDF     1     0 2009-05-15
 3     8 2007-01-31      F    50 2017-08-24      TDF     0     0 2017-08-24
 4    10 2007-02-01      M    50 2017-09-12      ETV     0     0 2017-09-12
 5    13 2007-02-01      M    51 2017-08-03      ETV     0     0 2017-08-03
 6    15 2007-02-08      M    50 2012-11-21      ETV     1     1 2012-11-21
 7    16 2007-02-08      M    51 2011-01-21      ETV     1     0 2011-01-21
 8    17 2007-02-09      F    62 2010-07-28      TDF     1     0 2010-07-28
 9    18 2007-02-14      F    51 2009-06-17      ETV     1     0 2009-06-17
10    20 2007-02-15      F    50 2012-01-31      ETV     1     0 2012-01-31
11    21 2007-02-15      M    52 2011-10-13      TDF     1     0 2011-10-13
# … with 13 more variables: hcc_yr <dbl>, lab_date <date>, alt <dbl>,
#   bil <dbl>, inr <dbl>, cr <dbl>, plt <dbl>, alb <dbl>, eag <dbl>, dna <chr>,
#   dna_log <dbl>, risk_gr <chr>, region <chr>
```

다음 코드는 같은 조건을 나타내지만 반환되는 결과는 다르다.

```
dat$age[dat$age>=50]
 [1] 54 50 50 50 51 50 51 62 51 50 52
```

앞의 dat[dat$age>=50,] 코드는 50세 이상을 만족하는 환자들만 선택하여 모든 열을 반환한다(대괄호 안에 열 값은 공백이다). 반면 dat$age[dat$age>=50] 코드는 이미 dat$age로 선택된 데이터(1차원의 벡터 형식) 중에서 age가 50세 이상인 것을 선택하게 되므로 벡터 형식으로 된 값들만 제시한다.

복합조건도 사용할 수 있다. 예를 들어 age가 50 이상인 gender가 남성인 환자를 다음과 같이 선택해보자. 해당 조건을 만족하는 환자는 7명이다.

```
dat[dat$age>=50 & dat$gender=="M", ]
# A tibble: 7 × 22
     id index_date gender   age last_date  treat_gr    lc   hcc hcc_date
  <dbl>     <date>  <chr> <dbl>     <date>    <chr> <dbl> <dbl>     <date>
1     1 2007-01-05      M    54 2014-07-18      ETV     1     1 2014-07-18
2     5 2007-01-18      M    50 2009-05-15      TDF     1     0 2009-05-15
3    10 2007-02-01      M    50 2017-09-12      ETV     0     0 2017-09-12
4    13 2007-02-01      M    51 2017-08-03      ETV     0     0 2017-08-03
5    15 2007-02-08      M    50 2012-11-21      ETV     1     1 2012-11-21
6    16 2007-02-08      M    51 2011-01-21      ETV     1     0 2011-01-21
7    21 2007-02-15      M    52 2011-10-13      TDF     1     0 2011-10-13
# … with 13 more variables: hcc_yr <dbl>, lab_date <date>, alt <dbl>,
# bil <dbl>, inr <dbl>, cr <dbl>, plt <dbl>, alb <dbl>, eag <dbl>, dna <chr>,
# dna_log <dbl>, risk_gr <chr>, region <chr>
```

Tip

R 코드에서는 '같다'는 의미로 == (등호 연속 2개)를 사용한다. 물론 수식, 즉 사칙연산에서는 = (등호 1개)를 사용하지만 논리연산(같다 혹은 다르다)에서는 ==를 사용한다. 이 점을 잊지 않도록 유의하자.

이후 3장에서 tidyverse 기능을 배우면 훨씬 더 쉽고 직관적인 인덱싱, 슬라이싱이 가능하다.

4-7 subset

subset 함수는 조금 더 체계적으로 인덱싱과 슬라이싱을 하기 위해서 필요한 함수이다. 3장에서 살펴볼 tidyverse를 이용하면 보다 직관적이긴 하지만, R base 함수로서 subset 함수는 알아둘 필요가 있다.

1) 특정 조건을 가진 행 선택하기

특정 조건을 가진 행을 선택할 때는 subset을 이용해서 아래의 형식으로 입력한다.

```
subset(data, subset=(특정 조건))
```

다음과 같이 50세 이상 남성을 dat에서 골라내보자.

```
subset(dat, subset=(age>=50 & gender=='M'))
# A tibble: 7 × 22
     id index_date gender   age last_date  treat_gr    lc   hcc hcc_date
  <dbl>     <date>  <chr> <dbl>    <date>     <chr> <dbl> <dbl>     <date>
1     1 2007-01-05      M    54 2014-07-18      ETV     1     1 2014-07-18
2     5 2007-01-18      M    50 2009-05-15      TDF     1     0 2009-05-15
3    10 2007-02-01      M    50 2017-09-12      ETV     0     0 2017-09-12
4    13 2007-02-01      M    51 2017-08-03      ETV     0     0 2017-08-03
5    15 2007-02-08      M    50 2012-11-21      ETV     1     1 2012-11-21
6    16 2007-02-08      M    51 2011-01-21      ETV     1     0 2011-01-21
7    21 2007-02-15      M    52 2011-10-13      TDF     1     0 2011-10-13
# … with 13 more variables: hcc_yr <dbl>, lab_date <date>, alt <dbl>,
# bil <dbl>, inr <dbl>, cr <dbl>, plt <dbl>, alb <dbl>, eag <dbl>, dna <chr>,
# dna_log <dbl>, risk_gr <chr>, region <chr>
```

2) 특정 열 선택하기

특정 열을 선택할 때는 subset을 이용해서 아래의 형식으로 입력한다.

```
subset(data, select=c(원하는 column))
```

다음과 같이 간기능과 관련 있는 변수(lc, alt,bil,inr,alb)만 선택해보자.

```
subset(dat, select=c('lc','alt','bil','inr','alb'))

# A tibble: 24 × 5
      lc    alt    bil    inr    alb
   <dbl>  <dbl>  <dbl>  <dbl>  <dbl>
1      1     67    1.2   1.17    3.8
2      0     32    1.1    0.9    3.8
3      1    106    1.8   1.03    3.9
4      0    159    1.4   1.04    4.2
5      1     94    0.8   1.12    4.2
6      1     32    0.7   0.88    3.4
7      1    104    1.1    1.1     NA
8      0    143    1.5    1.1    3.5
9      1     31    1.3     NA    3.9
10     0    239    1.3   1.03    3.2
# … with 14 more rows
```

3) 특정 조건을 가진 행에서 특정 열 선택하기

50세 이상 간경변증이 있는 남자에서 id, alb, bil, cr를 선택해보자.

```
subset(dat,
       subset=(age>=50 & lc==1 & gender=='M'),
       select=c('id','alb','bil','cr'))

# A tibble: 5 × 4
      id    alb    bil     cr
   <dbl>  <dbl>  <dbl>  <dbl>
1      1    3.8    1.2      1
2      5    4.2    0.8    0.9
3     15    2.1    2.1      1
4     16    3.4    1.3   0.92
5     21    4.1    1.1    0.8
```

물론 앞에서 subset 기능을 이용해 선택한 데이터를 새로운 데이터프레임으로 할당할 수도 있다. 결과는 동일하게 나온다.

```
high.risk<-subset(dat,
                    subset=(age>=50 & lc==1 & gender=='M'),
                    select=c('id','alb','bil','cr'))
high.risk

# A tibble: 5 × 4
     id   alb   bil    cr
  <dbl> <dbl> <dbl> <dbl>
1     1   3.8   1.2     1
2     5   4.2   0.8   0.9
3    15   2.1   2.1     1
4    16   3.4   1.3  0.92
5    21   4.1   1.1   0.8
```

5 factor 다루기

데이터에서 자료의 형태는 연속형(continuous) 변수도 있지만 범주형(categorical) 변수도 있다. 특히 임상연구 데이터에는 범주형 변수가 많이 존재한다. 위험도 분류, 약제의 종류, 치료의 반응 등이 그 예다.
R에서는 이러한 범주형 변수를 factor라는 형태로 다루는데, factor를 잘 다루어야 임상연구 자료분석을 더 쉽게 할 수 있다.

5-1 factor로 변환하기

현재 dat에서 factor 형태 변수가 있는지 살펴보자. sapply 기능에 대해서는 뒤에서 살펴보기로 한다.

```
sapply(dat, class)
         id  index_date      gender         age  last_date    treat_gr
  "numeric"      "Date" "character"   "numeric"     "Date" "character"
         lc         hcc    hcc_date      hcc_yr   lab_date         alt
  "numeric"   "numeric"      "Date"   "numeric"     "Date"   "numeric"
        bil         inr          cr         plt        alb         eag
  "numeric"   "numeric"   "numeric"   "numeric"  "numeric"   "numeric"
        dna     dna_log     risk_gr      region
"character"   "numeric" "character" "character"
```

dat에 factor 형태의 변수는 현재 없다. 하지만 gender, treat_gr, hcc, eag와 같은 현재 character 형태의 자료인 변수들은 실제로 범주형 변수, 즉 factor로 변경하여야 한다. factor로 변경할 때는 `factor(변수), as.factor(변수), as_factor(변수)` 형식으로 입력한다. 앞으로 dat에 변경이 생길 예정이니 복사본인 dat1을 만들고 시작해보자.

```
dat1<-dat
```

R을 하면서 데이터를 변형하거나 새롭게 만들 때 주의할 점은 엑셀처럼 되돌리기(Control + Z) 기능이 없다는 점이다. 따라서 데이터 변형을 많이 해야 할 경우 원본 데이터를 그대로 두고 복사본 데이터를 만들어서 이용하는 것이 좋다. 분석 중 오류가 발생했을 때 언제든 원본 데이터를 쉽게 불러와서 다시 시작할 수 있기 때문이다.

기존 gender는 현재 character이며, M(남성)은 18명이고 F(여성)는 6명이다.

```
class(dat1$gender)
[1] "character"
table(dat1$gender)

F  M
6 18
```

`factor()` 기능을 이용하여 gender를 factor로 변형하고 비교를 위해 sex라는 새로운 변수에 저장을 하자. sex 변수는 factor로 변경되었고, gender와 같이 `M`(남성)이 18명이고 `F`(여성)는 6명 그대로이다.

```
dat1$sex<-factor(dat1$gender)
class(dat1$sex)

[1] "factor"

table(dat1$sex)

 F  M
 6 18
```

이번에는 `as.factor` 기능을 이용해보자. 추후 비교를 위해서 sex1에 저장하자.

```
dat1$sex1<-as.factor(dat1$gender)
class(dat1$sex1)

[1] "factor"

table(dat1$sex1)

 F  M
 6 18
```

앞에서 factor를 이용했을 때와 동일한 결과값을 반환한다. 이번에는 as_factor 기능을 이용한다. sex2에 저장해보자.

```
dat1$sex2<-as_factor(dat1$gender)
class(dat1$sex2)

[1] "factor"

table(dat1$sex2)

 M F
18 6
```

역시나 같은 결과값을 반환한 것처럼 보인다. 하지만 factor와 as.factor를 사용했을 때는 결과값의 순서가 F, M 순서였는데, as_factor를 사용하니 M, F 순서로 바뀌어서 반환되었다. 여기서 factor의 level이라는 개념이 적용된다.

5-2 factor level 이해하기

factor에서 level이란 범주형 변수값의 순서로 factor에는 level(순서)을 정할 수 있다. level이란 데이터 값의 특징에 따라 원래 존재할 수도 있고, 분석하는 사람이 임의로 정할 수도 있다. 예를 들어 month라는 변수가 있을 때는 특별한 이유가 없다면 1월, 2월, 3월, …, 12월 순서가 존재한다. 한편 risk(값: low, intermediate, high)라는 변수가 있을 때는 정해져 있는 순서가 원래 존재하지 않지만, 분석하는 사람에 따라 low → intermediate → high로 정할 수 있고 반대로 high → intermediate → low로 정할 수도 있다.
따라서 정확한 분석을 위해서는 factor를 사용할 때 사전에 level을 지정하는 것이 좋다. 따로 정하지 않은 경우 R은 일반적으로 알파벳 순서로 정하게 된다. 앞의 gender, sex 변수에서 순서가 F → M으로 정해져 있는 것은 알파벳 순서이기 때문이다.

1) level 확인 및 지정하기: levels()

특정 데이터를 factor로 변경한다면, 변환과 동시에 level도 같이 지정하는 것을 추천한다. risk_gr 변수를 이용해서 실습해보자. 비교를 위해 factor로 변경하여 risk_gr1에 저장하고 level을 확인하자.

```
dat1$risk_gr1<-as.factor(dat1$risk_gr)
levels(dat1$risk_gr1)
[1] "high"     "intermediate" "low"
```

high → intermediate → low 순서이다. risk_gr2에 low → intermediate → high 순서로 factor를 변형해 저장해보자. `levels=c(순서)` 형식의 옵션을 factor 기능 안에 써주면 된다.

```
dat1$risk_gr2<-factor(dat1$risk_gr,
                      levels=c('low','intermediate','high'))
levels(dat1$risk_gr2)

[1] "low"     "intermediate" "high"
```

risk_gr2 변수가 low → intermediate → high로 바뀌었다. 이러한 순서는 뒤에서 살펴볼 로지스틱 회귀분석(logistic regression)과 생존분석(survival analysis)에서 교차비(odds ratio)나 위험도비(hazard ratio) 등을 구할 때 기준이 되는 값(reference value)을 정하는 데 필수적인 요소이기 때문에 중요하다.

5-3 forcat 패키지

R의 base 기능만 알아도 대부분의 임상연구 자료분석은 큰 무리 없이 수행할 수 있지만, factor를 보다 쉽게 다루기 위해 `forcat` 패키지를 이용할 수 있다.
region 변수를 우선 factor 형태로 변경해보자. region 변수의 특성상 특별한 순서가 존재하지 않고 연구자가 정해야 한다. 현재는 알파벳 순서로 busan → daegu → daejun → … → seoul순이다.

```
dat1$region<-factor(dat1$region)
table(dat1$region)

 busan   daegu  daejun  gwangju  incheon  jeju  sejong  seoul
     4       4       2        2        2     1       1      8
```

1) 빈도순으로 level 정하기: fct_infreq()

fct_infreq 기능을 이용해 region의 level을 빈도수가 많은 순서(해당 지역 환자가 많은 순서)로 다시 정해보자. 비교를 위해 region1에 저장한다.

```
dat1$region1<-fct_infreq(dat1$region)
levels(dat1$region1)

[1] "seoul" "busan" "daegu" "daejun" "gwangju" "incheon" "jeju"
[8] "sejong"
```

빈도수가 가장 많은 seoul → busan → daegu순이며, jeju, sejong순이다. 이때 빈도수가 똑같은 busan, daegu는 여전히 알파벳 순서이다.

2) 원하는 값으로 level 변경하기: fct_recode()

fct_recode 기능을 이용해 region에 있는 8개의 level을 'north', 'south', 'east' 3개의 level로 줄여서 region2에 저장해보자.

```
dat1$region2 <-fct_recode(dat1$region,
                          'north' = 'seoul',
                          'north' = 'incheon',
                          'south' = 'gwangju',
                          'south' = 'jeju',
                          'south' = 'sejong',
                          'south' = 'daejun',
                          'east' = 'daegu',
                          'east' = 'busan')
```

잘되었는지 확인해보자.

```
dat1 %>%
  count(region, region2)
# A tibble: 8 × 3
    region  region2     n
     <fct>    <fct> <int>
1    busan     east     4
2    daegu     east     4
3   daejun    south     2
4  gwangju    south     2
5  incheon    north     2
6     jeju    south     1
7   sejong    south     1
8    seoul    north     8
table(dat1$region2)

 east  south  north
    8      6     10
```

%>%는 pipe operator라는 기능으로, %>% 앞에 위치하는 데이터를 이용해서 %>% 뒤의 함수나 기능을 이행하라는 의미를 갖는다. 이에 관해서는 3장에서 좀 더 자세히 배우기로 한다.

3) 여러 개 level을 병합하기: fct_collapse()

여러 개의 level을 병합할 때는 fct_collapse() 기능을 이용한다. 이를 이용해 앞의 코드를 짧게 써보자.

```
dat1$region3 <- fct_collapse(dat1$region,
                             'north' = c('seoul','incheon'),
                             'south' = c('gwangju','jeju','sejong','daejun'),
                             'east' = c('daegu','busan'))
```

제대로 변환되었는지 region2, region3를 비교해보자. region2와 새롭게 변환한 region3가 같은 결과값을 가진다.

```
dat1 %>%
  count(region, region2, region3)

#A tibble: 8 × 4
   region region2 region3     n
    <fct>   <fct>   <fct> <int>
1   busan    east    east     4
2   daegu    east    east     4
3  daejun   south   south     2
4 gwangju   south   south     2
5 incheon   north   north     2
6    jeju   south   south     1
7  sejong   south   south     1
8   seoul   north   north     8
```

4) 여러 개 level을 병합하되, 다수만 남기고 싶을 때: fct_lump()

여러 개의 region 중에서 환자수가 소수인 level은 'others'로 묶고 나머지만 남겨두고 싶을 때 다음과 같이 할 수 있다.

```
dat1$region4 <- fct_lump(dat1$region, n=4)
dat1 %>%
  count(region,region4)

# A tibble: 8 × 3
    region  region4     n
     <fct>    <fct> <int>
1    busan    busan     4
2    daegu    daegu     4
3   daejun   daejun     2
4  gwangju  gwangju     2
5  incheon  incheon     2
6     jeju    Other     1
7   sejong    Other     1
8    seoul    seoul     8
```

'jeju'와 'sejong'은 region4에서 'Other'로 분류되었다. fct_lump() 기능에서 n=4라는 옵션은 n개의 level만 남기고 나머지는 모두 'Other'로 분류하는 옵션이다.

예를 들어 n=2로 지정해보면 'seoul', 'busan', 'daegu'를 제외하고는 모두 'Other'로 분류된다.

```
dat1$region4 <- fct_lump(dat1$region, n=2)
dat1 %>%
  count(region,region4)

# A tibble: 8 × 3
    region  region4     n
     <fct>    <fct> <int>
1    busan    busan     4
2    daegu    daegu     4
3   daejun    Other     2
4  gwangju    Other     2
5  incheon    Other     2
6     jeju    Other     1
7   sejong    Other     1
8    seoul    seoul     8
```

6 기술통계

지금까지 사용한 column이라는 용어는 실제 임상연구 분석에서 많이 사용하는 variable(변수)이란 개념으로 지칭하기로 한다. 정확히 구분하면 개념적으로 서로 다를 수 있지만, 데이터 특히 데이터프레임에서 column은 결국 각각의 변수를 나타내기 때문에 앞으로는 특별한 이유가 없다면 변수라는 용어를 사용하기로 한다.

현재 우리는 Ch2_chb.csv 파일을 dat에 저장하였고 이를 가지고 실습을 계속하고 있다. 이번에는 각 변수들의 기술통계를 먼저 구해보자. age를 예로 알아보자.

1) 기본 기술통계

- mean 평균 : mean()

```
mean(dat$age)
[1] 45.54167
```

- median 중앙값 : median()

```
median(dat$age)
[1] 49
```

- standard deviation 표준편차 : sd()

```
sd(dat$age)
[1] 9.055285
```

- variance 분산 : var()

```
var(dat$age)
[1] 81.99819
```

- minimum 최솟값: `min()`

```
min(dat$age)
[1] 26
```

- maximum 최댓값: `max()`

```
max(dat$age)
[1] 62
```

- range 범위: `range()`

```
range(dat$age)
[1] 26 62
```

- interquartile range(1사분위수-3사분위수 범위): `IQR()`

```
IQR(dat$age)
[1] 7.75
```

- quantile 4분위수: `quantile()`

```
quantile(dat$age)
   0%     25%     50%     75%    100%
26.00   42.50   49.00   50.25   62.00
```

quantile() 함수는 25% 기준 외에 구간 %를 지정할 수 있다. prob 옵션에 원하는 %를 입력한다.

```
quantile(dat$age, prob=c(0.3,0.6))
  30%   60%
 44.8  50.0
```

10% 기준으로 나누어보자.

```
quantile(dat$age, prob=c(1:10/10))
  10%   20%   30%   40%   50%   60%   70%   80%   90%  100%
 30.6  37.8  44.8  48.2  49.0  50.0  50.0  51.0  51.7  62.0
```

위 코드의 prob=c(1:10/10)가 이해되는가? 1에서 10까지 값이 10개인데 각 값에 10을 나눈 것이다.

```
prob <- c(1:10/10)
prob
 [1] 0.1 0.2 0.3 0.4 0.5 0.6 0.7 0.8 0.9 1.0
```

- summary(주요 기술 통계값 6개 한꺼번에 표시) : summary()

```
summary(dat$age)
  Min.  1st Qu.  Median   Mean  3rd Qu.   Max.
 26.00    42.50   49.00  45.54    50.25  62.00
```

• Hmisc 패키지의 describe 명령어도 유용

```
Hmisc::describe(dat$age)

dat$age
     n  missing  distinct   Info   Mean    Gmd    .05    .10
    24        0        15  0.987  45.54  9.576  29.15  30.60
   .25      .50       .75    .90    .95
 42.50    49.00     50.25  51.70  53.70

lowest : 26 29 30 32 33, highest: 50 51 52 54 62

Value         26    29    30    32    33    41    43    45    48    49    50
Frequency      1     1     1     1     1     1     1     1     2     3     5
Proportion 0.042 0.042 0.042 0.042 0.042 0.042 0.042 0.042 0.083 0.125 0.208

Value         51    52    54    62
Frequency      3     1     1     1
Proportion 0.125 0.042 0.042 0.042
```

전체 24개 데이터 중에 결측값(missing) 및 고유값(distinct) 개수, 5% 및 95% 분위수, 최솟값/최댓값 5개까지 보여준다.

패키지 전체를 불러와 사용해도 된다. 패키지에 포함된 특정 함수나 기능만 사용하고 싶으면 패키지::명령어 방법을 사용할 수 있다.

2) 데이터 종류 및 자료 형태 확인하기: str(), class()

각각의 변수가 숫자형(numeric), 정수형(interger), 문자형(character)인지 확인할 때 가장 많이 사용하는 함수는 `str()` 이다.

```
str(dat)

spec_tbl_df [24 × 22] (S3: spec_tbl_df/tbl_df/tbl/data.frame)
 $ id         : num [1:24] 1 2 3 4 5 6 7 8 9 10 ...
 $ index_date : Date[1:24], format: "2007-01-05" "2007-01-10" ...
 $ gender     : chr [1:24] "M" "F" "M" "M" ...
 $ age        : num [1:24] 54 45 49 26 50 33 49 50 49 50 ...
 $ last_date  : Date[1:24], format: "2014-07-18" "2016-08-25" ...
 $ treat_gr   : chr [1:24] "ETV" "ETV" "TDF" "ETV" ...
 $ lc         : num [1:24] 1 0 1 0 1 1 1 0 1 0 ...
 $ hcc        : num [1:24] 1 0 0 0 0 0 1 0 0 0 ...
 $ hcc_date   : Date[1:24], format: "2014-07-18" "2016-08-25" ...
 $ hcc_yr     : num [1:24] 7.64 9.76 10.59 6.02 2.36 ...
 $ lab_date   : Date[1:24], format: "2006-12-28" "2006-12-28" ...
 $ alt        : num [1:24] 67 32 106 159 94 32 104 143 31 239 ...
 $ bil        : num [1:24] 1.2 1.1 1.8 1.4 0.8 0.7 1.1 1.5 1.3 1.3 ...
 $ inr        : num [1:24] 1.17 0.9 1.03 1.04 1.12 0.88 1.1 1.1 NA 1.03 ...
 $ cr         : num [1:24] 1 0.6 1.05 0.93 0.9 1.2 0.91 0.7 0.73 1.2 ...
 $ plt        : num [1:24] 110 187 133 164 153 170 162 165 157 166 ...
 $ alb        : num [1:24] 3.8 3.8 3.9 4.2 4.2 3.4 NA 3.5 3.9 3.2 ...
 $ eag   : num [1:24] 1 0 0 0 1 1 1 1 1 1 ...
 $ dna   : chr [1:24] "31934937" "1100" "35968299" "9145608" ...
 $ dna_log      : num [1:24] 7.5 3.04 7.56 6.96 6.04 2.95 7.46 9.15 6.3 7.77 ...
 $ risk_gr      : chr [1:24] "high" "low" "intermediate" "low" ...
 $ region       : chr [1:24] "seoul" "seoul" "busan" "busan" ...
```

위와 같이 전체 데이터의 요약 및 자료 형태가 모두 나온다. 그런데 좀 더 간단히 모든 변수의 자료 형태를 볼 수는 없을까? `sapply()` 함수를 사용하면 이렇게 한 줄로 가능하다.

```
sapply(dat, class)
         id  index_date      gender         age   last_date    treat_gr
  "numeric"      "Date" "character"   "numeric"      "Date" "character"
         lc         hcc    hcc_date      hcc_yr    lab_date         alt
  "numeric"   "numeric"      "Date"   "numeric"      "Date"   "numeric"
        bil         inr          cr         plt         alb         eag
  "numeric"   "numeric"   "numeric"   "numeric"   "numeric"   "numeric"
        dna     dna_log     risk_gr      region
"character"   "numeric" "character" "character"
```

sapply() 함수에 관해서는 뒤에서 다시 다루기로 한다. 만약 한 가지 변수의 자료 형태를 알고 싶다면 `class()` 함수를 사용한다.

```
class(dat$age)
[1] "numeric"
```

각 변수의 자료 형태를 확인하는 또다른 방법은 `is.class()` 를 아래와 같이 사용하는 것이다. 결과값은 TRUE 또는 FALSE로 나온다.

```
is.character(dat$age) # age가 character 형태인지?
[1] FALSE
is.character(dat$gender) # gender가 character 형태인지?
[1] TRUE
is.numeric(dat$age) # age가 numeric 형태인지?
[1] TRUE
is.numeric(dat$gender) # gender가 nuermic 형태인지?
[1] FALSE
is.integer(dat$age) # age가 integer 형태인지?
[1] FALSE
```

7 데이터 수정 및 결측치

자료를 분석하다 보면 결측치가 많이 존재하며, 내가 원하는 위치에 있는 값들을 수정해야 할 경우도 많이 생긴다. 여기에서는 결측치 혹은 이상치를 찾아낸 후 필요할 경우 어떻게 다른 값으로 대치할 수 있는지 배워보자.

데이터 수정을 위해 dat의 dna 변수를 이용한다. dna 변수의 자료 형태를 확인해보면 character로 나온다.

```
class(dat$dna)
[1] "character"
```

여기서 한 가지 궁금증이 생긴다. 위의 `str(dat)` 로 다시 돌아가보자. 숫자는 numeric(num), 문자는 character(chr), 날짜는 Date로 표시되어 있다. 한 가지 의문스러운 점은 dna 변수는 숫자처럼 보이는데 character로 데이터 종류가 표시된다. 왜 그럴까? 값이 24개밖에 되지 않으니 모든 값들을 살펴보자.

```
dat$dna
 [1] "31934937"  "1100"       "35968299"   "9145608"        "1095481"
 [6] "900"       "29000000"   "1400000000" "2000000"        "58425664"
[11] "12340762"  "47000"      "220"        "14000000"       "497946000"
[16] "720"       "82000000"   "440000"     "undetectable"   "24000"
[21] "66393"     "337540995"  "280000"     "270000"
```

dat$dna 변수의 값들은 대부분 숫자이지만 undetectable(여기선 DNA 미검출이라는 의미)이란 값이 있다. 이 값의 자료 형태가 character이기 때문에 나머지 숫자로 표기된 값들 모두 character로 처리가 된다.

앞에서 언급했듯이, 1개의 벡터 내에 존재하는 값들은 모두 동일한 자료 형태로 존재해야 한다. 즉 여기에서 undetectable이라는 1개의 character 값 때문에 23개의 numeric 값이 강제로 character로 변경된 것이다.

이제 dat$dna 변수에서 undetectable 값을 숫자 0으로 변경해보자. 다음과 같은 순서에 따라 변경해본다.

① dat$dna 값이 undetectable인 환자 찾기
② 해당 환자의 dna 값을 0으로 변경하기
③ 데이터 내 모든 환자의 dna가 숫자이므로 자료 형태를 character → numeric으로 변경하기

위의 과정을 코딩해보자.

```
dat[dat$dna=='undetectable',]  # 해당환자 id는 19이다.
# A tibble: 1 × 22
     id index_date gender   age last_date  treat_gr    lc   hcc hcc_date
  <dbl>     <date>  <chr> <dbl>     <date>    <chr> <dbl> <dbl>    <date>
1    19 2007-02-15      M    48 2017-08-25      TDF     0     0 2017-08-25
# … with 13 more variables: hcc_yr <dbl>, lab_date <date>, alt <dbl>,
# bil <dbl>, inr <dbl>, cr <dbl>, plt <dbl>, alb <dbl>, eag <dbl>, dna <chr>,
# dna_log <dbl>, risk_gr <chr>, region <chr>
dat[19, 'dna'] <- 0  # id가 19인 환자의 dna 값을 0으로 변경한다.
Error: Assigned data `0` must be compatible with existing data.
i Error occurred for column `dna`.
x Can't convert <double> to <character>.
```

왜 오류가 나는 것일까? R을 사용하다가 오류가 나면 당황하지 말고 console 창에 나오는 오류 메시지를 읽어보자. 위의 코드의 경우 'Error occurred for column dna, Can't convert double to character'라고 표시되었는데, 무슨 말일까? 이는 '숫자(double) 형태의 자료는 문자(character)로 전환이 안 된다'는 뜻이다. 즉 현재 dat$dna의 자료 형태가 character인데, character인 변수에 character가 아닌 숫자를 넣으려고 하니 오류가 생기는 것이다.
그러면 어떻게 해결해야 할까? 이 경우에는 숫자 0이 아닌 문자 0을 넣어주면 된다. 우리 눈에는 똑같은 0이지만 R이 받아들이기에는 character 0은 다르며, 따옴표를 이용해서 "0"으로 인식시키면 된다. 다음과 같이 다시 해보자.

```
dat[dat$dna=='undetectable',]

# A tibble: 1 × 22
     id index_date gender   age last_date  treat_gr    lc   hcc  hcc_date
  <dbl>     <date>  <chr> <dbl>     <date>    <chr> <dbl> <dbl>    <date>
1    19 2007-02-15      M    48 2017-08-25      TDF     0     0 2017-08-25
# … with 13 more variables: hcc_yr <dbl>, lab_date <date>, alt <dbl>,
#   bil <dbl>, inr <dbl>, cr <dbl>, plt <dbl>, alb <dbl>, eag <dbl>, dna <chr>,
#   dna_log <dbl>, risk_gr <chr>, region <chr>

dat[19, 'dna'] <- '0'   # '따옴표'를 이용해서 문자 0으로 입력한다.
dat$dna

 [1] "31934937"  "1100"       "35968299"   "9145608"   "1095481"
 [6] "900"       "29000000"   "1400000000" "2000000"   "58425664"
[11] "12340762"  "47000"      "220"        "14000000"  "497946000"
[16] "720"       "82000000"   "440000"     "0"         "24000"
[21] "66393"     "337540995"  "280000"     "270000"
```

위에서 19번째 DNA가 "0"으로 바뀐 것을 알 수 있다. 이렇게 R 코드를 작성할 때는 함수와 기능을 외우는 것도 중요하지만, 머릿속에서 어떤 흐름으로 데이터를 핸들링할지 분석하는 것이 더욱 중요하다.

```
class(dat$dna)   # dat$dna는 여전히 character이다.

[1] "character"

dat$dna <- as.numeric(dat$dna)  # numeric으로 변경해보자.
class(dat$dna)   # numeric으로 변경되었다.

[1] "numeric"
```

7-1 결측값 확인하기

1) 결측값이 존재하는 경우 데이터 특성 파악

실제 임상연구 결과를 분석할 때 결측값(missing value)이 있는 경우가 대다수이다. 따라서 결과를 분석할 때 각 변수에 결측값이 존재하는지 확인하는 것이 중요하다. 예를 들어 dat$alb(혈청 알부민 농도)의 평균을 구해보자. 이 값은 실제로 결측값이 존재한다.

```
mean(dat$alb)
[1] NA
```

alb 값에 결측값이 존재하기에 NA(not available)로 나온다. 하지만 아래와 같이 na.rm=T라는 옵션을 추가하면 평균을 계산할 수 있다. 즉 NA를 제외하고 평균을 계산해준다.

```
mean(dat$alb, na.rm=T)
[1] 3.7
```

2) 결측값이 존재하는지 확인하기: is.na()

각 변수에 결측값이 존재하는지 여부는 is.na() 함수를 사용해 알 수 있다. 결측값이 있으면 TRUE, 없으면 FALSE로 반환한다. 아래 결과를 보면 변수 dat$alb의 결측값은 2명이다. 하지만 데이터가 클 경우 dat$alb 결측값이 몇 개인지 빨리 알기 힘들다.

```
is.na(dat$alb)
 [1] FALSE FALSE FALSE FALSE FALSE FALSE  TRUE FALSE FALSE FALSE FALSE FALSE
[13] FALSE  TRUE FALSE FALSE FALSE FALSE FALSE FALSE FALSE FALSE FALSE FALSE
```

3) 결측값 개수 구하기

is.na() 명령에서 결측값이 있으면 TRUE(=1로 취급)이므로 다음과 같이 TRUE의 개수(1로 반환되는 값들)를 모두 더하면 해당 변수 전체의 결측값이 몇 개인지 알 수 있다. dat$alb에는 전체 24명 환자 중 2명에서 결측값이 있는 것을 확인할 수 있다.

```
sum(is.na(dat$alb))
[1] 2
```

7-2 결측값 한 번에 확인하기

1) 전체 데이터 결측값 한 번에 확인하기: `rowSums(is.na())`

`is.na()` 함수에서 결측값인 경우 TRUE, 즉 1로 반환되고 결측값이 아닌 경우 FALSE, 즉 0으로 반환되는 점을 이용하면 전체 데이터에서 어떤 변수에 결측값이 존재하는지 빨리 알 수 있다.

```
rowSums(is.na(dat))
 [1] 0 0 0 0 0 0 1 0 1 0 0 0 0 0 1 0 0 0 0 1 0 0 0 0 0
```

`rowSums()` 함수의 의미는 행을 기준으로 합치라는 의미인데, 여기에서는 `is.na(dat)` 행의 해당 값(결측치 여부, 즉 1 혹은 0)을 합산해서 각 변수별로 나타내라는 의미이다. `inr` 1개, `plt` 1개, `alb` 2개, 총 4개의 결측값이 존재한다.

2) 전체 데이터 결측값 한 번에 그래프로 확인하기: `barplot(rowSums(is.na())`

`barplot(rowSums(is.na()))` 함수를 사용하면 아래와 같이 막대 그래프를 통해 결측값이 존재하는 변수를 한눈에 알 수 있다.

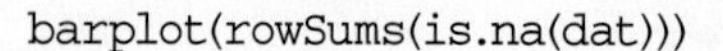

```
barplot(rowSums(is.na(dat)))
```

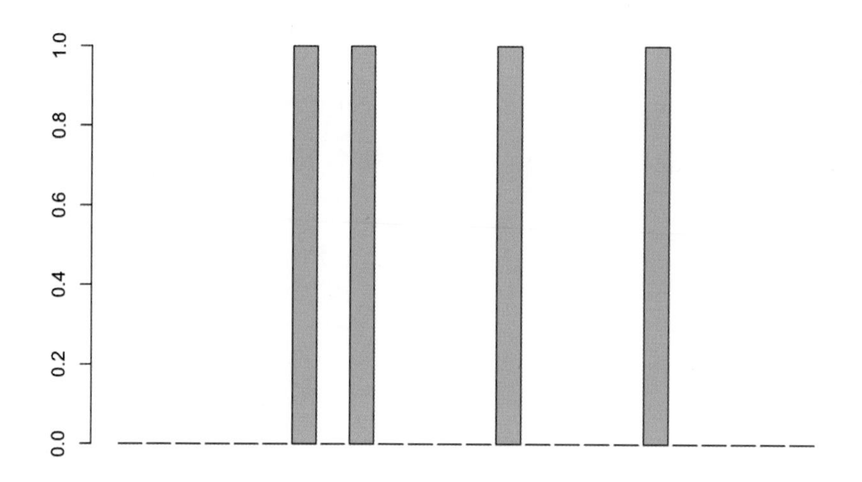

또 다른 방법은 apply() 함수를 이용하는 것이다. apply 기능을 잘 사용하면 매우 편리한데 자세한 사항은 뒤에서 다시 살펴보자.

```
na.count <- apply(dat, 2, function(x) sum(is.na(x)))
na.count

     id index_date   gender        age  last_date   treat_gr         lc
      0          0        0          0          0          0          0
    hcc   hcc_date   hcc_yr  lab_date         alt        bil        inr
      0          0        0          0          0          0          1
     cr        plt      alb        eag        dna    dna_log   risk_gr
      0          1        2          0          0          0          0
 region
      0
```

다음과 같이 한눈에 보기 쉽게 그래프로 그릴 수 있다.

```
barplot(na.count[na.count>0]) #na가 있는 경우만 그리기로 되어 있다.
```

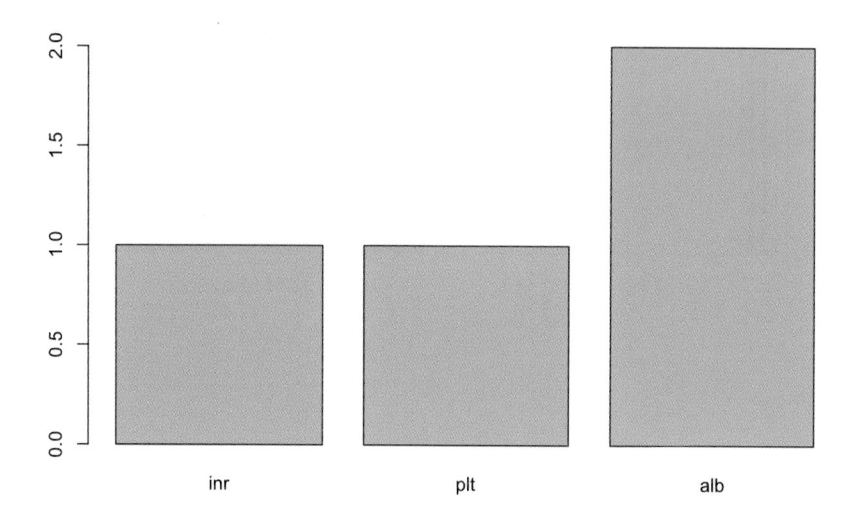

7-3 VIM 패키지 이용하기

VIM 패키지를 이용하면 결측값을 계산해 한 번에 확인할 수 있으며, 데이터 내 결측값 존재의 패턴도 알 수 있다.

```
library(VIM)
missing <- aggr(dat, col=c('navyblue','yellow'),
                numbers=TRUE, sortVars=TRUE,
                labels=names(dat1), cex.axis=.7,
                gap=3,
                ylab=c('Missing data','Pattern'))
```

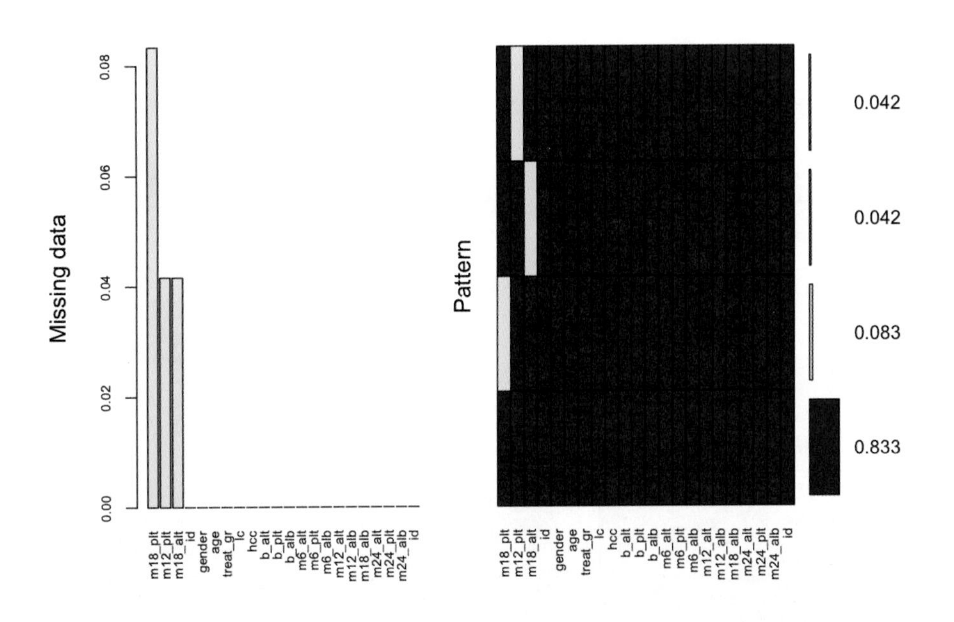


```
Variables sorted by number of missings:
   Variable      Count
        alb 0.08333333
        inr 0.04166667
        plt 0.04166667
         id 0.00000000
 index_date 0.00000000
     gender 0.00000000
```

```
       age   0.00000000
 last_date   0.00000000
  treat_gr   0.00000000
        lc   0.00000000
       hcc   0.00000000
  hcc_date   0.00000000
    hcc_yr   0.00000000
  lab_date   0.00000000
       alt   0.00000000
       bil   0.00000000
        cr   0.00000000
       eag   0.00000000
       dna   0.00000000
   dna_log   0.00000000
   risk_gr   0.00000000
    region   0.00000000
missing

 Missings in variables:
  Variable      Count
       inr          1
       plt          1
       alb          2
```

missing이라는 변수에 전체 데이터 내 결측값 개수가 제시된다.

8 apply 함수

apply() 함수는 데이터 내의 벡터를 받아서 지정한 함수를 한꺼번에 적용시키는 역할을 한다. apply 계열 함수의 입력과 반환 형식은 다음과 같다. 처음에는 어려워 보일 수 있는데 다음 예시를 따라하면서 차근차근 배워보자.

apply 함수 종류	input	output
apply	array	array
lapply	list or vector	list
sapply	list or vector	vector or array
vapply	list or vector	vector or array
tapply	list or vector and factor	vector or array
mapply	list or vector	vector or array

8-1 tapply 함수 사용하기

tapply() 함수를 이용하면 그룹별로 특정 벡터에 내가 원하는 지정한 함수를 적용할 수 있다.

```
tapply(구하고자 하는 벡터, 그룹변수, 적용할 함수)
```

예를 들어 성별에 따른 평균연령을 계산해보자. 아래와 같이 코딩해볼 수 있다.

```
mean(dat$age[dat$gender=='M'])
[1] 43.66667
mean(dat$age[dat$gender=='F'])
[1] 51.16667
```

비교적 간단한 코드지만 tapply를 사용하면 아래와 같이 손쉽게 할 수 있다.

```
tapply(dat$age, dat$gender, mean)
       F        M
51.16667 43.66667
```

물론 3장에서 배울 tidyverse를 이용할 경우 아래와 같이 훨씬 더 직관적이고 다양한 옵션을 이용할 수 있다.

```
dat %>%
  group_by(gender) %>%
  summarise(mean(age))

# A tibble: 2 × 2
  gender  `mean(age)`
   <chr>        <dbl>
1      F         51.2
2      M         43.7
```

8-2 sapply 함수 사용하기

sapply() 함수를 이용하면 데이터프레임 내의 여러 변수에 동시에 같은 함수를 적용시킬 수 있다.

```
sapply(데이터프레임, 적용할 함수)
```

아래의 2가지 예를 보자. 첫째로 dat 내의 모든 변수들의 자료 형태를 class() 함수를 이용해서 확인해보자. 물론 앞에서 배운 것처럼 str() 함수를 이용할 수도 있지만 변수 개수가 많고 자료 형태만 간단히 보고 싶다면 sapply() 함수가 도움이 된다. 이때 주의할 점은 일반적으로 class(dat) 이렇게 괄호를 쓰지만, sapply에서는 괄호를 쓰지 않는다.

```
sapply(dat, class)
         id  index_date      gender         age  last_date    treat_gr
  "numeric"      "Date" "character"   "numeric"     "Date" "character"
         lc         hcc    hcc_date      hcc_yr   lab_date         alt
  "numeric"   "numeric"      "Date"   "numeric"     "Date"   "numeric"
        bil         inr          cr         plt        alb         eag
  "numeric"   "numeric"   "numeric"   "numeric"  "numeric"   "numeric"
        dna     dna_log     risk_gr      region
  "numeric"   "numeric" "character" "character"
```

8-3 lapply 함수 사용하기

lappy는 기본적으로 sapply와 같지만 반환하는 형태가 리스트 형태다(sapply는 반환 형태가 벡터이다). 위와 똑같은 예를 이용해보자. dat는 너무 많은 변수가 있어서 age, gender만 적용해보면 반환하는 형태가 리스트가 되는 것을 확인할 수 있다.

```
lapply(dat[,c('age','gender')],class)

$age
[1] "numeric"

$gender
[1] "character"
```

9 if, for 함수

9-1 if 함수 사용하기

if 구문은 가장 많이 사용하는 함수 중 하나로 변수, 케이스, 값 어디든 특정 조건을 줄 때 사용할 수 있다. if, ifelse, elseif 종류가 있는데 사용에 익숙해지는 것이 중요하다.
if 구문의 기본 형식은 다음과 같다.

```
if(조건){
조건이 TRUE일 때 실행될 명령
} else {
조건이 FALSE일 때 실행될 명령
}
```

if 구문의 예를 보자. age에 60세를 할당한 뒤 age가 50세 이상인 경우 old age, 그렇지 않은 경우 young age로 반환하도록 작성하였다.

```
age<-60

if(age>=50){
print('old age')
}else{
print('young age')
}
[1] "old age"
```

60세는 50세보다 크기에 old age로 반환한다. 이때 `if`, `for` 등의 각종 함수를 작성할 경우에는 위와 같이 쓰기보다 들여쓰기(indentation)를 하는 것이 좋다. ( ), { }, 각종 조건 등이 많아지면서 함수 작성에 혼돈을 방지할 수 있고 직관적인 코딩을 할 수 있기 때문이다. 아래와 같이 작성할 경우 훨씬 눈에 잘 들어온다.

```
if(age>=50){
  print('old age')
 }else{
  print('young age')
}
```

`elseif` 구문의 형식은 아래와 같다.

```
if(조건1){
조건1이 TRUE일 때 실행될 명령
} elseif(조건2){
조건2가 TRUE일 때 실행될 명령
} else {
조건2가 FALSE일 때 실행될 명령
}
```

```
age<-45
if(age>=50){
    print('old age')
 }elseif(age<30){
  print('young age')
 }else{
  print('middle age')
}
```

하지만 if, elseif의 가장 큰 단점은 벡터 연산이 안 된다는 점이다. 즉 위와 같이 1개의 값에 대한 조건을 판단한 뒤 그에 따른 명령을 수행하게 된다. 또한 여러 개의 값을 가지는 벡터에는 적용이 안 되기 때문에 실제 많이 사용되지 않는다.

그러나 ifelse는 코드가 단순하면서도 벡터 연산이 가능하기 때문에 많이 사용된다. ifelse 구문의 형식은 아래와 같다.

```
ifelse(조건, 조건이 TRUE일 때 반환할 값, 조건이 FALSE일 때 반환할 값)
```

```
age<-c(40, 50, 60)
ifelse(age<40, 'young', 'old')
[1] "old" "old" "old"
```

이렇게 1개의 값뿐만 아니라 여러 개 값이 모여 있는 벡터에 적용할 수 있으므로 각각의 값에 조건에 따른 결과값을 반영한다.

9-2 for 함수 사용하기

for 구문은 계속 반복된 명령을 수행하므로 일종의 loop 구문이라고도 한다. 프로그래밍에 익숙하지 않은 초심자에게는 for 구문이 잘 이해되지 않고 어렵게 느껴질 수 있다. for 구문을 복잡하게 많이 사용하면 실제 연산 시간도 오래 걸린다. 때문에 가능하면 for 구문은 피하고 R에서 제공하는 여러 다른 함수를 사용하는 것을 권한다.

하지만 간단한 반복 수행에는 for 구문이 충분히 유용하다. 아래는 실제로 저자가 for 구문을 이용해서 분석한 코드이다.

```
###############################
### Biochemical responses ###
###############################

### ALT ###
dat2$m6_alt.nl<-ifelse(dat2$m6_alt<=35 & dat2$gender=="M", 0.5,
                       ifelse(dat2$m6_alt<=25 & dat2$gender=="F", 0.5 ,99))
dat2$m12_alt.nl<-ifelse(dat2$m12_alt<=35 & dat2$gender=="M", 1,
                        ifelse(dat2$m12_alt<=25 & dat2$gender=="F",1,99))
dat2$m18_alt.nl<-ifelse(dat2$m18_alt<=35 & dat2$gender=="M", 1.5,
                        ifelse(dat2$m18_alt<=25 & dat2$gender=="F",1.5,99))
dat2$m24_alt.nl<-ifelse(dat2$m24_alt<=35 & dat2$gender=="M", 2,
                        ifelse(dat2$m24_alt<=25 & dat2$gender=="F", 2, 99))
dat2$y3_alt.nl<-ifelse(dat2$y3_alt<=35 & dat2$gender=="M",  3,
                       ifelse(dat2$y3_alt<=25 & dat2$gender=="F", 3, 99))
dat2$y4_alt.nl<-ifelse(dat2$y4_alt<=35 & dat2$gender=="M",  4,
                       ifelse(dat2$y4_alt<=25 & dat2$gender=="F", 4, 99))
dat2$y5_alt.nl<-ifelse(dat2$y5_alt<=35 & dat2$gender=="M", 5,
                       ifelse(dat2$y5_alt<=25 & dat2$gender=="F", 5, 99))
dat2$y6_alt.nl<-ifelse(dat2$y6_alt<=35 & dat2$gender=="M", 6,
                       ifelse(dat2$y6_alt<=25 & dat2$gender=="F", 6, 99))
dat2$y7_alt.nl<-ifelse(dat2$y7_alt<=35 & dat2$gender=="M", 7,
                       ifelse(dat2$y7_alt<=25 & dat2$gender=="F", 7, 99))
dat2$y8_alt.nl<-ifelse(dat2$y8_alt<=35 & dat2$gender=="M", 8,
                       ifelse(dat2$y8_alt<=25 & dat2$gender=="F", 8, 99))
dat2$y9_alt.nl<-ifelse(dat2$y9_alt<=35 & dat2$gender=="M", 9,
                       ifelse(dat2$y9_alt<=25 & dat2$gender=="F", 9, 99))
dat2$y10_alt.nl<-ifelse(dat2$y10_alt<=35 & dat2$gender=="M", 10,
                        ifelse(dat2$y10_alt<=25 & dat2$gender=="F", 10, 99))
```

```
for(jj in 1:nrow(dat2)){
  dat2$alt.nl_time[jj]<-ifelse(dat2$alt.nl.point[jj]==0.5, (dat2$m6_alt_date[jj]-dat2$index_date[jj])/365,
                        ifelse(dat2$alt.nl.point[jj]==1,   (dat2$m12_alt_date[jj]-dat2$index_date[jj])/365,
                          ifelse(dat2$alt.nl.point[jj]==1.5, (dat2$m18_alt_date[jj]-dat2$index_date[jj])/365,
                            ifelse(dat2$alt.nl.point[jj]==2,   (dat2$m24_alt_date[jj]-dat2$index_date[jj])/365,
                              ifelse(dat2$alt.nl.point[jj]==3,   (dat2$y3_alt_date[jj]-dat2$index_date[jj])/365,
                                ifelse(dat2$alt.nl.point[jj]==4,   (dat2$y4_alt_date[jj]-dat2$index_date[jj])/365,
                                  ifelse(dat2$alt.nl.point[jj]==5,   (dat2$y5_alt_date[jj]-dat2$index_date[jj])/365,
                                    ifelse(dat2$alt.nl.point[jj]==6,   (dat2$y6_alt_date[jj]-dat2$index_date[jj])/365,
                                      ifelse(dat2$alt.nl.point[jj]==7,   (dat2$y7_alt_date[jj]-dat2$index_date[jj])/
                                        ifelse(dat2$alt.nl.point[jj]==8,   (dat2$y8_alt_date[jj]-dat2$index_dat
                                          ifelse(dat2$alt.nl.point[jj]==9,   (dat2$y9_alt_date[jj]-dat2$in
                                            ifelse(dat2$alt.nl.point[jj]==10,  (dat2$y10_alt_date[jj]
                                              dat2$hcc_yr[jj]))))))))))))
}

# verification #
plot(dat2$alt.nl_time[dat2$hcc==1])
plot(dat2$alt.nl_time[dat2$hcc==0])
plot(dat2$hcc_yr[dat2$hcc==0])

summary(dat2$alt.nl_time)

# HCC or death related to ALT normalization ###
dat2$alt.nl_time2[dat2$hcc==1]<-ifelse(dat2$hcc_yr[dat2$hcc==1] < dat2$alt.nl_time[dat2$hcc==1],
                                       dat2$hcc_yr[dat2$hcc==1], dat2$alt.nl_time[dat2$hcc==1])
dat2$alt.nl_time2[dat2$hcc==0]<-dat2$alt.nl_time[dat2$hcc==0]

dat2$alt.nl2[dat2$hcc==1]<-ifelse(dat2$hcc_yr[dat2$hcc==1] < dat2$alt.nl_time[dat2$hcc==1],
                                  0, dat2$alt.nl[dat2$hcc==1])
dat2$alt.nl2[dat2$hcc==0]<-dat2$alt.nl[dat2$hcc==0]
```

그런데 tidyverse를 사용하면 다음과 같이 코드가 짧아지고 보기에도 좋다. 위 2개 그림의 코드와 동일한 결과값을 구한 것이다.

```
# local lab criteria #
# alt1$alt_nl<-ifelse(alt1$result<=40, "normal", "abnormal")
alt1$alt_nl<-as.factor(alt1$alt_nl)
alt2<-left_join(temp,alt1, by="able_id")
  n_distinct(alt2$able_id)
alt2<-alt2 %>%
  mutate(lab_du=lab_date-index_date)
alt2$lab_du<-as.numeric(alt2$lab_du/365.25)
alt2<-alt2 %>%
  filter(is.na(lab_du)!=T)
alt2$alt_nl_dur<-alt2$lab_du
dim(alt2)

# ALT normal patients only #
alt.normal<-alt2 %>%
  filter(alt_nl=="normal") %>%
  select(able_id,alt_nl,alt_nl_dur) %>%
  arrange(able_id,alt_nl_dur)
alt.normal<-alt.normal[-which(duplicated(alt.normal$able_id)),]
dim(alt.normal)

# choose NO ALT normalization patients only
alt.abnormal<-alt2 %>%
  filter(alt_nl=="abnormal") %>%
  select(able_id,alt_nl,alt_nl_dur) %>%
  arrange(able_id, desc(alt_nl_dur))
alt.abnormal<-alt.abnormal[-which(duplicated(alt.abnormal$able_id)),]
dim(alt.abnormal)
```

1) for 구문 기본

for 구문의 기본 형식은 아래와 같다.

```
for (인자 in 반복할 인자 범위) {
반복할 코드
}
```

조금 복잡해 보이지만 예제를 통해 살펴보자. for문을 이용해서 1에서 10까지 출력해보자.

```
for(i in 1:10){
 print(i)
}

[1] 1
[1] 2
[1] 3
[1] 4
[1] 5
[1] 6
[1] 7
[1] 8
[1] 9
[1] 10
```

for문 예제에서 가장 많이 사용하는 예제로 1에서 10까지 짝수만 출력해보자.

```
for(i in 1:10){
 if(i %% 2 ==0){
  print(i)
 }
}

[1] 2
[1] 4
[1] 6
[1] 8
[1] 10
```

조금 복잡하게 느껴질 수 있지만, 위의 코드는 사실 아래와 같이 진행된다. 이렇게 반복하는 것이 for 구문으로 주로 if 구문과 같이 많이 사용된다.

① i는 1이다.
② if조건: i를 2로 나누면 나머지가 0인가? (즉 짝수인지 확인)
③ 아니다. 이번 코드 종료
④ 다시 반복 시작 i는 2이다.
⑤ if조건: i를 2로 나누면 나머지가 0인가?
⑥ 그렇다.
⑦ print(i)를 해라 -> 2 반환
⑧ i는 3이다.
⑨ ……
⑩ i는 10이다.

10 중복 결과값 다루기

변수값들을 다루다 보면 같은 결과값들이 있는 경우가 많다. 이는 실제 동일한 결과값을 가지는 경우도 있지만, 데이터가 중복되어 있는 경우도 많다. 특히 여러 개의 데이터를 합쳐서 1개의 데이터로 만들 경우 이와 같은 일이 종종 발생한다. 이에 결과값의 고유값을 선별하고, 중복 결과값을 찾아내는 작업은 상당히 중요하다.

10-1 unique 함수 사용하기

고유값을 찾을 때 `unique()` 함수를 어떻게 사용하는지 알아보자. 먼저, cr 값을 살펴보자.

```
dat$cr
 [1] 1.00 0.60 1.05 0.93 0.90 1.20 0.91 0.70 0.73 1.20 1.10 0.81 1.00 0.69 1.00
[16] 0.92 0.81 0.60 1.00 0.63 0.80 0.99 0.91 0.89
length(dat$cr)
[1] 24
```

실제 cr 값은 총 24개 존재한다. 하지만 cr이 1, 0.7, 0.8 등의 값을 가진 환자는 여러 명이다. 전체 dat에서 cr 고유값을 알아보자.

```
unique(dat$cr)
 [1] 1.00 0.60 1.05 0.93 0.90 1.20 0.91 0.70 0.73 1.10 0.81 0.69 0.92 0.63 0.80
[16] 0.99 0.89
length(unique(dat$cr))
[1] 17
```

총 17개의 고유값이 존재한다. 그런데 2개의 변수가 같을 때만 고유값으로 선택하려면 어떻게 해야 할까? 즉 gender, cr이 모두 같을 경우를 고유값으로 하려면 아래와 같이 할 수 있는데, 결과를 보면 우리가 원하는 값이 나오지 않는다.

```
unique(dat$gender, dat$cr)
[1] "M" "F"
```

unique 함수는 2개 이상의 변수를 받지 않는다. 하지만 아래와 같이 데이터 슬라이싱을 먼저 하면 가능하다. 똑같이 cr이 0.8이지만 gender가 서로 다를 경우 아래에서 11, 14번째의 경우는 서로 다른 값으로 취급한다.

```
unique(dat[,c('gender','cr')])
# A tibble: 18 × 2
   gender  cr
   <chr>   <dbl>
 1 M       1
 2 F       0.6
 3 M       1.05
 4 M       0.93
 5 M       0.9
 6 M       1.2
 7 M       0.91
 8 F       0.7
 9 F       0.73
10 M       1.1
11 M       0.81
12 M       0.69
13 M       0.92
14 F       0.81
15 F       0.63
16 M       0.8
17 M       0.99
18 M       0.89
```

역시나 3장에서 배울 `tidyverse` 패키지 내 `distinct()` 기능을 사용하면 훨씬 직관적이다.

```
dat %>%
  distinct(gender, cr)

# A tibble: 18 × 2
   gender  cr
   <chr>   <dbl>
 1 M       1
 2 F       0.6
 3 M       1.05
 4 M       0.93
 5 M       0.9
 6 M       1.2
 7 M       0.91
 8 F       0.7
 9 F       0.73
10 M       1.1
11 M       0.81
12 M       0.69
13 M       0.92
14 F       0.81
15 F       0.63
16 M       0.8
17 M       0.99
18 M       0.89
```

10-2 duplicated 함수 사용하기

`duplicated()` 함수는 unique() 함수와 반대로 중복된 값을 찾아준다. 중복된 값일 경우 TRUE로 반환하고, 중복된 값이 아닐 경우 FALSE로 반환한다.

gender를 예로 들어 살펴보자. gender는 M, F 외에 다른 값은 없다. 즉 1, 2번 case만 FALSE이고(처음 나오는 값이므로 중복이 없음) 3번부터 계속 TRUE이다(계속 M 혹은 F가 반복되므로).

```
dat$gender
 [1] "M" "F" "M" "M" "M" "M" "M" "F" "F" "M" "M" "M" "M" "M" "M" "M" "F" "F" "M"
[20] "F" "M" "M" "M" "M"
duplicated(dat$gender)
 [1] FALSE FALSE TRUE TRUE TRUE TRUE TRUE TRUE TRUE TRUE TRUE TRUE
[13]  TRUE  TRUE TRUE TRUE TRUE TRUE TRUE TRUE TRUE TRUE TRUE TRUE
```

1) 중복된 환자 골라내기: !duplicated

실제 데이터 분석 시에는 duplicated를 사용할 때보다 duplicated가 아닌 값(즉 중복되지 않은 값)을 찾는 경우가 더 많다. 따라서 duplicated()보다 !duplicated()를 사용하는 경우가 더 많다.

 **Tip**

> 여기서 !는 부정, 즉 not이라는 의미다. 즉 !duplicated는 'duplicated가 아니다'를 뜻한다. 다른 예로 dat$gender!='M'은 'gender가 'M'이 아니다'라는 의미가 된다.

실습을 위해 임의로 중복 데이터 temp를 만들어보았다.

```
temp<-rbind(dat, dat[c(3,6,10),])
dim(temp)
[1] 27 22
tail(temp)
# A tibble: 6 × 22
     id index_date gender   age last_date  treat_gr    lc   hcc hcc_date
  <dbl>     <date>  <chr> <dbl>     <date>    <chr> <dbl> <dbl>     <date>
1    22 2007-02-16      M    30 2017-09-25      ETV     0     0 2017-09-25
2    23 2007-02-16      M    29 2017-07-14      TDF     0     0 2017-07-14
3    24 2007-02-20      M    43 2011-01-28      ETV     1     0 2011-01-28
4     3 2007-01-11      M    49 2017-06-21      TDF     1     0 2017-06-21
5     6 2007-01-18      M    33 2013-01-11      ETV     1     0 2013-01-11
6    10 2007-02-01      M    50 2017-09-12      ETV     0     0 2017-09-12
# … with 13 more variables: hcc_yr <dbl>, lab_date <date>, alt <dbl>,
# bil <dbl>, inr <dbl>, cr <dbl>, plt <dbl>, alb <dbl>, eag <dbl>, dna <dbl>,
# dna_log <dbl>, risk_gr <chr>, region <chr>
```

실습을 위해 중복된 3명의 환자(id: 3, 6, 10)를 temp 데이터에 추가하여 현재 27명의 환자가 되었다.

```
temp$id
 [1] 1 2 3 4 5 6 7 8 9 10 11 12 13 14 15 16 17 18 19 20 21 22 23 24 3
[26] 6 10
duplicated(temp$id)
 [1] FALSE FALSE FALSE FALSE FALSE FALSE FALSE FALSE FALSE FALSE FALSE FALSE
[13] FALSE FALSE FALSE FALSE FALSE FALSE FALSE FALSE FALSE FALSE FALSE FALSE
[25]  TRUE  TRUE  TRUE
```

위의 temp 데이터에서 25, 26, 27번째 환자의 id가 중복되어 있다. 만약 중복된 환자들 중에 처음 나오는 환자만을 남기고 이후 나오는 중복된 환자를 제거하고 싶다면 아래와 같은 순서로 진행한다.

① duplicated를 적용할 변수: id
② 중복될 경우 TRUE가 반환되므로 FALSE가 나오는 값이 필요하다.
③ 즉 !duplicated를 사용한다.
④ 데이터에서 !duplicated가 TRUE인 경우만 선택된다.

```
!duplicated(temp$id)
 [1]  TRUE  TRUE  TRUE TRUE TRUE TRUE TRUE TRUE TRUE TRUE TRUE TRUE
[13]  TRUE  TRUE  TRUE TRUE TRUE TRUE TRUE TRUE TRUE TRUE TRUE TRUE
[25] FALSE FALSE FALSE
temp1<-temp[!duplicated(temp$id),]
unique(temp1$id)
 [1] 1 2 3 4 5 6 7 8 9 10 11 12 13 14 15 16 17 18 19 20 21 22 23 24
```

temp1에서 중복된 환자 3명이 삭제된 것을 확인할 수 있다.

11 Table 1 만들기

임상연구 논문에서 가장 먼저 나오는 table 1에는 일반적으로 연구에 포함된, 혹은 참여한 환자들의 기저특성을 제시한다. 이러한 table 1을 쉽고 빠르게 만드는 데에는 moonBook 패키지 혹은 tableone 패키지를 이용하면 좋다.
예제 데이터에서 항바이러스제 치료군 treat_gr을 기준으로 두 그룹으로 나누어서 기저특성을 비교해보자.

11-1 moonBook 패키지

moonBook 패키지의 `mytable()` 함수를 이용해 table 1을 만들어보자.

```
library(moonBook)
mytable(treat_gr~age+gender+lc+alt+bil+
             inr+cr+plt+alb+eag+dna_log,
        data=dat)
```

```
 Descriptive Statistics by 'treat_gr'
______________________________________________
              ETV              TDF           p
            (N=15)            (N=9)
______________________________________________
age        43.7 ±  9.2      48.6 ±  8.5    0.214
gender                                     1.000
 - F        4 (26.7%)        2 (22.2%)
 - M       11 (73.3%)        7 (77.8%)
lc                                         1.000
 - 0        6 (40.0%)        4 (44.4%)
 - 1        9 (60.0%)        5 (55.6%)
alt        94.2 ± 93.1     123.0 ± 141.1   0.552
bil         1.3 ±  0.4       1.2 ±  0.4    0.686
inr         1.1 ±  0.2       1.1 ±  0.0    0.416
cr          0.9 ±  0.2       0.9 ±  0.1    0.769
plt       158.4 ± 56.9     146.5 ± 36.0    0.599
alb         3.6 ±  0.6       3.9 ±  0.5    0.252
```

```
eag                                   0.913
  - 0       5 (33.3%)     4 (44.4%)
  - 1      10 (66.7%)     5 (55.6%)
dna_log   5.8 ± 2.2      6.0 ± 2.4    0.811
```

mytable 명령어 안에는 다양한 옵션이 있다. 자료 형태가 숫자형인 변수들을 median [IQR]로 나타내고자 할 때는 `method=2` 옵션을 준다.

```
mytable(treat_gr~age+gender+lc+alt+bil+
          inr+cr+plt+alb+eag+dna_log,
        data=dat, method=2)
```

Descriptive Statistics by 'treat_gr'

	ETV (N=15)	TDF (N=9)	p
age	49.0 [37.0;50.5]	49.0 [48.0;50.0]	0.548
gender			1.000
- F	4 (26.7%)	2 (22.2%)	
- M	11 (73.3%)	7 (77.8%)	
lc			1.000
- 0	6 (40.0%)	4 (44.4%)	
- 1	9 (60.0%)	5 (55.6%)	
alt	61.0 [33.0;95.5]	94.0 [48.0;106.0]	0.387
bil	1.3 [1.1; 1.4]	1.1 [1.0; 1.5]	0.589
inr	1.1 [1.0; 1.2]	1.1 [1.0; 1.1]	0.899
cr	0.9 [0.7; 1.0]	0.9 [0.8; 0.9]	0.654
plt	164.0 [137.5;183.5]	156.0 [119.0;163.5]	0.366
alb	3.8 [3.2; 4.1]	4.0 [3.7; 4.2]	0.181
eag			0.913
- 0	5 (33.3%)	4 (44.4%)	
- 1	10 (66.7%)	5 (55.6%)	
dna_log	6.3 [3.7; 7.3]	6.0 [4.8; 7.6]	0.726

각 그룹뿐만 아니라 전체 환자의 특성을 같이 보려면 `show.total=T` 옵션을 준다.

```
mytable(treat_gr~age+gender+lc+alt+bil+
          inr+cr+plt+alb+eag+dna_log,
        data=dat, show.total=T)

   Descriptive Statistics by 'treat_gr'
______________________________________________________________
               ETV            TDF           Total         p
             (N=15)          (N=9)         (N=24)
______________________________________________________________
 age        43.7 ± 9.2     48.6 ± 8.5     45.5 ± 9.1    0.214
 gender                                                 1.000
   - F       4 (26.7%)      2 (22.2%)      6 (25.0%)
   - M      11 (73.3%)      7 (77.8%)     18 (75.0%)
 lc                                                     1.000
   - 0       6 (40.0%)      4 (44.4%)     10 (41.7%)
   - 1       9 (60.0%)      5 (55.6%)     14 (58.3%)
 alt        94.2 ± 93.1   123.0 ± 141.1  105.0 ± 111.4  0.552
 bil         1.3 ± 0.4      1.2 ± 0.4      1.3 ± 0.4    0.686
 inr         1.1 ± 0.2      1.1 ± 0.0      1.1 ± 0.2    0.416
 cr          0.9 ± 0.2      0.9 ± 0.1      0.9 ± 0.2    0.769
 plt       158.4 ± 56.9   146.5 ± 36.0   154.3 ± 50.0   0.599
 alb         3.6 ± 0.6      3.9 ± 0.5      3.7 ± 0.6    0.252
 eag                                                    0.913
   - 0       5 (33.3%)      4 (44.4%)      9 (37.5%)
   - 1      10 (66.7%)      5 (55.6%)     15 (62.5%)
 dna_log     5.8 ± 2.2      6.0 ± 2.4      5.9 ± 2.2    0.811
______________________________________________________________
```

만약 treat_gr을 나누지 않고 전체 환자의 특성만 구하고 싶으면 아래와 같이 한다.

```
mytable(~age+gender+lc+alt+bil+
          inr+cr+plt+alb+eag+dna_log,
        data=dat)  # ~ 왼쪽의 group 지정 변수를 지우면 된다.

    Descriptive Statistics
————————————————————————————————————————————
            Mean ± SD or %  N  Missing (%)
————————————————————————————————————————————
 age              45.5 ± 9.1  24  0 ( 0.0%)
 gender                       24  0 ( 0.0%)
   - F            6 (25.0%)
   - M           18 (75.0%)
 lc                           24  0 ( 0.0%)
   - 0           10 (41.7%)
   - 1           14 (58.3%)
 alt          105.0 ± 111.4  24  0 ( 0.0%)
 bil              1.3 ± 0.4  24  0 ( 0.0%)
 inr              1.1 ± 0.2  23  1 ( 4.2%)
 cr               0.9 ± 0.2  24  0 ( 0.0%)
 plt           154.3 ± 50.0  23  1 ( 4.2%)
 alb              3.7 ± 0.6  22  2 ( 8.3%)
 eag                          24  0 ( 0.0%)
   - 0            9 (37.5%)
   - 1           15 (62.5%)
 dna_log          5.9 ± 2.2  24  0 ( 0.0%)
————————————————————————————————————————————
```

이렇게 만든 테이블은 csv 파일 형태로 저장할 수 있다. 아래처럼 코드를 작성하면 현재 지정 폴더에 table1.csv라는 파일명으로 csv 파일이 저장되고, csv 파일을 엑셀로 열어보면 다음 그림과 같이 표시된다.

```
table1 <- mytable(treat_gr~age+gender+lc+alt+bil+
                    inr+cr+plt+alb+eag+dna_log,
                  data=dat, show.total=T)
mycsv(table1, file='table1.csv')
```

	A	B	C	D	E
1	treat_gr	ETV	TDF	Total	p
2		(N=15)	(N=9)	(N=24)	
3	age	43.7 ± 9.2	48.6 ± 8.5	45.5 ± 9.1	0.214
4	gender				1
5	- F	4 (26.7%)	2 (22.2%)	6 (25.0%)	
6	- M	11 (73.3%)	7 (77.8%)	18 (75.0%)	
7	lc				1
8	0	6 (40.0%)	4 (44.4%)	10 (41.7%)	
9	-1	9 (60.0%)	5 (55.6%)	14 (58.3%)	
10	alt	94.2 ± 93.1	123.0 ± 141.1	105.0 ± 111.4	0.552
11	bil	1.3 ± 0.4	1.2 ± 0.4	1.3 ± 0.4	0.686
12	inr	1.1 ± 0.2	1.1 ± 0.0	1.1 ± 0.2	0.416
13	cr	0.9 ± 0.2	0.9 ± 0.1	0.9 ± 0.2	0.656
14	plt	158.4 ± 56.9	146.5 ± 36.0	154.3 ± 50.0	0.599
15	alb	3.6 ± 0.6	3.9 ± 0.5	3.7 ± 0.6	0.252
16	eag				0.913
17	0	5 (33.3%)	4 (44.4%)	9 (37.5%)	
18	-1	10 (66.7%)	5 (55.6%)	15 (62.5%)	
19	dna_log	5.8 ± 2.2	6.0 ± 2.4	5.9 ± 2.2	0.811

11-2 tableone 패키지

`tableone` 패키지를 이용해 table 1을 만들어보자. moonBook 패키지보다 조금 더 복잡하게 느껴질 수 있다.

```
library(tableone)
listVars <- names(dat[, c('age','gender','lc','alt','bil',
                    'inr','cr','plt','alb','eag','dna_log')]) #비교할 변수 지정
catVars <- c('gender','lc') #categorical 변수만 따로 저장
table1 <- CreateTableOne(vars = listVars,
                         factorVars = catVars,
                         strata = c('treat_gr'), #비교대상이 되는 그룹을 지정
                         data = dat)
table1

          Stratified by treat_gr
                        ETV              TDF              p      test
 n                      15               9
 age (mean (SD))        43.73 (9.16)     48.56 (8.52)     0.214
 gender = M (%)         11 (73.3)        7 (77.8)         1.000
 lc = 1 (%)             9 (60.0)         5 (55.6)         1.000
 alt (mean (SD))        94.20 (93.09)    123.00 (141.11)  0.552
 bil (mean (SD))        1.29 (0.41)      1.22 (0.42)      0.686
 inr (mean (SD))        1.11 (0.19)      1.07 (0.04)      0.504
```

```
  cr (mean (SD))           0.90 (0.20)      0.88 (0.11)     0.769
  plt (mean (SD))        158.40 (56.88)   146.50 (36.00)    0.599
  alb (mean (SD))          3.59 (0.64)      3.90 (0.52)     0.252
  eag (mean (SD))          0.67 (0.49)      0.56 (0.53)     0.605
  dna_log (mean (SD))      5.78 (2.18)      6.01 (2.41)     0.811
```

dat 안에 있는 treat_gr뿐만 아니라 id, date와 같은 변수들은 비교할 대상이 아니므로 제외해야 한다.

```
# 빨리 제외하는 방법은 `dat` 안의 변수들 중 포함되어야 할 변수만 선정
listVars <- names(dat[ , *변수 종류* ] )
# 만약 `dat` 안의 변수들 중 제외되어야 할 변수가 더 많을 경우
listVars <- names(dat[ , -(*변수 종류*) ]
```

tableone 패키지의 장점은 간단한 정보뿐만 아니라 결측값, 평균, 표준편차, 중위값, 최솟값, 최댓값, 왜도, 첨도 등의 정보를 제공해준다는 점이다. 또한 그룹 간 비교를 할 경우 p-value뿐만 아니라 SMD(standardized mean difference)까지 제공해준다.

```
summary(table1)

   ### Summary of continuous variables ###

treat_gr: ETV
         n  miss  p.miss  mean    sd  median   p25  p75   min  max  skew  kurt
age     15     0       0  43.7   9.2    49.0  37.0   50  26.0   54  -0.8  -0.8
alt     15     0       0  94.2  93.1    61.0  33.0   96  31.0  359   2.1   4.2
bil     15     0       0   1.3   0.4     1.3   1.1    1   0.7    2   0.9   0.5
inr     15     1       7   1.1   0.2     1.1   1.0    1   0.9    2   1.2   1.3
cr      15     0       0   0.9   0.2     0.9   0.7    1   0.6    1  -0.2  -1.1
plt     15     0       0 158.4  56.9   164.0 137.5  184  55.0  292   0.2   1.7
alb     15     1       7   3.6   0.6     3.8   3.3    4   2.1    4  -1.1   0.7
eag     15     0       0   0.7   0.5     1.0   0.0    1   0.0    1  -0.8  -1.6
dna_log 15     0       0   5.8   2.2     6.3   3.7    7   2.3    9  -0.4  -1.3
-------------------------------------------------------------------
```

```
treat_gr: TDF
         n  miss  p.miss   mean    sd  median    p25   p75   min  max  skew   kurt
age      9     0       0   48.6 9e+00    49.0   48.0  50.0  29.0   62 -1.30   4.55
alt      9     0       0  123.0 1e+02    94.0   48.0 106.0  34.0  486  2.61   7.27
bil      9     0       0    1.2 4e-01     1.1    1.0   1.5   0.7    2  0.63  -0.83
inr      9     0       0    1.1 4e-02     1.1    1.0   1.1   1.0    1 -0.21  -2.37
cr       9     0       0    0.9 1e-01     0.9    0.8   0.9   0.7    1  0.08  -0.33
plt      9     1      11  146.5 4e+01   156.0  126.0 162.8  91.0  204 -0.17  -0.08
alb      9     1      11    3.9 5e-01     4.0    3.8   4.2   2.8    4 -1.55   2.34
eag      9     0       0    0.6 5e-01     1.0    0.0   1.0   0.0    1 -0.27  -2.57
dna_log  9     0       0    6.0 2e+00     6.0    4.8   7.6   1.0    9 -0.97   1.39

p-values
           pNormal  pNonNormal
age      0.2137236   0.5286397
alt      0.5515067   0.3707812
bil      0.6858601   0.5682000
inr      0.5038224   0.8743690
cr       0.7693120   0.6323041
plt      0.5987924   0.3491690
alb      0.2516633   0.1701735
eag      0.6052414   0.5941235
dna_log  0.8113600   0.6983231

Standardize mean differences
            1 vs 2
age      0.5452206
alt      0.2409274
bil      0.1719907
inr      0.3203851
cr       0.1344336
plt      0.2500112
alb      0.5383001
eag      0.2187767
dna_log  0.1004008

=========================================================================================

  ### Summary of categorical variables ###
```

```
treat_gr: ETV
   var   n  miss  p.miss  level  freq  percent  cum.percent
 gender  15     0     0.0      F     4     26.7         26.7
                               M    11     73.3        100.0

     lc  15     0     0.0      0     6     40.0         40.0
                               1     9     60.0        100.0

------------------------------------------------------------
treat_gr: TDF
   var   n  miss  p.miss  level  freq  percent  cum.percent
 gender   9     0     0.0      F     2     22.2         22.2
                               M     7     77.8        100.0

     lc   9     0     0.0      0     4     44.4         44.4
                               1     5     55.6        100.0


p-values
        pApprox  pExact
gender        1       1
lc            1       1

Standardize mean differences
             1 vs 2
gender   0.10355607
lc       0.09007547
```

tableone 패키지에서 나온 테이블을 엑셀로 내보내기(expor) 위해서는 바로 저장하지 않고 `print(table 이름)` 기능을 사용해야 한다.

```
print(table1)
          Stratified by treat_gr
                        ETV              TDF              p      test
 n                      15               9
 age (mean (SD))        43.73 (9.16)     48.56 (8.52)     0.214
 gender = M (%)         11 (73.3)        7 (77.8)         1.000
 lc = 1 (%)             9 (60.0)         5 (55.6)         1.000
 alt (mean (SD))        94.20 (93.09)    123.00 (141.11)  0.552
 bil (mean (SD))        1.29 (0.41)      1.22 (0.42)      0.686
 inr (mean (SD))        1.11 (0.19)      1.07 (0.04)      0.504
 cr (mean (SD))         0.90 (0.20)      0.88 (0.11)      0.769
 plt (mean (SD))        158.40 (56.88)   146.50 (36.00)   0.599
 alb (mean (SD))        3.59 (0.64)      3.90 (0.52)      0.252
 eag (mean (SD))        0.67 (0.49)      0.56 (0.53)      0.605
 dna_log (mean (SD))    5.78 (2.18)      6.01 (2.41)      0.811
write.csv(print(table1), file='tableone.csv')
```

11-3 gtsummary 패키지

1) gtsummary 패키지를 이용한 테이블: tbl_summary()

gtsummary 패키지의 tbl_summary 기능을 이용해보자. gtsummary 패키지를 먼저 로딩하고 기존 dat에서 변수 일부만 선택하여 dat.temp라는 새로운 데이터를 연습을 위해 만들자.

```
library(gtsummary)

dat.temp<-dat %>%     # 일부 변수만 선택하는 방법 (3장에서 자세히 배울 예정이다)
 select(treat_gr, gender, age, lc, bil, inr, cr, dna_log)

colnames(dat.temp)  # 변수 이름을 확인하는 함수
[1] "treat_gr" "gender"  "age"    "lc"    "bil"    "inr"    "cr"
[8] "dna_log"
```

tbl_summary를 이용한 기본 테이블은 아래와 같이 반환된다.

```
tbl_summary(dat.temp)
```

Characteristic	N = 24[1]
treat_gr	
ETV	15 (62%)
TDF	9 (38%)
gender	
F	6 (25%)
M	18 (75%)
age	49 (42, 50)
lc	14 (58%)
bil	1.15 (1.00, 1.42)
inr	1.08 (1.02, 1.12)
Unknown	1
cr	0.91 (0.78, 1.00)
dna_log	6.17 (4.60, 7.52)

1 n (%); Median (IQR)

tbl_summary() 부가적인 기능은 크게 2가지다. 첫째, 결측값은 unknown으로 표시된다. 둘째, 하단에 주석(footnote)이 제공된다.

2) 두 그룹으로 나누어서 table 만들기: by =

by= 옵션을 이용해 treat_gr에 따라 2그룹으로 나누어서 표시해보자.

```
tbl_summary(dat.temp, by=treat_gr)
```

Characteristic	ETV, N = 15[1]	TDF, N = 9[1]
gender		
F	4 (27%)	2 (22%)
M	11 (73%)	7 (78%)

Characteristic	ETV, N = 15[1]	TDF, N = 9[1]
age	49 (37, 50)	49 (48, 50)
lc	9 (60%)	5 (56%)
bil	1.30 (1.05, 1.35)	1.10 (1.00, 1.50)
inr	1.08 (0.99, 1.17)	1.10 (1.03, 1.10)
Unknown	1	0
cr	0.93 (0.71, 1.00)	0.90 (0.81, 0.91)
dna_log	6.30 (3.71, 7.32)	6.04 (4.82, 7.56)

1 n (%); Median (IQR)

3) 테이블에서 결측값 숨기기: `missing = 'no'`

위의 테이블을 만든 다음 결측값이 1개 존재하는 `inr` 변수에서 Unknown이라고 표시되는 결측값을 숨겨보자. `missing='no'` 라는 옵션을 사용하면 된다.

```
tbl_summary(dat.temp, by=treat_gr, missing='no')
```

Characteristic	ETV, N = 15[1]	TDF, N = 9[1]
gender		
F	4 (27%)	2 (22%)
M	11 (73%)	7 (78%)
age	49 (37, 50)	49 (48, 50)
lc	9 (60%)	5 (56%)
bil	1.30 (1.05, 1.35)	1.10 (1.00, 1.50)
inr	1.08 (0.99, 1.17)	1.10 (1.03, 1.10)
cr	0.93 (0.71, 1.00)	0.90 (0.81, 0.91)
dna_log	6.30 (3.71, 7.32)	6.04 (4.82, 7.56)

1 n (%); Median (IQR)

4) 결측값 다른 문구로 표시하기: missing_text =

기존의 Unknown이라고 표시되었던 결측값을 missing value라고 표시해보자. missing_text='원하는 표기' 옵션을 이용하면 된다.

```
tbl_summary(dat.temp, by='treat_gr', missing_text='missing value')
```

Characteristic	ETV, N = 15[1]	TDF, N = 9[1]
gender		
F	4 (27%)	2 (22%)
M	11 (73%)	7 (78%)
age	49 (37, 50)	49 (48, 50)
lc	9 (60%)	5 (56%)
bil	1.30 (1.05, 1.35)	1.10 (1.00, 1.50)
inr	1.08 (0.99, 1.17)	1.10 (1.03, 1.10)
missing value	1	0
cr	0.93 (0.71, 1.00)	0.90 (0.81, 0.91)
dna_log	6.30 (3.71, 7.32)	6.04 (4.82, 7.56)

1 n (%); Median (IQR)

5) 테이블에 평균과 표준편차로 나타내기

기존 테이블에는 median과 IQR으로 나타냈으나, 평균과 표준편차로 나타낼 수도 있다.

```
tbl_summary(dat.temp, by=treat_gr,
            statistic=all_continuous()~ '{mean} \u00b1 {sd}',
# \u00b1은 ±를 나타내는 unicoe이다.
            missing='no')
```

Characteristic	ETV, N = 15[1]	TDF, N = 9[1]
gender		
F	4 (27%)	2 (22%)
M	11 (73%)	7 (78%)
age	44 ± 9	49 ± 9
lc	9 (60%)	5 (56%)
bil	1.29 ± 0.41	1.22 ± 0.42
inr	1.11 ± 0.19	1.07 ± 0.04
cr	0.90 ± 0.20	0.88 ± 0.11
dna_log	5.78 ± 2.18	6.01 ± 2.41

1 n (%); Mean ± SD

우리는 ±를 mean과 standard deviation 사이에 쓰게 된다. 하지만 키보드에는 ±라는 키가 없기 때문에 R에서는 unicode(특수기호)를 이용해서 나타낼 수 있다. 자주 사용하게 되는 unicode는 외워두거나 따로 저장해두면 편리하다.

6) p값 표시하기: add_p()

add_p() 함수로 두 그룹 간의 p값을 표시할 수 있다.

```
tbl_summary(dat.temp, by=treat_gr,
                      missing='no') %>%
  add_p()
```

Characteristic	ETV, N = 15[1]	TDF, N = 9[1]	p-value[2]
gender			> 0.9
F	4 (27%)	2 (22%)	
M	11 (73%)	7 (78%)	

Characteristic	ETV, N = 15[1]	TDF, N = 9[1]	p-value[2]
age	49 (37, 50)	49 (48, 50)	0.5
lc	9 (60%)	5 (56%)	>0.9
bil	1.30 (1.05, 1.35)	1.10 (1.00, 1.50)	0.6
inr	1.08 (0.99, 1.17)	1.10 (1.03, 1.10)	0.9
cr	0.93 (0.71, 1.00)	0.90 (0.81, 0.91)	0.7
dna_log	6.30 (3.71, 7.32)	6.04 (4.82, 7.56)	0.7

1 n (%); Median (IQR)
2 Fisher's exact test; Wilcoxon rank sum test; Wilcoxon rank sum exact test

7) 전체 N 수를 표시하기: add_n()

add_n() 함수로 전체 N 수를 표시할 수 있다.

```
tbl_summary(dat.temp, by=treat_gr,
                         missing='no') %>%
  add_n()
```

Characteristic	N	ETV, N = 15[1]	TDF, N = 9[1]
gender	24		
F		4 (27%)	2 (22%)
M		11 (73%)	7 (78%)
age	24	49 (37, 50)	49 (48, 50)
lc	24	9 (60%)	5 (56%)
bil	24	1.30 (1.05, 1.35)	1.10 (1.00, 1.50)
inr	23	1.08 (0.99, 1.17)	1.10 (1.03, 1.10)
cr	24	0.93 (0.71, 1.00)	0.90 (0.81, 0.91)
dna_log	24	6.30 (3.71, 7.32)	6.04 (4.82, 7.56)

1 n (%); Median (IQR)

8) 전체 환자 특성 같이 보여주기: add_overall()

add_overall() 함수를 이용하면 moonBook 패키지 mytable 기능의 show.total=TRUE 옵션처럼 전체 환자의 특성을 같이 나타내줄 수 있다.

```
tbl_summary(dat.temp, by=treat_gr,
                missing='no') %>%
  add_overall()
```

Characteristic	Overall, N = 24[1]	ETV, N = 15[1]	TDF, N = 9[1]
gender			
F	6 (25%)	4 (27%)	2 (22%)
M	18 (75%)	11 (73%)	7 (78%)
age	49 (42, 50)	49 (37, 50)	49 (48, 50)
lc	14 (58%)	9 (60%)	5 (56%)
bil	1.15 (1.00, 1.42)	1.30 (1.05, 1.35)	1.10 (1.00, 1.50)
inr	1.08 (1.02, 1.12)	1.08 (0.99, 1.17)	1.10 (1.03, 1.10)
cr	0.91 (0.78, 1.00)	0.93 (0.71, 1.00)	0.90 (0.81, 0.91)
dna_log	6.17 (4.60, 7.52)	6.30 (3.71, 7.32)	6.04 (4.82, 7.56)

1 n (%); Median (IQR)

9) 테이블의 제목 변경하기: modify_caption()

테이블의 전체 제목을 지정할 수 있다.

```
dat.temp %>%
  tbl_summary(by=treat_gr,
              missing='no') %>%
  modify_caption('**Baseline Characteristics**')
```

Table 1: Baseline Characteristics

Characteristic	ETV, N = 15[1]	TDF, N = 9[1]
gender		
F	4 (27%)	2 (22%)
M	11 (73%)	7 (78%)
age	49 (37, 50)	49 (48, 50)
lc	9 (60%)	5 (56%)
bil	1.30 (1.05, 1.35)	1.10 (1.00, 1.50)
inr	1.08 (0.99, 1.17)	1.10 (1.03, 1.10)
cr	0.93 (0.71, 1.00)	0.90 (0.81, 0.91)
dna_log	6.30 (3.71, 7.32)	6.04 (4.82, 7.56)

1 n (%); Median (IQR)

제목을 설정할 때 문자형(character)이므로 따옴표로 감싸주는 것은 이해가 되는데, **표 제목** 형태로 썼다. 이는 마크다운이라는 형식의 일종의 문법으로 * 2개를 이용해서 감싸줄 경우 해당 문구가 굵게 볼드처리 된다.

10) 테이블의 소제목 변경하기: modify_spanning_header()

테이블의 전체 제목을 지정할 수 있다.

```
dat.temp %>%
  tbl_summary(by=treat_gr,
              missing='no') %>%
  modify_spanning_header( c('stat_1','stat_2')~'**Antiviral Treatment**')
```

	Antiviral Treatment	
Characteristic	ETV, N = 15[1]	TDF, N = 9[1]
gender		
F	4 (27%)	2 (22%)
M	11 (73%)	7 (78%)
age	49 (37, 50)	49 (48, 50)
lc	9 (60%)	5 (56%)
bil	1.30 (1.05, 1.35)	1.10 (1.00, 1.50)
inr	1.08 (0.99, 1.17)	1.10 (1.03, 1.10)
cr	0.93 (0.71, 1.00)	0.90 (0.81, 0.91)
dna_log	6.30 (3.71, 7.32)	6.04 (4.82, 7.56)

1 n (%); Median (IQR)

앞의 옵션들을 모두 이용하여 최종 출판용으로 정리된 테이블을 만들어보자.

```
tbl_summary(dat.temp,
            by=treat_gr,
            missing='no') %>%
  add_p() %>%
  add_overall() %>%
  modify_spanning_header( c('stat_1','stat_2')~'**Antiviral Treatment**') %>%
  modify_caption('**Baseline Characteristics**')
```

Table 2: Baseline Characteristics

		Antiviral Treatment		
Characteristic	Overall, N = 24[1]	ETV, N = 15[1]	TDF, N = 9[1]	p-value[2]
gender				> 0.9
F	6 (25%)	4 (27%)	2 (22%)	
M	18 (75%)	11 (73%)	7 (78%)	
age	49 (42, 50)	49 (37, 50)	49 (48, 50)	0.5
lc	14 (58%)	9 (60%)	5 (56%)	> 0.9
bil	1.15 (1.00, 1.42)	1.30 (1.05, 1.35)	1.10 (1.00, 1.50)	0.6
inr	1.08 (1.02, 1.12)	1.08 (0.99, 1.17)	1.10 (1.03, 1.10)	0.9
cr	0.91 (0.78, 1.00)	0.93 (0.71, 1.00)	0.90 (0.81, 0.91)	0.7
dna_log	6.17 (4.60, 7.52)	6.30 (3.71, 7.32)	6.04 (4.82, 7.56)	0.7

1 n (%); Median (IQR)

2 Fisher's exact test; Wilcoxon rank sum test; Wilcoxon rank sum exact test

Ch 3

데이터 핸들링

임상연구 데이터를 분석하려면 데이터의 특성을 파악한 다음 본인이 원하는 대로 데이터를 핸들링할 수 있어야 한다. 임상연구 데이터는 주로 2차원의 데이터프레임 형태로 존재하는데 이러한 데이터에서 여러 가지 조건의 환자들, 다양한 변수를 자유자재로 선택·변형·조합할 수 있어야 한다. 3장에서는 R 기본 함수와 tidyverse라는 데이터 핸들링에 최적화된 패키지를 이용하여 데이터 핸들링을 연습해본다.

1 tidyverse

tidyverse는 데이터 핸들링에 유용한 8개의 패키지(ggplot2, dplyr, tidyr, readr, purrr, tibble, stringr, forcats)를 묶어놓은 일종의 통합 패키지다. RStudio 운영자 중 한 명인 해들리 위컴(Hadley Wickham)이 중심이 되어 개발한 패키지다. tidyverse에 대해 좀 더 공부하고 싶은 경우 웹페이지(https://www.tidyverse.org)에 좋은 내용들이 많으니 참고하기 바란다. 또한 해들리 위컴과 개럿 그롤문드(Garret Grolemund)가 함께 쓴 《R을 활용한 데이터 과학(R for Data Science)》은 tidyverse를 이용한 데이터사이언스 교재의 바이블과 같은 책이니 참고하기 바란다.

이제 tidyverse 패키지를 불러와보자.

```
library(tidyverse)
```

tidyverse 실습을 위한 예제 파일을 불러와보자. 이번 실습은 Ch3_chb.csv 예제 파일을 이용한다.

```
dat <- read_csv("Example_data/Ch3_chb.csv")
```

2장에서 언급한 것처럼 엑셀 프로그램과 달리 R에는 되돌리기 기능(Control+Z)이 없기 때문에 데이터를 다룰 때 원본 데이터는 그대로 두고 복사본 데이터를 만들어 사용하는 것이 좋다. 여기서도 dat를 dat1으로 복사한 뒤 연습을 진행해보자.

```
dat1 <- dat
```

dat1의 구조를 간략히 살펴보면, 24명의 환자의 26개 변수가 있는 데이터로 전체 624개의 값을 가진다.

```
class(dat1)
[1] "spec_tbl_df" "tbl_df"    "tbl"     "data.frame"
dim(dat1)
[1] 24 26
```

이번에는 변수 이름과 순서를 확인해보자.

```
colnames(dat1)
 [1] "id"         "index_date"  "gender"    "age"      "treat_gr"
 [6] "lc"         "hcc"         "hcc_yr"    "b_alt"    "b_bil"
[11] "b_inr"      "b_cr"        "b_plt"     "b_alb"    "m6_alt"
[16] "m6_bil"     "m6_inr"      "m6_cr"     "m6_plt"   "m6_alb"
[21] "m12_alt"    "m12_bil"     "m12_inr"   "m12_cr"   "m12_plt"
[26] "m12_alb"
```

dat1의 정보는 아래와 같다.

변수	변수의 의미
id	환자 ID (임의로 설정)
index_date	항바이러스제 투약 시작시점
gender	성별 (M: 남자, F: 여자)
age	나이
treat_gr	항바이러스제 종류 (ETV: entecavir, TDF: tenofovir)
lc	간경변증 유무 (1: 간경변증)
hcc	간세포암 발생 유무 (1: 간세포암 발생)
b_alt	baseline ALT
b_bil	baseline total bilirubin
b_inr	baseline prothrombin time (INR)
b_cr	baseline serum creatinine
b_plt	baseline platelet count
b_alb	baseline serum albumin
m6_alt	항바이러스제 투약 6개월 시점 ALT
m6_bil	항바이러스제 투약 6개월 시점 total bilirubin
m6_inr	항바이러스제 투약 6개월 시점 prothrombin time (INR)
m6_cr	항바이러스제 투약 6개월 시점 serum creatinine
m6_plt	항바이러스제 투약 6개월 시점 platelet count
m6_alb	항바이러스제 투약 6개월 시점 serum albumin
m12_xxx	항바이러스제 투약 12개월 시점 xxx 값

tidyverse 문법 중 데이터 조작 처리(data manipulation)에서 가장 많이 사용하는 기능은 아래 6가지다.

- select
- filter
- arrange
- mutate
- summarize
- group_by

tidyverse 기능의 기본 사용 형식이 특별히 있는 것은 아니지만 %>%(파이프 오퍼레이터) 형식을 이용하여 코드를 깔끔하고 좀 더 가독성 높게 작성할 수 있다. 특히 %>%를 이용한 코드를 순서대로 잘 작성할 경우, 코드만 보고서도 데이터 분석자의 생각의 흐름을 읽을 수 있으며 빨리 이해할 수 있다.
%>% 파이프 오퍼레이터의 단축키는 윈도우즈에서는 [Shift + Ctrl + m]이며,
맥 OS에서는 [Shift + Command + m]이다.

자세한 코드 사용법은 추후 설명하고, 우선 다음 코드를 비교해보자. 우리는 2가지 코드 중 위쪽과 같이 일목요연한 코드를 작성하기 위해 노력해야 한다.

```
iris %>%      # Easy to read and understand
 group_by(Species) %>%
 summarize_if(is.numeric, mean) %>%
 ungroup() %>%
 gather(measure, value, -Species) %>%
 arrange(value)
iris %>% group_by(Species) %>% summarize_all(mean) %>% # Difficult to read
ungroup %>% gather(measure, value, -Species) %>%
arrange(value)
```

2 select

데이터에서 필요한 변수를 select(선택)하는 함수이다. 2장에서 배운 인덱싱, 슬라이싱과 비슷한 개념이라고 보면 되나 사용법이 훨씬 직관적이고 쉽다.

1) 원하는 변수 선택하기

dat1에는 현재 26개의 변수가 있다. 우선 환자들의 id, 간기능 검사의 일부인 b_alt(혈청 ALT), b_bil(total bilirubin), b_alb(serum albumin)를 선택해보자.

```
dat1 %>%
  select(id, b_alt, b_bil, b_alb) %>% # 들여쓰기를 해서 줄맞춤을 하는 것이 깔끔하다.
  print(n=4) # 4줄만 보여달라는 코드

# A tibble: 24 × 4
     id  b_alt  b_bil  b_alb
  <dbl>  <dbl>  <dbl>  <dbl>
1     1     67    1.2    3.8
2     2     32    1.1    3.8
3     3    106    1.8    3.9
4     4    159    1.4    4.2
# … with 20 more rows
```

예전에 사용하던 인덱싱, 슬라이싱 방법보다 훨씬 직관적이다. 이번에는 같은 값을 가지되 R 기본 함수의 슬라이싱 코드를 이용할 때와 비교해보자. 조금 더 복잡해 보이며 위 코드보다 길고 직관적이지 않다.

```
dat1[ , c('id','b_alt','b_bil','b_alb')]

# A tibble: 24 × 4
      id  b_alt  b_bil  b_alb
   <dbl>  <dbl>  <dbl>  <dbl>
 1     1     67    1.2    3.8
 2     2     32    1.1    3.8
 3     3    106    1.8    3.9
 4     4    159    1.4    4.2
 5     5     94    0.8    4.2
 6     6     32    0.7    3.4
 7     7    104    1.1     NA
 8     8    143    1.5    3.5
 9     9     31    1.3    3.9
10    10    239    1.3    3.2
# … with 14 more rows
```

원하는 변수를 숫자(변수 순서)를 이용해 선택할 수도 있다. id, b_alt, b_bil, b_alb 변수는 1, 8, 9, 13번째 변수이다. select() 함수로 이 순서를 선택해보면 다음과 같은 결과가 나온다.

```
dat1 %>%
 select(1, 8, 9, 13) %>%
 print(n=4)

# A tibble: 24 × 4
     id  hcc_yr  b_alt  b_plt
  <dbl>   <dbl>  <dbl>  <dbl>
1     1    7.64     67    110
2     2    9.76     32    187
3     3    10.6    106    133
4     4    6.02    159    164
# … with 20 more rows
```

또한 변수 순서를 이용해 다양한 방식으로 변수를 선택할 수도 있다. 숫자(변수 순서)를 이용하여 변수를 여러 개 지정할 때는 아래와 같이 할 수 있다.

```
dat1 %>%
 select(1:4, 7:9, 13) %>% # 1,2,3,4, 7,8,9, 13번째 변수 선택
 print(n=4)

# A tibble: 24 × 8
     id  index_date  gender   age    hcc  hcc_yr  b_alt  b_plt
  <dbl>      <date>   <chr> <dbl>  <dbl>   <dbl>  <dbl>  <dbl>
1     1  2007-01-05       M    54      1    7.64     67    110
2     2  2007-01-10       F    45      0    9.76     32    187
3     3  2007-01-11       M    49      0    10.6    106    133
4     4  2007-01-12       M    26      0    6.02    159    164
# … with 20 more rows
```

콜론 :을 이용하되 변수 이름을 직접 사용할 수도 있다. 다음의 경우 m6_alt부터 m6_plt까지 변수를 순서대로 모두 포함시킨다.

```
dat1 %>%
 select(m6_alt:m6_plt) %>%
 print(n=4)

# A tibble: 24 × 5
  m6_alt  m6_bil  m6_inr  m6_cr  m6_plt
   <dbl>   <dbl>   <dbl>  <dbl>   <dbl>
1     35       1    1.05    0.9      96
2     16     1.1    0.97    0.7     194
3    108     1.8    1.03    0.9     120
4     24     1.7    1.11    0.9     149
# … with 20 more rows
```

2) 특정 변수 제외하기

dat1에서 id, index_date 변수를 선택해 제거해보자. 첫 번째 변수인 gender부터 시작한다.

```
dat1 %>%
 select(-id, -index_date) %>%
 colnames()

 [1] "gender"   "age"      "treat_gr" "lc"       "hcc"      "hcc_yr"
 [7] "b_alt"    "b_bil"    "b_inr"    "b_cr"     "b_plt"    "b_alb"
[13] "m6_alt"   "m6_bil"   "m6_inr"   "m6_cr"    "m6_plt"   "m6_alb"
[19] "m12_alt"  "m12_bil"  "m12_inr"  "m12_cr"   "m12_plt"  "m12_alb"
```

아래의 기존 dat1과 비교해보면 id, index_date가 삭제된 것을 알 수 있다.

```
colnames(dat1)

 [1] "id"         "index_date" "gender"     "age"        "treat_gr"
 [6] "lc"         "hcc"        "hcc_yr"     "b_alt"      "b_bil"
[11] "b_inr"      "b_cr"       "b_plt"      "b_alb"      "m6_alt"
[16] "m6_bil"     "m6_inr"     "m6_cr"      "m6_plt"     "m6_alb"
[21] "m12_alt"    "m12_bil"    "m12_inr"    "m12_cr"     "m12_plt"
[26] "m12_alb"
```

순서를 이용해 특정 변수를 제외할 수도 있다. 첫 번째, 두 번째 변수를 제외해보자.

```
dat1 %>%
  select(-1, -2) %>%  # id, index_date 제외
  colnames()

 [1] "gender"    "age"      "treat_gr"  "lc"       "hcc"      "hcc_yr"
 [7] "b_alt"     "b_bil"    "b_inr"     "b_cr"     "b_plt"    "b_alb"
[13] "m6_alt"    "m6_bil"   "m6_inr"    "m6_cr"    "m6_plt"   "m6_alb"
[19] "m12_alt"   "m12_bil"  "m12_inr"   "m12_cr"   "m12_plt"  "m12_alb"
```

다음과 같이 특정 변수를 조합해서 제외할 수도 있다. 변수의 개수가 기존 26에서 18개로 감소했다.

```
dat1 %>%
  select(-(1:4), -(10:13)) %>% # 1,2,3,4, 10,11,12,13번째 변수 제외
  ncol()

[1] 18
```

3) 같은 특성(이름, 문자)을 가진 변수만 선택하기: contains(), starts_with(), ends_with()

baseline, 6개월, 12개월째의 alt 변수들만 선택해보자. 즉 b_alt, m6_alt, m12_alt 변수들만 선택해보자.

```
dat1 %>%
  select(b_alt, m6_alt, m12_alt) %>%
  print(n=4)

# A tibble: 24 × 3
  b_alt  m6_alt  m12_alt
  <dbl>   <dbl>    <dbl>
1    67      35       37
2    32      16       18
3   106     108       27
4   159      24       29
# … with 20 more rows
```

하지만 변수 이름에 공통으로 포함된 단어가 있을 경우 아래와 같은 방법이 훨씬 유용할 수 있다. 변수 이름에 alt가 포함된 변수를 모두 선택해보자.

```
dat1 %>%
  select(contains('alt')) %>%  #변수 이름에 alt가 들어가는 경우만 select
  print(n=4)

# A tibble: 24 × 3
  b_alt  m6_alt  m12_alt
  <dbl>   <dbl>    <dbl>
1    67      35       37
2    32      16       18
3   106     108       27
4   159      24       29
# … with 20 more rows
```

만약 6개월째 측정한 변수들만 선택하려면 어떻게 해야 할까? 아래와 같이 m6_alt, m6_bil, m6_inr, m6_cr, m6_plt,m6_alb 등 변수 이름이 m6_X로 시작하는 변수들만 선택한다.

```
dat1 %>%
  select(contains('m6')) %>%
  print(n=4)

# A tibble: 24 × 6
  m6_alt  m6_bil  m6_inr  m6_cr  m6_plt  m6_alb
   <dbl>   <dbl>   <dbl>  <dbl>   <dbl>   <dbl>
1     35       1    1.05    0.9      96     3.6
2     16     1.1    0.97    0.7     194     3.8
3    108     1.8    1.03    0.9     120     4.3
4     24     1.7    1.11    0.9     149     4.2
# … with 20 more rows
```

다음과 같은 방법도 가능하다.

```
dat1 %>%
 select(starts_with('m6')) %>% # 'm6'으로 시작되는 변수만 select
 print(n=4)

# A tibble: 24 × 6
  m6_alt  m6_bil  m6_inr  m6_cr  m6_plt  m6_alb
   <dbl>   <dbl>   <dbl>  <dbl>   <dbl>   <dbl>
1     35       1    1.05    0.9      96     3.6
2     16     1.1    0.97    0.7     194     3.8
3    108     1.8    1.03    0.9     120     4.3
4     24     1.7    1.11    0.9     149     4.2
# … with 20 more rows
```

또 다른 방법으로 아래와 같이 할 수도 있다.

```
dat1 %>%
 select(ends_with('cr')) %>% # '~cr`로 끝나는 변수만 select
 print(n=4)

# A tibble: 24 × 3
   b_cr  m6_cr  m12_cr
  <dbl>  <dbl>   <dbl>
1     1    0.9       1
2   0.6    0.7     0.6
3  1.05    0.9     0.9
4  0.93    0.9     0.8
# … with 20 more rows
```

4) select 기능을 이용하여 변수 이름 변경하기

gender 변수를 sex라는 새로운 이름으로 변경해보자. 다음과 같이 기존 gender를 sex라는 새로운 이름으로 변경할 수 있다.

```
dat1 %>%
 select(sex = gender) %>% # select(새로운 이름 = 기존 이름)
 print(n=4)

# A tibble: 24 × 1
    sex
  <chr>
1     M
2     F
3     M
4     M
# … with 20 more rows
```

위의 경우 sex 변수만 선택되었는데, 만약 특정 변수의 이름만 변경하고 나머지 변수들은 그대로 유지하고 싶다면 rename 기능을 아래와 같이 이용해야 한다. 즉 gender가 sex로 변경된 것 외에는 그대로 유지된다.

```
dat1 %>%
 rename(sex = gender) %>%
 print(n=4)

# A tibble: 24 × 26
     id index_date   sex   age treat_gr    lc   hcc hcc_yr b_alt b_bil b_inr
  <dbl>     <date> <chr> <dbl>    <chr> <dbl> <dbl>  <dbl> <dbl> <dbl> <dbl>
1     1 2007-01-05     M    54      ETV     1     1   7.64    67   1.2  1.17
2     2 2007-01-10     F    45      ETV     0     0   9.76    32   1.1   0.9
3     3 2007-01-11     M    49      TDF     1     0   10.6   106   1.8  1.03
4     4 2007-01-12     M    26      ETV     0     0   6.02   159   1.4  1.04
# … with 20 more rows, and 15 more variables: b_cr <dbl>, b_plt <dbl>,
# b_alb <dbl>, m6_alt <dbl>, m6_bil <dbl>, m6_inr <dbl>, m6_cr <dbl>,
# m6_plt <dbl>, m6_alb <dbl>, m12_alt <dbl>, m12_bil <dbl>, m12_inr <dbl>,
# m12_cr <dbl>, m12_plt <dbl>, m12_alb <dbl>
```

물론 동시에 여러 개 변수의 이름을 변경할 수도 있다.

```
dat1 %>%
  rename(emr_id = id, baseline_date = index_date, sex = gender) %>%
  colnames()

 [1] "emr_id"      "baseline_date" "sex"       "age"
 [5] "treat_gr"    "lc"            "hcc"       "hcc_yr"
 [9] "b_alt"       "b_bil"         "b_inr"     "b_cr"
[13] "b_plt"       "b_alb"         "m6_alt"    "m6_bil"
[17] "m6_inr"      "m6_cr"         "m6_plt"    "m6_alb"
[21] "m12_alt"     "m12_bil"       "m12_inr"   "m12_cr"
[25] "m12_plt"     "m12_alb"
```

5) select 기능을 이용하여 변수의 순서 변경하기

dat1에서 treat_gr, hcc 변수를 id 앞쪽으로 이동하여 변수의 순서를 변경해보자.

```
dat1 %>%
  select(treat_gr, hcc, id, everything()) %>% # 남은 변수는 원래 순서 그대로 유지
  colnames()

 [1] "treat_gr"  "hcc"      "id"       "index_date" "gender"
 [6] "age"       "lc"       "hcc_yr"   "b_alt"      "b_bil"
[11] "b_inr"     "b_cr"     "b_plt"    "b_alb"      "m6_alt"
[16] "m6_bil"    "m6_inr"   "m6_cr"    "m6_plt"     "m6_alb"
[21] "m12_alt"   "m12_bil"  "m12_inr"  "m12_cr"     "m12_plt"
[26] "m12_alb"
```

6) 동시에 여러 개의 select 기능 사용하기

dat1에서 id, gender, 12개월째 lab을 선택하고, gender 변수 이름을 sex로 바꾸고, 제일 앞쪽으로 이동해보자.

```
dat1 %>%
 select(id, gender, contains('m12')) %>%
 rename(sex = gender) %>%
 select(sex, everything()) %>%
 print(n=4)
# A tibble: 24 × 8
    sex    id  m12_alt  m12_bil  m12_inr  m12_cr  m12_plt  m12_alb
  <chr> <dbl>    <dbl>    <dbl>    <dbl>   <dbl>    <dbl>    <dbl>
1     M     1       37      1.2       NA       1      111        4
2     F     2       18      1.1     0.96     0.6      239        4
3     M     3       27      1.5     1.02     0.9      120      4.2
4     M     4       29      1.2     0.98     0.8      185      4.1
# … with 20 more rows

dat1 %>%
 select(sex = gender, id, contains('m12')) %>%
 print(n=4)
# A tibble: 24 × 8
    sex    id  m12_alt  m12_bil  m12_inr  m12_cr  m12_plt  m12_alb
  <chr> <dbl>    <dbl>    <dbl>    <dbl>   <dbl>    <dbl>    <dbl>
1     M     1       37      1.2       NA       1      111        4
2     F     2       18      1.1     0.96     0.6      239        4
3     M     3       27      1.5     1.02     0.9      120      4.2
4     M     4       29      1.2     0.98     0.8      185      4.1
# … with 20 more rows

dat1 %>%
 select(sex = gender,
    id,
    contains('m12')) %>%
 print(n=4)
# A tibble: 24 × 8
    sex    id  m12_alt  m12_bil  m12_inr  m12_cr  m12_plt  m12_alb
  <chr> <dbl>    <dbl>    <dbl>    <dbl>   <dbl>    <dbl>    <dbl>
1     M     1       37      1.2       NA       1      111        4
2     F     2       18      1.1     0.96     0.6      239        4
```

```
3    M    3    27    1.5    1.02    0.9    120    4.2
4    M    4    29    1.2    0.98    0.8    185    4.1
# … with 20 more rows
```

위 3가지 코드의 결과값은 모두 같다. 어떤 코드가 더 가독성이 좋고 깔끔해 보이는지는 개인 판단에 맡긴다. 첫 번째 코드는 계획했던 변수 선택하기, 이름 변경하기 절차대로 작성한 듯하다. 두 번째는 코드를 짧게 줄여 효율적으로 보일 수 있다. 세 번째는 두 번째 코드와 같지만 들여쓰기를 해서 가독성이 좀 더 나아 보인다.

7) select 기능에서 흔히 범하는 오류

dat1의 4번째에서 20번째까지 변수를 제외해보자. 아래와 같이 입력하니 생각과 다르게 첫 번째에서 7번째까지 변수가 선택된다.

```
dat1 %>%
  select(-4:7) %>%
  colnames()
[1] "id"   "index_date"   "gender"   "age"   "treat_gr"
[6] "lc"   "hcc"
```

제대로 하려면 아래와 같이 해야 한다. 4, 5, 6, 7번째 변수였던 age, treat_gr, 1c, hcc가 제거된 것을 확인할 수 있다.

```
dat1 %>%
  select(-c(4:7)) %>%  # c(4:7)로 감싼 변수를 `-`로 제외한다.
  colnames()
 [1] "id"        "index_date"  "gender"    "hcc_yr"    "b_alt"
 [6] "b_bil"     "b_inr"       "b_cr"      "b_plt"     "b_alb"
[11] "m6_alt"    "m6_bil"      "m6_inr"    "m6_cr"     "m6_plt"
[16] "m6_alb"    "m12_alt"     "m12_bil"   "m12_inr"   "m12_cr"
[21] "m12_plt"   "m12_alb"
```

3 filter

filter()는 특정 조건을 만족하는 row(임상연구 데이터에서는 주로 환자에 해당된다) 엑셀 프로그램에서 깔대기 모양의 필터와 같은 역할이다.

1) 특정 조건을 만족하는 환자 선택하기

filter() 함수를 이용해 환자 id가 20번 이하인 환자들만 선택해보자.

```
dat1 %>%
  filter(id<=20) %>%
  print(n=4)

# A tibble: 20 × 26
     id index_date gender   age treat_gr    lc   hcc hcc_yr b_alt b_bil b_inr
  <dbl>     <date>  <chr> <dbl>    <chr> <dbl> <dbl>  <dbl> <dbl> <dbl> <dbl>
1     1 2007-01-05      M    54      ETV     1     1   7.64    67   1.2  1.17
2     2 2007-01-10      F    45      ETV     0     0   9.76    32   1.1   0.9
3     3 2007-01-11      M    49      TDF     1     0   10.6   106   1.8  1.03
4     4 2007-01-12      M    26      ETV     0     0   6.02   159   1.4  1.04
# … with 16 more rows, and 15 more variables: b_cr <dbl>, b_plt <dbl>,
#   b_alb <dbl>, m6_alt <dbl>, m6_bil <dbl>, m6_inr <dbl>, m6_cr <dbl>,
#   m6_plt <dbl>, m6_alb <dbl>, m12_alt <dbl>, m12_bil <dbl>, m12_inr <dbl>,
#   m12_cr <dbl>, m12_plt <dbl>, m12_alb <dbl>
```

이제 filter 기능과 앞에서 배운 select 기능을 같이 사용해보자. id가 20번 이하인 환자들의 id와 baseline lab들만 모아보자.

```
dat1 %>%
 filter(id<=20) %>%
 select(id, starts_with('b_')) %>%
 print(n=4)
```

```
# A tibble: 20 × 7
     id  b_alt  b_bil  b_inr  b_cr  b_plt  b_alb
  <dbl>  <dbl>  <dbl>  <dbl> <dbl>  <dbl>  <dbl>
1     1     67    1.2   1.17     1    110    3.8
2     2     32    1.1   0.9    0.6    187    3.8
3     3    106    1.8   1.03  1.05    133    3.9
4     4    159    1.4   1.04  0.93    164    4.2
# … with 16 more rows
```

다음과 같이 남자 환자만 선택해보면 총 18명의 환자가 선택된다.

```
dat1 %>%
 filter(gender =='M') %>%
 print(n=4)
```

```
# A tibble: 18 × 26
     id index_date gender   age treat_gr    lc   hcc hcc_yr b_alt b_bil b_inr
  <dbl>     <date>  <chr> <dbl>    <chr> <dbl> <dbl>  <dbl> <dbl> <dbl> <dbl>
1     1 2007-01-05      M    54      ETV     1     1   7.64    67   1.2  1.17
2     3 2007-01-11      M    49      TDF     1     0   10.6   106   1.8  1.03
3     4 2007-01-12      M    26      ETV     0     0   6.02   159   1.4  1.04
4     5 2007-01-18      M    50      TDF     1     0   2.36    94   0.8  1.12
# … with 14 more rows, and 15 more variables: b_cr <dbl>, b_plt <dbl>,
#   b_alb <dbl>, m6_alt <dbl>, m6_bil <dbl>, m6_inr <dbl>, m6_cr <dbl>,
#   m6_plt <dbl>, m6_alb <dbl>, m12_alt <dbl>, m12_bil <dbl>, m12_inr <dbl>,
#   m12_cr <dbl>, m12_plt <dbl>, m12_alb <dbl>
```

2) 복합조건 사용하기

남자 중에 50세 이상을 선택해보면 총 7명의 환자가 선택된다. 복합조건은 다음과 같이 ,를 입력해도 되고 &를 입력해도 된다.

```
dat1 %>%
 filter(age>=50, gender=='M') %>%
 print(n=4)

# A tibble: 7 × 26
     id index_date gender   age treat_gr    lc   hcc hcc_yr b_alt b_bil b_inr
  <dbl>     <date>  <chr> <dbl>    <chr> <dbl> <dbl>  <dbl> <dbl> <dbl> <dbl>
1     1 2007-01-05      M    54      ETV     1     1   7.64    67   1.2  1.17
2     5 2007-01-18      M    50      TDF     1     0   2.36    94   0.8  1.12
3    10 2007-02-01      M    50      ETV     0     0   10.8   239   1.3  1.03
4    13 2007-02-01      M    51      ETV     0     0   10.7    56   1.3   1.1
# … with 3 more rows, and 15 more variables: b_cr <dbl>, b_plt <dbl>,
#   b_alb <dbl>, m6_alt <dbl>, m6_bil <dbl>, m6_inr <dbl>, m6_cr <dbl>,
#   m6_plt <dbl>, m6_alb <dbl>, m12_alt <dbl>, m12_bil <dbl>, m12_inr <dbl>,
#   m12_cr <dbl>, m12_plt <dbl>, m12_alb <dbl>
```

&를 이용해 30세 이상 60세 이하 환자를 선택해보자.

```
dat1 %>%
 filter(age >=30 & age<=60) %>%
 print(n=4)

# A tibble: 21 × 26
     id index_date gender   age treat_gr    lc   hcc hcc_yr b_alt b_bil b_inr
  <dbl>     <date>  <chr> <dbl>    <chr> <dbl> <dbl>  <dbl> <dbl> <dbl> <dbl>
1     1 2007-01-05      M    54      ETV     1     1   7.64    67   1.2  1.17
2     2 2007-01-10      F    45      ETV     0     0   9.76    32   1.1   0.9
3     3 2007-01-11      M    49      TDF     1     0   10.6   106   1.8  1.03
4     5 2007-01-18      M    50      TDF     1     0   2.36    94   0.8  1.12
# … with 17 more rows, and 15 more variables: b_cr <dbl>, b_plt <dbl>,
#   b_alb <dbl>, m6_alt <dbl>, m6_bil <dbl>, m6_inr <dbl>, m6_cr <dbl>,
#   m6_plt <dbl>, m6_alb <dbl>, m12_alt <dbl>, m12_bil <dbl>, m12_inr <dbl>,
#   m12_cr <dbl>, m12_plt <dbl>, m12_alb <dbl>
```

between을 넣어 이렇게도 할 수 있다.

```
dat1 %>%
  filter(between (age, 30, 60)) %>%
  print(n=4)

# A tibble: 21 × 26
     id index_date gender   age treat_gr    lc   hcc hcc_yr b_alt b_bil b_inr
  <dbl>     <date>  <chr> <dbl>    <chr> <dbl> <dbl>  <dbl> <dbl> <dbl> <dbl>
1     1 2007-01-05      M    54      ETV     1     1   7.64    67   1.2  1.17
2     2 2007-01-10      F    45      ETV     0     0   9.76    32   1.1   0.9
3     3 2007-01-11      M    49      TDF     1     0   10.6   106   1.8  1.03
4     5 2007-01-18      M    50      TDF     1     0   2.36    94   0.8  1.12
# … with 17 more rows, and 15 more variables: b_cr <dbl>, b_plt <dbl>,
#   b_alb <dbl>, m6_alt <dbl>, m6_bil <dbl>, m6_inr <dbl>, m6_cr <dbl>,
#   m6_plt <dbl>, m6_alb <dbl>, m12_alt <dbl>, m12_bil <dbl>, m12_inr <dbl>,
#   m12_cr <dbl>, m12_plt <dbl>, m12_alb <dbl>
```

이번에는 or를 사용해 50세 이상이거나 간경변증이 있는 경우를 선택해보자. 50세 이상 or 간경변증(lc==1)이 있는 경우는 17명이다.

```
dat1 %>%
  filter(age >=50 | lc==1) %>% # or는 '|'키를 쓴다. 키보드 엔터키 바로 위의 키
  print(n=4)

# A tibble: 17 × 26
     id index_date gender   age treat_gr    lc   hcc hcc_yr b_alt b_bil b_inr
  <dbl>     <date>  <chr> <dbl>    <chr> <dbl> <dbl>  <dbl> <dbl> <dbl> <dbl>
1     1 2007-01-05      M    54      ETV     1     1   7.64    67   1.2  1.17
2     3 2007-01-11      M    49      TDF     1     0   10.6   106   1.8  1.03
3     5 2007-01-18      M    50      TDF     1     0   2.36    94   0.8  1.12
4     6 2007-01-18      M    33      ETV     1     0   6.07    32   0.7  0.88
# … with 13 more rows, and 15 more variables: b_cr <dbl>, b_plt <dbl>,
#   b_alb <dbl>, m6_alt <dbl>, m6_bil <dbl>, m6_inr <dbl>, m6_cr <dbl>,
#   m6_plt <dbl>, m6_alb <dbl>, m12_alt <dbl>, m12_bil <dbl>, m12_inr <dbl>,
#   m12_cr <dbl>, m12_plt <dbl>, m12_alb <dbl>
```

and와 or를 같이 사용할 수도 있다. 숫자 사칙연산과 같이 복합조건을 사용할 경우 괄호 ( )를 이용해서 먼저 적용될 조건을 뭉친 다음 and 혹은 or 등의 추가 조건을 적용한다. 60세 이상 남자이거나 50세 이하 여자를 선택해보자.

```
dat1 %>%
 filter( (age>=60 & gender=="M") | (age<=50 & gender=="F")) %>%
 print(n=4)
# A tibble: 4 × 26
     id index_date gender   age treat_gr    lc   hcc hcc_yr b_alt b_bil b_inr
  <dbl>     <date>  <chr> <dbl>    <chr> <dbl> <dbl>  <dbl> <dbl> <dbl> <dbl>
1     2 2007-01-10      F    45      ETV     0     0   9.76    32   1.1   0.9
2     8 2007-01-31      F    50      TDF     0     0   10.7   143   1.5   1.1
3     9 2007-01-31      F    49      ETV     1     0   2.16    31   1.3    NA
4    20 2007-02-15      F    50      ETV     1     0   5.03    31   0.9  1.25
# … with 15 more variables: b_cr <dbl>, b_plt <dbl>, b_alb <dbl>, m6_alt <dbl>,
#   m6_bil <dbl>, m6_inr <dbl>, m6_cr <dbl>, m6_plt <dbl>, m6_alb <dbl>,
#   m12_alt <dbl>, m12_bil <dbl>, m12_inr <dbl>, m12_cr <dbl>, m12_plt <dbl>,
#   m12_alb <dbl>
```

3) 조건을 만족하지 않는 경우 골라내기

select에서 '-'를 이용하였는데 filter에서는 같다는 의미 ==의 반대인 !=를 이용한다. 아래와 같이 남자가 아닌 경우, 즉 여자만 선택해보자. 남자가 아닌 경우는 18명인데 이 경우는 여자인 경우밖에 없다.

```
dat1 %>%
 filter(gender!="M") %>%
 print(n=4)
# A tibble: 6 × 26
     id index_date gender   age treat_gr    lc   hcc hcc_yr b_alt b_bil b_inr
  <dbl>     <date>  <chr> <dbl>    <chr> <dbl> <dbl>  <dbl> <dbl> <dbl> <dbl>
1     2 2007-01-10      F    45      ETV     0     0   9.76    32   1.1   0.9
2     8 2007-01-31      F    50      TDF     0     0   10.7   143   1.5   1.1
3     9 2007-01-31      F    49      ETV     1     0   2.16    31   1.3    NA
4    17 2007-02-09      F    62      TDF     1     0   3.51    48     1  1.02
```

```
# … with 2 more rows, and 15 more variables: b_cr <dbl>, b_plt <dbl>,
#  b_alb <dbl>, m6_alt <dbl>, m6_bil <dbl>, m6_inr <dbl>, m6_cr <dbl>,
#  m6_plt <dbl>, m6_alb <dbl>, m12_alt <dbl>, m12_bil <dbl>, m12_inr <dbl>,
#  m12_cr <dbl>, m12_plt <dbl>, m12_alb <dbl>
```

복합조건을 사용해 조건을 만족하지 않는 경우를 골라내보자. 간경변증이 없는 50세 이상을 선택해보자.

```
dat1 %>%
 filter(lc !=1 & age >=50) %>%
 print(n=4)

# A tibble: 3 × 26
     id index_date gender   age treat_gr    lc   hcc hcc_yr b_alt b_bil b_inr
  <dbl>     <date>  <chr> <dbl>    <chr> <dbl> <dbl>  <dbl> <dbl> <dbl> <dbl>
1     8 2007-01-31      F    50      TDF     0     0   10.7   143   1.5   1.1
2    10 2007-02-01      M    50      ETV     0     0   10.8   239   1.3  1.03
3    13 2007-02-01      M    51      ETV     0     0   10.7    56   1.3   1.1
# … with 15 more variables: b_cr <dbl>, b_plt <dbl>, b_alb <dbl>, m6_alt <dbl>,
#  m6_bil <dbl>, m6_inr <dbl>, m6_cr <dbl>, m6_plt <dbl>, m6_alb <dbl>,
#  m12_alt <dbl>, m12_bil <dbl>, m12_inr <dbl>, m12_cr <dbl>, m12_plt <dbl>,
#  m12_alb <dbl>
```

4) count 기능 이용하기

gender에는 남자와 여자밖에 없다. count 기능을 사용해 남녀 숫자를 알아보면 남자는 18명, 여자는 6명이다.

```
dat1 %>%
 count(gender)

# A tibble: 2 × 2
  gender     n
   <chr> <int>
1      F     6
2      M    18
```

count 기능을 filter와 같이 이용해보자. 이 기능은 데이터 탐색에 아주 유용하다. 남성이면서 간암이 있는(hcc = 1) 환자는 몇 명일까?

```
dat1 %>%
 filter(gender == 'M' & hcc ==1) %>%
 count()

# A tibble: 1 × 1
      n
  <int>
1     4
```

위의 조건을 만족하는 환자는 4명이다. 다음으로 남성이면서 간경변증이 있는 환자들 중 hcc가 발생한 환자는 몇 명인지 알아보자. 코드 입력 결과 3명으로 확인된다.

```
Dat1 %>%
 filter(gender == 'M' & lc ==1) %>%
 count(hcc)  # count 해야 하는 변수명을 써준다.

# A tibble: 2 × 2
    hcc      n
  <dbl>  <int>
1     0      7
2     1      3
```

count 기능은 여러 개 동시 조건으로 살펴볼 수 있다. 남성, 간경변증 환자들 중 hcc가 발생한 환자는 항바이러스제 종류 treat_gr에 따라 각각 몇 명일까? 코드 출력 결과 간경변증 남성에서 ETV를 사용한 환자 중 hcc가 발생한 경우는 2명, TDF를 사용한 환자 중 hcc가 발생한 경우는 1명이다.

```
dat1 %>%
 filter(gender == 'M' & lc ==1) %>%
 count(treat_gr, hcc)

# A tibble: 4 × 3
  treat_gr     hcc       n
```

```
     <chr>   <dbl>   <int>
1      ETV       0       4
2      ETV       1       2
3      TDF       0       3
4      TDF       1       1
```

5) filter를 이용하여 결측값 다루기: is.na()

filter() 함수를 이용해 결측값을 다룰 때 is.na(해당 변수) 기능을 사용할 수 있다. 다음과 같이 입력하면 b_inr 변수에서 1명 환자에서 결측치가 관찰된 것을 알 수 있다.

```
dat1 %>%
 filter(is.na(b_inr)) %>% #b_inr이 missing인 case를 찾아낸다.
 count()

#A tibble: 1 × 1
      n
  <int>
1     1
```

이번에는 결측값이 없는 환자를 선택해보자. 아래와 같이 is.na 앞에 not을 의미하는 !을 붙이면 총 23명에서 b_inr 값이 존재하는 것을 알 수 있다.

```
dat1 %>%
 filter(!is.na(b_inr)) %>% #is.na 앞에 not을 의미하는 !을 붙이면 된다.
 print(n=4)

#A tibble: 23 × 26
     id index_date gender   age treat_gr    lc   hcc hcc_yr b_alt b_bil b_inr
  <dbl>     <date>  <chr> <dbl>    <chr> <dbl> <dbl>  <dbl> <dbl> <dbl> <dbl>
1     1 2007-01-05      M    54      ETV     1     1   7.64    67   1.2  1.17
2     2 2007-01-10      F    45      ETV     0     0   9.76    32   1.1   0.9
3     3 2007-01-11      M    49      TDF     1     0   10.6   106   1.8  1.03
4     4 2007-01-12      M    26      ETV     0     0   6.02   159   1.4  1.04
# … with 19 more rows, and 15 more variables: b_cr <dbl>, b_plt <dbl>,
# b_alb <dbl>, m6_alt <dbl>, m6_bil <dbl>, m6_inr <dbl>, m6_cr <dbl>,
# m6_plt <dbl>, m6_alb <dbl>, m12_alt <dbl>, m12_bil <dbl>, m12_inr <dbl>,
# m12_cr <dbl>, m12_plt <dbl>, m12_alb <dbl>
```

한편, 여러 개 변수에서 동시에 결측값을 찾아낼 수도 있다. b_inr, b_alt, b_plt 3가지 변수 모두 결측값이 없는 환자는 몇 명인지 알아보기 위해 다음과 같이 코드를 입력한다. 22명의 환자에서는 3가지 변수 모두 결측값이 없는 것을 알 수 있다.

```
dat1 %>%
 filter(!is.na(b_inr),
        !is.na(b_alt),
        !is.na(b_plt)) %>%
 count()

# A tibble: 1 × 1
      n
  <int>
1    22
```

6) 결측값이 존재하지 않는 케이스만 남기기: drop_na()

위와 같이 b_inr, b_alt, b_plt 3가지 변수 모두 결측값이 없는 환자를 선택해보자. 그러면 똑같이 22명의 환자가 선택된다.

```
dat1 %>%
 drop_na(b_inr, b_alt, b_plt) %>%
 count()

# A tibble: 1 × 1
      n
  <int>
1    22
```

아래 코드를 살펴보면 13명의 환자가 선택된다. 즉 drop_na() 형식으로 아무 변수도 넣지 않을 경우, 모든 변수를 대상으로 결측값이 있는 값은 모두 제외하게(drop) 된다.

```
dat1 %>%
 drop_na() %>%
 count()

# A tibble: 1 × 1
      n
  <int>
1    13
```

그럼 실제로 dat1에서 어떤 변수에 몇 개의 결측값이 있는지 다음과 같이 2장에서 배운 코드로 확인해보자. dat1에 포함된 변수들 중 1개라도 결측값을 가지고 있는 환자들은 모두 제외되므로 13명만 남게 된다.

```
na.count <- apply(dat1, 2, function(x)sum(is.na(x)))
na.count
     id  index_date  gender       age  treat_gr       lc      hcc
      0           0       0         0         0        0        0
 hcc_yr       b_alt   b_bil     b_inr      b_cr    b_plt    b_alb
      0           0       0         1         0        1        2
 m6_alt      m6_bil  m6_inr    m6_cr     m6_plt   m6_alb  m12_alt
      0           0       2         0         4        0        0
m12_bil     m12_inr  m12_cr  m12_plt    m12_alb
      0           1       3         4         0
```

4 mutate

`mutate()` 함수는 기존 데이터에 없던 새로운 변수를 만들어내는 기능을 한다. 새로운 변수는 대부분 기존 변수를 변형해서 만들게 된다. 임상연구 데이터에서는 주로 조건에 따른 그룹을 만드는 경우가 많다.

1) 기존 변수를 이용해서 새로운 변수 만들기

b_alt와 b_plt의 비를 alt_plt라는 새로운 변수로 만들어보자.

```
dat1 %>%
 mutate(alt_plt = b_alt / b_plt) %>%
 select(b_alt, b_plt, alt_plt) %>%
 print(n=4)
# A tibble: 24 × 3
  b_alt   b_plt   alt_plt
  <dbl>   <dbl>     <dbl>
1    67     110     0.609
```

```
2    32       187       0.171
3   106       133       0.797
4   159       164       0.970
# … with 20 more rows
```

제일 마지막 변수에 alt_plt라는 새로운 변수가 생긴 것을 알 수 있다. 이번에는 b_alt 혹은 b_plt의 결측값이 있는 경우 alt_plt 값이 어떻게 나오는지 확인해보자.

```
dat1 %>%
  mutate(alt_plt = b_alt /b_plt) %>%
  select(id, b_alt, b_plt, alt_plt) %>%
  filter(is.na(b_alt) | is.na(b_plt))

# A tibble: 1 × 4
     id  b_alt  b_plt  alt_plt
  <dbl>  <dbl>  <dbl>    <dbl>
1    19     34     NA       NA
```

두 변수 중 어느 한 곳이 결측값인 경우 alt_plt 역시 계산이 불가능하므로 결측값이 될 수 밖에 없다. 만약 b_alt와 b_plt 모두 결측값이 없는 환자만 선택해서 alt_plt를 계산하려면 아래와 같이 할 수 있다. 코드 출력 결과 23명의 환자에서 alt_plt 값이 계산된다.

```
dat1 %>%
  drop_na(b_alt, b_plt) %>%
  mutate(alt_plt = b_alt /b_plt) %>%
  select(id, b_alt, b_plt, alt_plt) %>%
  print(n=4)

# A tibble: 23 × 4
     id  b_alt  b_plt  alt_plt
  <dbl>  <dbl>  <dbl>    <dbl>
1     1     67    110    0.609
2     2     32    187    0.171
3     3    106    133    0.797
4     4    159    164    0.970
# … with 19 more rows
```

2) 조건을 이용하여 새로운 변수 만들기: ifelse()

조건을 넣을 때 ifelse() 함수를 사용하는데 형식은 아래와 같다.

```
ifelse(조건, 조건이 참일 경우, 조건이 거짓일 경우)
```

age 50세를 기준으로 age_gr이라는 새로운 변수를 만들고 그룹화해보자.

```
dat1 %>%
 mutate(age_gr=ifelse(age >=50,'above_50','below_50')) %>%
 select(id, age, age_gr) %>%
 print(n=6)

# A tibble: 24 × 3
     id    age    age_gr
  <dbl>  <dbl>     <chr>
1     1     54  above_50
2     2     45  below_50
3     3     49  below_50
4     4     26  below_50
5     5     50  above_50
6     6     33  below_50
# … with 18 more rows
```

age_gr이라는 변수가 새로 생긴 것을 확인할 수 있다. 이번에는 50세 기준 age_gr은 각각 몇 명씩인지 알아보자.

```
dat1 %>%
 mutate(age_gr=ifelse(age >=50,'above_50','below_50')) %>%
 count(age_gr)

# A tibble: 2 × 2
     age_gr      n
      <chr>  <int>
1  above_50     11
2  below_50     13
```

ifelse 조건은 다음과 같이 여러 개를 사용할 수도 있다. b_bil(total bilirubin)을 <2, 2-3, ≥3을 기준으로 bil_gr이란 변수에 A, B, C로 그룹을 만들어보자. 코드 출력 결과 b_bil 값에 따라 bil_gr이 A, B, C로 분류된 것을 확인할 수 있다.

```
dat1 %>%
 mutate(bil_gr=ifelse(b_bil<2,'A',ifelse(b_bil<3,'B','C'))) %>%
 select(id, b_bil, bil_gr) %>%
 print(n=6)

# A tibble: 24 × 3
     id  b_bil  bil_gr
  <dbl>  <dbl>   <chr>
1     1    1.2       A
2     2    1.1       A
3     3    1.8       A
4     4    1.4       A
5     5    0.8       A
6     6    0.7       A
# … with 18 more rows
```

위의 코드처럼 새로운 ifelse 구문을 중첩해서 사용할 수 있다. 다만 ifelse 구문이 여러 개일 경우 가독성을 위해 아래와 같이 사용하는 것을 추천한다. 결과는 같다.

```
dat1 %>%
 mutate(bil_gr=ifelse(b_bil<2,'A',
                 ifelse(b_bil<3,'B','C'))) %>%
 count(bil_gr)

# A tibble: 2 × 2
  bil_gr      n
   <chr>  <int>
1      A     22
2      B      2
```

아래와 같이 서로 다른 변수들의 복합조건을 사용할 수도 있다.

① 50세 이상 간경변증(+) : high-risk

② 50세 미만 간경변증(-) : low-risk

③ high or low risk가 아닌 경우 : intermediate-risk

```
dat1 %>%
 mutate(risk_gr=ifelse(age>=50 & lc==1,'high_risk',
                  ifelse(age<50 & lc==0, 'low_risk', 'intermediate_risk'))) %>%
 count(risk_gr)
# A tibble: 3 × 2
 risk_gr             n
 <chr>               <int>
1 high_risk          8
2 intermediate_risk  9
3 low_risk           7
```

ifelse 구문을 많이 쓰다 보면 괄호 ( )의 개수가 많아진다. 이때 여는 괄호 (와 닫는 괄호)의 개수가 맞지 않으면 오류가 날 수 있으니 주의해야 한다.

3) 새 변수를 만들고, 나머지 변수는 제거하기: transmute()

risk_gr을 만들고 나머지 변수는 모두 제외해보자. 아래와 같이 transmute() 함수를 사용하면 새롭게 만든 risk_gr 변수만 남는 데이터가 된다.

```
dat1 %>%
 transmute(risk_gr=ifelse(age>=50 & lc==1,'high_risk',
                     ifelse(age<50 & lc==0, 'low_risk', 'intermediate_risk'))) %>%
 print(n=4)
# A tibble: 24 × 1
 risk_gr
 <chr>
1 high_risk
2 low_risk
3 intermediate_risk
4 low_risk
# … with 20 more rows
```

4) 변수값의 순서(ranking)를 새로운 변수로 만들기: min_rank()

min_rank() 함수를 사용해 age를 오름차순으로 나열한 age_rank라는 새로운 변수를 만들어보자. 코드 출력 결과를 보면 4열 환자의 경우 26세이고 age_rank에서 보면 전체 24명의 환자 중 가장 어리다.

```
dat1 %>%
 mutate(age_rank = min_rank(age)) %>%
 select(id, age, age_rank) %>%
 print(n=6)

# A tibble: 24 × 3
     id    age  age_rank
  <dbl>  <dbl>     <int>
1     1     54        23
2     2     45         8
3     3     49        11
4     4     26         1
5     5     50        14
6     6     33         5
# … with 18 more rows
```

max_rank라는 함수는 따로 없지만 desc 옵션을 사용해 내림차순으로 변수를 만들 수도 있다.

```
dat1 %>%
 mutate(age_rank = min_rank(desc(age))) %>%
 select(id, age, age_rank) %>%
 print(n=6)

# A tibble: 24 × 3
     id    age  age_rank
  <dbl>  <dbl>     <int>
1     1     54         2
2     2     45        17
3     3     49        12
4     4     26        24
5     5     50         7
6     6     33        20
# … with 18 more rows
```

5) 순서를 정할 때 중간에 gap 없이 변수 만들기: dense_rank()

우선 dense_rank() 함수를 사용해서 age_rank 변수를 똑같이 만들어보자.

```
dat1 %>%
 mutate(age_rank = dense_rank(age)) %>%
 select(id, age, age_rank) %>%
 print(n=6)

# A tibble: 24 × 3
     id   age  age_rank
  <dbl> <dbl>     <int>
1     1    54        14
2     2    45         8
3     3    49        10
4     4    26         1
5     5    50        11
6     6    33         5
# … with 18 more rows
```

그렇다면 min_rank와 dense_rank의 차이는 무엇인가? min_rank는 1등(1명), 2등(2명)일 경우 다음은 4등으로 반환된다. 한편 dense_rank는 1등(1명), 2등(2명)일 경우 다음은 3등으로 반환된다.

6) 퍼센트 순서를 정하기: percent_rank()

위의 min_rank 함수가 단순 순위를 매기는 것이라면 percent_rank는 전체 100% 중에 순위를 나타내는 것이다.

```
dat1 %>%
 mutate(age_rank = percent_rank(age)) %>%
 select(id, age, age_rank) %>%
 arrange(age_rank) %>%
 print(n=6)

# A tibble: 24 × 3
     id   age  age_rank
  <dbl> <dbl>     <dbl>
```

```
1     4     26         0
2    23     29    0.0435
3    22     30    0.0870
4    11     32     0.130
5     6     33     0.174
6    14     41     0.217
# … with 18 more rows
```

7) 누적합계를 변수로 만들기: cumsum()

id는 1:24까지 있는데, id_sum이란 새로운 변수에 id의 누적합계를 구해보자. 코드 출력 결과 id_sum에 1, 3 (1+2), 6 (1+2+3), 10 (1+2+3+4) 값을 가지는 변수가 생긴다.

```
dat1 %>%
 mutate(id_sum = cumsum(id)) %>%
 select(id, id_sum) %>%
 print(n=4)

# A tibble: 24 × 2
      id   id_sum
  <dbl>    <dbl>
1     1        1
2     2        3
3     3        6
4     4       10
# … with 20 more rows
```

8) 동시에 여러 개의 새로운 변수 만들기

age_gr, bil_gr 2개의 새로운 변수를 하나의 코드로 만들어보자.

```
dat1 %>%
 mutate(age_gr=ifelse(age>=50,'above 50','below 50')) %>%
 mutate(bil_gr=ifelse(b_bil<2,'A',
                ifelse(b_bil>3,'C','B'))) %>%
 select(age, age_gr, b_bil, bil_gr) %>%
 print(n=6)

# A tibble: 24 × 4
```

```
    age    age_gr  b_bil  bil_gr
  <dbl>    <chr>   <dbl>  <chr>
1   54  above 50    1.2      A
2   45  below 50    1.1      A
3   49  below 50    1.8      A
4   26  below 50    1.4      A
5   50  above 50    0.8      A
6   33  below 50    0.7      A
# … with 18 more rows
```

9) 연속형 변수를 일정 범위마다 그룹화하기: cut_width( )

연속형 변수인 age를 10세 단위로 age_gr로 그룹화해보자. 참고로 age의 분포는 26세부터 62세까지다.

```
dat1 %>%
 mutate(age_gr=ifelse(age>=60,'>=60',
                ifelse(age>=50,'>=50',
                      ifelse(age>=40,'>=40',
                            ifelse(age>=30,'>=30','<30'))))) %>%
 select(age, age_gr) %>%
 print(n=6)
```

```
# A tibble: 24 × 2
    age  age_gr
  <dbl>  <chr>
1   54    >=50
2   45    >=40
3   49    >=40
4   26    < 30
5   50    >=50
6   33    >=30
# … with 18 more rows
```

위와 같이 일정 범위로 그룹화할 수 있지만, 우리가 지양해야 할 방식이다. ifelse 코드가 길어지며 괄호 개수가 맞지 않을 경우 오류가 생길 확률이 올라가기 때문이다. 이러한 문제의 대안으로 cut 기능을 사용해 코드를 좀 더 간단히 할 수 있다. cut() 함수의 형태는 cut(해당변수, c(나눌 구간), c(구간의 이름)) 이다.

```
dat1 %>%
 mutate(age_gr=cut(age,
                   c(-Inf,30,40,50,60,Inf),
                   c('<30','>=30','>=40','>=50','>=60'))) %>%
# Inf의 의미는 무한대, -Inf의 의미는 음수무한대이다.
 select(age, age_gr) %>%
 print(n=6)
```

```
# A tibble: 24 × 2
   age age_gr
  <dbl> <fct>
1   54 >=50
2   45 >=40
3   49 >=40
4   26 < 30
5   50 >=40
6   33 >=30
# … with 18 more rows
```

아래와 같이 코드를 더 간단히 하는 방법도 있다. cut_width를 이용해서 age를 10세 기준으로 분류하여 새로운 변수 age_gr에 저장해보자.

```
dat1 %>%
 mutate(age_gr=cut_width(age, width=10)) %>%
 select(age, age_gr) %>%
 print(n=6)
```

```
# A tibble: 24 × 2
   age age_gr
  <dbl> <fct>
1   54 (45,55]
2   45 (35,45]
3   49 (45,55]
4   26 [25,35]
5   50 (45,55]
6   33 [25,35]
# … with 18 more rows
```

하지만 나누는 기준을 변경할 수도 있다. 다음과 같이 boundary 옵션을 주어서 구간 범위를 변경할 수 있다. 3열의 경우 나이가 49세인데 age_gr은 40-50세 구간으로 포함되고, age_gr2는 39-49세 구간으로 포함된다.

```
dat1 %>%
 mutate(age_gr=cut_width(age, width=10, boundary=0)) %>%
 mutate(age_gr2=cut_width(age, width=10, boundary=9)) %>%
 select(age, age_gr, age_gr2) %>%
 print(n=6)
# A tibble: 24 × 3
   age age_gr age_gr2
 <dbl> <fct>  <fct>
1   54 (50,60] (49,59]
2   45 (40,50] (39,49]
3   49 (40,50] (39,49]
4   26 [20,30] [19,29]
5   50 (40,50] (49,59]
6   33 (30,40] (29,39]
# … with 18 more rows
```

10) 연속형 변수를 균일한 범위를 가지는 그룹으로 나누기: cut_interval()

연속형 변수 age의 범위를 cut_interval 기능을 사용해 4등분한 후 4그룹으로 나누어보자. age_gr의 범위는 26, 62인데 4그룹으로 나누어서 분류해준다.

```
dat1 %>%
 mutate(age_gr=cut_interval(age, n=4)) %>%
 select(age, age_gr) %>%
 count(age_gr)
# A tibble: 4 × 2
 age_gr    n
 <fct>  <int>
1 [26,35]    5 # [ , ]는 이하, 이상을 의미하고 ( . )는 미만, 초과를 의미한다.
2 (35,44]    2
3 (44,53]   15
4 (53,62]    2
```

11) 연속형 변수를 원하는 개수의 그룹으로 나누기: cut_number()

이번에는 구간을 상관하지 말고 age 변수를 5개 그룹으로 나누어보자. 아래와 같이 cut_number 기능을 이용하면 age 변수가 5개 그룹으로 나뉜다.

```
dat1 %>%
  mutate(age_gr = cut_number(age, n=5)) %>%
  select(age, age_gr) %>%
  print(n=5)

# A tibble: 24 × 2
    age age_gr
  <dbl> <fct>
1    54 (51,62]
2    45 (37.8,48.2]
3    49 (48.2,50]
4    26 [26,37.8]
5    50 (48.2,50]
# … with 19 more rows
```

그런데 전체 환자는 24명인데 age_gr는 어떻게 5그룹으로 나뉘어졌을까? 출력 결과를 보면 age_gr가 5명, 8명, 3명으로 나뉘어 있다. 각 그룹이 똑같은 숫자로 나뉘지 않은 이유는 age가 똑같은 환자들이 있기 때문이다. 이 환자들은 똑같은 그룹에 포함된다.

```
dat1 %>%
  mutate(age_gr = cut_number(age, n=5)) %>%
  select(age, age_gr) %>%
  count(age_gr)

# A tibble: 5 × 2
  age_gr          n
  <fct>       <int>
1 [26,37.8]       5
2 (37.8,48.2]     5
3 (48.2,50]       8
4 (50,51]         3
5 (51,62]         3
```

5 arrange

arrange()는 오름차순, 내림차순으로 정렬하는 기능을 하는 함수로 유용하게 많이 사용된다.

1) 변수를 오름차순으로 정렬하기

age 변수를 낮은 연령에서 높은 연령 순으로 정렬해보자.

```
dat1 %>%
 arrange(age) %>%
 print(n=4)

# A tibble: 24 × 26
     id index_date gender   age treat_gr    lc   hcc hcc_yr b_alt b_bil b_inr
  <dbl>     <date>  <chr> <dbl>    <chr> <dbl> <dbl>  <dbl> <dbl> <dbl> <dbl>
1     4 2007-01-12      M    26      ETV     0     0   6.02   159   1.4  1.04
2    23 2007-02-16      M    29      TDF     0     0   10.6    35   1.9  1.03
3    22 2007-02-16      M    30      ETV     0     0   10.8    81     1  0.97
4    11 2007-02-01      M    32      ETV     0     0   3.71   359   0.9  0.97
# … with 20 more rows, and 15 more variables: b_cr <dbl>, b_plt <dbl>,
#  b_alb <dbl>, m6_alt <dbl>, m6_bil <dbl>, m6_inr <dbl>, m6_cr <dbl>,
#  m6_plt <dbl>, m6_alb <dbl>, m12_alt <dbl>, m12_bil <dbl>, m12_inr <dbl>,
#  m12_cr <dbl>, m12_plt <dbl>, m12_alb <dbl>
```

이번에는 age 변수를 높은 연령에서 낮은 연령순으로 정렬해보자.

```
dat1 %>%
 arrange(desc(age)) %>% # desc(변수) 옵션을 주어서 내림차순으로 정렬
 print(n=4)

# A tibble: 24 × 26
     id index_date gender   age treat_gr    lc   hcc hcc_yr b_alt b_bil b_inr
  <dbl>     <date>  <chr> <dbl>    <chr> <dbl> <dbl>  <dbl> <dbl> <dbl> <dbl>
1    17 2007-02-09      F    62      TDF     1     0   3.51    48     1  1.02
2     1 2007-01-05      M    54      ETV     1     1   7.64    67   1.2  1.17
3    21 2007-02-15      M    52      TDF     1     0   4.72    57   1.1  1.11
```

```
4  13  2007-02-01      M   51      ETV    0    0    10.7    56    1.3    1.1
# … with 20 more rows, and 15 more variables: b_cr <dbl>, b_plt <dbl>,
# b_alb <dbl>, m6_alt <dbl>, m6_bil <dbl>, m6_inr <dbl>, m6_cr <dbl>,
# m6_plt <dbl>, m6_alb <dbl>, m12_alt <dbl>, m12_bil <dbl>, m12_inr <dbl>,
# m12_cr <dbl>, m12_plt <dbl>, m12_alb <dbl>
```

2) 여러 개 변수를 오름차순으로 정렬하기

arrange하고 싶은 순서대로 변수를 배치해보자. 다음과 같이 age, b_alt 2가지 조건 순서대로 재배열해보자. 코드 출력 결과 age와 b_alt 모두 오름차순으로 배열된다.

```
dat1 %>%
 arrange(age, b_alt) %>%
 select(age, b_alt) %>%
 print(n=6)
```

```
# A tibble: 24 × 2
    age  b_alt
  <dbl>  <dbl>
1    26    159
2    29     35
3    30     81
4    32    359
5    33     32
6    41     34
# … with 18 more rows
```

6 summarise

summarise() 함수는 일종의 응집(aggregation) 기능을 한다. 즉 개별 데이터를 보여주는 것이 아니라, 개별 데이터를 뭉쳐서 특정 값을 구하여 보여준다. 참고로 summarise[S] 혹은 summarize[Z] 모두 통용된다.

1) 원하는 변수의 평균 구하기

summarise를 사용할 때는 구하고자 하는 새로운 함수를 꼭 포함하여야 한다. 먼저 age의 평균을 구하려면 이렇게 입력할 수 있다.

```
mean(dat1$age)
[1] 45.54167
```

이번에는 summarise 기능을 이용해 age의 평균을 구해보자. 결과값은 똑같지만 summarise를 이용할 경우 동시에 여러 개의 요약정보를 구할 수 있다.

```
dat1 %>%
 summarise(mean_age = mean(age))
# A tibble: 1 × 1
  mean_age
     <dbl>
1     45.5
```

2) 여러 개의 요약정보 동시에 구하기

age의 mean, median, IQR을 한꺼번에 구해보자. 다음과 같이 동시에 여러 요약정보를 저장할 수 있다. 처음에는 mean(dat1$age)를 입력하는 것이 더 간단해 보일 수 있지만, 뒤에서 살펴볼 group_by와 같은 기능과 함께 쓰거나 코드가 복잡해지는 경우 summarise 기능이 더 유용하다.

```
dat1 %>%
 summarise(mean_age = mean(age),
           median_age = median(age),
           iqr_age = IQR(age))
# A tibble: 1 × 3
  mean_age  median_age  iqr_age
     <dbl>       <dbl>    <dbl>
1     45.5          49     7.75
```

3) 고유값 개수 확인하기: n_distnct(), unique()

변수값들 중 중복되는 값이나 동일한 값을 제외한 고유값의 개수를 확인해보자. 아래와 같이 age 변수의 고유값을 구하면 총 15개다.

```
dat1 %>%
 summarise(n_distinct(age))

#A tibble: 1 × 1
 `n_distinct(age)`
             <int>
1               15
```

고유값의 개수를 확인할 때 R 기본 함수인 unique()를 이용할 수도 있는데, 사용법은 좀 다르다. 아래와 같이 입력하면 age의 고유값이 반환된다.

```
unique(dat1$age)

 [1] 54 45 49 26 50 33 32 48 51 41 62 52 30 29 43
```

전체 고유값의 개수를 구하려면 어떻게 해야 할까? length() 함수를 이용하면 된다.

```
length(unique(dat1$age))

[1] 15
```

4) Incidence(발생률) 구하기

summarise 기능을 잘 쓰면 incidence, person-year, event rate 등을 코드 몇 줄로 쉽게 구할 수 있다. 간암(HCC) incidence를 구해보자. hcc 변수는 간암의 발생 여부이며(0 = no HCC, 1 = HCC 발생), hcc_yr 변수는 index_date로부터 간암 발생 혹은 마지막 추적관찰기간까지 기간(년)이다.

incidence = number of event (hcc) / observation period (hcc_yr)

따라서 다음과 같이 구해볼 수 있다.

```
dat1 %>%
 summarise(patient_number = n(),
        event = sum(hcc),  # 간암 발생 시 1이므로 sum을 이용해 전체 간암 발생수 확인 가능
        person_year = sum(hcc_yr),
        incidence_rate = event / person_year)

#A tibble: 1 × 4
  patient_number  event  person_year  incidence_rate
           <int>  <dbl>        <dbl>           <dbl>
1             24      4         158.          0.0253
```

총 24명의 환자에서 event(hcc)는 4명에서 발생하였고, 전체 관찰기간은 158person-year(인년)이다. 계산에서 HCC incidence rate는 0.0253/person-year, 일반적으로 100person-year 혹은 1000person-year로 나타내므로 HCC incidence는 2.53/100PY(person-year)로 표현할 수 있다.

7 group_by

group_by의 경우 이름 그대로 하위그룹 분석(subgroup analysis)에 매우 유용한 기능이다. tidyverse의 group_by() 함수의 장점은 여러 개 그룹을 지정할 수 있다는 점이다. 예를 들어 분석한 결과값을 남 vs 여로 나누어 제시할 수 있으며, 혹은 남, 간경변(+) vs 남, 간경변(-) vs 여, 간경변(+) vs 여, 간경변(-) 이렇게 나눌 수도 있다.

1) 원하는 변수로 나누어서 각각 값 계산하기

summarise 기능과 group_by를 같이 사용하여 남녀에 따라 age 평균을 아래와 같이 구할 수 있다. 이처럼 group_by는 단독으로 쓰기보다 summarise 기능과 같이 많이 사용한다.

```
dat1 %>%
 group_by(gender) %>%
 summarise(mean_age = mean(age))
```

```
# A tibble: 2 × 2
  gender  mean_age
   <chr>     <dbl>
1      F      51.2
2      M      43.7
```

2) 해당 조건을 만족하는 환자의 숫자를 변수로 만들기: n()

이번에는 성별과 간경변증 유무에 따라 아래와 같이 4그룹으로 나눈 후 각 그룹에 속한 환자 수와 평균연령을 구해보자.

- 그룹 1: 남성, 간경변증 있음
- 그룹 2: 남성, 간경변증 없음
- 그룹 3: 여성, 간경변증 있음
- 그룹 4: 여성, 간경변증 없음

아래와 같이 분류하고자 하는 변수를 group_by에 넣고 해당 조건을 만족하는 환자 숫자는 n()를 이용하면 전체 4개의 그룹별 특성이 제시된다.

```
dat1 %>%
 group_by(gender, lc) %>%
 summarise(patient_no = n(),
           mean_age = mean(age))

# A tibble: 4 × 4
# Groups:  gender [2]
  gender    lc  patient_no  mean_age
   <chr> <dbl>       <int>     <dbl>
1      F     0           2      47.5
2      F     1           4        53
3      M     0           8      39.2
4      M     1          10      47.2
```

결측치가 있는 변수는 mean, median 등의 계산을 할때 na.rm=T를 추가하는 것을 잊지 말자. 아래와 같이 코딩 시 b_inr은 결과값이 NA로 나온다.

```
dat1 %>%
 group_by(gender, lc) %>%
 summarise(patient_no = n(),
           mean_inr = mean(b_inr))

# A tibble: 4 × 4
# Groups:  gender [2]
  gender     lc  patient_no  mean_inr
   <chr>  <dbl>       <int>     <dbl>
1      F      0           2         1
2      F      1           4        NA
3      M      0           8      1.03
4      M      1          10      1.13
```

na.rm=T 옵션을 추가하니 문제없이 나온다.

```
dat1 %>%
 group_by(gender, lc) %>%
 summarise(patient_no = n(),
           mean_inr = mean(b_inr, na.rm=T))

# A tibble: 4 × 4
# Groups:  gender [2]
  gender     lc  patient_no  mean_inr
   <chr>  <dbl>       <int>     <dbl>
1      F      0           2         1
2      F      1           4      1.23
3      M      0           8      1.03
4      M      1          10      1.13
```

3) summary table 만들기

다음과 같이 summary table을 만들 수도 있다.

```
dat1 %>%
 group_by(gender, lc) %>%
 summarise(N_alt = sum(!is.na(b_alt)),
           MEAN_alt = mean(b_alt, na.rm=T),
           MEDIAN_alt = median(b_alt, na.rm=T),
           MIN_alt = min(b_alt, na.rm=T),
           MAX_alt = max(b_alt, na.rm=T))

# A tibble: 4 × 7
# Groups:  gender [2]
  gender    lc  N_alt  MEAN_alt  MEDIAN_alt  MIN_alt  MAX_alt
   <chr> <dbl>  <int>     <dbl>       <dbl>    <dbl>    <dbl>
1      F     0      2      87.5        87.5       32      143
2      F     1      4      42.8        39.5       31       61
3      M     0      8      181.         120       34      486
4      M     1     10      72.5        75.5       32      107
```

Ch 4

데이터 분리와 합치기

3장에서는 1개의 데이터에서 행(row)과 열(column)을 선택·변형하거나 새로 만드는 연습을 했다. 이번 4장에서는 2개 혹은 여러 개의 데이터를 자유자재로 분할하거나 합치거나 변형하는 연습을 할 것이다. 역시나 `tidyverse` 패키지의 하나인 `dplyr` 패키지를 이용할 예정이다. 다음 웹사이트(https://www.rstudio.com/resources/cheatsheets/)에서 데이터 조작(manipulation)에 대한 각종 치트시트(cheat sheet)를 다운로드할 수 있다.

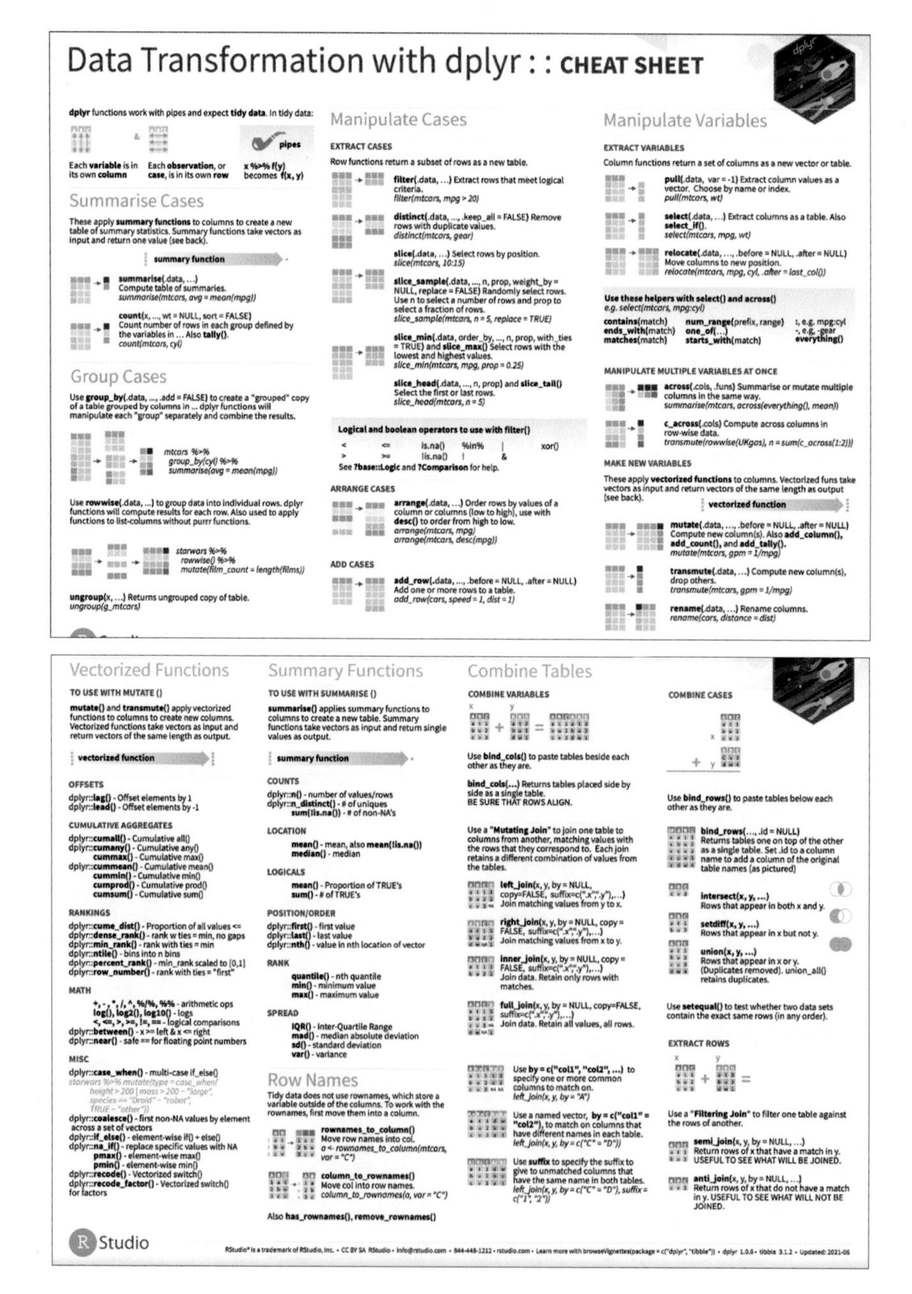

1 merge

데이터 합치기(merging)는 2개 혹은 여러 개의 데이터를 공통변수(key variable)를 이용해서 합치는 것을 말한다. 공통변수란 각각의 데이터를 공통으로 연결해줄 수 있는 고유변수(identifier)를 의미한다. 예를 들어 개인정보에서 주민등록번호, 병원정보에서 병록번호와 같이 그 값을 알게 되면 나머지 값이나 정보들을 연결할 수 있는 변수이다.
필요한 패키지를 불러온 뒤 본 실습에서 사용할 데이터를 불러오기하자.

```
library(tidyverse)
dat <- read_csv("Example_data/Ch4_chb.csv")
```

우선 R 기본 함수에 있는 rbind(data1, data2), cbind(data1, data2) 기능부터 살펴보자.

1-1 세로로 데이터를 붙여서 이어주는 기능: rbind

rbind는 이름 그대로 row, 즉 행을 이어서 붙여주는 기능이다.

```
a <- c(1,2,3)
b <- c(4,5,6)
c <- rbind(a,b)
c    #단순히 순서대로 밑으로 붙여준다.

  [,1] [,2] [,3]
a  1    2    3
b  4    5    6
```

rbind 적용 시 붙이려는 2개의 데이터의 변수(행이 아님!) 개수가 꼭 같아야 한다. 아래와 같이 하면 당연히 에러가 난다. a는 4개인데 아래쪽으로 붙이려는 b는 3개로 서로 맞지 않기 때문이다.

```
a <- c(1,2,3,4)
b <- c(5,6,7)
c <- rbind(a,b)
```

1-2 가로로 데이터를 붙여서 이어주는 기능: cbind

cbind는 column, 즉 열을 이어서 붙여주는 기능이다. cbind 역시 서로 개수가 맞지 않으면 오류가 날 수 있다.

```
a <- c(1,2,3)
b <- c(4,5,6)
c <- cbind(a,b)
c

    a b
[1,] 1 4
[2,] 2 5
[3,] 3 6
```

이번에는 실제 데이터프레임 형태의 데이터를 이용해서 실습해보자. 임의의 데이터 temp1, temp2를 만들어보자.

```
temp1 <- dat %>%
 select(id, age, lc, hcc) %>%
 filter(id<5) %>%
 print()

# A tibble: 4 × 4
     id   age    lc   hcc
  <dbl> <dbl> <dbl> <dbl>
1     1    54     1     1
2     2    45     0     0
3     3    49     1     0
4     4    26     0     0

temp2 <- dat %>%
 filter(id<5) %>%
 select(b_alt, b_bil, b_inr) %>%
 print()

# A tibble: 4 × 3
  b_alt  b_bil  b_inr
  <dbl>  <dbl>  <dbl>
```

```
1     67      1.2     1.17
2     32      1.1      0.9
3    106      2.3     1.03
4    159      1.4     1.04
```

cbind, 즉 옆으로 합쳐보자.

```
temp3 <- cbind(temp1, temp2)
temp3
  id  age  lc  hcc  b_alt  b_bil  b_inr
1 1    54   1    1     67    1.2   1.17
2 2    45   0    0     32    1.1   0.90
3 3    49   1    0    106    2.3   1.03
4 4    26   0    0    159    1.4   1.04
```

rbind를 실습하기 위한 임의의 데이터 temp4, temp5를 만들어보자.

```
temp4 <- dat %>%
 select(id, age, lc, hcc) %>%
 filter(id<5) %>%
 print()
# A tibble: 4 × 4
     id    age     lc    hcc
  <dbl>  <dbl>  <dbl>  <dbl>
1     1     54      1      1
2     2     45      0      0
3     3     49      1      0
4     4     26      0      0
temp5 <- dat %>%
 select(id, age, lc, hcc) %>%
 filter(id>6) %>%
 print()
```

```
# A tibble: 4 × 4
     id   age    lc   hcc
  <dbl> <dbl> <dbl> <dbl>
1     7    49     1     1
2     8    50     0     0
3     9    49     1     0
4    10    50     0     0
```

rbind, 즉 아래위로 합쳐보면 아래로 추가된 데이터 형태를 볼 수 있다. 앞에서도 말했듯이 추가하려는 방향의 행이나 열의 개수나 이름이 서로 일치해야 오류가 나지 않는다.

```
temp6 <- rbind(temp4, temp5)
temp6
```

```
# A tibble: 8 × 4
     id   age    lc   hcc
  <dbl> <dbl> <dbl> <dbl>
1     1    54     1     1
2     2    45     0     0
3     3    49     1     0
4     4    26     0     0
5     7    49     1     1
6     8    50     0     0
7     9    49     1     0
8    10    50     0     0
```

1-3 R 기본 함수를 이용한 데이터 합치기: merge

저자는 실제 데이터 합치기 과정에서 rbind, cbind 기능을 그리 많이 사용하지 않는다. 특히 cbind의 경우 공통변수 없이 바로 옆으로 데이터를 붙일 때는 엉뚱한 데이터를 붙일 수도 있어 주의하는 편이다. 그러면 데이터 정확도를 위해 bind 기능이 필요할 때는 어떻게 해야 할까? 다음에 설명할 merge 함수나 tidyverse에 있는 join 계열 함수를 사용해 bind 기능을 적용할 수 있으니 잘 알아두자.

예제를 보면서 실습해보자. 우선 데이터 합치기 대상이 되는 데이터 2개를 임의로 만들어보자.

```
temp1 <- dat %>%
 select(id, age, lc, hcc) %>%
 filter(id <5) %>%
 print()
```

```
# A tibble: 4 × 4
     id     age      lc     hcc
  <dbl>   <dbl>   <dbl>   <dbl>
1     1      54       1       1
2     2      45       0       0
3     3      49       1       0
4     4      26       0       0
```

```
temp2 <- dat %>%
 select(id, b_alt, b_bil, b_inr) %>% # 잘못된 예를 보여주기 위해 id 순서를 역순으로 정렬했다.
 filter(id <5) %>%
 arrange(desc(id)) %>%
 print()
```

```
# A tibble: 4 × 4
     id   b_alt   b_bil   b_inr
  <dbl>   <dbl>   <dbl>   <dbl>
1     4     159     1.4    1.04
2     3     106     2.3    1.03
3     2      32     1.1     0.9
4     1      67     1.2    1.17
```

만약 위의 2개 데이터를 단순히 cbind 기능을 이용해 옆으로 붙이면 서로 다른 id를 가진 환자의 데이터가 합쳐지면서 오류가 생기게 된다. 이처럼 잘못된 데이터 합치기가 될 수 있다는 것을 보여주기 위해 일부러 id 변수를 역순으로 넣었다.

```
temp3 <- cbind(temp1, temp2)
temp3
```

```
  id age lc hcc id b_alt b_bil b_inr
1  1  54  1   1  4   159   1.4  1.04
2  2  45  0   0  3   106   2.3  1.03
3  3  49  1   0  2    32   1.1  0.90
4  4  26  0   0  1    67   1.2  1.17
```

위와 같은 문제를 방지하기 위해 공통변수(여기서는 id)를 지정해주어야 한다. 이제 temp3와 temp4를 비교해보자. id가 1번인 환자의 경우 temp3에서는 b_alt가 159인 데 반해 temp4에서는 b_alt가 67로 데이터가 바르게 합쳐졌다.

```
temp4 <- merge(temp1, temp2, by='id')  # by='공통변수'를 지정해준다.
temp4

  id age lc hcc b_alt b_bil b_inr
1  1  54  1   1    67   1.2  1.17
2  2  45  0   0    32   1.1  0.90
3  3  49  1   0   106   2.3  1.03
4  4  26  0   0   159   1.4  1.04
```

1) merge 옵션 이해하기

merge는 다음과 같이 4가지 종류로 구분할 수 있다.

- inner join (교집합의 개념)
- outer join (합집합의 개념)
- left join
- right join

우선 가장 중요한 inner join과 outer join을 다음 그림을 통해 이해해보자. 이때 주의할 점은 outer join의 경우 2개의 데이터 중 한 곳에 누락된 값은 합치기 후 결측값(NA)으로 표시된다는 것이다.

inner_join

id	age	sex
1	54	M
2	45	F
3	49	M

+

id	lc	hcc
1	1	1
2	0	0
4	0	0

=

id	age	sex	lc	hcc
1	54	M	1	1
2	45	F	0	0

outer_join

id	age	sex
1	54	M
2	45	F
3	49	M

+

id	lc	hcc
1	1	1
2	0	0
4	0	0

=

id	age	sex	lc	hcc
1	54	M	1	1
2	45	F	0	0
3	49	M	NA	NA
4	NA	NA	0	0

left join과 right join은 2개의 데이터 중에 어느 데이터를 기준으로 추가 데이터를 합칠 것인지에 따라 사용한다. left join은 왼쪽 데이터를 기준으로 새로운 데이터를 붙이는 것이고, right join은 오른쪽 데이터를 기준으로 합치는 것이다.

left_join

id	age	sex
1	54	M
2	45	F
3	49	M

\+

id	lc	hcc
1	1	1
2	0	0
4	0	0

=

id	age	sex	lc	hcc
1	54	M	1	1
2	45	F	0	0
3	49	M	NA	NA

right_join

id	age	sex
1	54	M
2	45	F
3	49	M

\+

id	lc	hcc
1	1	1
2	0	0
4	0	0

=

id	age	sex	lc	hcc
1	54	M	1	1
2	45	F	0	0
4	NA	NA	0	0

실제 임의의 데이터 temp1, temp2를 만들어서 실습해보자.

```
temp1 <- dat %>%
  filter(id <4) %>%
  select(id, age, gender) %>%
  print()

# A tibble: 3 × 3
     id    age  gender
  <dbl>  <dbl>   <chr>
1     1     54       M
2     2     45       F
3     3     49       M

temp2 <- dat %>%
  filter(id %in% c(1,2,4,5,6)) %>% # id가 1,2,4,5,6인 환자들만 선택
  select(id, lc, hcc) %>%
  print()

# A tibble: 5 × 3
     id     lc    hcc
  <dbl>  <dbl>  <dbl>
1     1      1      1
2     2      0      0
3     4      0      0
4     5      1      0
5     6      1      0
```

데이터를 inner join 형태로 합쳐보자. 공통변수를 `by="공통변수"` 형태로 옵션을 넣어주어야 한다.

```
merge(temp1, temp2, by='id')
  id  age  gender  lc  hcc
1 1   54        M   1    1
2 2   45        F   0    0
```

위의 출력 결과를 보면 temp1, temp2 모두 포함되어 있는 id가 1, 2인 환자들의 데이터만 합쳐진 것을 확인할 수 있다.
이제 outer join을 위해 `all=TRUE` 옵션을 사용해보자. 그 결과 결측치가 생긴 것을 확인할 수 있다.

```
merge(temp1, temp2, by='id', all=TRUE)
  id  age  gender  lc  hcc
1 1   54        M   1    1
2 2   45        F   0    0
3 3   49        M  NA   NA
4 4   NA     <NA>   0    0
5 5   NA     <NA>   1    0
6 6   NA     <NA>   1    0
```

left join을 위해서는 `all.x=TRUE` 옵션을 사용한다. 그 결과 temp1(왼쪽 데이터)에만 있는 id 1, 2, 3 환자들만 데이터가 추가된다.

```
merge(temp1, temp2, by='id', all.x=TRUE)
  id  age  gender  lc  hcc
1 1   54        M   1    1
2 2   45        F   0    0
3 3   49        M  NA   NA
```

right join을 위해서는 `all.y=TRUE` 옵션을 사용한다. 그 결과 `temp2`(오른쪽 데이터)에만 있는 `id 1, 2, 4, 5, 6` 환자들만 데이터가 추가된다.

```
merge(temp1, temp2, by='id', all.y=TRUE)

  id  age  gender  lc   hcc
1 1    54       M   1     1
2 2    45       F   0     0
3 4    NA    <NA>   0     0
4 5    NA    <NA>   1     0
5 6    NA    <NA>   1     0
```

2 tidyverse를 이용한 merge

R 기본 함수의 merge 기능과 똑같은 기능이 `tidyverse`에도 있다. 개인적으로 명령문이 훨씬 간결해서 저자는 merge보다는 `tidyverse`의 join 기능을 선호한다.
join 명령어는 아래와 같은 종류가 있다.

- `inner_join` (merge에서 inner join과 같은 교집합)
- `full_join` (merge에서 outer join과 같은 합집합)
- `left_join` (merge에서 left join과 같음)
- `right_join` (merge에서 right join과 같음)
- `semi_join, anti_join`
- `intersect, union, setdiff`
- `bind_rows, bind_cols`

2-1 inner join

앞 절과 똑같은 예를 이용하여 join 기능을 하나씩 실습해보자. 먼저 inner_join 명령어를 사용해보자. join에서도 공통변수 연결은 by 옵션으로 지정한다.

```
inner_join(temp1, temp2, by='id')
# A tibble: 2 × 5
     id   age  gender    lc   hcc
  <dbl> <dbl>   <chr> <dbl> <dbl>
1     1    54       M     1     1
2     2    45       F     0     0
```

2-2 full join

다음으로 full_join 명령어를 사용해보자. 합집합의 개념으로 2개의 데이터를 합치게 되며 해당 변수에 값이 없는 경우 결측값으로 표시된다.

```
full_join(temp1, temp2, by='id')
# A tibble: 6 × 5
     id   age  gender    lc   hcc
  <dbl> <dbl>   <chr> <dbl> <dbl>
1     1    54       M     1     1
2     2    45       F     0     0
3     3    49       M    NA    NA
4     4    NA    <NA>     0     0
5     5    NA    <NA>     1     0
6     6    NA    <NA>     1     0
```

2-3 left join

left_join 명령어를 사용해보자. 왼쪽의 temp1에만 존재하는 id 1, 2, 3 데이터만 합쳐진다.

```
left_join(temp1, temp2, by='id')
# A tibble: 3 × 5
     id   age  gender    lc   hcc
  <dbl> <dbl>   <chr> <dbl> <dbl>
1     1    54       M     1     1
2     2    45       F     0     0
3     3    49       M    NA    NA
```

2-4 right join

이번에는 right_join 명령어를 사용해보자. 오른쪽의 temp2에만 존재하는 id 1, 2, 4, 5, 6 데이터만 합쳐진다.

```
right_join(temp1, temp2, by='id')
# A tibble: 5 × 5
     id   age  gender    lc   hcc
  <dbl> <dbl>   <chr> <dbl> <dbl>
1     1    54       M     1     1
2     2    45       F     0     0
3     4    NA    <NA>     0     0
4     5    NA    <NA>     1     0
5     6    NA    <NA>     1     0
```

2-5 semi join, anti join

semi_join과 anti_join 기능은 우선 그림으로 이해해보자.

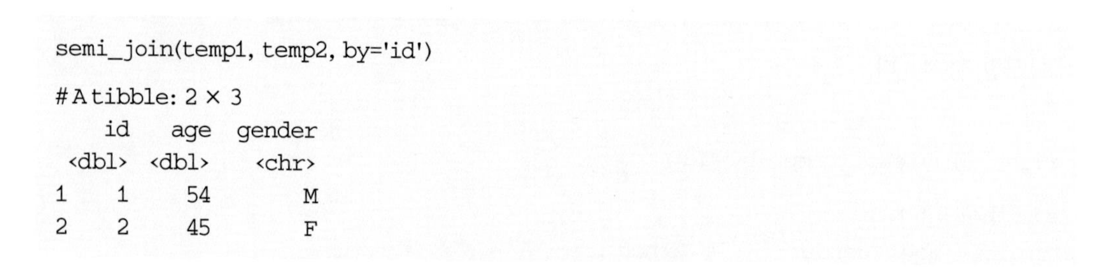

semi_join() 기능은 합칠 데이터 2개에 모두 존재하는 행(row)과 기준이 되는 데이터의 변수만 반환한다.

```
semi_join(temp1, temp2, by='id')
# A tibble: 2 × 3
     id   age  gender
  <dbl> <dbl>   <chr>
1     1    54       M
2     2    45       F
```

inner join으로 합친 temp3와의 차이점을 알겠는가?

```
semi_join(temp1, temp2, by='id')
# A tibble: 2 × 3
     id   age  gender
  <dbl> <dbl>   <chr>
1     1    54       M
2     2    45       F
inner_join(temp1, temp2, by='id')
# A tibble: 2 × 5
     id   age  gender    lc   hcc
  <dbl> <dbl>   <chr> <dbl> <dbl>
1     1    54       M     1     1
2     2    45       F     0     0
```

semi_join으로 합친 경우 공통으로 있는 행만 선택한 다음 기준이 되는 왼쪽 데이터의 변수 (age, gender)만 반환한다. 반대로 inner join은 공통되게 있는 행에서 두 데이터의 변수를 모두 반환한다.

anti_join() 기능은 다음과 같이 2개의 데이터에서 일치하지 않는 행만 선택하여 semi_join() 형식으로 반환한다. 이해가 되는가? 즉 왼쪽 데이터에 있지만 오른쪽 데이터에 없는 id 3인 환자만 선택한 다음, 변수는 왼쪽 데이터에 존재하는 데이터인 age, gender를 반환한 것이다.

```
anti_join(temp1, temp2, by='id')
# A tibble: 1 × 3
     id   age  gender
  <dbl> <dbl>   <chr>
1     3    49       M
temp1
# A tibble: 3 × 3
     id   age  gender
  <dbl> <dbl>   <chr>
1     1    54       M
2     2    45       F
3     3    49       M
temp2
# A tibble: 5 × 3
     id    lc     hcc
  <dbl> <dbl>   <dbl>
1     1     1       1
2     2     0       0
3     4     0       0
4     5     1       0
5     6     1       0
```

2-6 intersect, union, setdiff

데이터 합치기의 새로운 기능인 intersect(), union(), setdiff()를 그림으로 먼저 이해해 보자.

intersect

id	age	sex
1	54	M
2	45	F
3	49	M

\+

id	age	Sex
2	45	F
3	49	M
4	26	M

=

id	age	sex
2	45	F
3	49	M

union

id	age	sex
1	54	M
2	45	F
3	49	M

\+

id	age	Sex
2	45	F
3	49	M
4	26	M

=

id	age	sex
1	54	M
2	45	F
3	49	M
4	26	M

setdiff

id	age	sex
1	54	M
2	45	F
3	49	M

\+

id	age	Sex
2	45	F
3	49	M
4	26	M

=

id	age	sex
1	54	M

intersect(), union(), setdiff() 기능은 위의 예제들과 달리 같은 변수들을 가진 데이터 간에 사용할 수 있는 기능이다. 다음 예제를 위해 임시 데이터를 만들어보자.

```
temp.x <- dat %>%
 select(id, age, gender) %>%
 filter(id<4) %>%
 print()

# A tibble: 3 × 3
     id   age  gender
  <dbl> <dbl>   <chr>
1     1    54       M
2     2    45       F
3     3    49       M

temp.y <- dat %>%
 select(id, age, gender) %>%
 filter(between (id, 2, 4)) %>%
 print()
```

```
# A tibble: 3 × 3
     id   age  gender
  <dbl> <dbl>   <chr>
1     2    45       F
2     3    49       M
3     4    26       M
```

intersect() 기능은 2개 데이터에서 공통된 행의 값만 반환한다.

```
intersect(temp.x, temp.y)
# A tibble: 2 × 3
     id   age  gender
  <dbl> <dbl>   <chr>
1     2    45       F
2     3    49       M
```

union() 기능은 2개 데이터에서 하나라도 있는 행의 값을 반환한다.

```
union(temp.x, temp.y)
# A tibble: 4 × 3
     id   age  gender
  <dbl> <dbl>   <chr>
1     1    54       M
2     2    45       F
3     3    49       M
4     4    26       M
```

setdiff() 기능은 2개 데이터 중 앞의 데이터에만 있는 행의 값을 반환한다.

```
setdiff(temp.x, temp.y)
# A tibble: 1 × 3
     id   age  gender
  <dbl> <dbl>   <chr>
1     1    54       M
```

2-7 bind_rows, bind_cols

tidyverse에서 rbind, cbind 기능을 하는 bind_rows()와 bind_cols()에 대해 알아보자. 우선 그림으로 이해해보자.

bind_rows

id	age	sex
1	54	M
2	45	F
3	49	M

\+

id	age	Sex
2	45	F
3	49	M
4	26	M

=

id	age	sex
1	54	M
2	45	F
3	49	M
2	45	F
3	49	M
4	26	M

bind_cols

id	age	sex
1	54	M
2	45	F
3	49	M

\+

id	age	Sex
2	45	F
3	49	M
4	26	M

=

id	age	sex	id	age	Sex
1	54	M	2	45	F
2	45	F	3	49	M
3	49	M	4	26	M

bind_rows()는 R 기본 함수의 rbind와 같이 행을 이어서 붙여주는 기능을 한다.

```
bind_rows(temp.x, temp.y)
#A tibble: 6 × 3
     id   age  gender
  <dbl> <dbl>   <chr>
1     1    54       M
2     2    45       F
3     3    49       M
4     2    45       F
5     3    49       M
6     4    26       M
```

bind_cols()는 R 기본 함수의 cbind와 같이 열을 이어서 붙여주는 기능을 한다. 다음과 같이 똑같은 변수의 이름들이 반복되는 경우 충돌을 피하기 위해 자동으로 변수 이름들이 변경된다.

```
bind_cols(temp.x, temp.y)

# A tibble: 3 × 6
  id...1 age...2 gender...3 id...4 age...5 gender...6
   <dbl>   <dbl>      <chr>  <dbl>   <dbl>      <chr>
1      1      54          M      2      45          F
2      2      45          F      3      49          M
3      3      49          M      4      26          M
```

그렇다면 rbind, cbind가 있는데 굳이 bind_rows()를 사용해야 할 이유가 있을까? bind_rows() 기능을 이용하면 서로 다른 그룹의 데이터를 합치면서 그룹의 이름을 1개의 새로운 변수로 만들 수 있다. 다음 예를 통해 살펴보자.

temp.x는 엔테카비르(entecavir)를 사용한 환자이고, temp.y는 테노포비르(tenofovir)를 사용한 환자라고 하자.

```
temp.x

# A tibble: 3 × 3
     id   age gender
  <dbl> <dbl>  <chr>
1     1    54      M
2     2    45      F
3     3    49      M

temp.y

# A tibble: 3 × 3
     id   age gender
  <dbl> <dbl>  <chr>
1     2    45      F
2     3    49      M
3     4    26      M
```

다음과 같이 2개의 서로 다른 치료약제에 따라 새로운 변수(treatment)를 만들면서 합칠 수 있다. 이처럼 bind_rows()는 상당히 유용하게 쓰이는 명령어다.

```
bind_rows(entecavir=temp.x, tenofovir=temp.y, .id = 'treatment')

# A tibble: 6 × 4
  treatment     id   age  gender
      <chr>  <dbl> <dbl>   <chr>
1 entecavir      1    54       M
2 entecavir      2    45       F
3 entecavir      3    49       M
4 tenofovir      2    45       F
5 tenofovir      3    49       M
6 tenofovir      4    26       M
```

3 tidy 데이터

실습을 위해 새로운 데이터를 먼저 불러오자 이번 실습에 사용할 파일은 Ch4_chb2.csv이다.

```
library(tidyverse)
dat <- read_csv('Example_data/Ch4_chb2.csv')
```

이 책을 읽는 독자들 중에 tidy 데이터라는 말을 들어본 적이 얼마나 있을지 모르겠다. 이제 R을 배우기 시작했다면 아마도 들어본 적이 거의 없을 것이다. 저자의 경우 R을 시작하고 1-2년쯤 지난 뒤 R 코드를 혼자서 조금씩 쓰기 시작하고 익숙해질 즈음에 tidy 데이터에 대해 알게 되었다. 그리고 tidyverse 패키지를 이용하면서 tidy 데이터라는 개념에 대해서 좀 더 관심을 가지게 되었다.

임상연구를 하면서 깔끔한 결과값을 가지고 분석을 수행하고, 그림과 표를 만들고 논문을 쓴다면 그리 오랜 시간이 걸리지 않을 것이다. 그러나 대부분 현장에서 경험하였듯이, 임상연구 특히 후향적 연구의 경우에는 원데이터(raw data)를 받고 나서 데이터를 정제(cleansing)하고 탐색(exploration)하고 필요 시 수정하는(정확히는 전처리하는) 작업을 반복하게 되며 여기에 많은 시간을 쓸 수밖에 없다.

tidy 데이터는 다음 5장에서 살펴볼 ggplot2를 이용한 데이터 시각화 작업에 필수적이다. 그러므로 이번 절에서는 tidy 데이터의 개념을 잘 익혀두자.

3-1 tidy 데이터의 특징

실제로 우리가 분석하는 임상연구 데이터는 깔끔하게 정리된(즉 tidy한) 데이터가 별로 없다(개인적으로는 거의 없다고 생각한다). 대부분 임상연구의 결과값은 엑셀 형태의 파일을 받거나 수집하게 되는데, 이런 경우에 행(row)은 대부분 환자 1명을 의미하며 가로로 수집한 변수들이 계속 나열되게 된다. 즉 가로로 길어지는 아래와 같은 형태의 데이터가 되는 것이다.

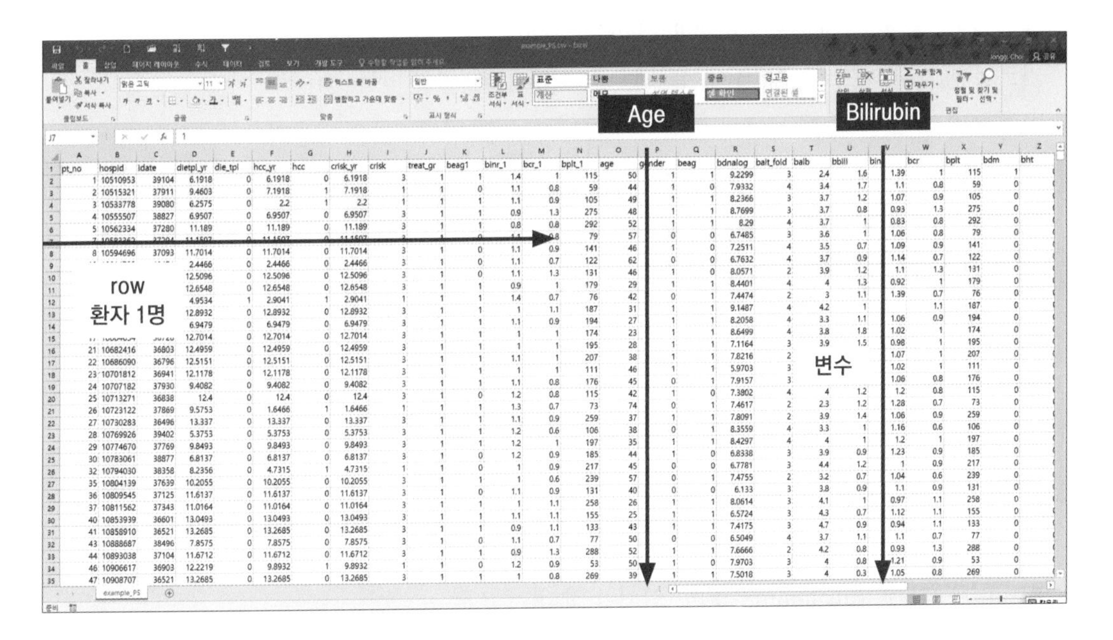

우리가 현재 실습하고 있는 dat만 보아도 아래와 같이 전형적인 임상연구의 결과값 형태를 띠고 있다.

id	b_alt	m6_alt	m12_alt	m18_alt	m24_alt
1	67	35	37	28	31
2	32	16	18	13	14
3	106	108	27	25	28
4	159	24	29	28	23
5	94	57	35	36	19

그런데 데이터가 이러한 형태로 수집되는 이유는 무엇일까? 그에 대한 저자의 생각을 정리해보면 다음과 같다.

- 임상연구 자체가 환자 1명, 즉 행(row) 하나씩을 중심으로 이루어진다.
- 환자의 id나 병록번호 등이 공통변수가 되어 모든 데이터 연결의 핵심이 된다.
- 환자 id나 병록번호가 여러 곳에 중복되어 존재하기를 원하지 않는다.
- 임상연구에서는 시계열 데이터(longitudinal data)를 많이 접하는데,
  가로로 배열된(옆으로 늘어진) 데이터가 시간의 흐름과 훨씬 맞는 것 같아 이해가 잘된다.
- 가능하면 한 파일 혹은 하나의 데이터에 모든 변수를 넣어두기를 원한다.

이러한 이유로 실제 임상에서는 아직까지 엑셀을 많이 이용하며 옆으로 늘어진(wide) 형태의 데이터를 많이 사용하고 있다. 물론 이 방법이 나쁘다는 뜻은 전혀 아니다. 다만 다양한 데이터 시각화와 분석을 수행할 때는 tidy한 데이터 형태가 더 다루기 쉬우므로 tidy 데이터의 개념과 특징을 알아보자.
다음은 tidy 데이터의 4가지 큰 특징을 정리한 것이다(The Journal of Statistical Software, vol. 59, 2014에 나온 내용을 참고해 정리하였다).

- 각 변수는 개별 열(column)로 되어 있어야 한다.
- 개별 관찰치(observation)는 행(row)으로 되어 있어야 한다(즉 1명의 환자가 아니다!).
- 개별 테이블은 개별 관찰치에 의해 만들어진 데이터를 나타내야 한다.
- 만약 여러 개의 테이블이 존재한다면 최소 1개 이상의 열이 공유되어야 한다(즉 공통변수가 존재해야 한다).

Wide form

ID	Albumin	y1_albumin	y2_albumin	y3_albumin	y4_albumin
1	3.1	2.5	2.7	2.9	3.2
2	2.5	2.2	2.4	2.3	2.1
3	4.1	3.8	3.4	3.5	3.9
4	3.8	2.5	2.4	2.9	3.4
5	3.5	3.1	3.2	3.3	3.4
6	2.8	2.9	3.0	3.4	2.6
7	3.1	3.0	3.1	3.1	3.2

Observation

Long form: tidy data

ID	Year	Albumin
1	y0	3.1
1	y1	2.5
1	y2	2.7
1	y3	2.9
1	y4	3.2
2	y0	2.5
2	y1	2.2
2	y2	2.4
2	y3	2.3
2	y4	2.1
3	y0	4.1
3	y1	3.8
3	y2	3.4
3	y3	3.5
3	y4	3.9
4	y0	3.8
4	y1	2.5
4	y2	2.4
4	y3	2.9
4	y4	3.4

Variable **Value**

아직 잘 이해가 되지 않을 것이다. 예를 들어 살펴보자. 현재 우리가 사용하고 있는 dat는 30명의 항바이러스제를 처음 시작한 만성 B형간염 환자들로 구성되어 있다. 항바이러스제 치료를 시작하기 직전 시점인 baseline의 관측치들이 있고, 이후 6개월 뒤, 12개월 뒤 형태의 값들로 이루어져 있다.
즉 tidy 데이터의 개념을 dat에 적용해보면 다음과 같다.

- **변수**(variable) : ALT
- **값**(value) : 67, 37, 28
- **관찰치**(observation) : ID 1인 환자에서 baseline, 6개월, 12개월에 해당한다.

그렇다면 우리 dat는 위의 정의를 따르면 tidy한 데이터라고 볼 수 있을까? 먼저 tidy하지 않은 예를 보자.

Case	Baseline ALT	month 6 ALT	month 12 ALT	month 18 ALT	month 24 ALT
ID:1	67	35	37	28	31
ID:2	32	16	18	13	14
ID:3	106	108	27	25	28

이번에는 tidy한 예를 보자.

Case	Observation	ALT
ID:1	baseline	67
ID:1	month 6	35
ID:1	month 12	37
ID:1	month 18	28
ID:1	month 24	31
ID:2	baseline	32
ID:2	month 6	16
ID:2	month 12	18
ID:2	month 18	13

Case	Observation	ALT
ID:2	month 24	14
ID:3	baseline	106
ID:3	month 6	108
ID:3	month 12	27
ID:3	month 18	25
ID:3	month 24	28

이해가 되는가? 위에서 언급한 tidy 데이터의 정의대로 현재의 작은 데이터 혹은 테이블은 1개의 변수(ALT)를 담고 있다. 행(row)은 환자 1명이 아니라, 환자 1명의 1개의 관측치(baseline, 6개월 후 등)를 의미한다. ALT라는 변수에는 결과값만 들어간다.

3-2 tidy 데이터 만들기 연습

이후 5장에서 `ggplot2`를 이용하기 위해서는 tidy한 데이터 형태가 되어야 100% 기능을 이용할 수 있다. 특히나 `dat`와 같은 시계열 데이터는 필수적으로 tidy한 데이터로 변환해야 한다. 편의상 tidy한 데이터를 'long 형태 데이터'라고 하고, 일반적으로 우리가 다루는 옆으로 늘어진 데이터를 'wide 형태 데이터'라고 지칭하겠다.

1) wide에서 long 형태로 변형하기: `gather()`

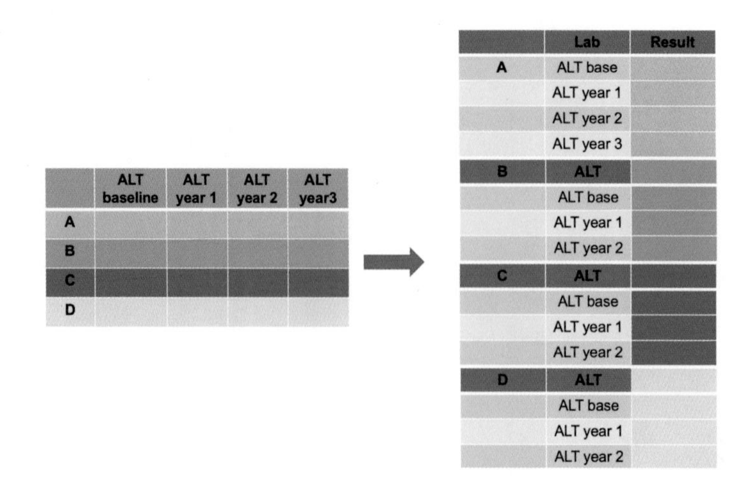

현재의 dat라는 데이터는 위에서 설명한 관점에서는 tidy하지 않은 데이터다. tidy한 데이터, 즉 long 형태 데이터로 변형해보자.
gather 함수를 사용해야 하는데 형식은 아래와 같다.

```
gather(아래로 길게 배열할 변수, key='새롭게 생길 관측치 변수 이름', 'value=결과값 변수 이름')
```

일단 변형된 데이터를 먼저 보고, 다시 gather 함수 공식을 보도록 하자.

```
alt.long <- dat %>%
 gather(b_alt,m6_alt,m12_alt,m18_alt,m24_alt, key='observation', value='alt_result') %>%
 arrange(id)
```

변수를 다 쓰기 힘들다면 변수 순서를 써도 무방하다. 어차피 결과는 같다.

```
alt.long <- dat %>%
 gather(2:6, key='observation', value='alt_result') %>%
 arrange(id)
```

alt.long 데이터의 특성을 보자.

```
head(alt.long,10)
# A tibble: 10 × 3
      id  observation  alt_result
   <dbl>        <chr>       <dbl>
1     1        b_alt          67
2     1       m6_alt          35
3     1      m12_alt          37
4     1      m18_alt          28
5     1      m24_alt          31
6     2        b_alt          32
7     2       m6_alt          16
8     2      m12_alt          18
9     2      m18_alt          13
10    2      m24_alt          14
```

앞에서 본 것과 같이 tidy한 데이터 형태가 되었다. 주목할 것은 key='observation'이라는 옵션을 주었기에 observation이 새로운 변수가 되었다. 마찬가지로 value='alt_result' 라는 옵션을 주었기에 alt_result라는 이름의 새로운 변수가 되었다.
이번에는 아래의 경우를 생각해보자.

```
dim(dat)
[1] 30 6
dim(alt.long)
[1] 150  3
```

dat는 30개의 행을 가지는 데이터다. 30명 환자이므로 alt.long은 당연히 150개의 행을 가진다. 이해가 되는가? 환자 1명당 5개의 관측치를 가졌다(baseline, 6, 12, 18, 24개월). 따라서 30명의 환자에서 5개의 관측치가 있으므로 30×5, 즉 총 150개의 행을 가지게 된다.

2) long에서 wide 형태로 변형하기: spread()

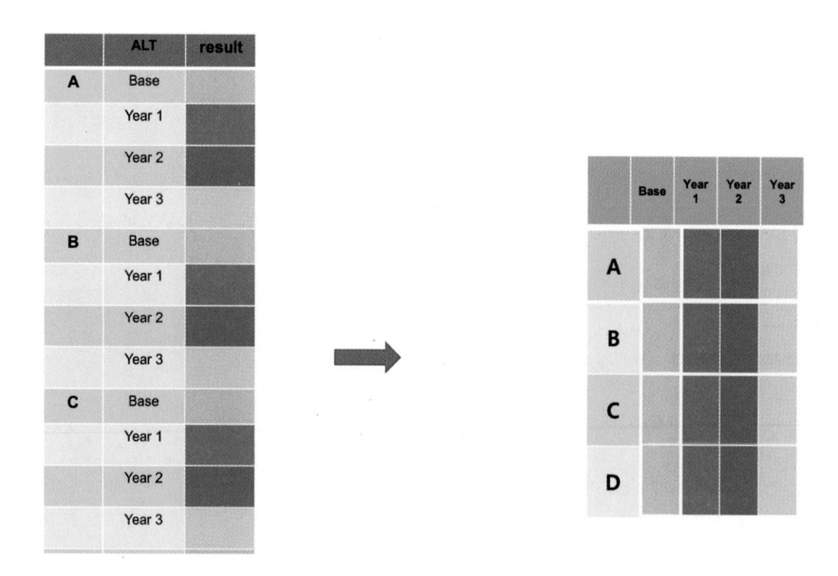

이번에는 반대로 long form 데이터인 alt.long을 wide 형태인 alt.wide로 변형해보자. 다음과 같이 spread 함수를 사용하면 처음 dat 데이터와 같은 형태의 옆으로 늘어진 데이터가 된다. 즉 spread 함수는 옆으로 배열할 변수와 해당 값이 존재하는 변수의 이름만 지정해주면

자동으로 변형해주는 기능을 한다.

```
alt.wide<-alt.long %>%
 spread(observation, alt_result)
head(alt.wide,10)

# A tibble: 10 × 6
      id  b_alt  m12_alt  m18_alt  m24_alt  m6_alt
   <dbl>  <dbl>    <dbl>    <dbl>    <dbl>   <dbl>
1    1     67       37       28       31      35
2    2     32       18       13       14      16
3    3    106       27       25       28     108
4    4    159       29       28       23      24
5    5     94       35       36       19      57
6    6     32       17       21       11      26
7    7    104       42       37       32      51
8    8    143       16       50       19      24
9    9     31       24       59       54      25
10  10    239       34       37       28      30
```

그런데 지금 alt.wide의 변수 순서를 보면 m6_alt가 제일 뒤에 있다. 이는 우리가 alt.long에서 5개의 관측치(observation)의 순서(level)를 따로 지정해주지 않아서 알파벳 순서대로 배치된 것이다(m6_alt가 다른 변수 m12, m18, m24와 비교 시 알파벳 순서상 가장 마지막이다). 여기서는 작동 원리만 우선 이해한 후 넘어가고 뒤에서 다시 살펴보자.

데이터 크기는 제대로 맞는지 확인하자. alt.wide는 정확히 30개다.

```
dim(alt.long)
[1] 150  3
dim(alt.wide)
[1] 30  6
```

앞으로는 ggplot2의 다양한 옵션을 이용하여 좀 더 복잡한 그래프를 그려볼 것이다. 이러한 작업에 방금 연습한 tidy 데이터를 적극적으로 이용할 것이다.

Ch 5

데이터 시각화

데이터 분석에서 시각화는 아주 중요하다. 아무리 내가 분석을 수행하였어도 다른 사람을 이해시킬 수 없다면 분석의 의미가 감소한다. 이번 장에서는 R 기본 함수에서 제공하는 그래프는 간단히 살펴보고, 더 나은 그래픽 도구인 ggplot2 패키지를 이용하여 다양한 그래프를 그려볼 것이다. 하지만 명심해야 할 것은 무조건 화려한 시각화가 데이터 분석 결과를 잘 전달하는 것은 아니라는 점이다. 때로는 단순 히스토그램이 가장 이해하기 쉬울 때도 있다. 데이터 결과를 가장 잘 전달할 수 있는 그래프를 찾는 데는 비슷한 데이터를 다룬 다른 연구 논문을 찾아보는 것이 많은 도움이 된다.

먼저 데이터 시각화 실습을 위한 데이터를 불러오자. 이번 실습에 사용할 파일은 Ch5_chb.csv이다.

```
library(tidyverse)
dat <- read_csv('Example_data/Ch5_chb.csv')
```

간단히 데이터 구조를 확인하자.

```
dim(dat)

[1] 30 21

colnames(dat)

 [1] "id"       "gender"   "age"      "treat_gr" "lc"       "hcc"
 [7] "b_alt"    "b_plt"    "b_alb"    "m6_alt"   "m6_plt"   "m6_alb"
[13] "m12_alt"  "m12_plt"  "m12_alb"  "m18_alt"  "m18_plt"  "m18_alb"
[19] "m24_alt"  "m24_plt"  "m24_alb"
```

여러 가지 데이터에 변형을 가할 수 있으니 dat1으로 복사해서 사용하자.

```
dat1<-dat
```

dat1의 변수와 그 의미를 살펴보자.

변수	변수의 의미
id	환자 ID (임의로 설정)
gender	성별 (M:남자, F:여자)
age	나이
treat_gr	항바이러스제 종류 (ETV: entecavir, TDF: tenofovir)
lc	간경변증 유무 (1: 간경변증)
hcc	간세포암 발생 유무 (1: 간암 발생)
b_alt	baseline ALT
b_plt	baseline platelet count
b_alb	baseline serum albumin
m6_alt	항바이러스제 사용 6개월 뒤 ALT
m6_plt	항바이러스제 사용 6개월 뒤 platelet count
m6_alb	항바이러스제 사용 6개월 뒤 serum albumin
m12_alt	항바이러스제 사용 12개월 뒤 ALT
m12_bil	항바이러스제 사용 12개월 뒤 total bilirubin
m12_alb	항바이러스제 사용 12개월 뒤 serum albumin
m18_alt	항바이러스제 사용 18개월 뒤 ALT
m18_plt	항바이러스제 사용 18개월 뒤 platelet count
m18_alb	항바이러스제 사용 18개월 뒤 serum albumin
m24_alt	항바이러스제 사용 24개월 뒤 ALT
m24_plt	항바이러스제 사용 24개월 뒤 platelet count
m24_alb	항바이러스제 사용 24개월 뒤 serum albumin

1 R base 그래프

R은 데이터 시각화에 강점이 있다. 이는 ggplot2와 같은 좋은 패키지에서 제공하는 수많은 그래프 형태 때문이다. 물론 R 기본 함수에서도 데이터를 설명해줄 만한 다양한 기본 그래프들을 제공해준다. 하지만 옵션들이 제한적이기 때문에 논문의 출판물로 내기에는 다소 부족하다. 그렇지만 R 기본 함수를 이용한 그래프들은 데이터 분석 단계에서 짧은 코드로 빨리 실행할 수 있기에 데이터 탐색에 유용하게 사용할 수 있다는 장점이 있다. 기본이기에 여기서는 간단히만 알고 넘어가자.

1-1 기본 그래프 그려보기

R 기본 함수에서 제공하는 주요 그래프의 종류는 아래와 같다.

그래프 종류	함수 명령어
막대 그래프	barplot()
파이 그래프	pie()
히스토그램	hist()
박스 그래프	boxplot()
클리블랜드 점 그래프	dotchart()
줄기 잎그림	stem()
빈 그래프	plot(x, y, type='n')
산점도	plot(x, y, type='p') type='p' 생략 가능
선 그래프	plot(x, y, type='l')

1) 막대 그래프: barplot()

먼저 dat1에서 성별 gender의 막대 그래프를 그려보자. 주의할 점은 형태의 객체를 barplot() 안에 넣어주어야 한다는 것이다.

```
table(dat1$gender)

 F  M
 6 24

barplot(table(dat1$gender))
```

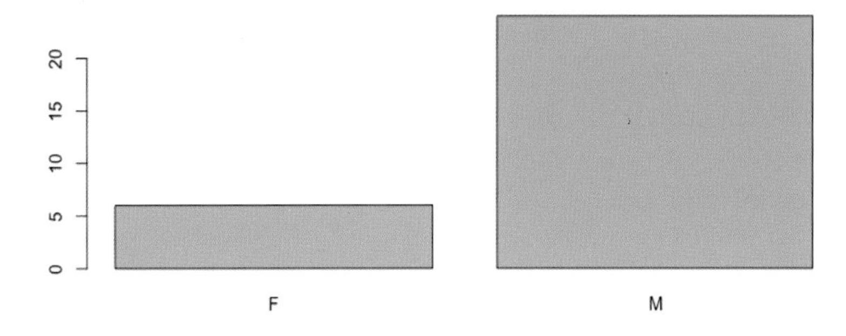

2) 파이 그래프: pie()

테이블 형태의 객체를 pie() 안에 넣어주어야 한다.

```
pie(table(dat1$gender))
```

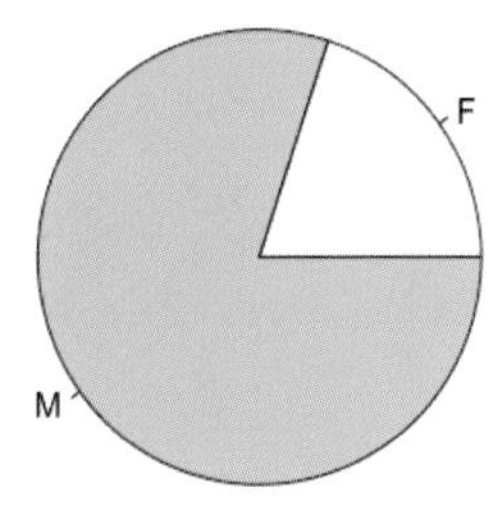

3) 히스토그램: hist()

연령 age의 히스토그램을 그려보자.

```
hist(dat1$age)
```

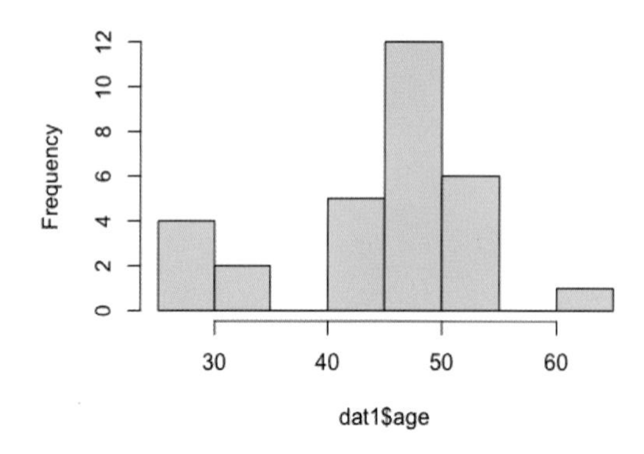

4) 박스그래프: boxplot()

```
boxplot(dat1$age)
```

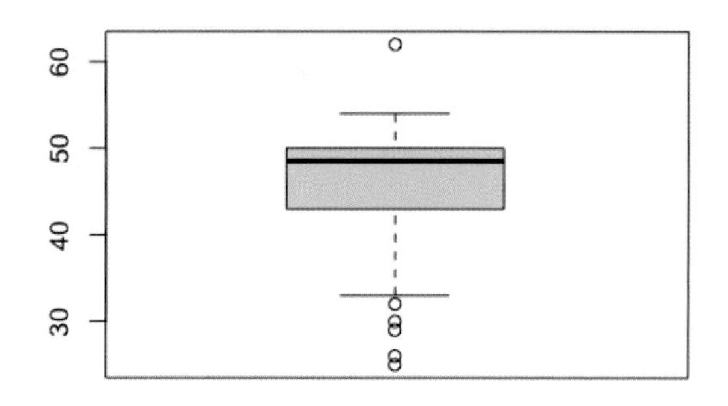

5) 클리브랜드 점 그래프: dotchart()

```
dotchart(dat1$age)
```

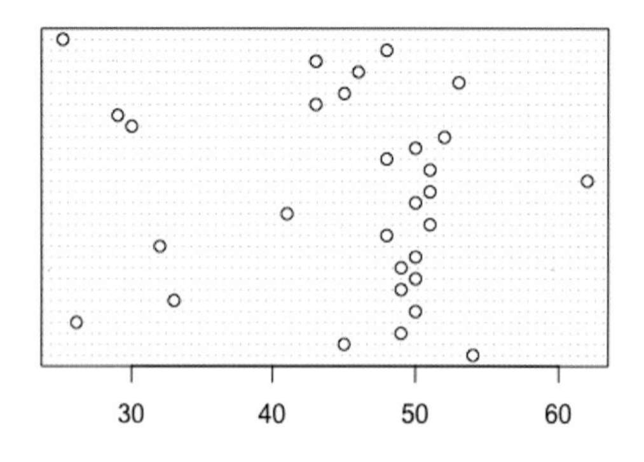

6) 줄기 잎 그래프: stem()

```
stem(dat1$age)

 The decimal point is 1 digit(s) to the right of the |

 2 | 569
 3 | 023
 3 |
 4 | 133
 4 | 556888999
 5 | 00000111234
 5 |
 6 | 2
```

7) 산점도: plot(x, y)

dat1에서 혈청 알부민 b_alb과 혈소판 b_plt 간의 상관관계를 그려보자.

```
plot(dat1$b_alb, dat1$b_plt)
```

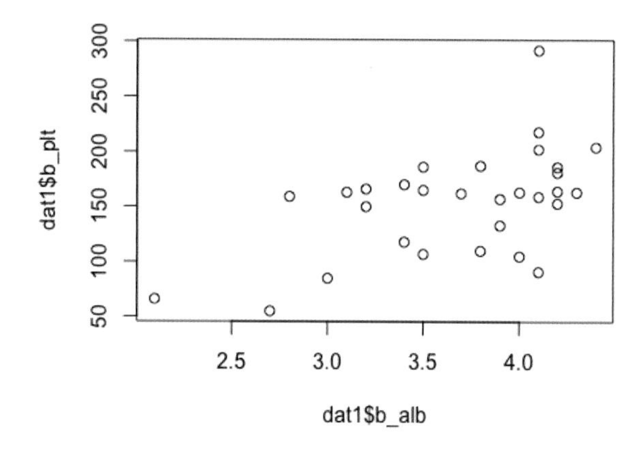

8) 선 그래프: `plot(x, y, type = 'l')`

dat1에서 age를 선 그래프로 그려보자.

```
plot(dat1$age, type='l')
```

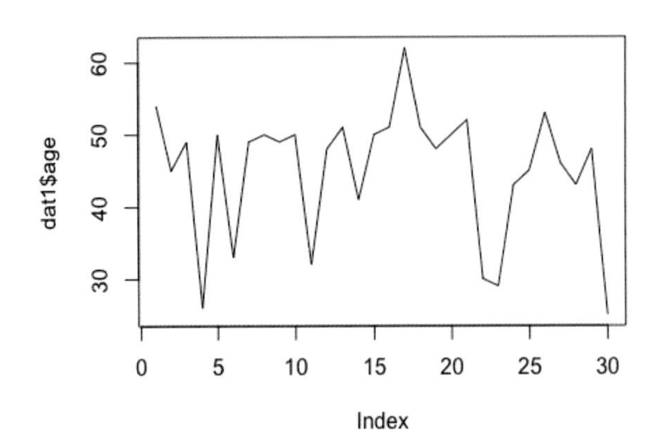

1-2 기본 그래프의 옵션

주로 그래프 내의 점, 선, 축 등의 모양, 색상, 굵기, 음영, 투명도, 추가선 등을 설정할 수 있는 옵션들이 존재한다.

1) 점 모양 변화주기: `pch =`

다양한 점 모양이 있다.

0 1 2 3 4

5 6 7 8 9

10 11 12 13 14

15 16 17 18 19

20 21 22 23 24 25

위의 점 17번을 이용해보자. 특별히 설정을 하지 않으면 기본값은 pch=1이다.

```
plot(dat1$b_alb, dat1$b_plt)
plot(dat1$b_alb, dat1$b_plt, pch=17)
```

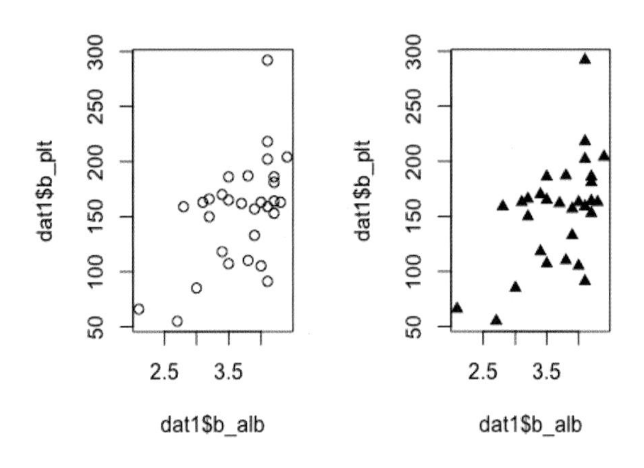

2) 점 크기 변화: cex=

기본값은 cex=1이다.

```
plot(dat1$b_alb, dat1$b_plt, pch=17)
plot(dat1$b_alb, dat1$b_plt, pch=17, cex=2)
```

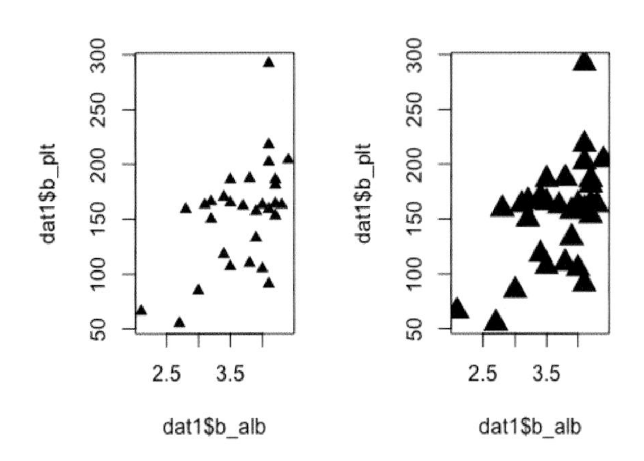

3) 색깔 변경하기: col =

```
plot(dat1$b_alb, dat1$b_plt)
plot(dat1$b_alb, dat1$b_plt, col='blue')
```

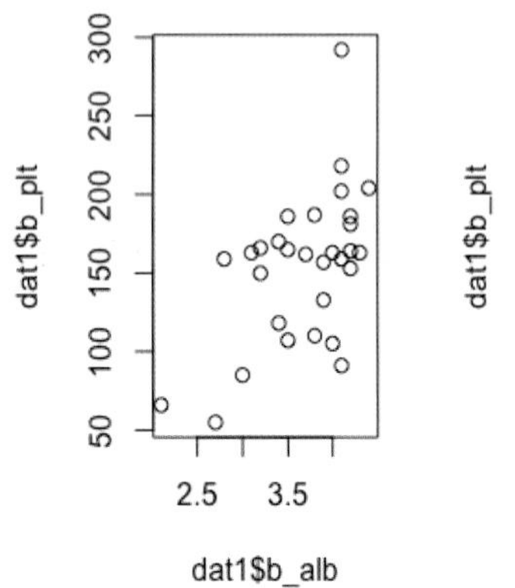

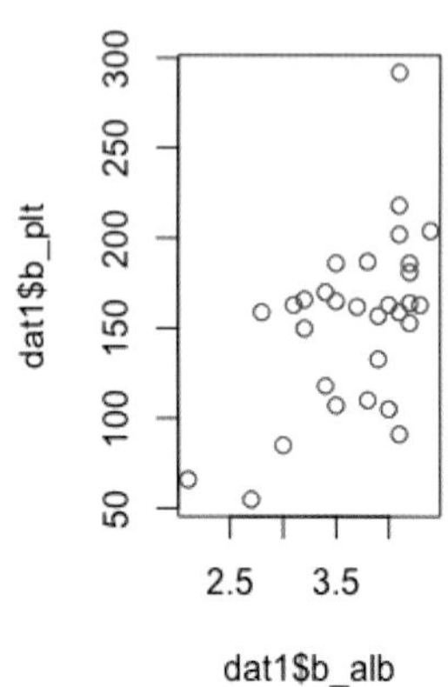

4) 선 종류 변경하기: lty =

```
plot(dat1$age, type='l')
plot(dat1$age, type='l', lty=2)
```

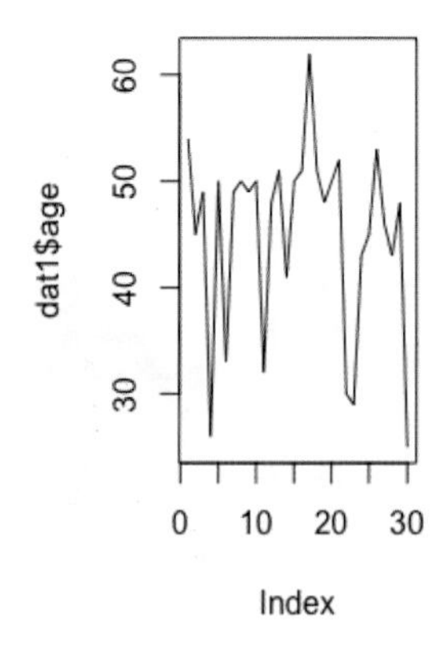

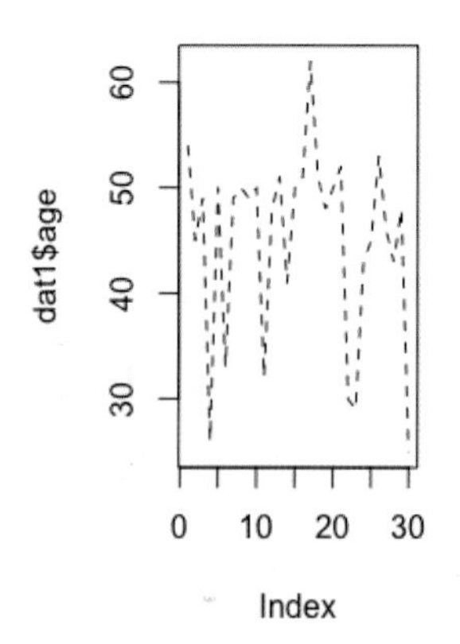

5) 선 두께 변경하기: lwd =

```
plot(dat1$age, type='l')
plot(dat1$age, type='l', lwd=3)
```

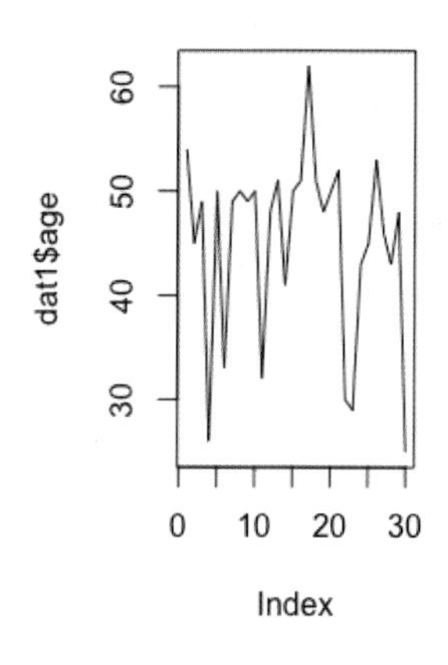

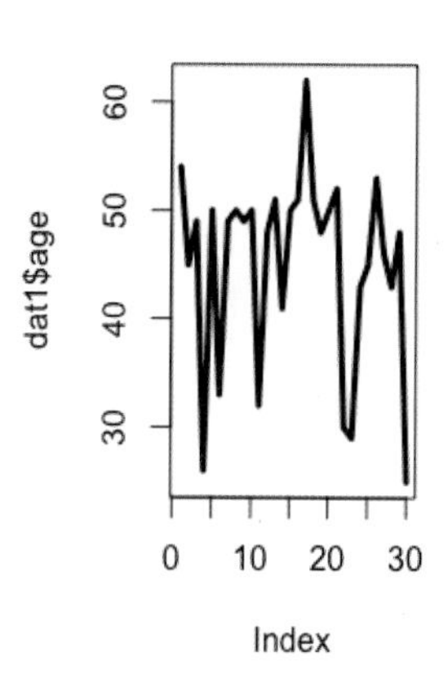

6) 축 색상 변경하기: col.axis =

```
plot(dat1$b_alb, dat1$b_plt)
plot(dat1$b_alb, dat1$b_plt, col.axis='blue')
```

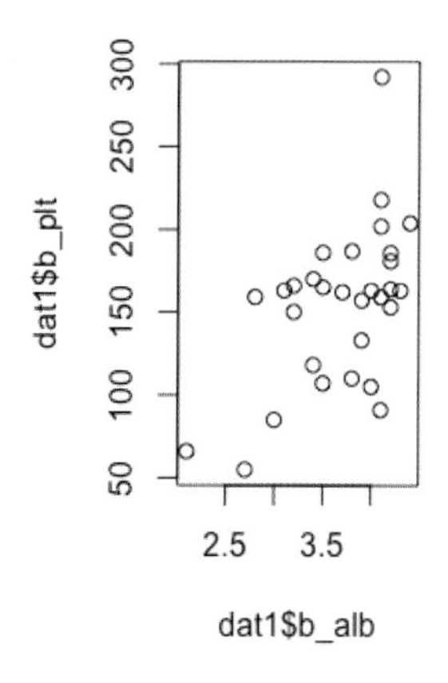

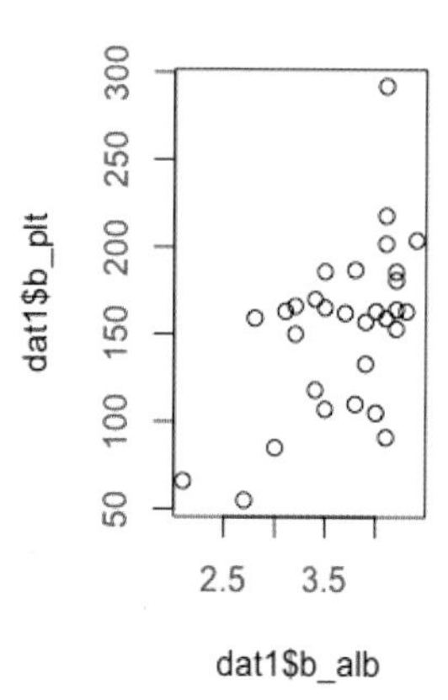

7) 축 이름 색상 변경하기: `col.lab=`

```
plot(dat1$b_alb, dat1$b_plt)
plot(dat1$b_alb, dat1$b_plt, col.lab='blue')
```

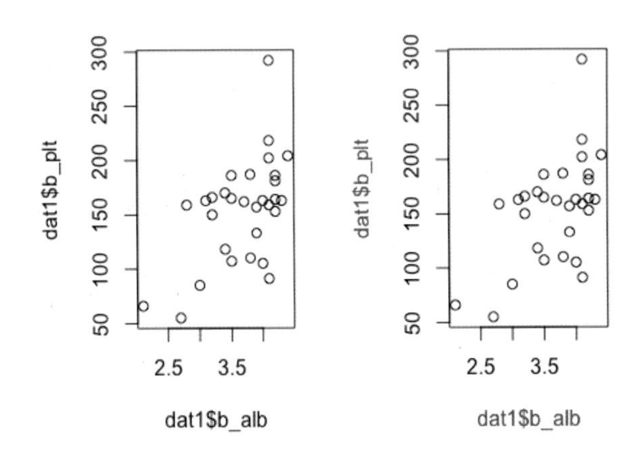

8) 그래프 제목을 붙이고 색상 변경하기: `main=`, `col.main=`

```
plot(dat1$b_alb, dat1$b_plt,
     main='Albumin and Platelet')
plot(dat1$b_alb, dat1$b_plt,
     main='Albumin and Platelet',
     col.main='red')
```

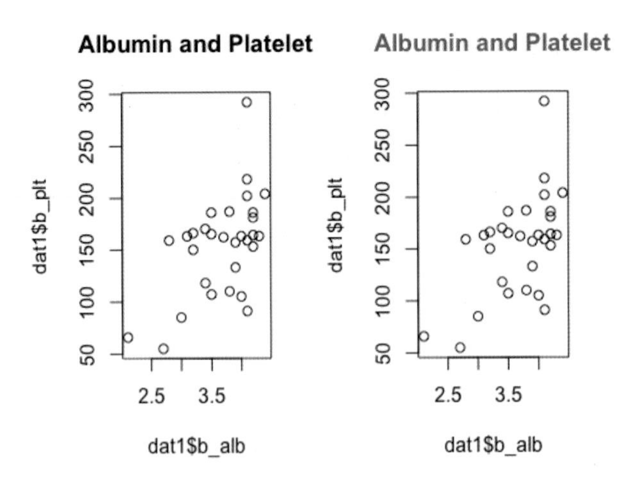

9) x축 이름 변경하기: xlab = / y축 이름 변경하기: ylab =

```
par(mfrow=c(1,3))
plot(dat1$b_alb, dat1$b_plt)
plot(dat1$b_alb, dat1$b_plt, xlab='Baseline Albumin')
plot(dat1$b_alb, dat1$b_plt, ylab='Baseline Platelet')
```

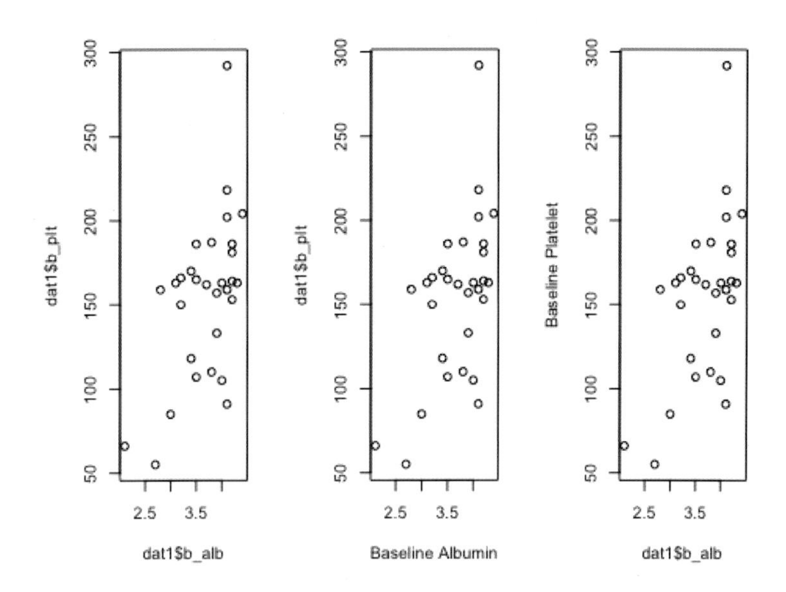

10) 그래프에 선 추가하기: lines()

dat1에서 age에 따른 b_plt 산점도를 그리고, 기존 그래프에 새롭게 선을 추가해보자. 두 변수 간의 회귀선을 추가해본다.

```
par(mfrow=c(1,2))
plot(dat1$age, dat1$b_plt,
     xlab='Age', ylab='Baseline platelet')

fit<-lm(b_plt~age, data=dat1)  # 단순 선형 회귀 분석
plot(dat1$age, dat1$b_plt,
     xlab='Age', ylab='Baseline platelet')
lines(dat1$age, fit$fitted.values, col='blue', lwd=2)
```

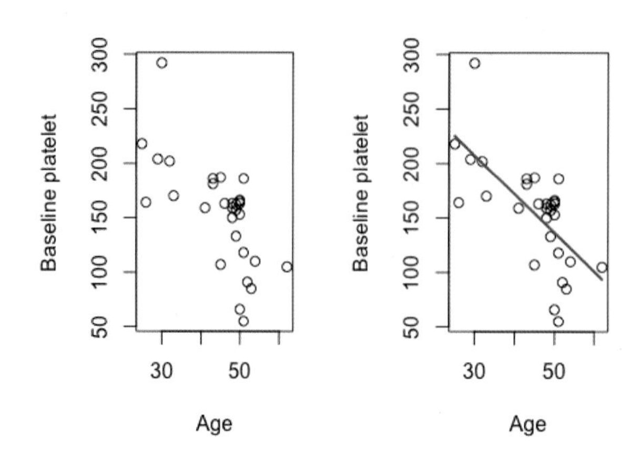

11) 그래프에 수평 혹은 수직 line 추가하기: abline(v=, h=)

수직선은 abline(v=) 기능을 이용해 그리고, 수평선은 abline(h=) 기능을 이용해 그릴 수 있다. 위의 그래프에서 age는 평균나이에 붉은색 수직선을 그리고, b_plt는 평균값에 푸른색 수평선을 그려보자.

```
par(mfrow=c(1,1))
plot(dat1$age, dat1$b_plt,
     xlab='Age', ylab='Baseline platelet')
abline(v=mean(dat1$age), col='red', lwd=2)
abline(h=mean(dat1$b_plt), col='blue', lwd=2)
```

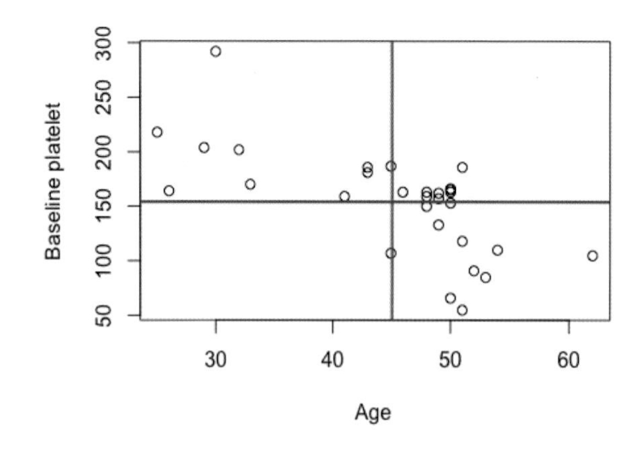

12) 그래프에 text 추가하기: text()

b_alb 산점도를 그린 후 text()로 직접 그래프 위에 값을 나타내보자. 점이 겹쳐서 텍스트가 구분이 잘 안 될 때에는 pos= 옵션을 이용해 위치를 이동해보자.

```
plot(dat1$id, dat1$b_alb,
     xlab='ID', ylab='Baseline Albumin')
text(dat1$id, dat1$b_alb,
     labels=dat1$b_alb, pos=3)
```

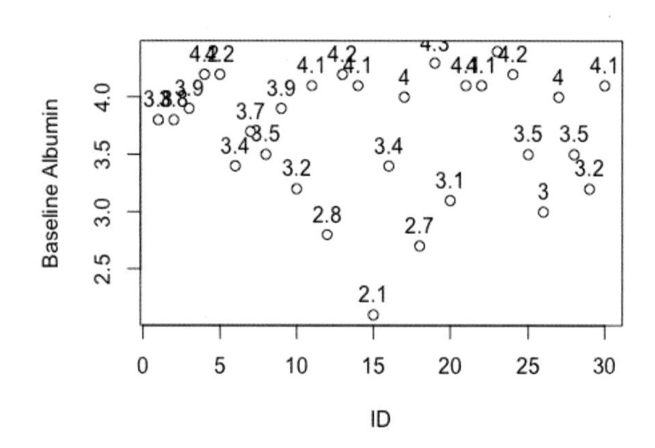

1-3 다중 그래프 그리기

이번에는 여러 개의 그래프를 하나의 창에 나타내보자.

1) 그래프 영역 분할하기 row 기준: par(mfrow=)

RStudio 오른쪽 아래창의 plots 창에 2×2 형식으로 그래프를 4개 그려보자.

```
par(mfrow=c(2,2))
plot(dat1$b_alb, dat1$b_plt)
plot(dat1$b_alb, dat1$b_plt, pch=17)
plot(dat1$b_alb, dat1$b_plt, col='blue')
plot(dat1$b_alb, dat1$b_plt,
     main='Association between Albumin and Platelet')
```

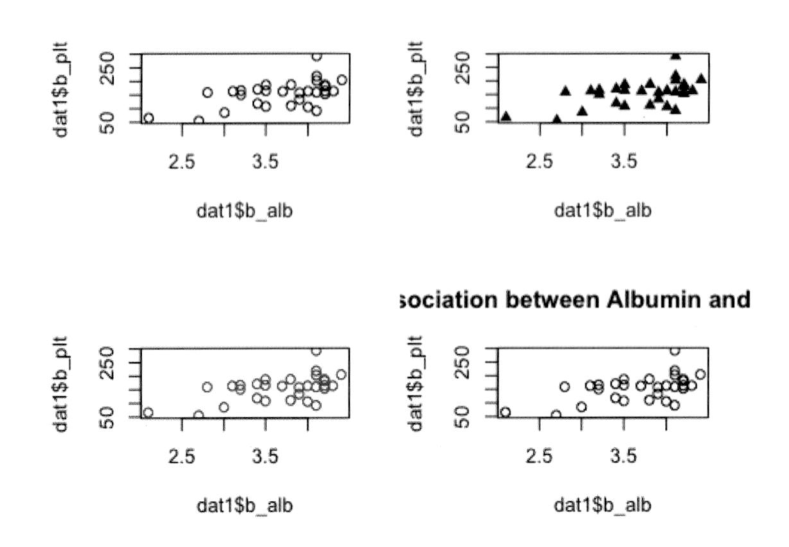

다시 창을 합치려면 1×1 형식으로 재지정해주면 된다.

```
par(mfrow=c(1,1))
```

2 ggplot2 패키지

ggplot2는 해들리 위컴이 만든 grammar of graphics라는 일종의 그래프를 그리는 문법으로 매우 예쁘고 다양한 그래프를 제공한다. 업그레이드가 지속적으로 이루어지고 있으며 R의 가장 큰 장점인 데이터 시각화의 중추적 역할을 하고 있다.
그러나 초심자들이 처음 ggplot2를 접하면 코드가 길게 느껴지고, 각종 옵션을 어느 곳에 넣어야 하는지 혼동되어 답답함을 느낄 수 있다. 저자 역시 초기에는 이런 벽에 부딪혀 R로 통계 분석을 한 뒤 그래프는 엑셀이나 파워포인트에서 다시 그리곤 했다. 이번 장에서는 ggplot2의 기본 원리와 문법을 공부할 것이지만 ggplot2의 모든 내용과 옵션을 다루지는 않는다. 논문 작성에 필요한 최소 내용을 실습하면서 기본에 익숙해지는 것이 우선이기 때문이다. 이후 독자들 각자가 지속적인 연습을 통해 더 나은 데이터 시각화를 구현할 수 있을 것이다.

2-1 ggplot2 기본 문법

1) ggplot2의 핵심은 레이어

포토샵을 다뤄본 독자들은 여러 개의 레이어(layer)를 만들어서 그림을 덧씌우는 형태로 작업하는 방식을 잘 알고 있을 것이다. ggplot2에서도 마찬가지다. ggplot2는 아래와 같은 여러 개의 레이어로 구성된다.

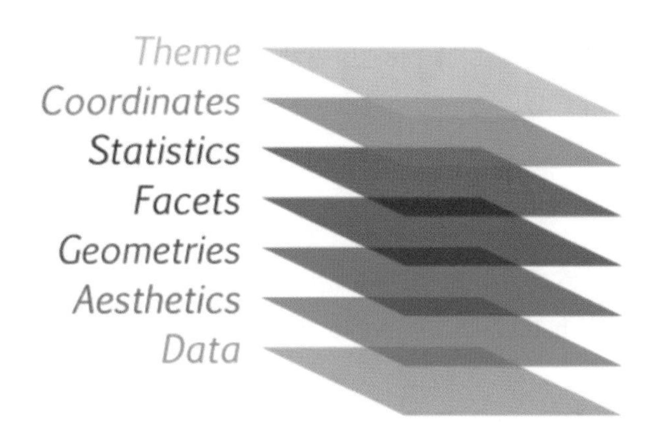

출처: https://ggplot2.tidyverse.org

위의 그림처럼 data+aesthetics+geometries+facets+statistics+coordinates+theme라는 여러 개의 레이어가 차곡차곡 쌓여서 만들어지는 그래픽 문법이 ggplot2이다.
7개의 레이어로 구성되고, 그 사용법을 익혀야 한다니 벌써부터 부담이 들 수 있다. 그러나 좀 더 쉽게 생각해보자. 우리가 자주 먹는 햄버거를 떠올려보자. 아래 왼쪽 사진은 햄버거 빵이지 햄버거라고 할 수 없다. 햄버거가 되려면 최소한 빵과 패티는 있어야 한다. 오른쪽은 빵, 패티, 치즈로만 이루어진 단출한 햄버거다.

그런데 좀 더 먹음직스럽고 맛있는 햄버거를 먹고 싶지 않은가. 위의 사진(왼쪽에서 오른쪽)과 같이 야채를 추가하고, 치즈나 패티를 더하고, 거기에 토마토나 베이컨까지 추가해 먹음직스러운 햄버거를 만들 수 있다. `ggplot2`를 이용한 그래프 그리기는 이렇게 최소한의 기본 요소가 포함된 햄버거에 한 층 한 층 재료를 추가하여 더 맛있고 푸짐한 햄버거를 만드는 과정과 비슷하다.

다시 `ggplot2`의 레이어로 돌아가서 생각해보자. `ggplot2`를 이용한 그래프의 형태를 갖추기 위해서는 data(빵1) + aesthetics(패티) + geometries(빵2)가 필요하다.

이렇게 구성된 최소한의 조합에 facets(화면분할)를 추가할 수 있다(여기서부터는 옵션 al이다. 더 맛있는 버거를 위한 추가 과정이다).

statistics를 이용해서 통계학적 정보도 추가할 수 있다.

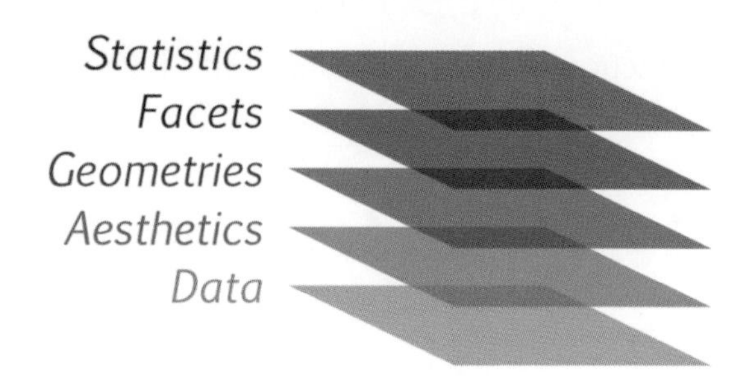

x축, y축에 변화도 줄 수 있다.

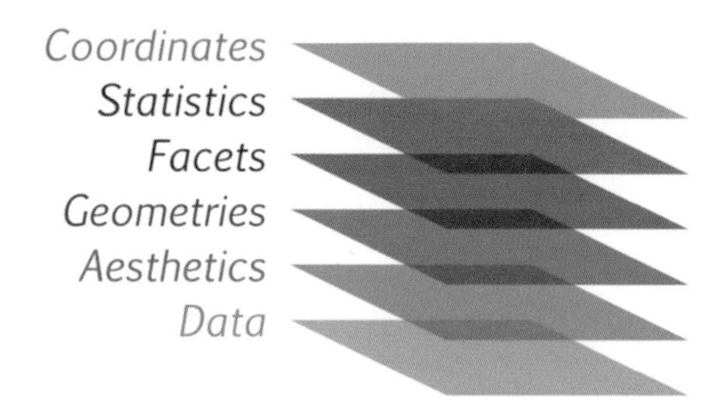

마지막으로 전체적인 그래프의 배경, 분위기, 색감 등을 다듬을 수 있다.

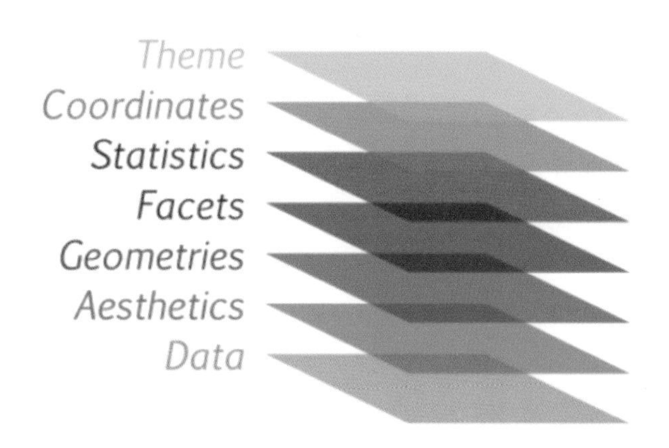

2) ggplot2 시작하기

앞에서 배운 내용대로 레이어를 한 층 한 층 쌓아보자. dat1의 b_alb의 산점도를 그려보자. 우선 필수요소인 data, aesthetics에 해당되는 것을 생각해보자.

```
[data] : dat1
[aesthetic, 이하 aes] x축 : id
[aes] y축 : b_alb
```

```
ggplot(dat1, aes(x=id, y=b_alb))
```

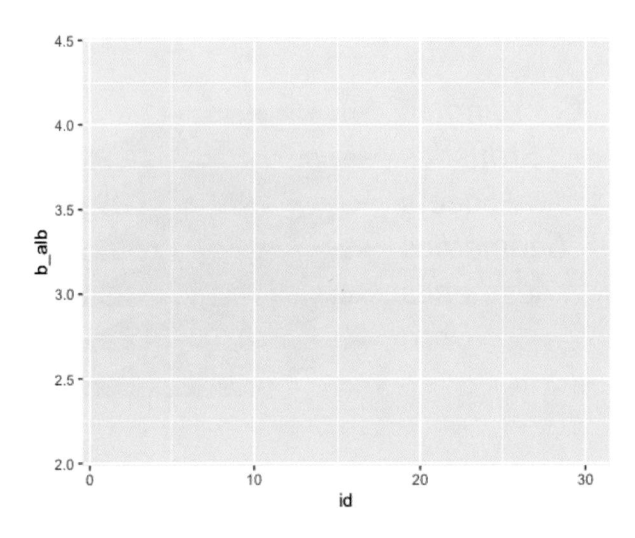

그래프 도면은 그려졌다. x축은 id이고 y축은 b_alb로 표기되었다. 하지만 그래프 내부에 값은 표시되지 않았다. 앞에서 언급했듯이 데이터는 있지만 필수 조건에서 geometries가 빠졌다. 이제 geometries를 추가해보자.

```
[data] : dat1
[aes] x축 : id
[aes] y축 : b_alb
[geometries, 이하 geom] : 산점도를 그리기 위해 geom_point() 이용
```

```
ggplot(dat1, aes(x=id, y=b_alb))+
 geom_point()
```

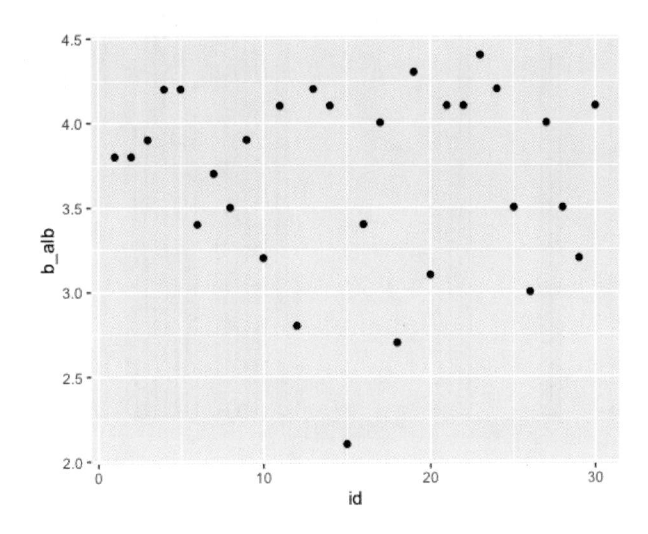

최소한의 그래프 형태는 그렸지만 좀 더 나은 그래프를 구현하기 위해 다양한 옵션을 이용하여 꾸며보자. 아래와 같이 막대 그래프로 나타낼 수도 있고 색상이나 테두리를 변경할 수도 있다.

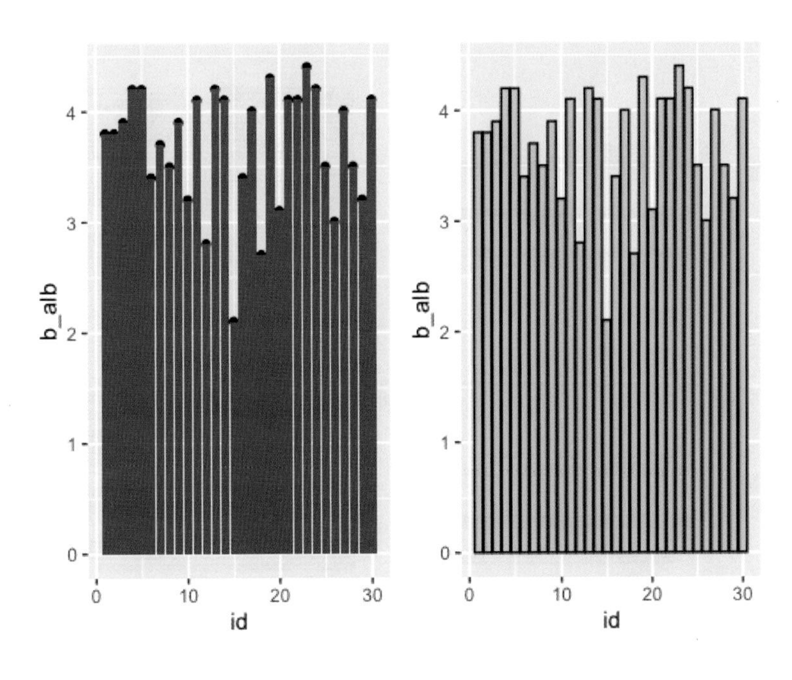

facet 기능을 이용해서 남녀로 구분하여 2개의 그래프로 나타낼 수도 있다.

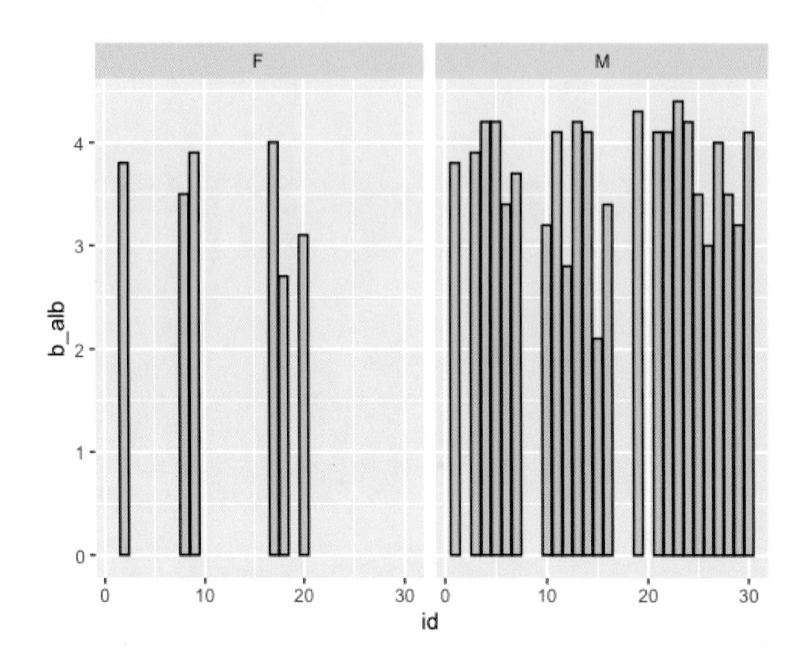

coordinates 기능을 이용해서 x축, y축을 변경할 수 있으며, theme 기능을 이용해서 그래프 전체의 배경, 색깔, 분위기를 변경할 수 있다.

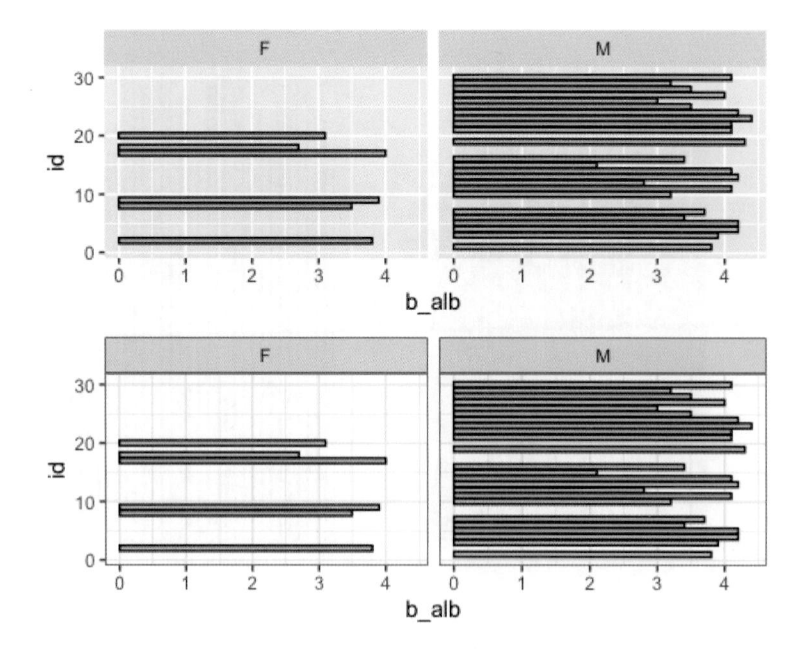

2-2 막대 그래프

이제 ggplot2를 사용해 여러 종류의 그래프를 하나씩 그려보자. 막대 그래프는 x축과 y축으로 구성되는데, y축은 빈도(count)가 될 수도 있고 특정 값이 될 수도 있기 때문에 그래프를 그릴 때 이를 유념해야 한다. 해당 y축에 어떤 값을 택하는지에 따라 옵션이 달라질 수 있다.

1) 막대 그래프: y축이 빈도인 경우

y축이 빈도인 경우에는 x축만 지정하면 막대 그래프를 바로 그릴 수 있다. 간암 환자가 몇 명인지 막대 그래프로 그려보자.

[aes] x축 : hcc
[geom_bar] 막대 그래프 : 옵션 필요 없음

```
ggplot(dat1, aes(x=hcc))+
 geom_bar()
```

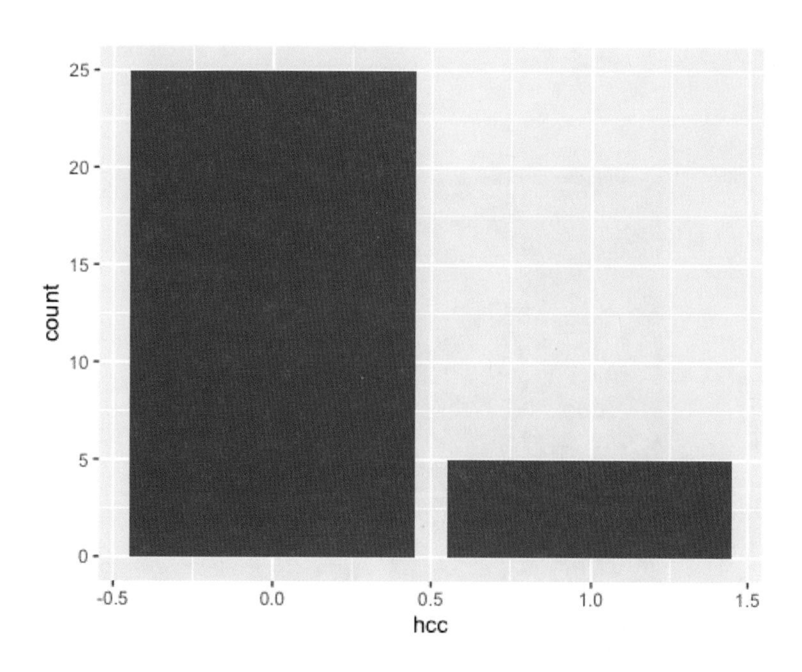

간암이 있는 환자 5명과 간암이 없는 25명의 환자를 막대 그래프로 나타냈다. 그런데 x축을 보면 hcc라는 변수가 연속형 변수로 표기되었다.

```
class(dat1$hcc)
[1] "numeric"
```

dat1$hcc의 자료 형태를 확인하면 0, 1로 코딩되어 있어서 현재 numeric 형태이다. 그러나 정확한 의미로 간암은 범주형 변수이기 때문에 factor가 되어야 한다. 여기서는 데이터 전체를 변경하지 말고 이번 그래프를 위해서만 hcc를 factor로 변경하는 방법을 사용하자. 아래와 같이 하면 x축이 바뀌는 것을 확인할 수 있다.

```
[aes] x축 : factor(hcc)
[geom_bar] 막대 그래프: 옵션 필요 없음
```

```
ggplot(dat1, aes( x=factor(hcc) ))+
 geom_bar()
```

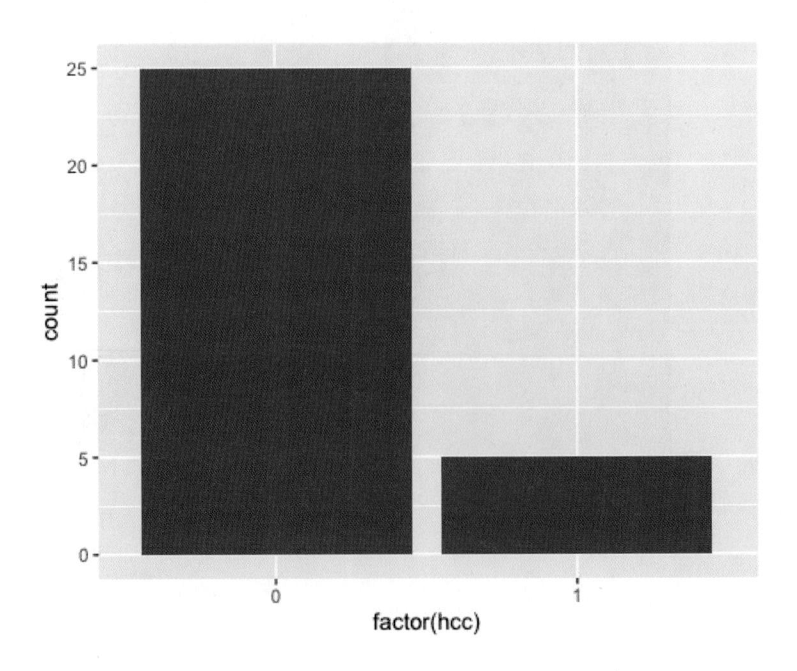

2) 막대 그래프: y축이 고유값인 경우

이번에는 환자들의 baseline albumin을 그려보자. 고유값을 y축에 표기하려면 y축을 지정해 주어야 하며 geom_bar()에도 옵션을 입력해야 한다.

```
[aes] x축: id
[aes] y축: b_alb (즉 albumin 개별 값)
[geom_bar] stat = 'identity' (y축에 데이터 고유값을 넣는다는 의미)
```

```
ggplot(dat1, aes(x=id, y=b_alb))+
 geom_bar(stat='identity')
```

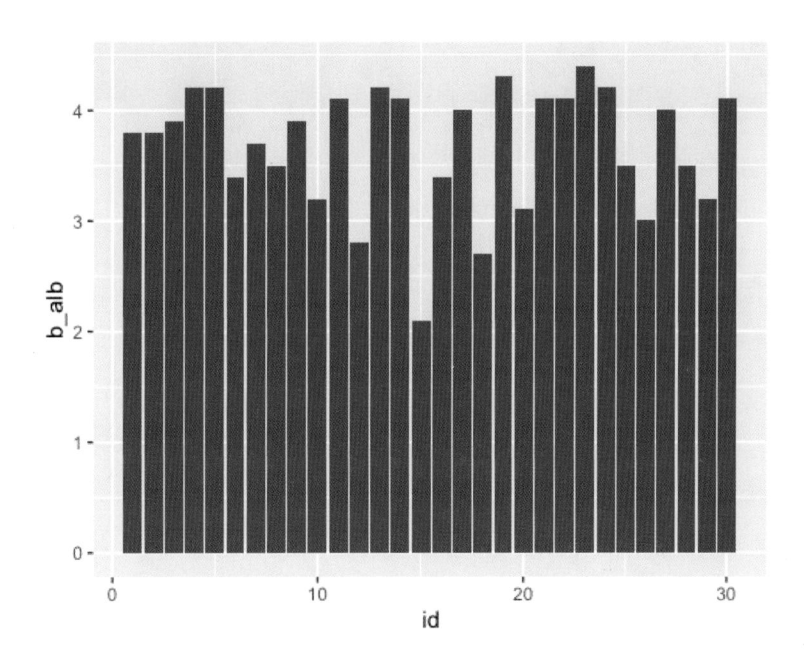

3) 막대 그래프 색상 변경하기: fill = '색상'

막대 그래프 색상을 직접 선택하거나 또는 그룹으로 지정하면 된다.

```
[aes] fill = 'gender'
[geom_bar] stat = 'identity'
[geom_bar] fill = '막대 색상'
```

```
ggplot(dat1, aes(x=id, y=b_alb))+
 geom_bar(stat='identity', fill='lightblue')

ggplot(dat1, aes(x=id, y=b_alb, fill=gender))+
 geom_bar(stat='identity')
```

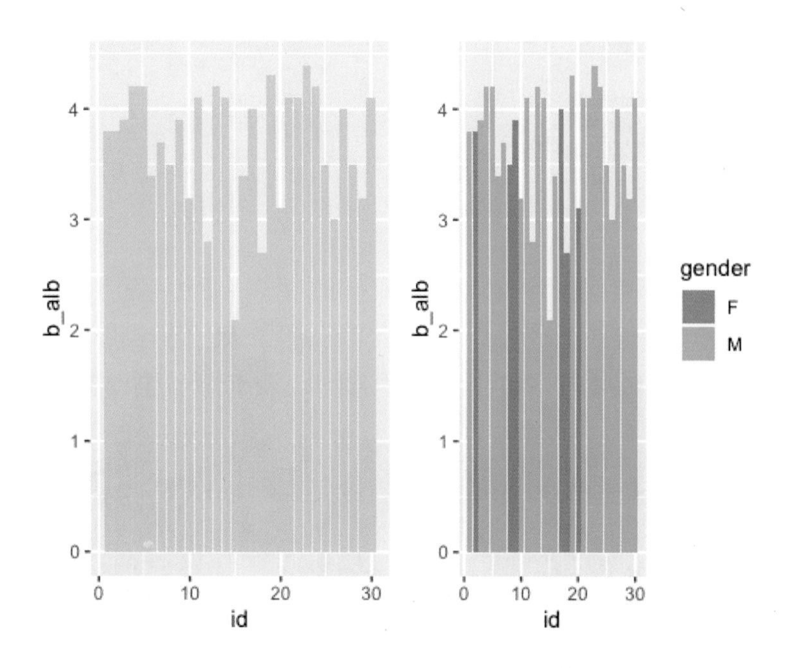

만약 gender를 [geom_bar]에 넣으면 오류가 나게 된다.

```
ggplot(dat1, aes(x=id, y=b_alb))+
 geom_bar(stat='identity', fill=gender)
Error in layer(data = data, mapping = mapping, stat = stat, geom = GeomBar, : object
'gender' not found
```

[geom_bar] 안에 직접 [aes]를 지정해줄 경우 오류가 나지 않게 할 수 있다.

```
ggplot(dat1)+
 geom_bar(aes(id, b_alb, fill=gender), stat='identity')
```

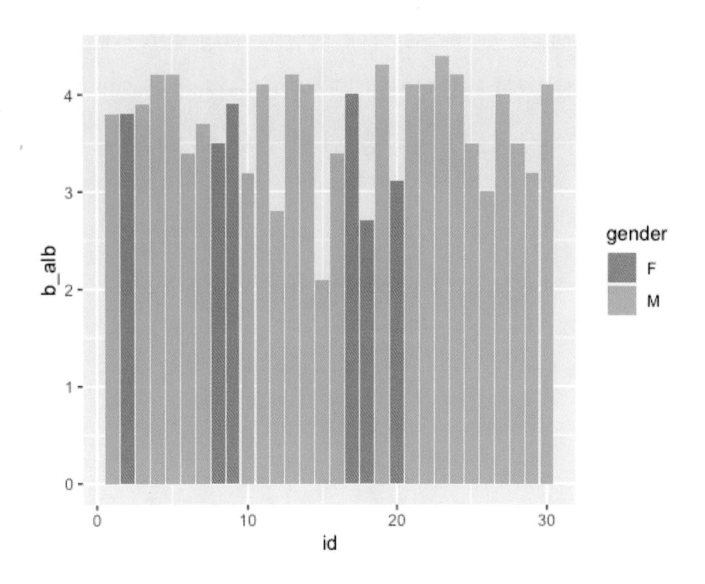

그렇지만 이러한 방법을 추천하지는 않는다. 일반적인 코드 양식과 다르며 코드가 복잡해지기 때문이다. 하지만 한 평면 안에 서로 다른 종류의 그래프(복합 그래프)를 그릴 때는 위와 같은 코드를 사용할 수도 있다.

아래 코드 역시 같은 모양의 그래프가 나오지만 저자는 추천하지 않는 방식이다.

```
ggplot(dat1)+
 geom_bar(aes(dat1$id, dat1$b_alb, fill=dat1$gender), stat='identity')
```

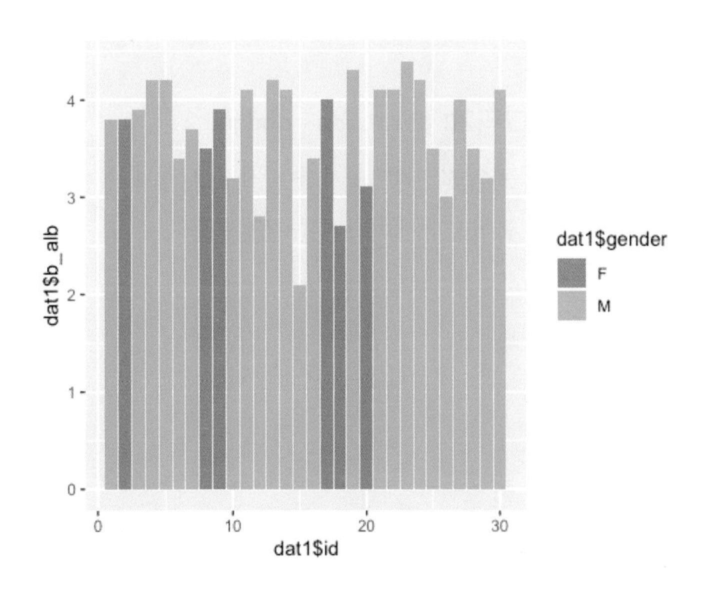

이번에는 만약 [aes]에서 fill 옵션으로 막대 색상이 결정되었는데, 아래와 같이 [geom_bar]에서 또다시 색상을 설정한다면 어떻게 될까? ggplot2의 경우 코드 순서대로 실행되기 때문에 [geom_bar]에서 fill 옵션을 다시 썼을 때 제일 마지막에 나오는 코드인 lightblue로 덮이게 된다.

```
ggplot(dat1, aes(x=id, y=b_alb, fill=gender))+
 geom_bar(stat='identity', fill='lightblue')
```

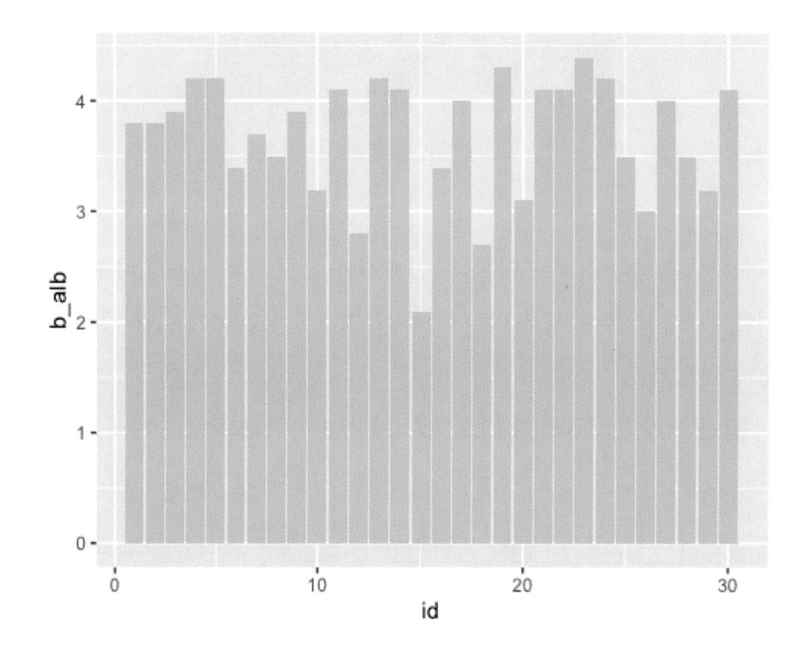

4) 옆으로 나란한 막대 그래프 그리기: position = dodge

성별에 따른 간암 환자수와 간암 유무에 따른 숫자를 각각 표시해보자. 아래 입력 코드에서 보듯이 position 옵션은 각 막대를 어떻게 배치할지를 결정해준다.

```
[aes] x축: gender
[aes] y축: factor(hcc)
[geom_bar] stat = 'count'
[geom_bar] position = 'dodge'
```

```
ggplot(dat1, aes(x= gender, fill=factor(hcc)))+
 geom_bar(stat='count')

ggplot(dat1, aes(x= gender, fill=factor(hcc)))+
 geom_bar(stat='count', position='dodge')
```

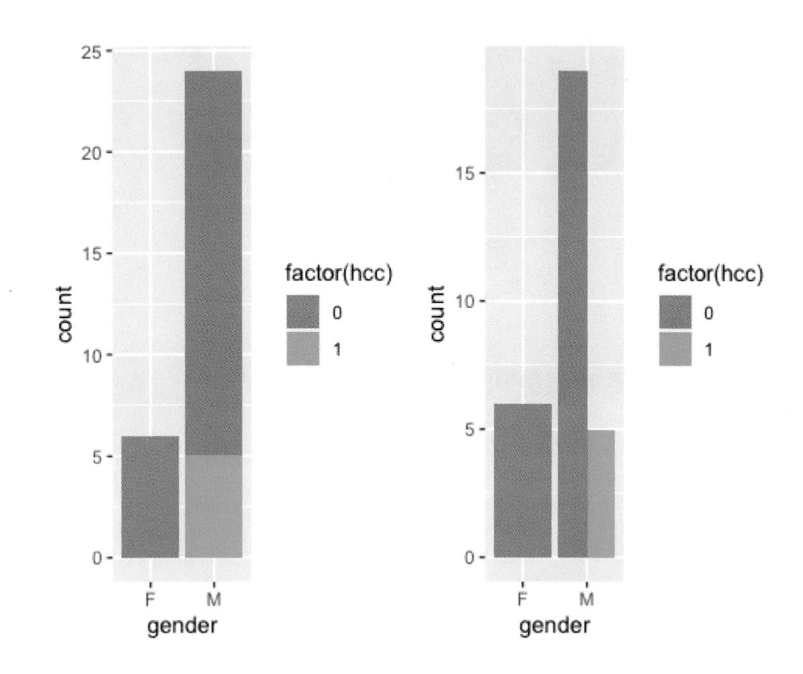

5) 누적 비율 막대 그래프 그리기: position = fill

성별에 따른 간암 환자의 비율을 그려보자.

```
[geom_bar] position = 'fill'
```

```
ggplot(dat1, aes(x= gender, fill=factor(hcc)))+
 geom_bar(position='fill')
```

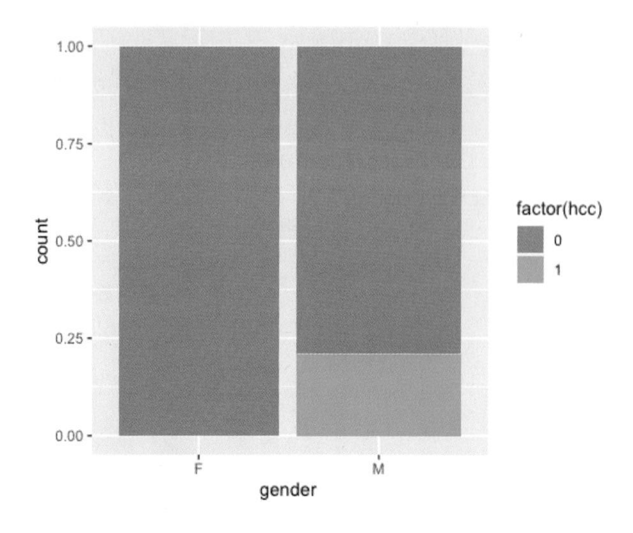

6) 막대 그래프에서 x축, y축 변경하기: coord_flip()

똑같은 그래프의 x축과 y축을 변경할 수 있다.

[coord_flip] = 추가 옵션 필요 없음

```
ggplot(dat1, aes(x=gender, fill=factor(hcc)))+
 geom_bar(stat='count', position='dodge')+
 coord_flip()
```

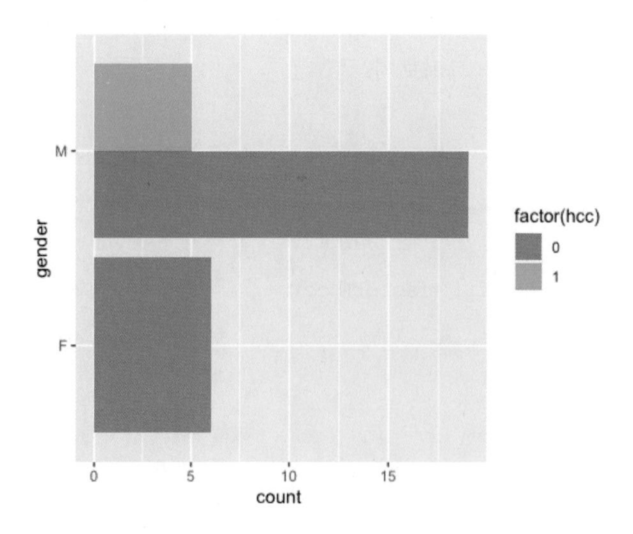

7) 막대 그래프의 막대 색상 변경하기: scale_fill_manual()

scale_fill_manual을 사용해서 막대 그래프에 파란색과 붉은색을 입혀보자.

```
[geom_bar] scale_fill_manual ( c('blue', 'red')))
```

```
ggplot(dat1, aes(x= gender, fill=factor(hcc)))+
 geom_bar(stat='count', position='dodge')+
 scale_fill_manual(values=c('blue', 'red'))
```

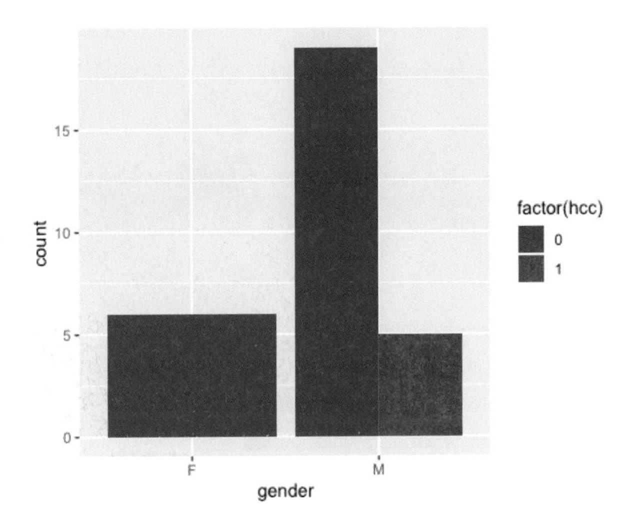

색상 변경 시 주의해야 할 점은 다음과 같다.

- scale_fill_manual은 기존 지정한 fill 옵션 위에 내가 지정한 색상을 덧입혀주는 것이기에 fill 옵션을 지정한 다음 scale_fill_manual 명령어가 있어야 한다.
- fill로 지정한 변수의 고유값 만큼(여기서는 2개) 색상을 지정해주어야 한다. 색상을 선택하기 힘들 경우 ggplot2에서 제공하는 팔레트(색상의 조합)를 이용해도 좋다.

8) 막대 그래프의 막대 색상 자동 선택하기: scale_fill_brewer(palette=)

scale_fill_brewer(palette= 'palette 종류')를 지정하면 알아서 색상을 정해준다.

```
ggplot(dat1, aes(x= gender, fill=factor(hcc)))+
 geom_bar(stat='count', position='dodge')+
 scale_fill_brewer(palette='Greens')
```

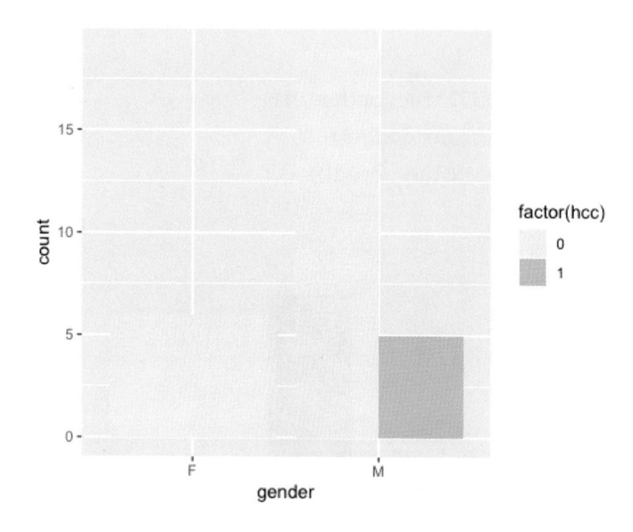

기본 제공하는 palette의 색상 분포는 아래와 같다.

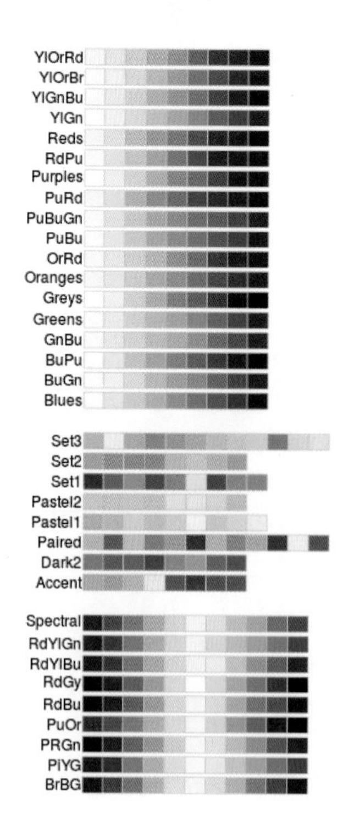

출처: https://www.cookbook-r.com/

9) 막대 그래프 테두리 색상 입히기: color = '색상'

막대 그래프의 테두리에 색을 설정해보자.

```
[geom_bar] color = '막대 테두리 색상'
```

```
ggplot(dat1, aes(x= gender, fill=factor(hcc)))+
 geom_bar(stat='count', position='dodge', color='black')
```

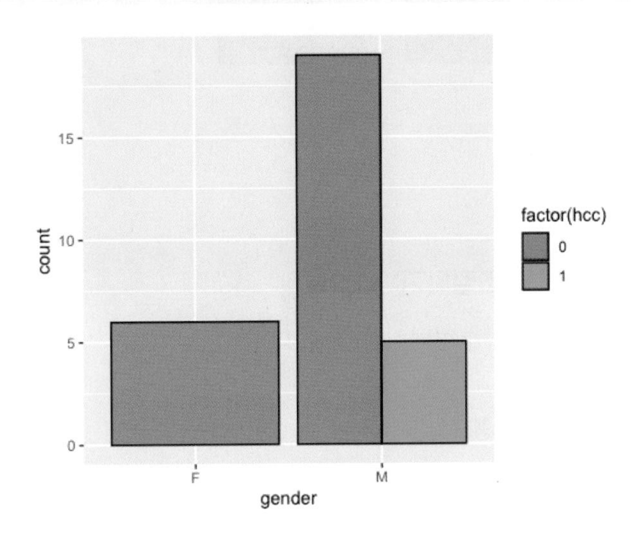

10) 막대 그래프 너비 조절하기: width =

숫자를 작게 설정할수록 막대의 폭이 좁아진다(최대: 1).

```
[geom_bar] width = 막대 너비 숫자
```

```
ggplot(dat1, aes(x= gender, fill=factor(hcc)))+
 geom_bar(stat='count', position='dodge', color='black', width=0.5)
```

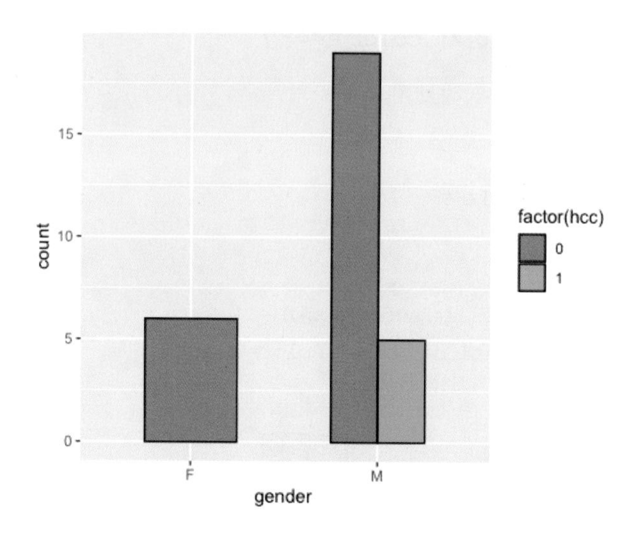

11) 막대 그래프 막대 투명도 조절하기: alpha

숫자를 작게 설정할수록 막대가 투명해진다(최대: 1).

```
[geom_bar] alpha = 막대 색상 투명도
```

```
ggplot(dat1, aes(x= gender, fill=factor(hcc)))+
 geom_bar(stat='count', position='dodge', color='black', alpha=0.5)
```

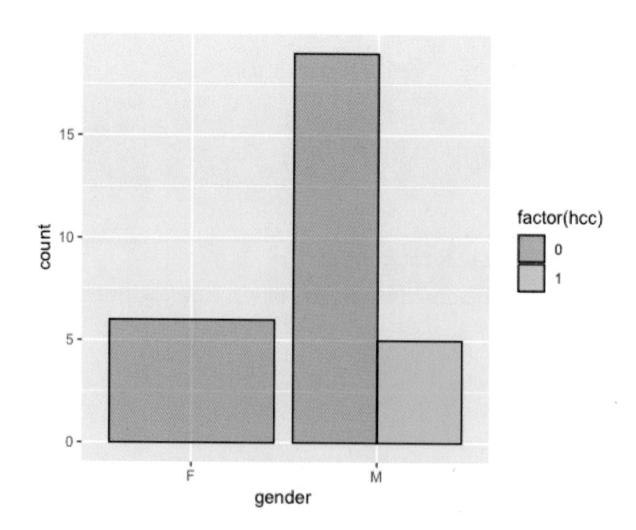

12) 막대 그래프에 데이터 값 추가하기: geom_text

환자들의 기저 알부민 값을 막대 그래프로 그리고 그 값을 같이 표시해보자. vjust는 음수로 지정할 경우 데이터 값을 막대 위쪽에 표시하고, 양수로 지정할 경우 막대 아래쪽에 표시해주는 기능을 한다.

```
[geom_text] aes(label = '표기할 값')
```

```
ggplot(dat1, aes(x=id, y=b_alb))+
 geom_bar(stat='identity')+
 geom_text(aes(label=b_alb))

# vjust를 이용해서 데이터 값의 위치를 조정
ggplot(dat1, aes(x=id, y=b_alb))+
 geom_bar(stat='identity')+
 geom_text(aes(label=b_alb), vjust=-0.5)
```

2-3 박스 그래프

박스 그래프를 이용하면 해당 연속 변수의 median, range, IQR, outlier를 한눈에 빨리 파악할 수 있으며 이러한 값들을 여러 그룹에서 비교하기 쉽다. 박스 그래프는 임상연구에서 상당히 많이 사용되는 그래프 중 하나다.

1) 박스 그래프 그리기: geom_boxplot()

성별에 따른 기저 알부민 값을 박스 그래프로 그려보자.

```
[aes] x축: gender
[aes] y축: b_alb
[geom_boxplot] : 추가 옵션 필요 없음
```

```
ggplot(dat1, aes(x=gender, y=b_alb))+
 geom_boxplot()
```

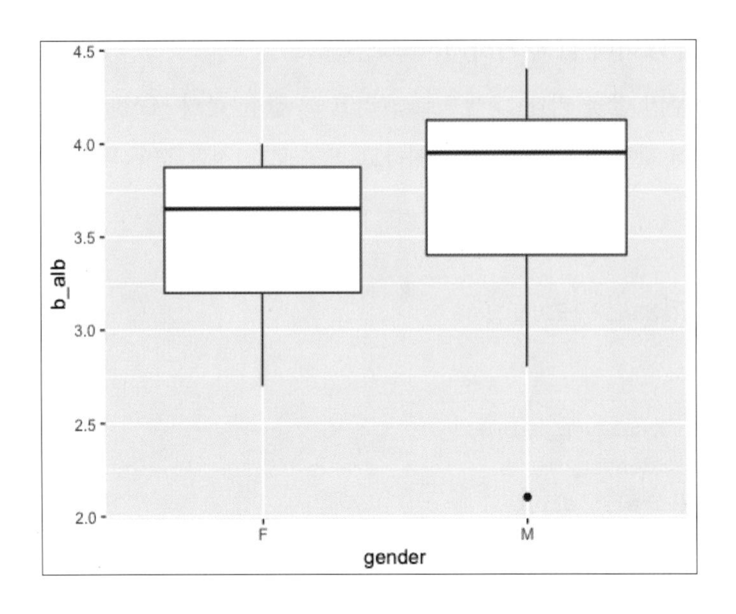

2) 박스 그래프 색상, 폭, 투명도 변경하기

위의 막대 그래프에서 사용한 옵션을 그대로 이용할 수 있다.

```
[geom_boxplot] fill = 'color' (박스 내부 색상)
[geom_boxplot] color = 'color' (박스 테두리 색상)
[geom_boxplot] alpha = (박스 색상 투명도)
```

```
ggplot(dat1, aes(x=gender, y=b_alb))+
 geom_boxplot(fill='blue')
ggplot(dat1, aes(x=gender, y=b_alb))+
 geom_boxplot(fill='lightblue', color='blue')
ggplot(dat1, aes(x=gender, y=b_alb))+
 geom_boxplot(fill='blue', color='blue', alpha=0.5)
```

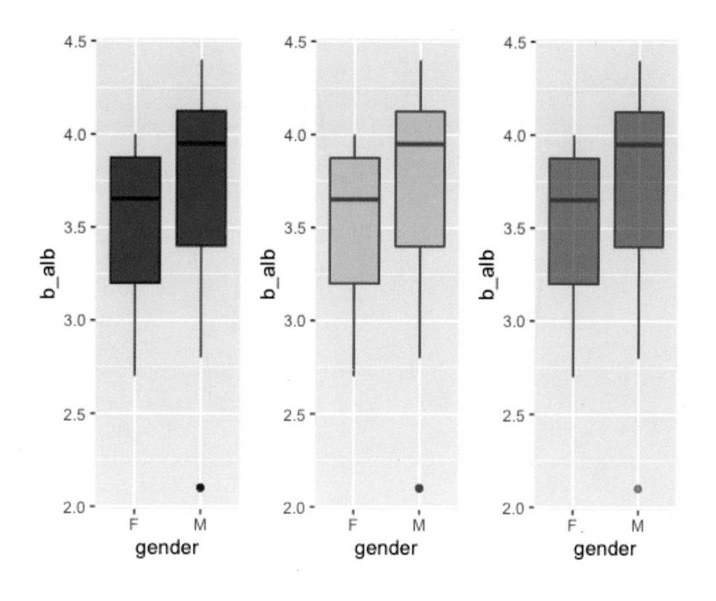

2-4 선 그래프

환자들의 연령을 선 그래프로 나타내보자.

1) 기본 선 그래프: geom_line()

geom_line을 이용해 기본 선 그래프를 그릴 수 있다.

```
[aes] x축: id
[aes] y축: age
[geom_line] : 추가 옵션 필요 없음
```

```
ggplot(dat1, aes(x=id, y=age))+
 geom_line()
```

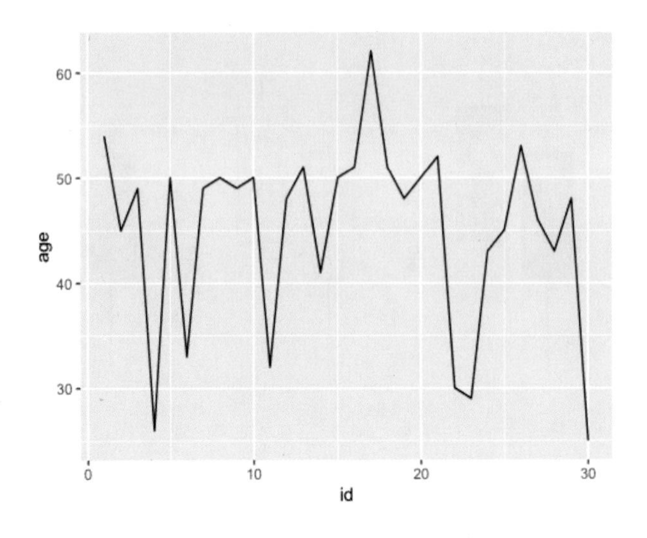

2) 선 그래프에서 선 종류 변경: linetype =, size =

가능한 선 종류는 아래와 같다.

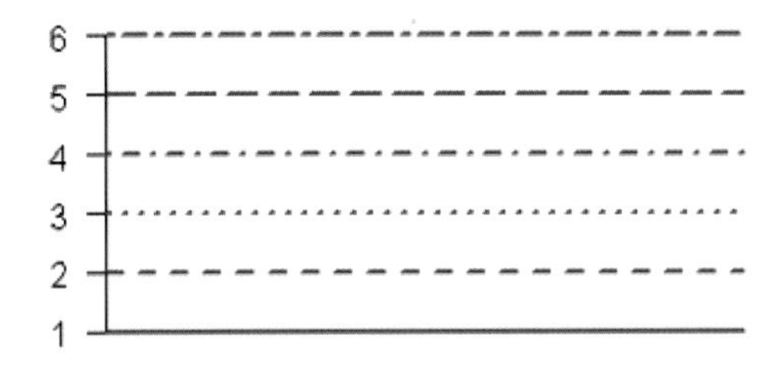


```
[geom_line] linetype = (숫자도 가능하고 직접 입력도 가능)
[geom_line] size = (선 두께)
```

```
ggplot(dat1, aes(x=id, y=age))+
 geom_line(color='red', linetype=6)

ggplot(dat1, aes(x=id, y=age))+
 geom_line(size=3)
```

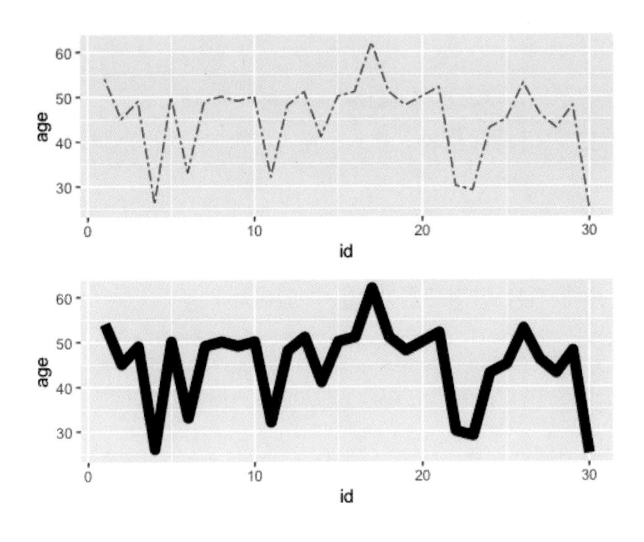

3) 축 최솟값 최댓값 변경: xlim, ylim

ylim()을 이용해 y축 최솟값과 최댓값을 지정해보자.

[ylim] y축 최솟값 최댓값 지정

```
ggplot(dat1, aes(x=id, y=age))+
 geom_line()+
 ylim(c(10,80))
```

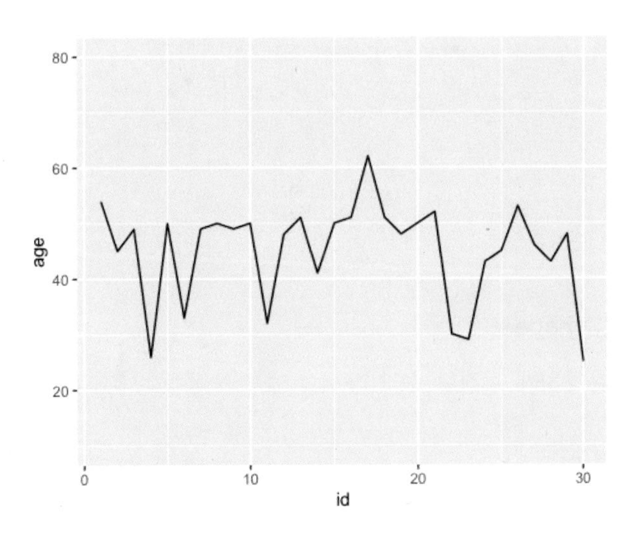

2-5 산점도

환자들의 연령을 산점도로 나타내보자.

1) 기본 산점도 그리기: geom_point()

geom_point()를 이용해 기본 산점도를 그릴 수 있다.

```
[aes] x축: id
[aes] y축: age
[geom_point] : 추가 옵션 필요 없음
```

```
ggplot(dat1, aes(x=id, y=age))+
 geom_point()
```

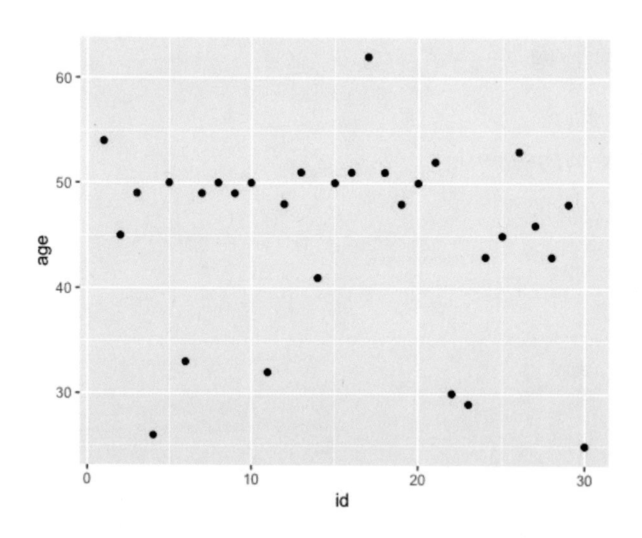

2) 점 모양 변경하기: shape =

산점도의 점 모양을 다양하게 변경할 수 있다.

```
[geom_point] shape = (다양한 점 모양 변경 가능)
```

```
ggplot(dat1, aes(x=id, y=age))+
 geom_point(shape=1)
```

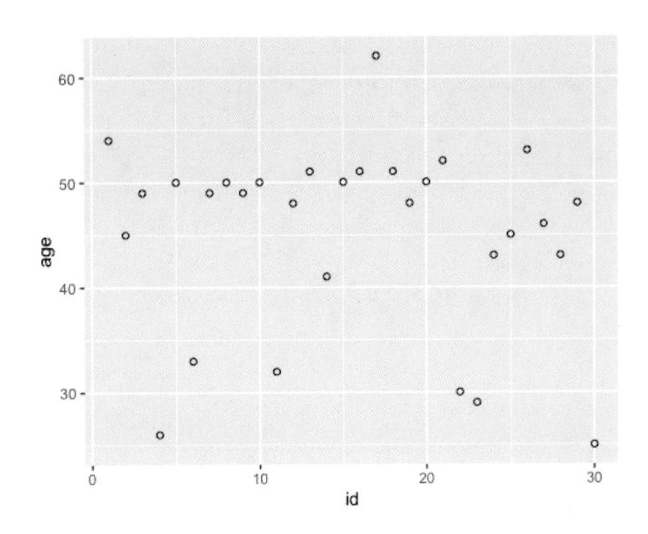

3) 그룹에 따라 점 다르게 표시하기

간경변증 유무에 따른 연령 분포를 다른 색상으로 표시해보자.

```
[aes] color: lc, factor로 취급되어야 한다.
[aes] shape: lc, factor로 취급되어야 한다.
[geom_point] shape = factor(dat1$lc)
```

```
ggplot(dat1, aes(x=id, y=age, color=factor(lc)))+
 geom_point()
ggplot(dat1, aes(x=id, y=age, shape=factor(lc)))+
 geom_point()
ggplot(dat1, aes(x=id, y=age))+
 geom_point(shape=factor(dat1$lc))
```

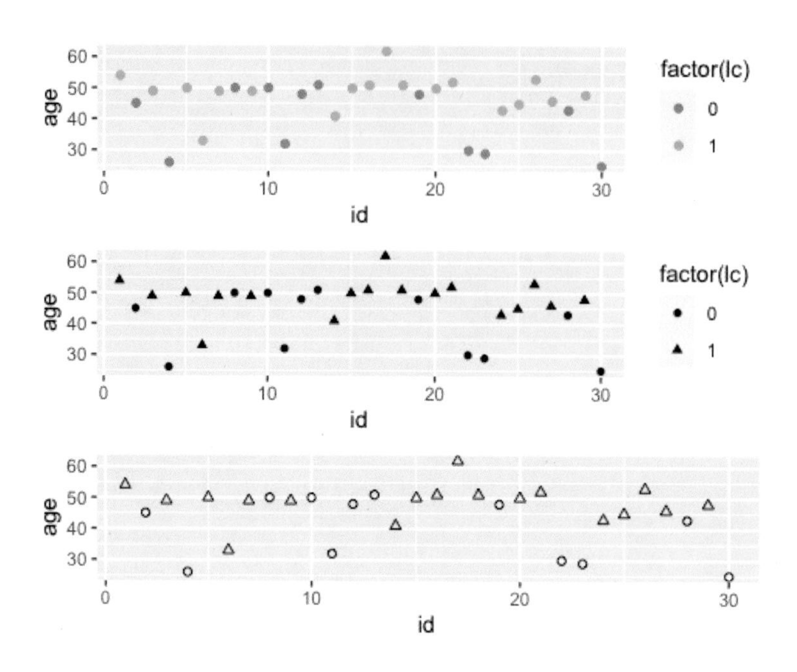

4) 복합조건으로 그려보기

환자들의 연령에 따른 혈청 알부민 수치를 점 크기에 비례해서 표시하고, 간경변증 유무에 따라 다른 색상으로 표시해보자. 이전 그래프들보다 다소 복잡해 보이지만 계속 사용하던 옵션들이다.

```
[aes] x축: id
[aes] y축: age
[aes] color = factor(lc)
[aes] size = b_alb
[geom_point] : 추가 옵션 필요 없음
[geom_text] aes (label 옵션에 b_alb, vjust, size 설정)
[scale_color_brewer] (원하는 palette 색상)
```

```
ggplot(dat1, aes(x=id, y=age, color=factor(lc), size=b_alb))+
 geom_point()+
 geom_text(aes(label=b_alb), vjust=-2, size=3)+
 scale_color_brewer(palette='Set1')
```

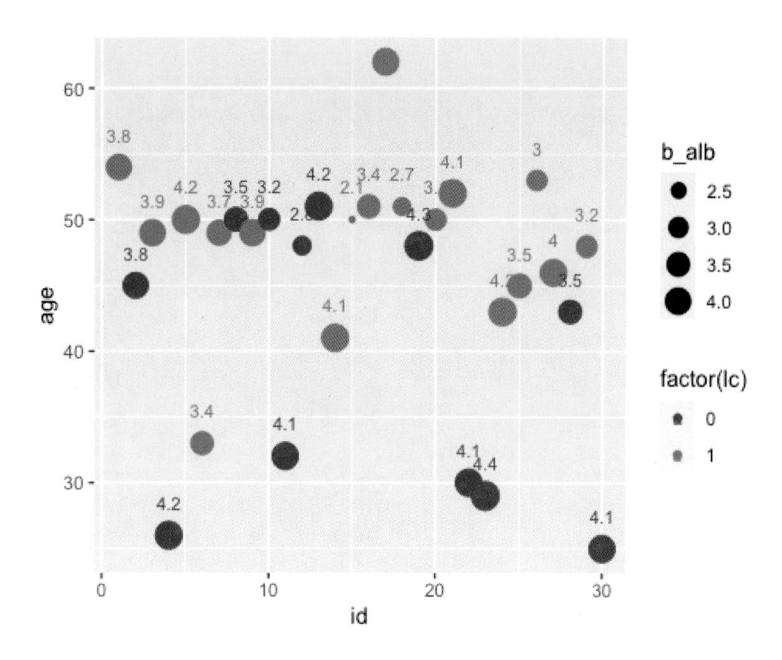

2-6 버블 그래프

기본적으로 산점도와 같은 형식으로 그릴 수 있는데, 점에 해당하는 값에 연속형 변수를 넣을 경우 버블 그래프를 그릴 수 있다.

1) 버블 그래프 그리기

환자들의 연령과 혈청 알부민 농도 간의 산점도를 그리면서 기저 ALT 수치를 버블 그래프로 나타내보자.

```
[aes] x축: age
[aes] y축: b_alb
[geom_point] aes : size=b_alt 설정
[geom_point] shape, color, fill = (모양, 색상, 테두리 색상 설정)
```

```
ggplot(dat1, aes(x=age, y=b_alb))+
 geom_point(aes(size=b_alt),shape=21, color='black', fill='orange')
```

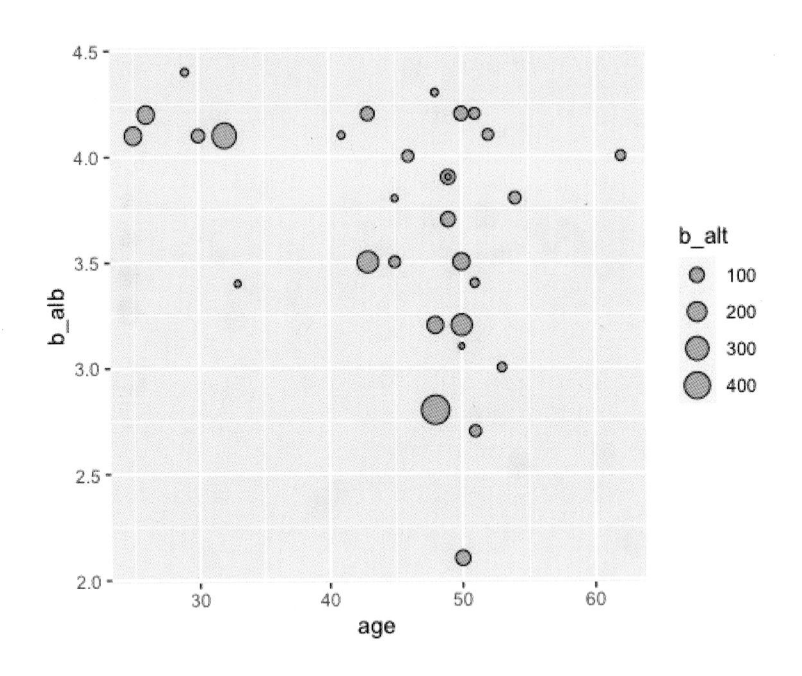

2-7 히스토그램

히스토그램은 빈도를 나타내는 가장 기본 그래프 중 하나이다.

1) 히스토그램 그리기: geom_histogram( )

히스토그램은 빈도를 나타내기 때문에 x축만 있으면 된다. 환자들의 혈청 알부민 빈도를 히스토그램으로 그려보자.

```
[aes] x축: b_alb
[geom_histogram] : 추가 옵션 필요 없음
```

```
ggplot(dat1, aes(x=b_alb))+
 geom_histogram()
```

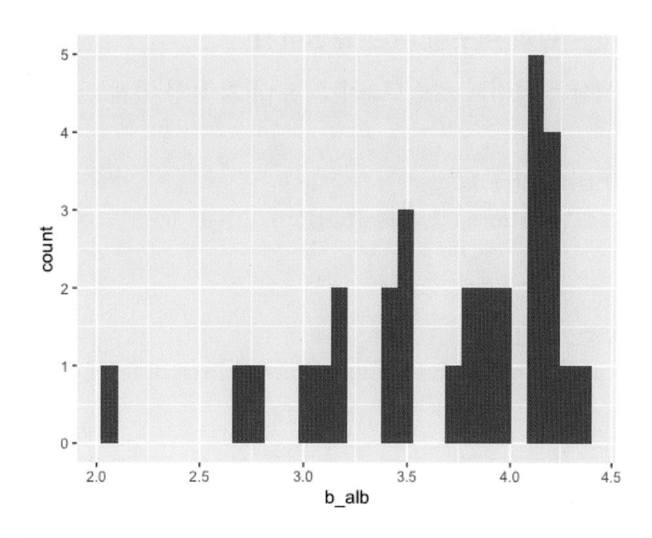

2) 히스토그램의 막대 너비조절하기: binwidth

히스토그램 막대 개수의 기본 설정은 30개다. 적절한 막대 개수는 전체 데이터 크기에 따라 달라질 수 있다. 막대 너비 및 개수는 x축에 들어가는 변수의 범위를 고려해서 정해야 한다.

```
[geom_histogram] binwidth =
```

```
ggplot(dat1, aes(x=b_alb))+
 geom_histogram(binwidth = 0.5)
```

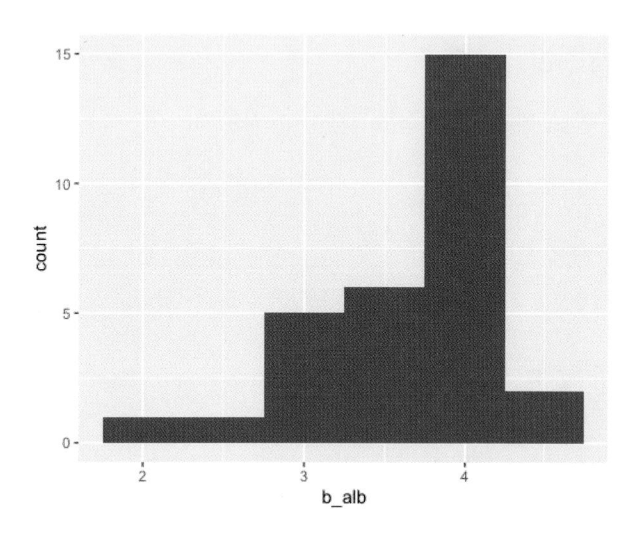

3) 히스토그램의 막대 색상과 테두리 색상 설정하기

막대 색상과 테두리 색상을 설정해 히스토그램을 보다 가독성 있게 만들어보자.

```
[geom_histogram] binwidth : 0.2
[geom_histogram] fill, color = (색상, 테두리 설정 )
```

```
ggplot(dat1, aes(x=b_alb))+
 geom_histogram(binwidth=0.2, fill='lightblue',color='black')
```

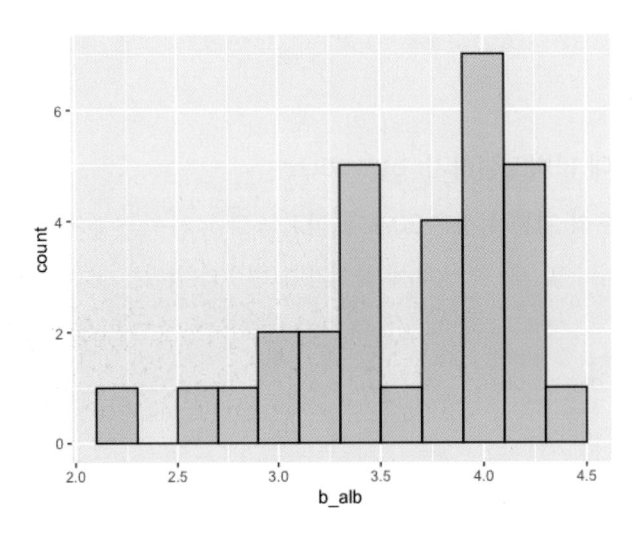

4) 그룹별 히스토그램 그리기

간경변증 유무에 따른 알부민 값의 히스토그램을 그려보자.

```
[aes] fill : factor(lc)
[geom_histogram] binwidth : 0.2
```

```
ggplot(dat1, aes(x=b_alb, fill=factor(lc)))+
 geom_histogram(binwidth = 0.2)
```

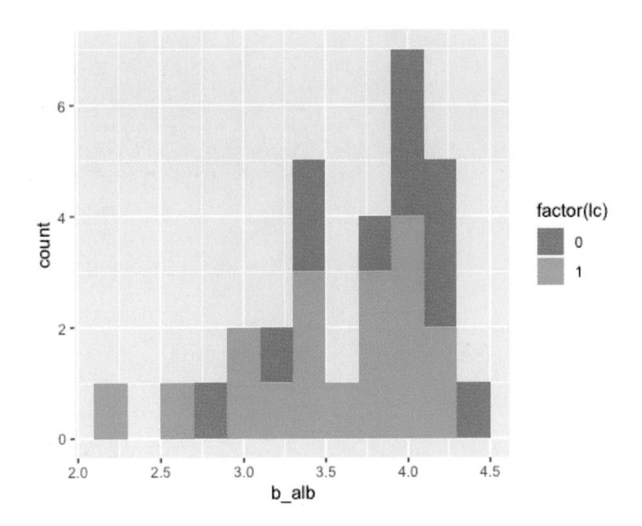

간경변증 유무에 따른 알부민 값의 빈도가 그려졌는데 여기서 한 가지 주의할 점이 있다. 위의 히스토그램은 간경변증이 없는 경우와 간경변증이 있는 경우의 빈도를 합쳐서 그린 것이다. 즉 알부민 값이 4인 환자들의 수는 전체 7명 정도 되는데, 이 중 간경변증이 있는 환자들은 약 4명(녹색)이고 간경변증이 없는 환자들은 약 3명(붉은색)이다.

만약 우리가 간경변증 유무에 따른 두 그룹의 빈도를 겹쳐서 그린 히스토그램을 보고 싶다면 아래와 같이 그려야 한다.

```
[geom_histogram] position = 'identity' : 꼭 써주어야 한다.
[geom_histogram] binwidth : 0.2
[geom_histogram] alpha : 0.5 (중복되기 때문에 투명하게)
```

```
ggplot(dat1, aes(x=b_alb, fill=factor(lc)))+
 geom_histogram(position='identity', alpha=0.5, binwidth = 0.2)
```

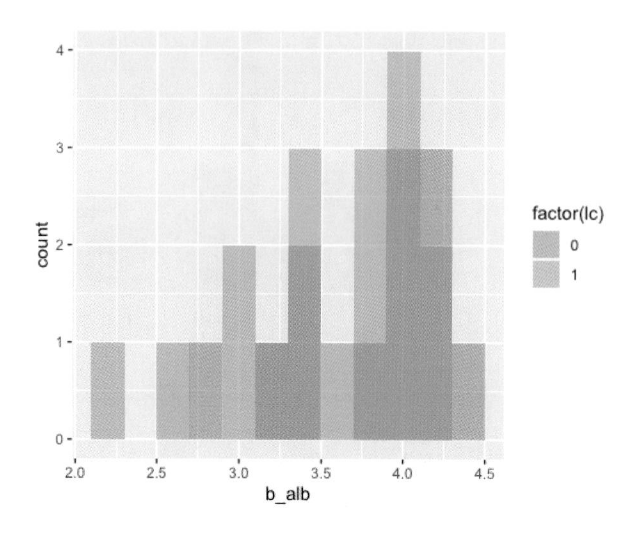

5) 그룹별로 나누어서 히스토그램 그리기: facet_grid(group ~ .)

facet_grid 옵션을 이용해서 각각 히스토그램을 그릴 수 있다.

```
[facet_grid] : lc~
```

```
ggplot(dat1, aes(x=b_alb))+
 geom_histogram(binwidth = 0.2)+
  facet_grid(lc~.)
```

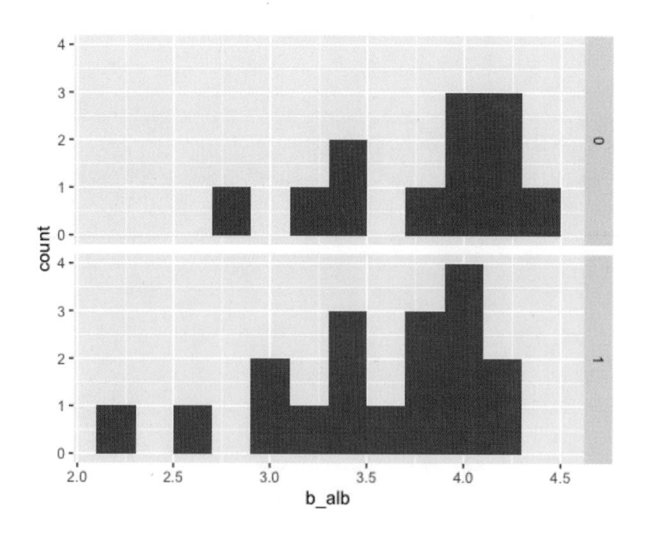

2-8 밀도 그래프

1) 밀도 곡선 그리기: geom_density()

위의 예와 동일하게 환자들의 혈청 알부민 레벨의 밀도 곡선을 그려보자.

[aes] x축 : b_alb
[geom_density] : 추가 옵션 필요 없음

```
ggplot(dat1, aes(x=b_alb))+
 geom_density()
```

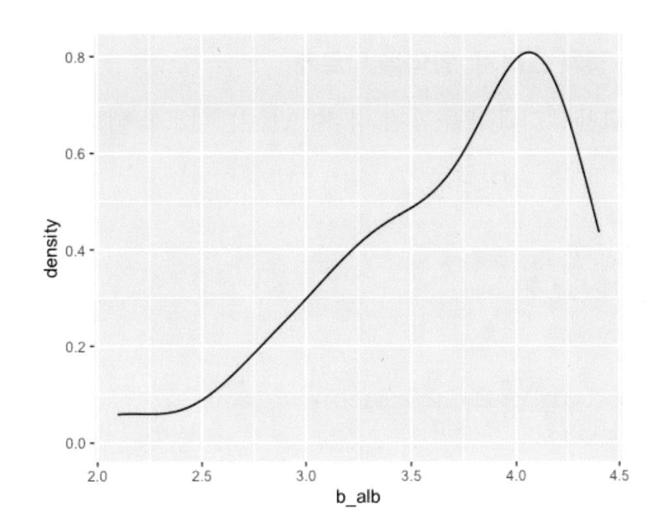

2) 그룹별 밀도 곡선 겹쳐 그리기

간경변증에 따른 알부민 값의 밀도 곡선을 겹쳐 그려보자.

[aes] color : factor(lc)
[geom_density] : 추가 옵션 필요 없음

```
ggplot(dat1, aes(x=b_alb, color=factor(lc)))+
 geom_density()
```

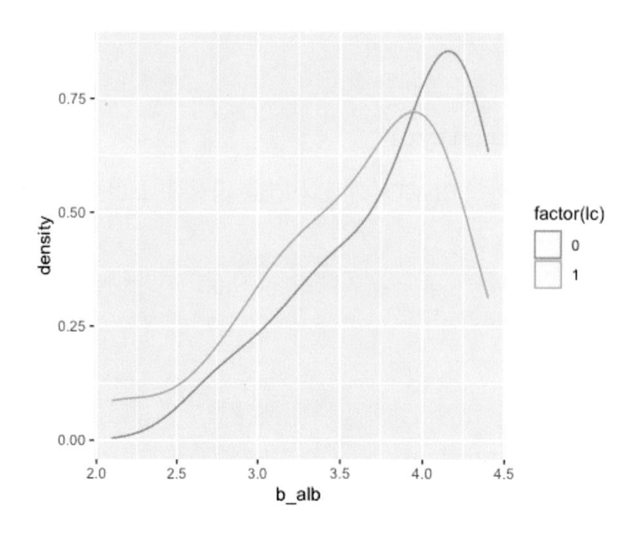

3) 그룹별 밀도 곡선 겹쳐 그리기: 영역을 다르게

그룹별 밀도 곡선을 겹쳐 그리되 색을 채워 영역이 잘 나타나도록 해보자.

```
[aes] x축 : b_alb
[aes] fill : factor(lc)
[geom_density] alpha : 0.5
```

```
ggplot(dat1, aes(x=b_alb, fill=factor(lc)))+
 geom_density(alpha=0.5)
```

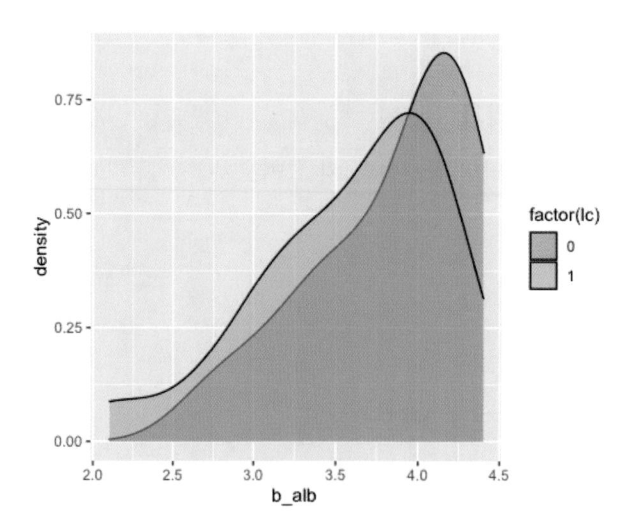

3 ggplot2의 다양한 옵션

앞으로 연습해볼 여러 가지 옵션을 이용하기 위해 dat1에서 알부민과 관련된 변수들을 중심으로 선택해서 데이터인 albu에 저장한 다음 실습에 이용하자. 그리고 ggplot2의 모든 기능을 이용하기 위해 앞서 4장에서 언급했듯이 tidy한 형태, 특히 long 형태의 데이터로 `gather` 함수를 이용해서 변경한다.

```
albu<-dat1 %>%
 select(id, age, gender, treat_gr, lc, contains('alb')) %>%
 gather(6:10, key='observation', value='albumin')

head(albu,10)
# A tibble: 10 × 7
      id   age  gender  treat_gr    lc  observation  albumin
   <dbl> <dbl>   <chr>     <chr> <dbl>        <chr>    <dbl>
1     1    54       M       ETV     1        b_alb      3.8
2     2    45       F       ETV     0        b_alb      3.8
3     3    49       M       ETV     1        b_alb      3.9
4     4    26       M       ETV     0        b_alb      4.2
5     5    50       M       ETV     1        b_alb      4.2
6     6    33       M       ETV     1        b_alb      3.4
7     7    49       M       ETV     1        b_alb      3.7
8     8    50       F       ETV     0        b_alb      3.5
9     9    49       F       ETV     1        b_alb      3.9
10   10    50       M       ETV     0        b_alb      3.2
```

또한 factor의 특징을 가져야 하는 변수들은 여기서 미리 factor형으로 변경하고 필요하다면 level도 지정하자.

```
str(albu)
tibble [150 × 7] (S3: tbl_df/tbl/data.frame)
 $ id          : num [1:150] 1 2 3 4 5 6 7 8 9 10 ...
 $ age         : num [1:150] 54 45 49 26 50 33 49 50 49 50 ...
 $ gender      : chr [1:150] "M" "F" "M" "M" ...
```

```
 $treat_gr    : chr [1:150] "ETV" "ETV" "ETV" "ETV" ...
 $lc          : num [1:150] 1 0 1 0 1 1 1 0 1 0 ...
 $observation : chr [1:150] "b_alb" "b_alb" "b_alb" "b_alb" ...
 $albumin     : num [1:150] 3.8 3.8 3.9 4.2 4.2 3.4 3.7 3.5 3.9 3.2 ...
albu$gender<-factor(albu$gender, levels = c('M','F'))
albu$treat_gr<-factor(albu$treat_gr)
albu$lc<-factor(albu$lc)
```

3-1 축(axis)

1) x축 y축 서로 바꾸기: coord_flip()

성별에 따른 알부민 값으로 일반적인 박스 그래프를 그린 다음 x축과 y축을 바꿔보자.

```
ggplot(albu, aes(x=gender, y=albumin))+
 geom_boxplot()

ggplot(albu, aes(x=gender, y=albumin))+
 geom_boxplot()+
 coord_flip()
```

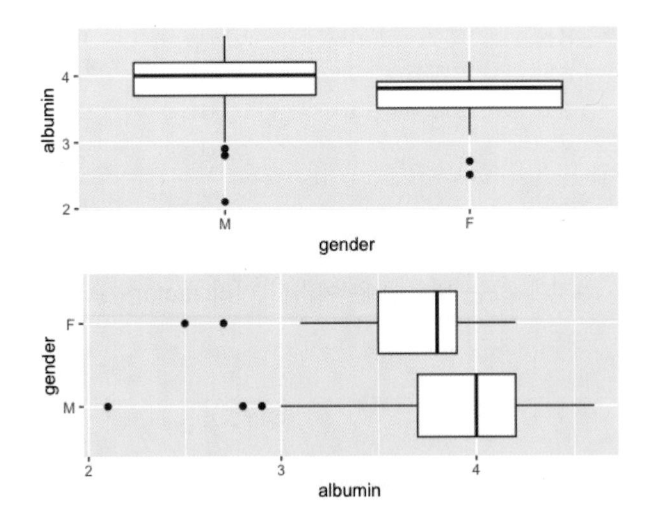

2) 축의 범위 설정하기: xlim(), ylim()

y축의 알부민 값의 범위를 1에서 5.5로 조정해보자.

```
ggplot(albu, aes(x=gender, y=albumin))+
 geom_boxplot()+
 ylim(1,5.5)
```

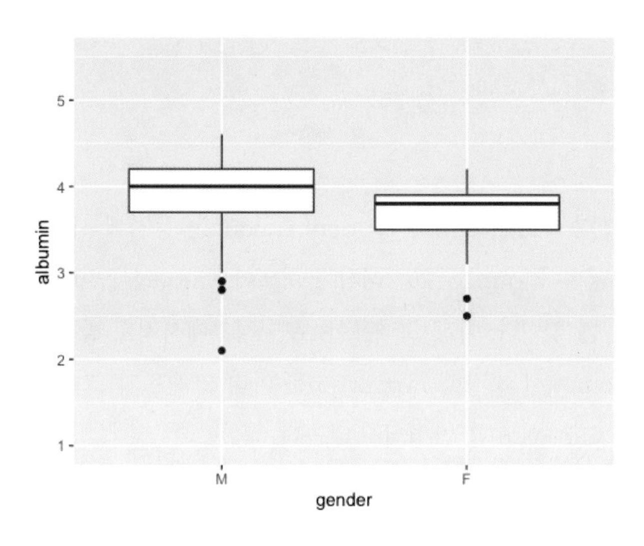

3) 축의 작은 눈금(break) 설정하기: scale_y_continuous

y축의 알부민 값의 단위를 0.5씩 표현해보자.

```
[scale_y_continuous] limits : y축 범위 지정
[scale_y_continuous] breaks : y축 눈금 지정
```

```
ggplot(albu, aes(x=gender, y=albumin))+
 geom_boxplot()+
 scale_y_continuous(limits=c(1,5), breaks=c(seq(1,5,0.5)))
```

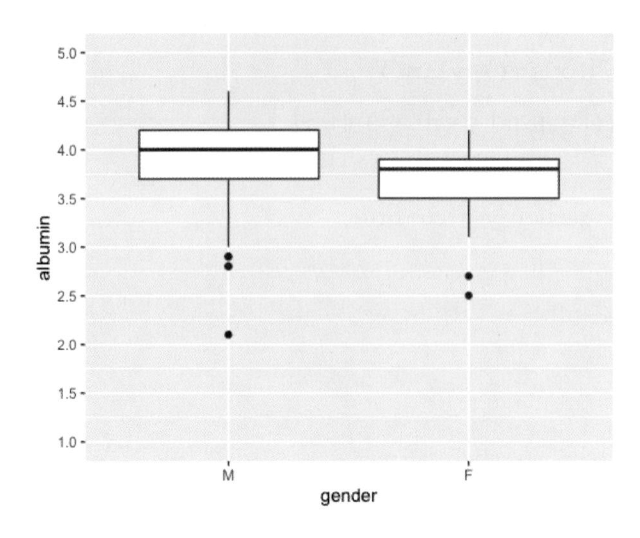

여기서 주의할 점이 있다. ylim, scale_y_continuous는 동시에 사용될 수 없으므로 뒤쪽에 사용된 옵션만 반영된다. ggplot2는 레이어 형태이므로 옵션들이 충돌할 때는 뒤쪽(최종 코딩된 옵션)을 따라가는 것이다. 아래 그래프를 보면 경고메시지도 발생하면서 나중에 코딩된 scale_y_continuous에서 지정한 limit(1-5)를 따라 그래프가 그려진 것을 알 수 있다. 즉 한 줄 더 위에 코딩한 ylim(0, 6)은 반영되지 않는다.

```
ggplot(albu, aes(x=gender, y=albumin))+
 geom_boxplot()+
 ylim(0,6)+
 scale_y_continuous(limits=c(1,5), breaks=c(seq(1,5,0.5)))

Scale for 'y' is already present. Adding another scale for 'y', which will
replace the existing scale.
```

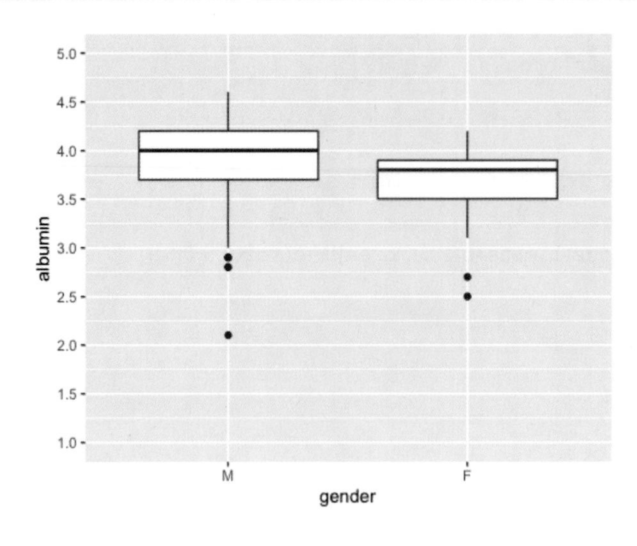

4) 축 눈금 임의로 설정하기

이번에는 축의 눈금의 레이블링을 임의로 할 수 있다.

```
[scale_y_continuous] labels : 직접 labeing
```

```
ggplot(albu, aes(x=gender, y=albumin))+
 geom_boxplot()+
 scale_y_continuous(labels=c('very low','low','normal','high'))
```

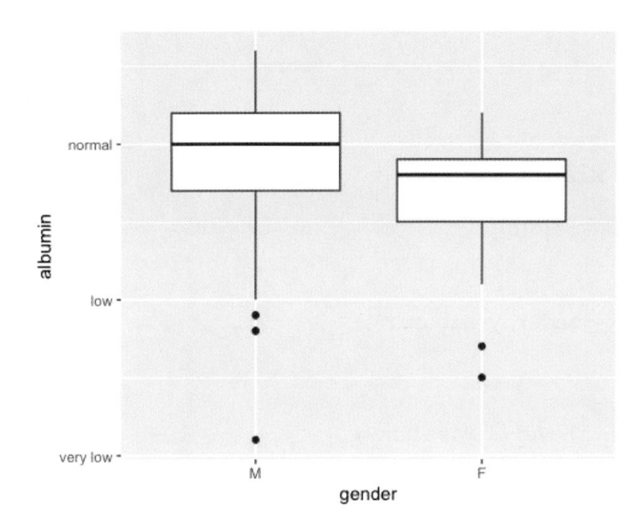

5) 축 이름의 위치, 형태 변경하기: theme를 이용

어느 한 축의 레이블링이 길 때는 축 이름의 가로 혹은 세로로 변경하거나 기울일 수 있다.

```
[theme] axis.text.y=element_text(angle=45) : 45도 기울이기
```

```
ggplot(albu, aes(x=gender, y=albumin))+
 geom_boxplot()+
 scale_y_continuous(labels=c('very low','low','normal','high'))+
 theme(axis.text.y=element_text(angle=45))
```

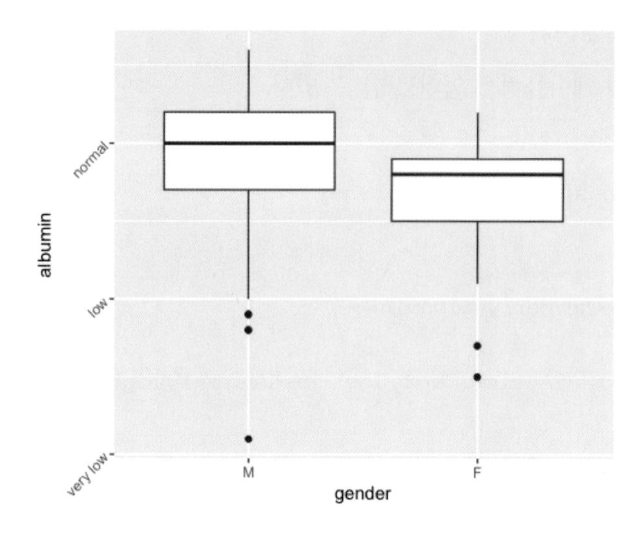

6) 축 이름변경하기: xlab(), ylab()

R base 그래프와 같은 방식이다.

```
ggplot(albu, aes(x=gender, y=albumin))+
 geom_boxplot()+
 xlab('Sex')+
 ylab('Serum Albumin Level at Baseline')
```

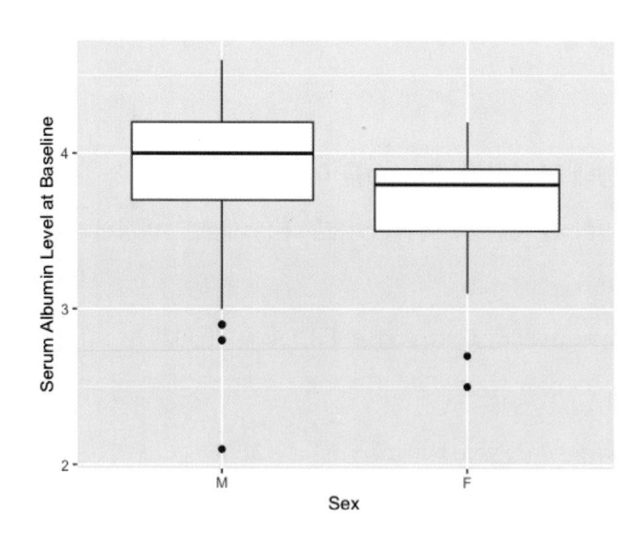

7) 로그 변환 축 사용하기: `scale_y_log10()`

한 변수의 값이 로그 분포를 이루거나 한쪽으로 너무 불균형한 분포를 이룰 때 로그 변환 축을 사용하면 그래프를 좀 더 균형 있게 그릴 수 있다. 아래 그래프에서는 비교를 위해 일부러 x축에 10세 단위로 표시하였다.

```
ggplot(albu, aes(x=age, y=albumin))+
 geom_point()+
 scale_x_continuous(breaks=c(20,30,40,50,60,70))

ggplot(albu, aes(x=age, y=albumin))+
 geom_point()+
 scale_x_log10(breaks=c(20,30,40,50,60,70))
```

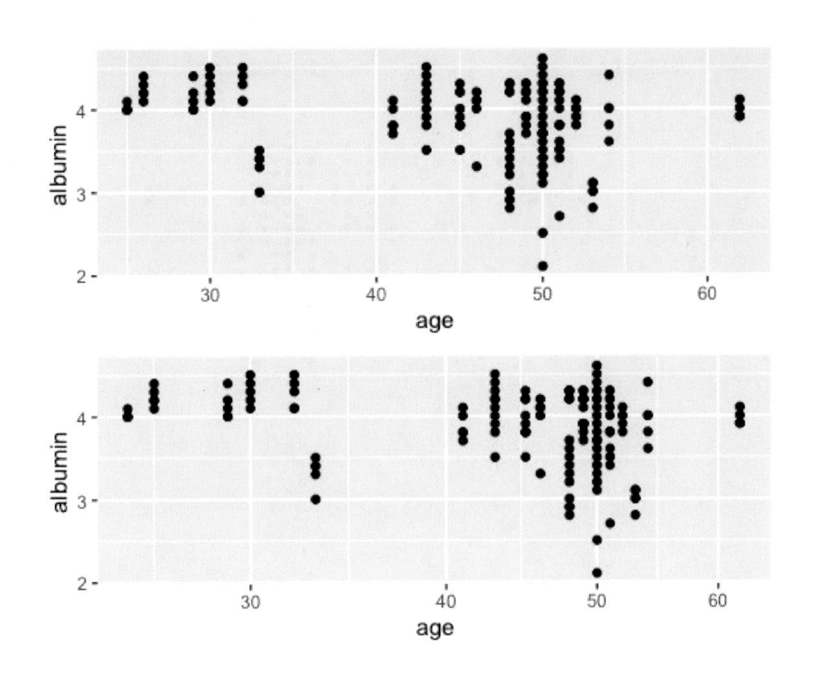

3-2 주석(annotate)

1) 텍스트 주석 넣기: annotate('text')

[annotate] text: label, size, font, color 설정

여러 개 주석을 동시에 넣을 수 있고 컬러, 사이즈, 폰트도 설정할 수 있다.

```
ggplot(albu, aes(x=age, y=albumin))+
 geom_point()+
 annotate('text',x=20, y=5, label='Young Age', color='red', size=5)+
 annotate('text',x=50, y=5, label='Old Age', color='blue', size=5)
```

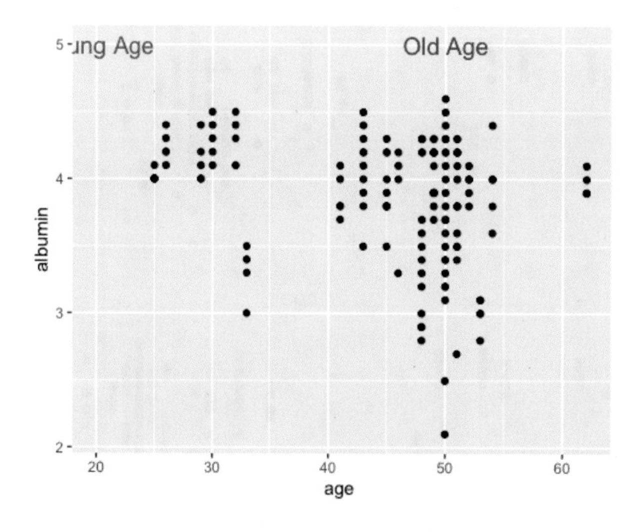

2) 선 추가하기: geom_hline(), geom_vline(), geom_abline()

[annotate] geom_hline: 수평선
[annotate] geom_vline: 수직선
[annotate] geom_abline: 기울기와 절편이 있는 선

1차함수를 그려보자.

```
ggplot(albu, aes(x=age, y=albumin))+
 geom_point()+
 geom_abline(intercept=0, slope=0.1, color='red')
```

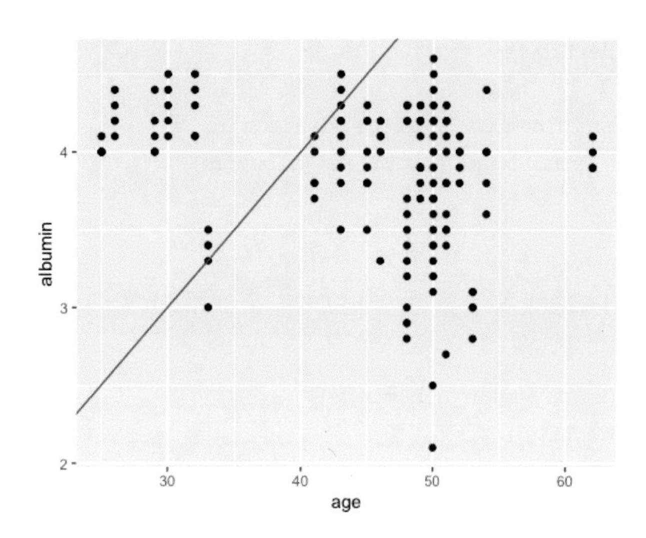

3) 오차막대 추가하기: geom_errorbar()

박스 그래프에서 오차막대(error bar)를 그려야 할 경우가 있다. 이를 위해 데이터를 다소 변형해보자.

```
albu1<-albu %>%
 group_by(lc) %>%
 summarize(mean_albumin = mean(albumin, na.rm=T),
             sd_albumin = sd(albumin, na.rm=T))
head(albu1)

# A tibble: 2 × 3
     lc   mean_albumin   sd_albumin
  <fct>          <dbl>        <dbl>
1     0           3.97        0.388
2     1           3.79        0.483
```

평균 알부민 값을 막대 그래프로 그리고 오차막대를 그려보자.

[geom_bar] stat : 'identity'
[ylim] y축 범위 : 0-5
[geom_errorbar] aes : ymin, ymax 설정 필요

```
ggplot(albu1, aes(x=lc, y=mean_albumin))+
 geom_bar(stat='identity')+
 ylim(c(0,5))+
 geom_errorbar(aes(ymin=mean_albumin-sd_albumin,
                   ymax=mean_albumin+sd_albumin))
```

오차막대가 너무 커서 width 옵션을 주어서 크기를 줄일 수 있다.

```
ggplot(albu1, aes(x=lc, y=mean_albumin))+
 geom_bar(stat='identity')+
 ylim(c(0,5))+
 geom_errorbar(aes(ymin=mean_albumin-sd_albumin,
                   ymax=mean_albumin+sd_albumin), width=0.2)
```

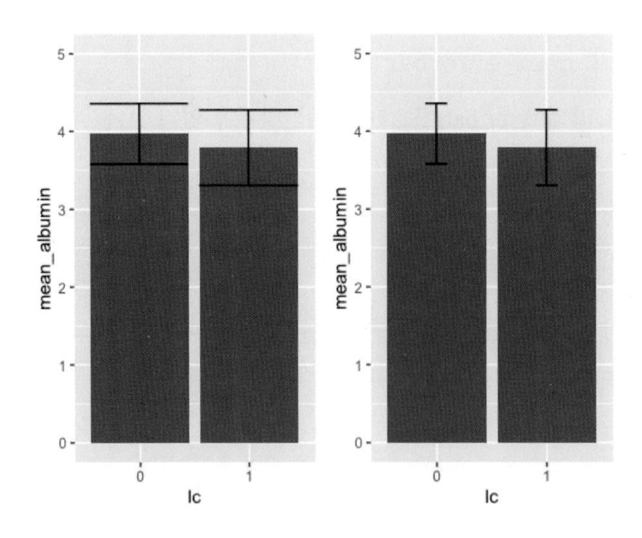

3-3 범례(legend)

모든 그래프에는 범례가 존재한다. ggplot2에서는 범례의 위치, 크기, 순서를 변경할 수 있다. 기본 옵션을 이용할 수도 있지만 theme 레이어를 이용하는 경우가 더 많다. 이번 절에서는 성별, 간경변증 유무에 따른 혈청 알부민의 박스 그래프를 그리고 실습해보자.

1) 범례 위치 변경하기: theme(legend.position = …)

[theme] legend.position : top, left, right, bottom

```
ggplot(albu, aes(x=gender, y=albumin, fill=lc))+
 geom_boxplot()+
 theme(legend.position = 'top')
ggplot(albu, aes(x=gender, y=albumin, fill=lc))+
 geom_boxplot()+
 theme(legend.position = 'bottom')
ggplot(albu, aes(x=gender, y=albumin, fill=lc))+
 geom_boxplot()+
 theme(legend.position = 'left')
ggplot(albu, aes(x=gender, y=albumin, fill=lc))+
 geom_boxplot()+
 theme(legend.position = 'right')
```

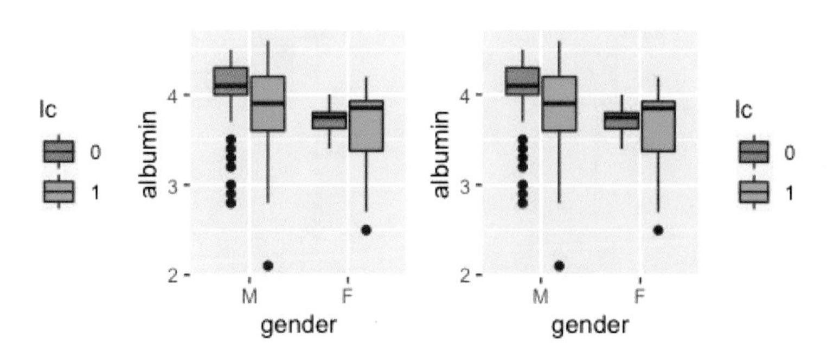

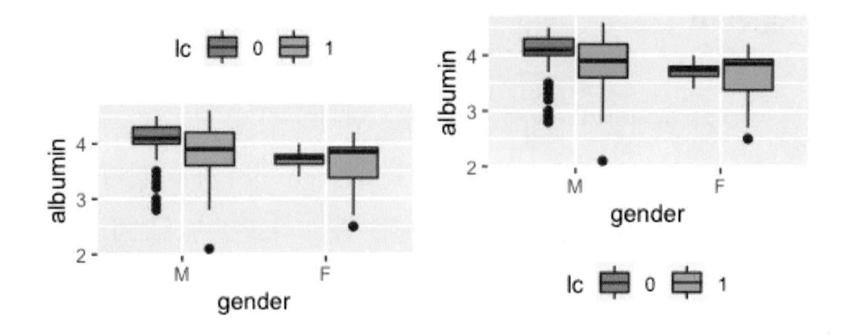

2) 그래프 안에 범례 포함시키기: theme(legend.position =)

```
[theme] legend.position : 위치 좌표 지정
[theme] legend.position : 0-1까지 위치 설정 가능
```

```
ggplot(albu, aes(x=gender, y=albumin, fill=lc))+
 geom_boxplot()+
 theme(legend.position = c(1,1))
ggplot(albu, aes(x=gender, y=albumin, fill=lc))+
 geom_boxplot()+
 theme(legend.position = c(0.9,0.8))
```

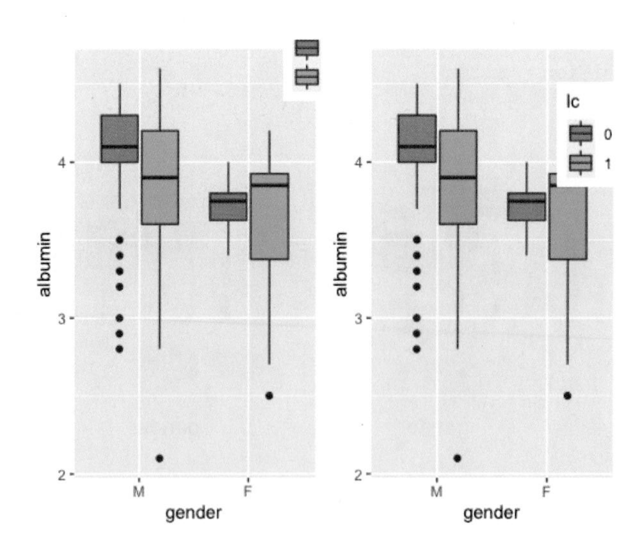

3) 범례 제목 바꾸기: labs()

```
[labs] fill : '범례 제목'
```

```
ggplot(albu, aes(x=gender, y=albumin, fill=lc))+
 geom_boxplot()+
 theme(legend.position = c(0.9,0.8),
       legend.background = element_blank())+
 labs(fill='Liver Cirrhosis')
```

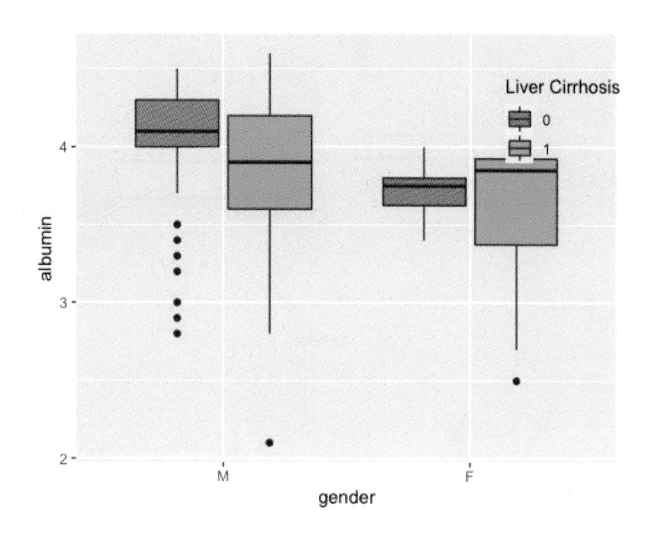

3-4 분할(facet grid)

지금까지 ggplot2를 이용해서 그래프를 그릴 때는 한 화면에 하나의 그래프만 그렸다. 이번에는 한 화면에 여러 개의 그래프를 동시에 그려보자. R base의 par(mfrow=c(2,2)) 옵션과 비슷한 방식인데, 변수에 따라 편리하게 화면을 자동분할할 수 있다.

1) 변수에 따라 화면 자동분할하기: facet_grid(변수~.)

```
[facet_grid] 해당 변수 : 변수에 따라서 자동 분할됨
```

성별에 따른 알부민을 간경변증 유무에 따라서 나누어 그려보자.

```
ggplot(albu, aes(x=gender, y=albumin))+
  geom_boxplot()+
  facet_grid(lc~.)
```

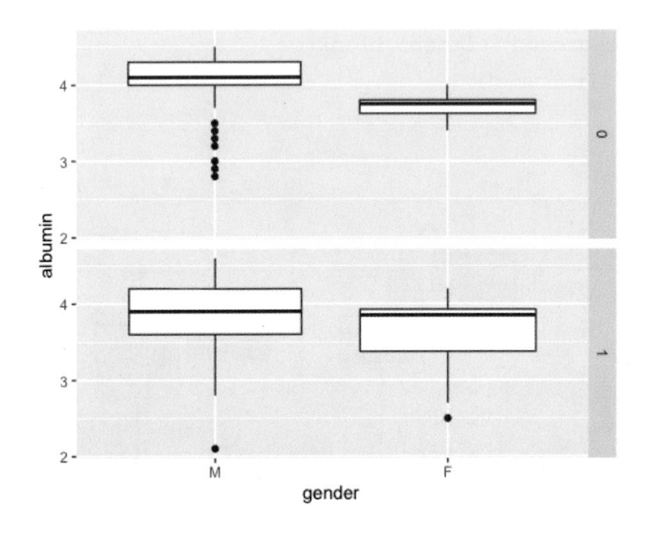

이번에는 세로로 나누어보자. facet_grid 옵션에서 나누고자 하는 변수 앞뒤로 ~를 입력해주면 된다. 여기에서 .의 의미는 나머지 모든 변수라는 뜻이다.

```
ggplot(albu, aes(x=gender, y=albumin))+
  geom_boxplot()+
  facet_grid(~lc)
```

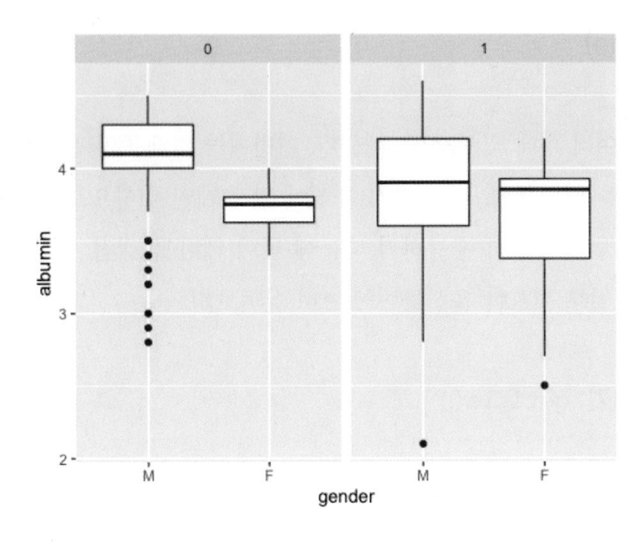

동시 분할도 가능하다. 간경변증 lc, 항바이러스제 치료약 treat_gr별로 그래프를 그려보자.

```
ggplot(albu, aes(x=gender, y=albumin))+
 geom_boxplot()+
 facet_grid(~lc+treat_gr)
```

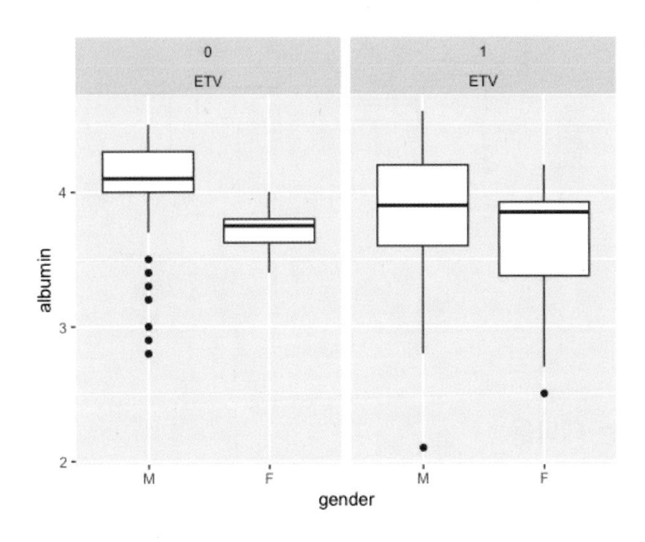

3-5 테마(theme)

앞에서 ggplot2의 여러 형태 및 옵션을 배웠다. 이번에는 그래프의 전체적인 분위기, 즉 테마를 변경하는 옵션들을 배워보자. 여러 가지 옵션이 있고 개인 취향으로 그릴 수도 있지만 기본으로 제공하는 테마들이 상당히 훌륭하기 때문에 굳이 테마를 직접 지정할 필요는 거의 없다고 생각한다. 하지만 일부 필요한 옵션들이 있으니 살펴보자.

1) 그래프 제목 붙이기: ggtitle()

[ggtitle] : 전체 그래프 제목 명명하기

```
ggplot(albu, aes(x=gender, y=albumin))+
 geom_boxplot()+
 facet_grid(~lc)+
 ggtitle('Albumin and LC')
```

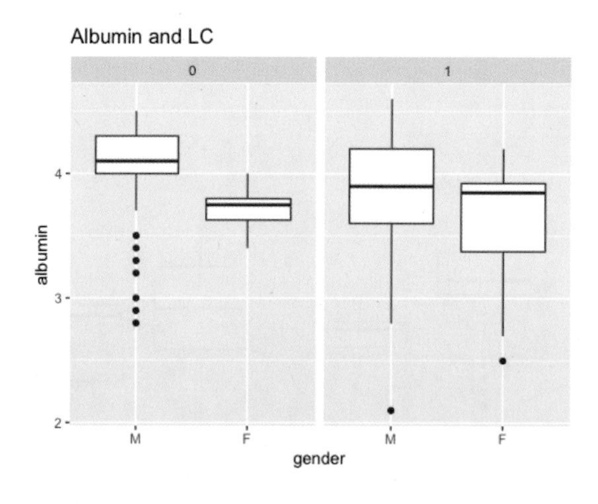

2) 기본으로 제공하는 테마들

기본 산점도에 다양한 테마를 적용할 수 있다. 아래는 theme_bw()를 적용한 것이다.

```
ggplot(albu, aes(x=age, y=albumin, color=lc))+
 geom_point()+
 theme_bw()
```

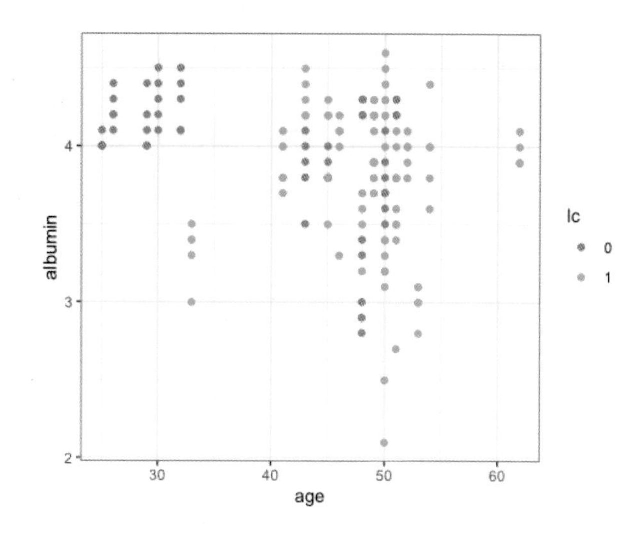

몇 가지 테마 옵션을 정리하면 다음과 같다.

- theme_bw() : 제일 깔끔해서 많이 사용됨
- theme_dark() : 바탕화면이 어둡게 나타남
- theme_minimal() : 그래프 표시가 최소화됨
- theme_classic() : classic, X-, Y-축이 진하게 표시됨

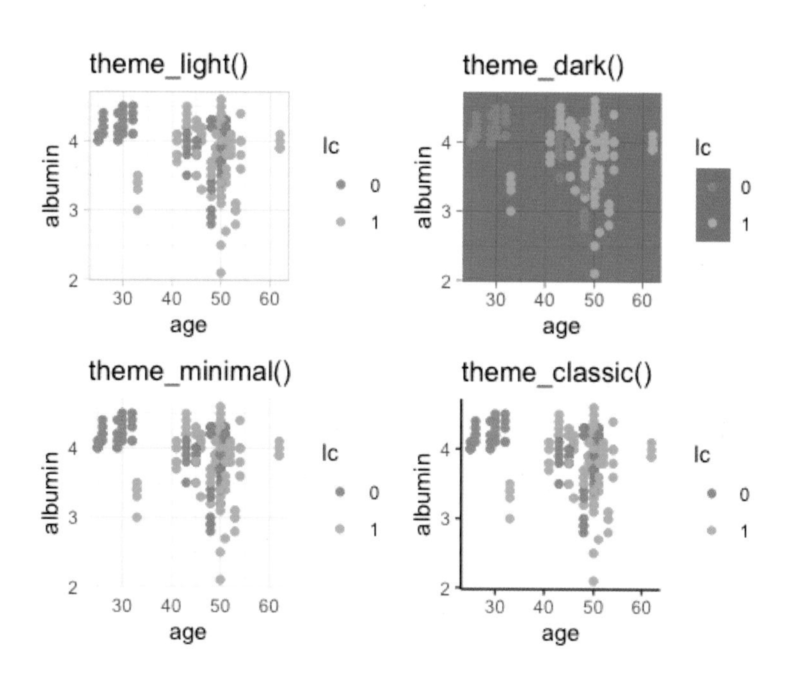

3-6 한 화면에 그래프 여러 개 그리기

1) ggplot2 한 번에 여러 개 그리기: gridExtra 패키지의 grid.arrange()

ggplot2 역시 한 면(plane)에 여러 개의 그래프를 동시에 그릴 수 있다. 이를 위해서는 girdExtra 패키지를 설치해야 한다. 손쉽게 그리기 위해 각각의 그래프를 각자 객체로 저장하는 것이 편하다.

```
alb1<-ggplot(albu, aes(x=gender, y=albumin))+
 geom_boxplot()+
 facet_grid(~lc)
alb1
```

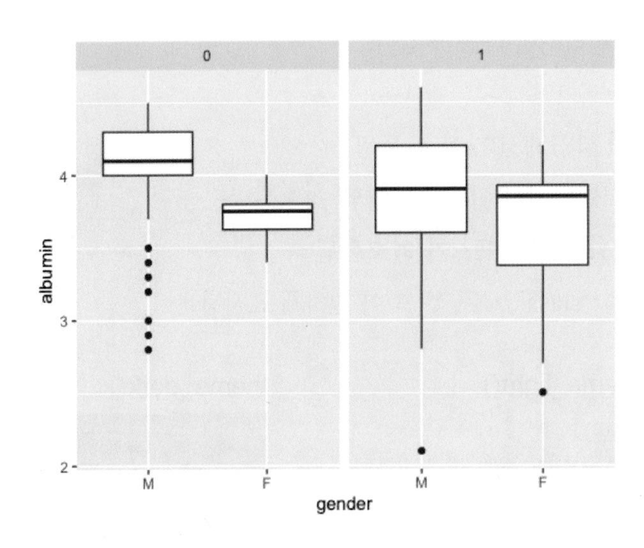


```
alb2<-ggplot(albu, aes(x=age, y=albumin, color=lc))+
 geom_point()
alb2
```

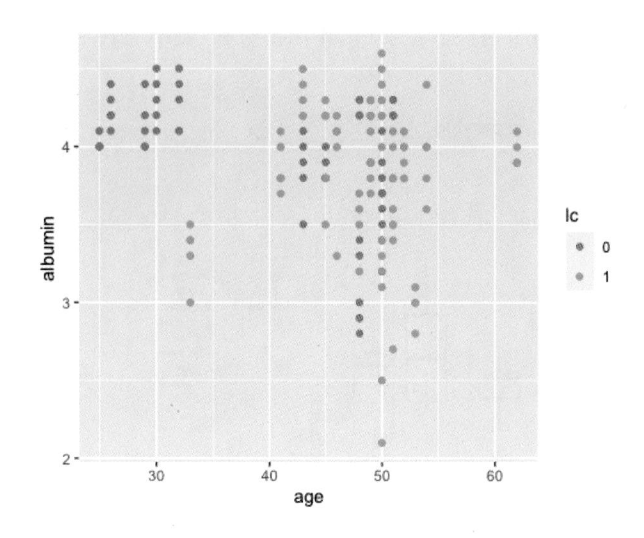

gridExtra 패키지를 불러오고 저장된 그래프를 입력한다.

```
library(gridExtra)

grid.arrange(alb1,alb2)
```

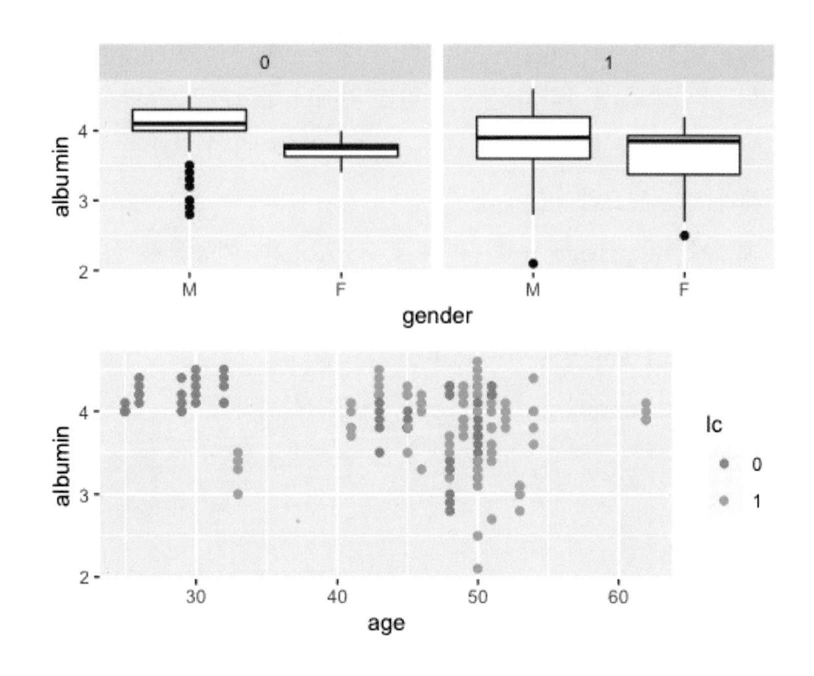

그래프의 위치나 배치를 변경할 수 있다. 우선 너무 복잡해 보이니 좌우로 배열해보자.

```
grid.arrange(alb1, alb2, nrow=1)
```

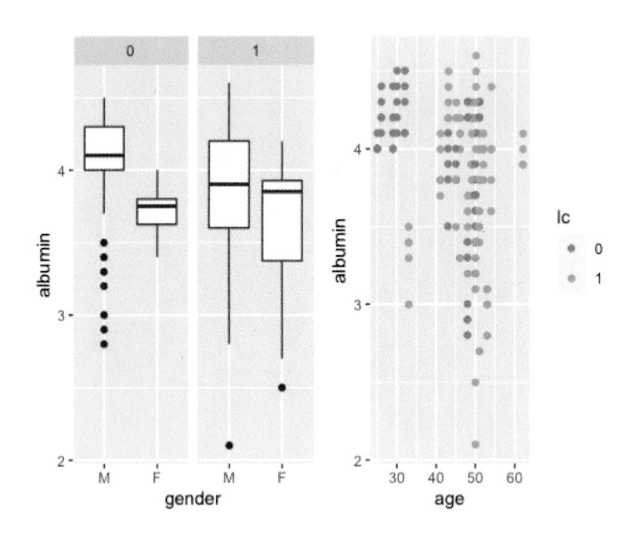

3-7 ggplot2 클릭만으로 하기

R은 수많은 사용자들에 의해 지속적으로 업데이트되고 있으며 점점 편리하고 좋은 패키지들이 등장하고 있다. 그럼에도 불구하고 기본 원리는 언제나 중요하며, 보다 고차원의 그래프를 그리기 위해서는 앞에서 배운 R 기본 그래프나 ggplot2를 이용한 그래프 그리기 관련 내용에 대한 기본적 이해가 분명 필요하다.

이번에 소개할 패키지 `esquisse`는 클릭만으로 ggplot2의 기능들을 실행할 수 있는 매우 편리한 패키지다. 엑셀처럼 클릭만으로 ggplot2를 모두 그려주며, 그래프를 그려준 코드도 자동으로 작성되어서 코드를 보며 공부할 수 있다.

우선 필요한 3개의 패키지 esquisse, officer, rvg를 설치하자.

```
library(esquisse)
library(officer)
library(rvg)
```

작동방법은 위의 ggThemeAssist와 같은 Shiny app 구동방식이다.

```
esquisser()
```

이렇게 데이터 불러오기, x축과 y축 지정, legend, theme, 그래프 종류까지 모든 것을 클릭으로 선택·실행할 수 있는 놀라운 기능의 패키지이다.

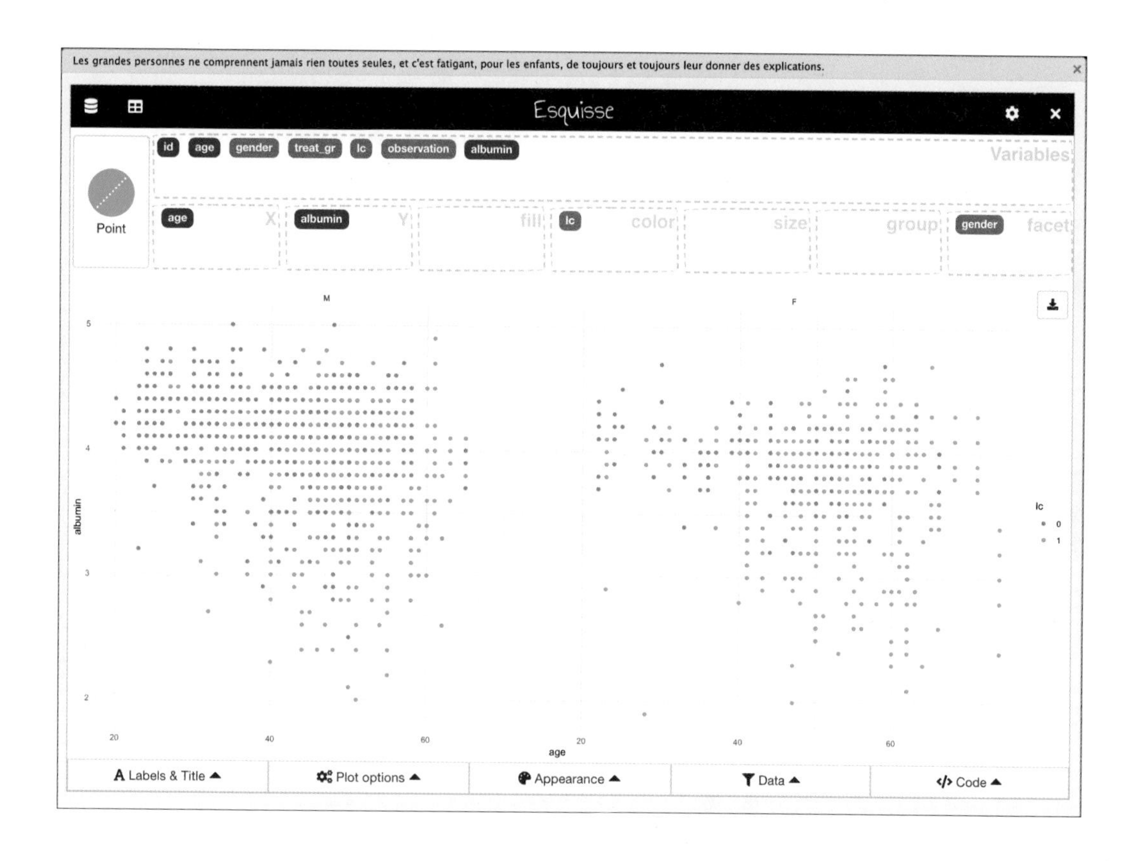

lc

Copy to clipboard

Code:

```
ggplot(albu) +
  aes(x = age, y = albumin, colour = lc)
+
  geom_point(shape = "circle", size = 1.
5) +
  scale_color_hue(direction = 1) +
  theme_minimal() +
  facet_wrap(vars(gender))
```

Insert code in script

rance Data Code

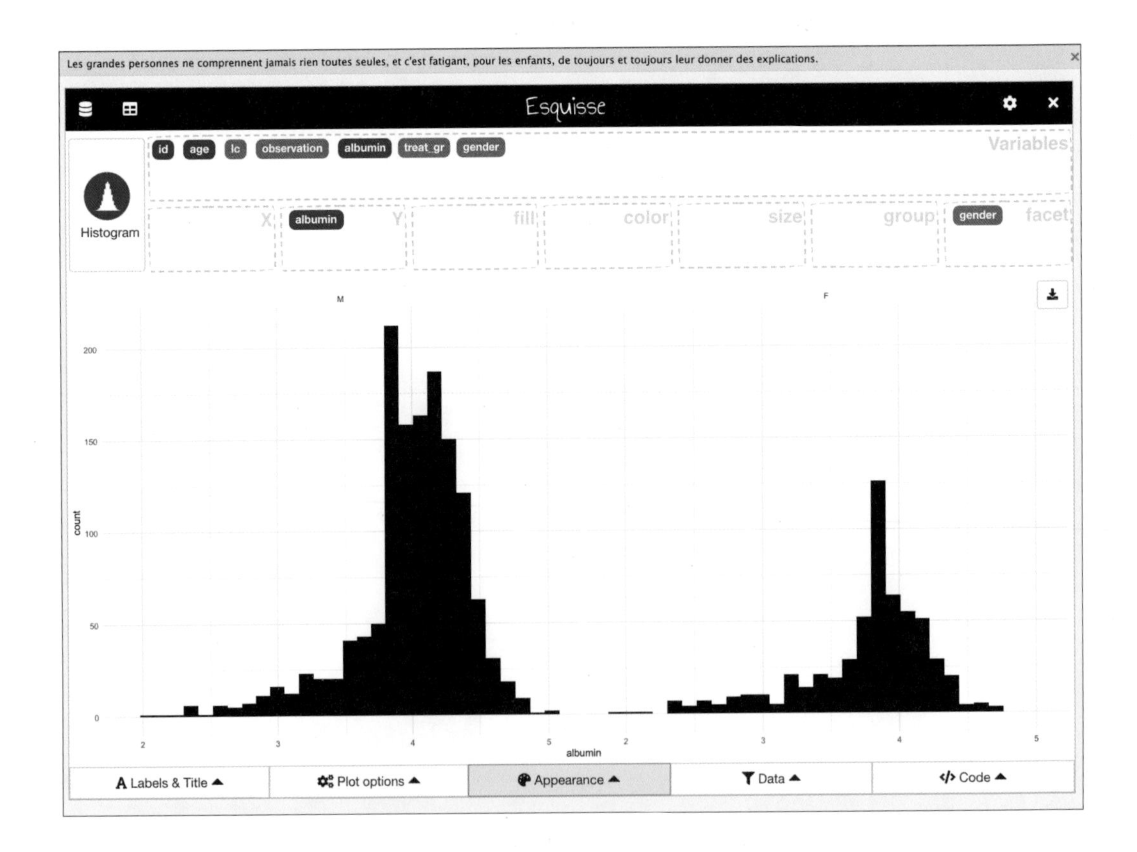

3-8 출판을 위한 출력

결국 우리는 그래프를 그리고 나서 논문에 싣기 위해 출력을 해야 한다. 즉 그림을 파일로 저장해야 한다. ggplot2를 이용해서 그래프를 저장하는 방식은 2가지가 있다.

- 기존 R base 기능을 이용하는 방법으로 그래픽 출력 명령어(pdf, svg, wmf, tiff, png 등)를 이용해서 그래픽 출력장치를 열고 그래프를 그린다. 그래프가 다 그려지고 나면 출력장치를 닫는다(dev.off()). 출력장치를 닫지 않으면 제대로 저장이 되지 않으니 주의해야 한다.
- ggsave를 이용하면 훨씬 편하게 그래프를 저장할 수 있다.

1) PDF로 저장하기: pdf(graph)

[pdf] pdf 형태로 저장할 그래픽 출력장치를 연다.
[graph code]
[dev.off] 그래픽 출력장치를 닫는다.

```
pdf('plot1.pdf',width=8, height=8)
ggplot(albu, aes(x=gender, y=albumin, fill=lc))+
 geom_boxplot()
dev.off()
```

```
quartz_off_screen
                  2
```

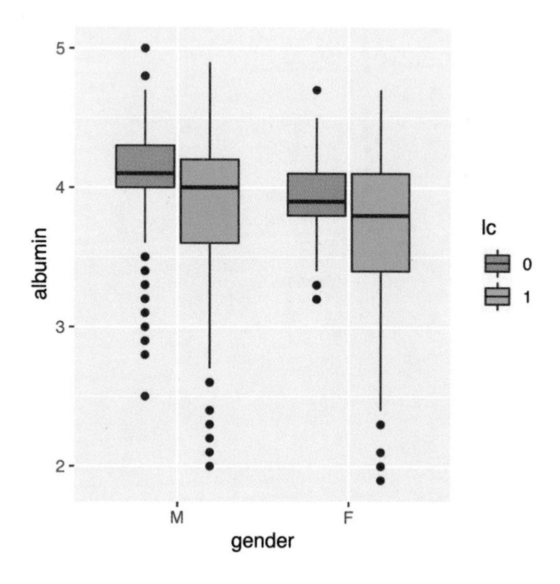

2) TIFF로 저장하기: tiff(graph)

[tiff] tiff 형태로 저장할 그래픽 출력장치를 연다.
[graph code]
[dev.off] 그래픽 출력장치를 닫는다.

```
tiff('plot1.tiff',width=300, height=400)
ggplot(albu, aes(x=gender, y=albumin, fill=lc))+
 geom_boxplot()
dev.off()
```

```
quartz_off_screen
                 2
```

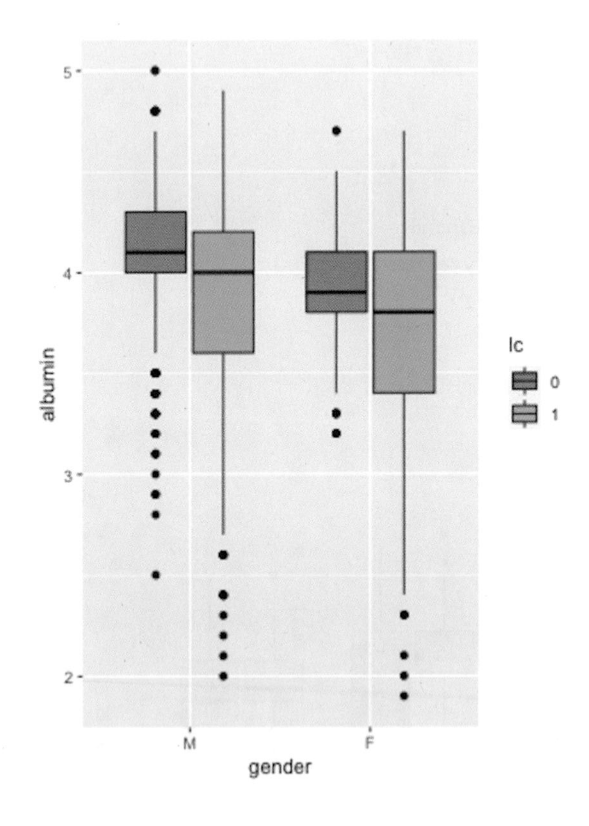

그런데 기본 해상도(resolution)가 72dpi이다. 논문 제출을 하기에는 해상도가 너무 낮으며 확대할 경우 그림이 흐려진다. 따라서 그림 크기를 키우고 논문 제출에 최소로 필요한 300dpi로 다시 설정해보자. 그러면 아래와 같이 훨씬 선명한 그래프를 구현할 수 있다.

```
tiff('plot1.tiff',width=1200, height=1800, res=300) # res=300으로 300dpi로 지정할 수 있다.
ggplot(albu, aes(x=gender, y=albumin, fill=lc))+
 geom_boxplot()
dev.off()

quartz_off_screen
                  2
```

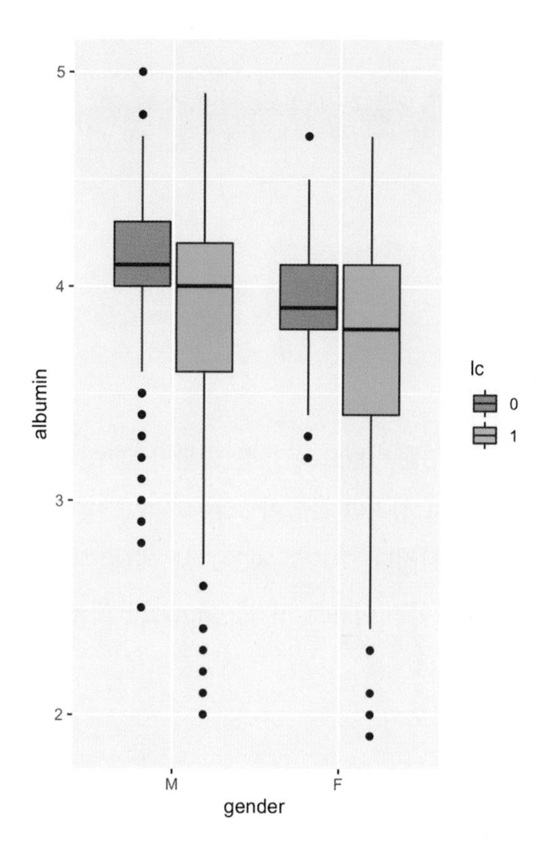

3) ggsave 이용하기: ggsave()

ggsave는 별다른 옵션이 필요 없어서 훨씬 직관적이고 편하다. 코드가 짧은 장점이 있다.

```
ggplot(albu, aes(x=gender, y=albumin, fill=lc))+
 geom_boxplot()
 ggsave('albumin_graph.pdf', width = 10, height=12)
```

tiff 파일의 경우 파일 이름에서 "XXX.tiff"로 저장해야 하고, 해상도는 dpi 옵션으로 지정해야 한다.

```
ggplot(albu, aes(x=gender, y=albumin, fill=lc))+
 geom_boxplot()
 ggsave('albumin_graph.tiff', width = 6, height=8, dpi=300)
```

4 ggpubr 패키지

ggpubr은 이름 그대로 ggplot2를 바탕으로 논문 출판을 염두에 두고 그래프를 만들어주는 패키지이다. ggplot2를 바탕으로 하지만 문법이 조금 더 직관적이고 사용법이나 코드가 상당히 간단해서 오류가 나는 경우도 적다. 그리고 자동으로 색상, 디자인, 축을 정해주기 때문에 초심자가 쓰기에 아주 편리하다. 이런 이유로 저자는 ggpubr 패키지 내의 여러 그래프 기능을 강력 추천한다.

ggpubr 패키지를 설치하고 불러오자.

```
install.packages('ggpubr')
library(ggpubr)
```

4-1 히스토그램

앞에서도 말했듯이 히스토그램은 빈도를 나타낼 때 자주 사용하는 기본 그래프 중 하나다. 여기서는 ggpubr 패키지를 이용해 히스토그램을 그려보자.

1) 히스토그램 그리기: gghistogram()

성별에 따른 연령 분포를 히스토그램으로 그려보자. 기본적인 그래프만 그릴 것이라서 이전에 사용하던 dat1을 이용한다.

```
x : age
color : gender
fill : gender
```

```
gghistogram(dat1,
            x='age',
            color='gender',
            fill='gender')
```

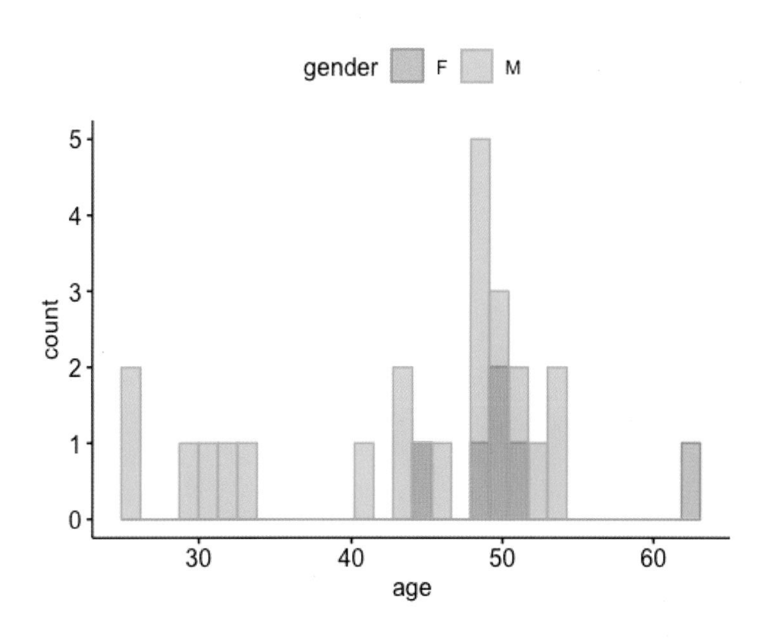

색상(color)도 직접 지정해보고 rug 옵션도 추가해보자.

```
gghistogram(dat1,
            x='age',
            color='gender', fill='gender',
            palette=c('blue','red'),
            rug=TRUE)
```

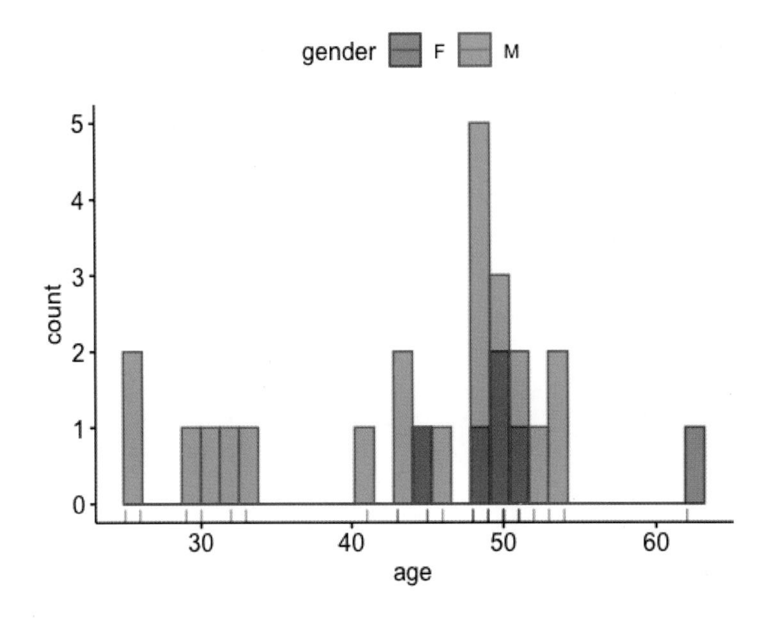

4-2 밀도 그래프

1) 밀도 곡선 그리기: ggdensity()

히스토그램과 똑같이 x축만 정해주면 된다. 나머지 옵션은 동일하다.

```
x : age
color : gender
fill : gender
rug : TRUE
```

```
ggdensity(dat1,
          x='age',
          color='gender', fill='gender',
          rug=TRUE)
```

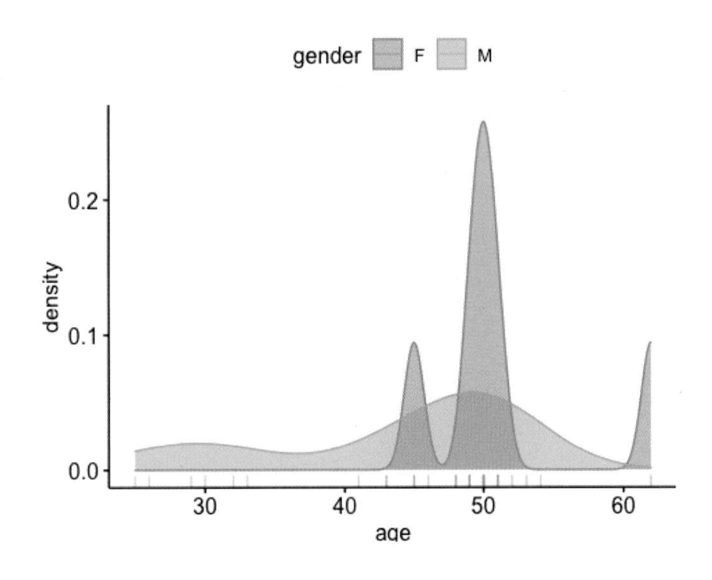

4-3 박스 그래프

1) 박스 그래프 그리기: ggboxplot()

성별에 따른 혈청 알부민(serum albumin)을 박스 그래프로 그려보자.

```
x : age
y : b_alb color : gender
```

```
ggboxplot(dat1,
          x='gender', y='b_alb',
          color='gender')
```

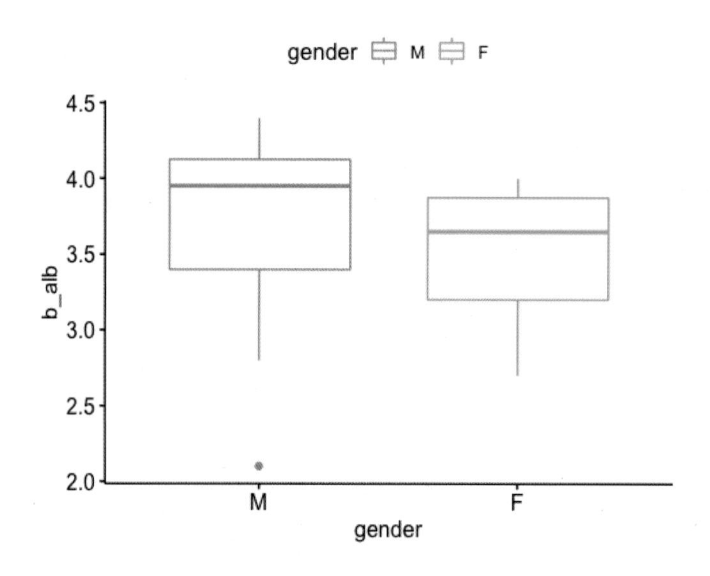

2) 평균비교를 통한 p값 표시하기: stat_compare_means(comparisons =)

성별에 따른 알부민 평균을 비교하여 p값을 구해서 그래프에 표시해보자.

x : age
y : b_alb color : gender stat_compare_means(comparisons =): 비교할 대상을 리스트(list) 형태로 지정해야 함

```
ggboxplot(dat1,
          x='gender', y='b_alb',
          color='gender')+
 stat_compare_means(comparisons= list(c('M','F')))
```

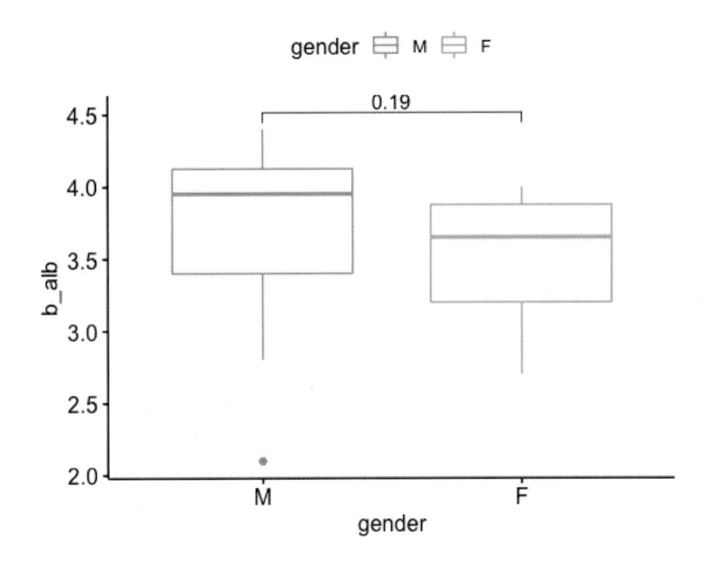

4-4 막대 그래프

1) 막대 그래프 그리기: ggbarplot()

환자들의 알부민 값을 막대 그래프로 그려보고 성별에 따라 색상을 다르게 해보자.

```
x : age
y : b_alb color : gender
```

```
ggbarplot(dat1,
          x='id', y='b_alb',
          fill='gender')
```

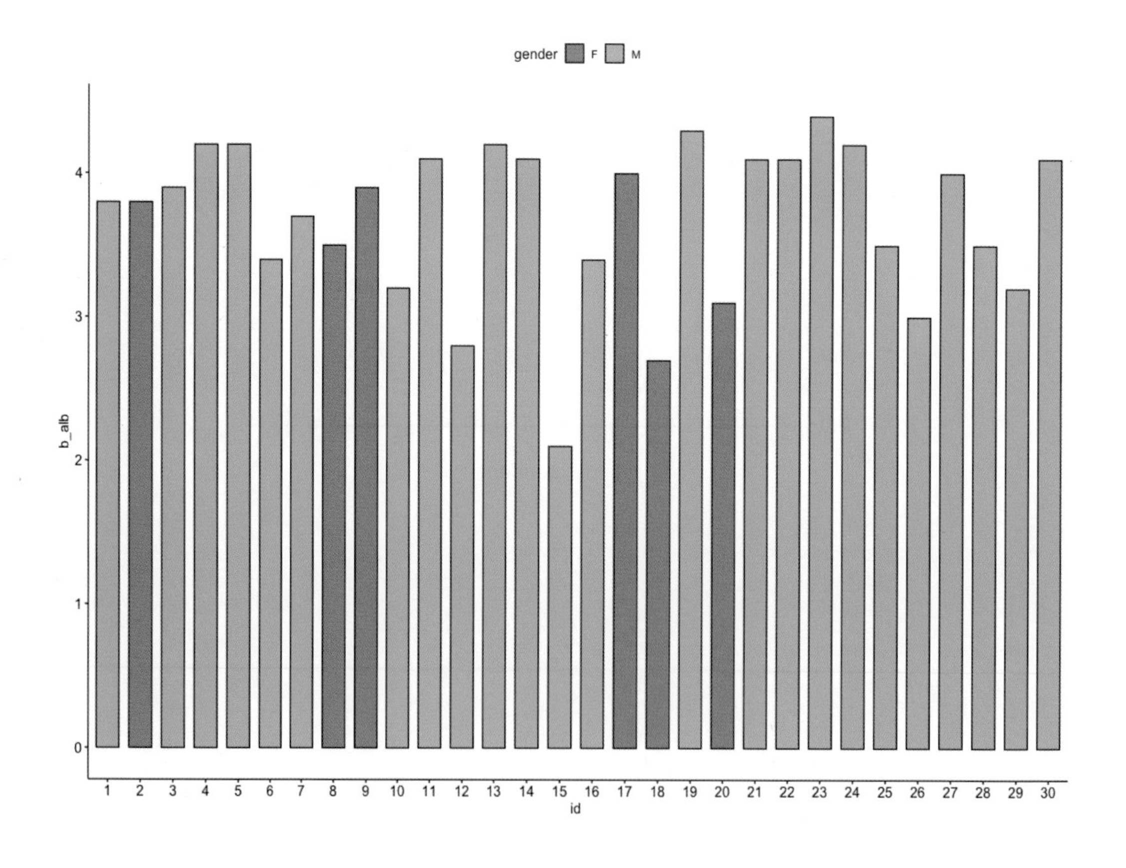

이번에는 sort.val='desc' 옵션을 이용해서 알부민 값에 따라 내림차순으로 막대를 배열해 보자.

```
ggbarplot(dat1,
          x='id', y='b_alb',
          fill='gender',
          sort.val='desc')
```

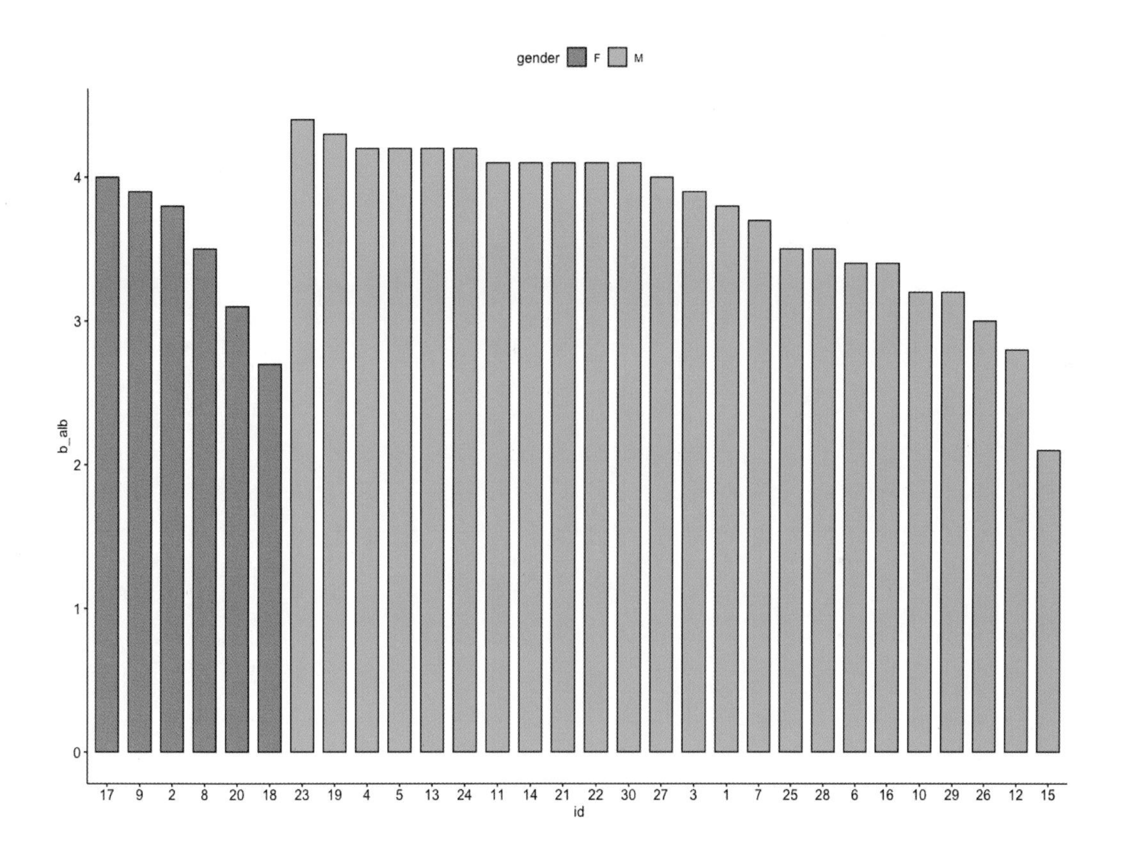

내림차순으로는 되었지만 성별이 구분되어 있는 상태다. sort.by.group=FALSE 옵션을 이용해 성별 구분 없이 전체 오름차순으로 다시 배열해보자.

```
ggbarplot(dat1,
          x='id', y='b_alb',
          fill='gender',
          sort.val='desc',
          sort.by.group=FALSE)
```

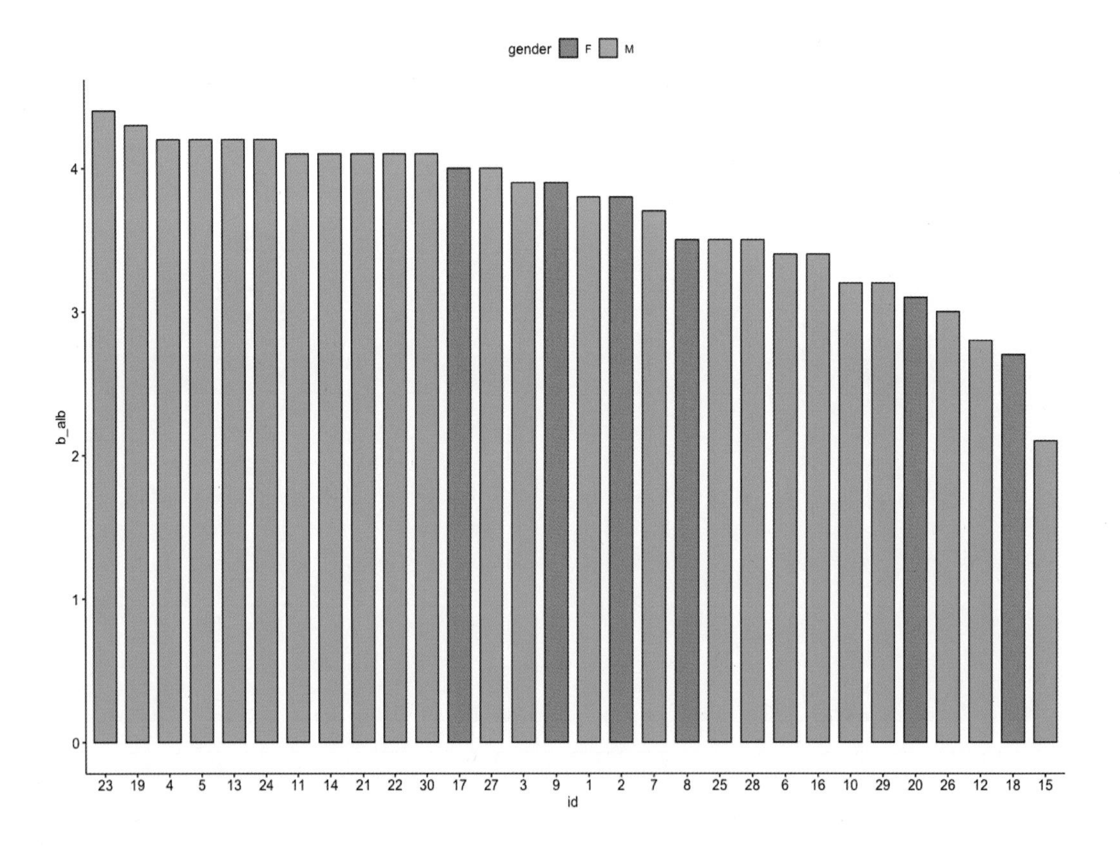

4-5 워터폴 그래프

최근 많이 쓰이고 있는 워터폴(waterfall) 그래프를 그려보자. 종양의 크기 변화나 혈청학적 마커의 증감을 보여주는 데 탁월한 그래프이다. 변화값을 다루는 것이 좋기에 우리는 dat1에서 기저 알부민 값 b_alb과 6개월째 알부민 값 m6_alb의 차이를 delta_alb이라는 변수로 만들어서 그려보자.

```
water.dt<-dat1 %>%
 select(id,gender,b_alb,m6_alb) %>%
 mutate(delta_alb=b_alb-m6_alb)

water.dt

# A tibble: 30 × 5
     id  gender  b_alb  m6_alb  delta_alb
  <dbl>   <chr>  <dbl>   <dbl>      <dbl>
 1    1       M    3.8     3.6      0.200
 2    2       F    3.8     3.8    0
 3    3       M    3.9     4.3   -0.4
 4    4       M    4.2     4.2    0
 5    5       M    4.2     4.6   -0.400
 6    6       M    3.4     3.4    0
 7    7       M    3.7     3.9   -0.200
 8    8       F    3.5     3.7   -0.200
 9    9       F    3.9     4.2   -0.300
10   10       M    3.2     3.8   -0.600
# … with 20 more rows
```

이제 성별에 따른 delta_alb 워터폴 그래프를 그려보자.

```
ggbarplot(water.dt,
          x='id', y='delta_alb',
          fill='gender')
```

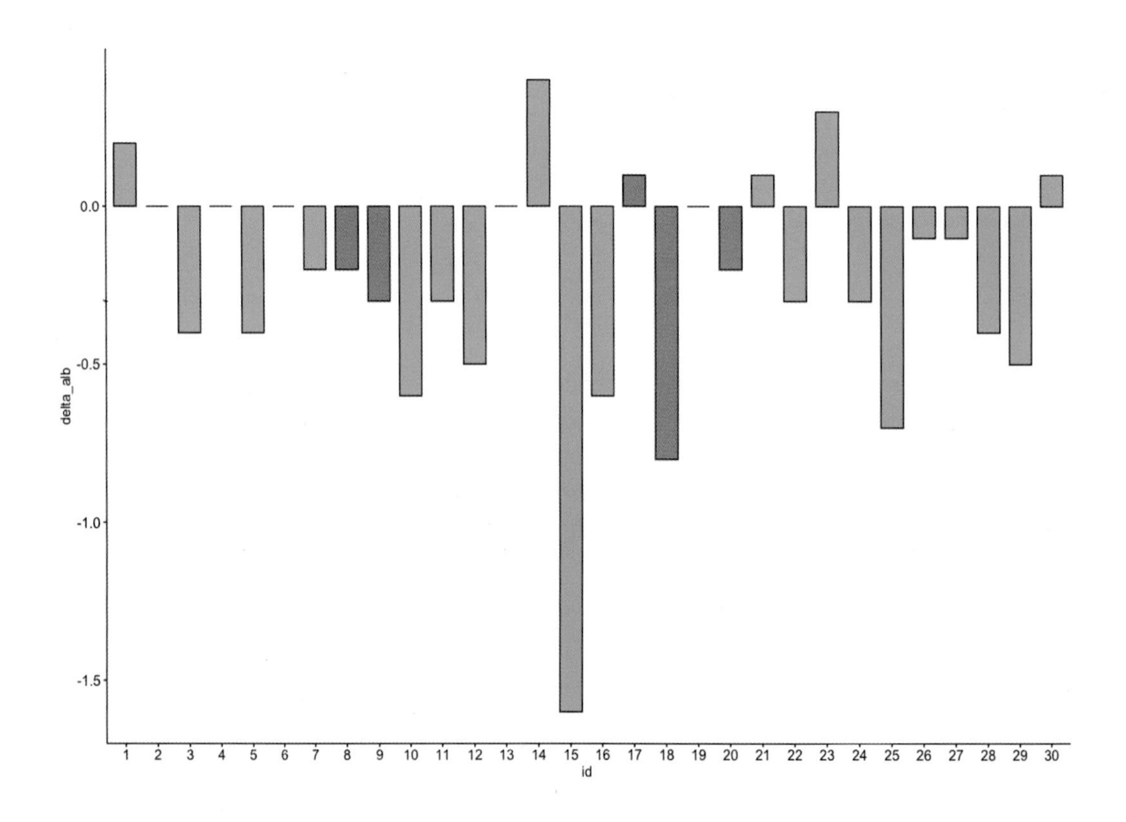

sort.val 옵션을 이용해서 배열을 다시 하자.

```
ggbarplot(water.dt,
          x='id', y='delta_alb',
          fill='gender',
          sort.val='desc',
          sort.by.groups = FALSE)
```

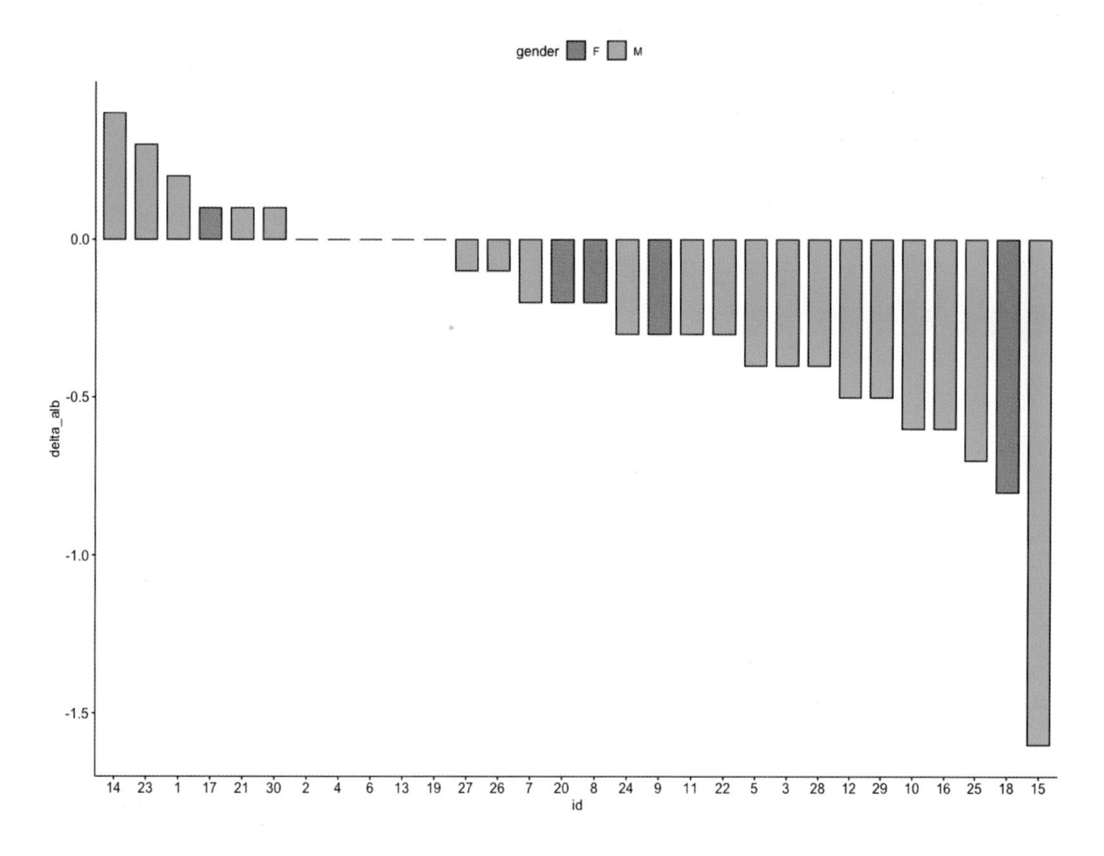

rotate=TRUE 옵션을 이용해서 워터폴 그래프를 가로로 나타낼 수도 있다.

```
ggbarplot(water.dt,
         x='id', y='delta_alb',
         fill='gender',
         sort.val='desc',
         sort.by.groups = FALSE,
         rotate=TRUE)
```

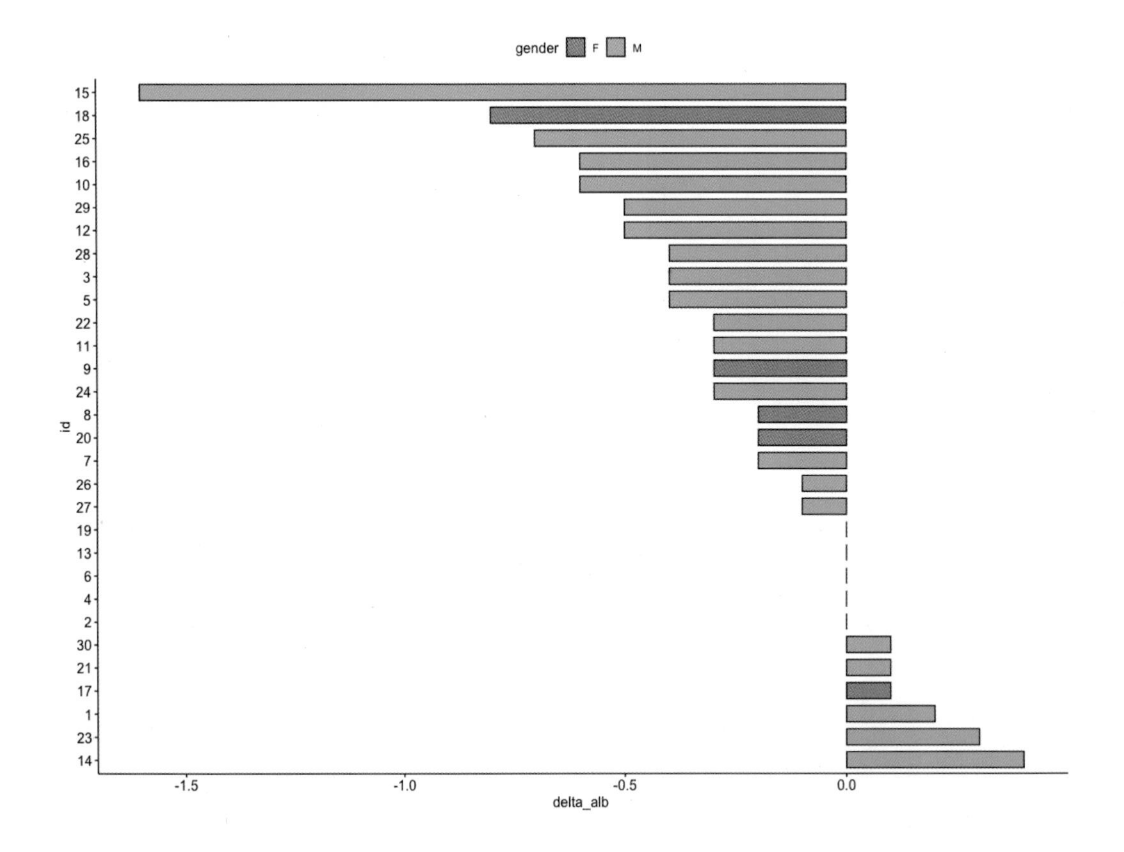

4-6 산점도

1) 산점도 그리기: ggscatter()

연령에 따른 알부민 수치를 성별로 나누어 산점도로 나타내보자.

```
x : age
y : b_alb color : gender
```

```
ggscatter(dat1,
          x='age',
          y='b_alb',
          color='gender')
```

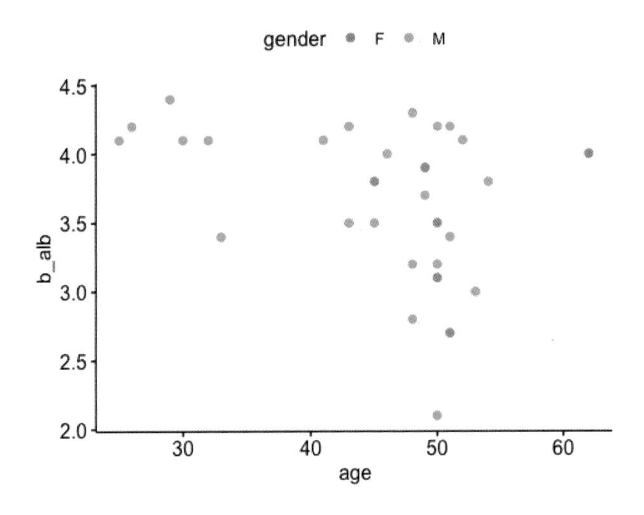

2) 산점도에 추가 그래프 넣기: ggMarginal()

기본 그래프 위쪽과 오른쪽으로 그래프를 작게 추가할 수 있다. 이를 위해 ggExtra 패키지를 설치한 후 불러오자. 그리고 기본 산점도 위에 밀도 곡선을 그려보자.

```
install.packages('ggExtra')
library(ggExtra)

ggscatter(dat1, x='age', y='b_alb',
          color='gender') %>%
 ggMarginal(type='density')
```

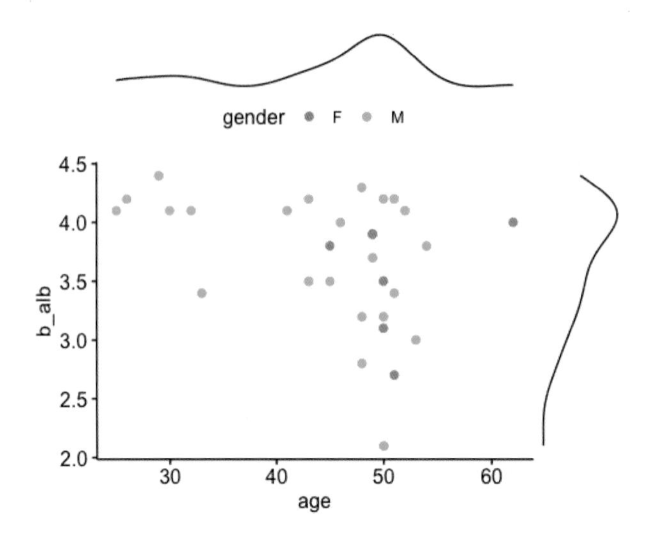

이번에는 박스 그래프를 그려보자.

```
ggscatter(dat1, x='age', y='b_alb',
          color='gender') %>%
 ggMarginal(type='boxplot')
```

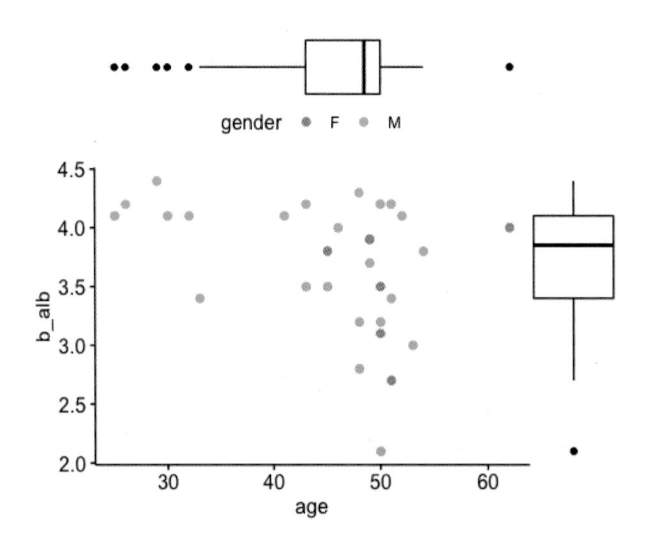

히스토그램도 그릴 수 있다.

```
ggscatter(dat1, x='age', y='b_alb',
          color='gender') %>%
 ggMarginal(type='histogram', fill='orange')
```

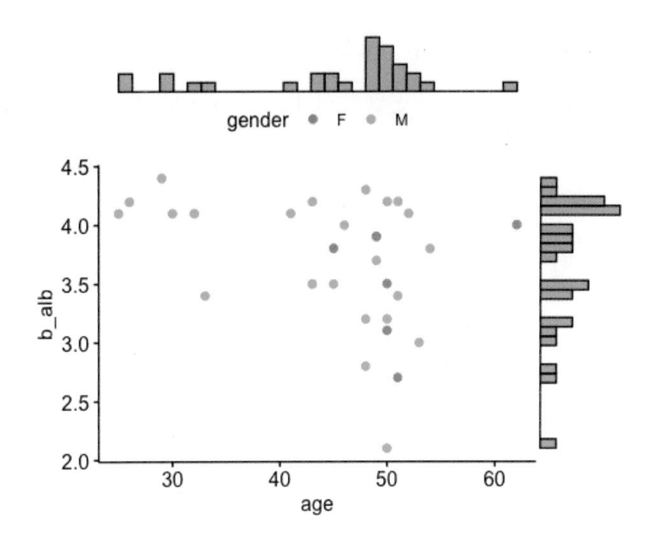

5 상관관계를 그려주는 패키지

R에는 ggplot2 외에도 데이터 시각화에 특화된 여러 개의 패키지가 존재한다. 이번 절에서는 임상연구 자료분석에 유용하게 사용할 수 있는 패키지들을 소개한다. 지금 이 시간에도 더 편하고 더 좋은 옵션들을 제공하는 패키지들이 개발되고 있으니 이후에도 독자들 스스로 패키지를 찾아보고 사용해보길 권한다.

5-1 GGally 패키지

사실 상관도라는 것이 따로 있는 것은 아니다. 기존 산점도를 이용하면 되는데, 여러 개의 변수를 동시에 볼 때는 GGally 패키지를 이용하면 편리하다.
우선 GGally 패키지를 설치하고 불러오자.

```
install.packages('GGally')
library(GGally)
```

1) 변수들 간의 상관관계 한눈에 보기: ggpairs()

dat1에는 변수가 많아서 일부 변수만 선택해서 temp라는 데이터에 저장하고 실습을 진행해 보자.

```
temp<-dat1[, c('age','gender','b_alt','b_plt','b_alb')]
ggpairs(temp)
```

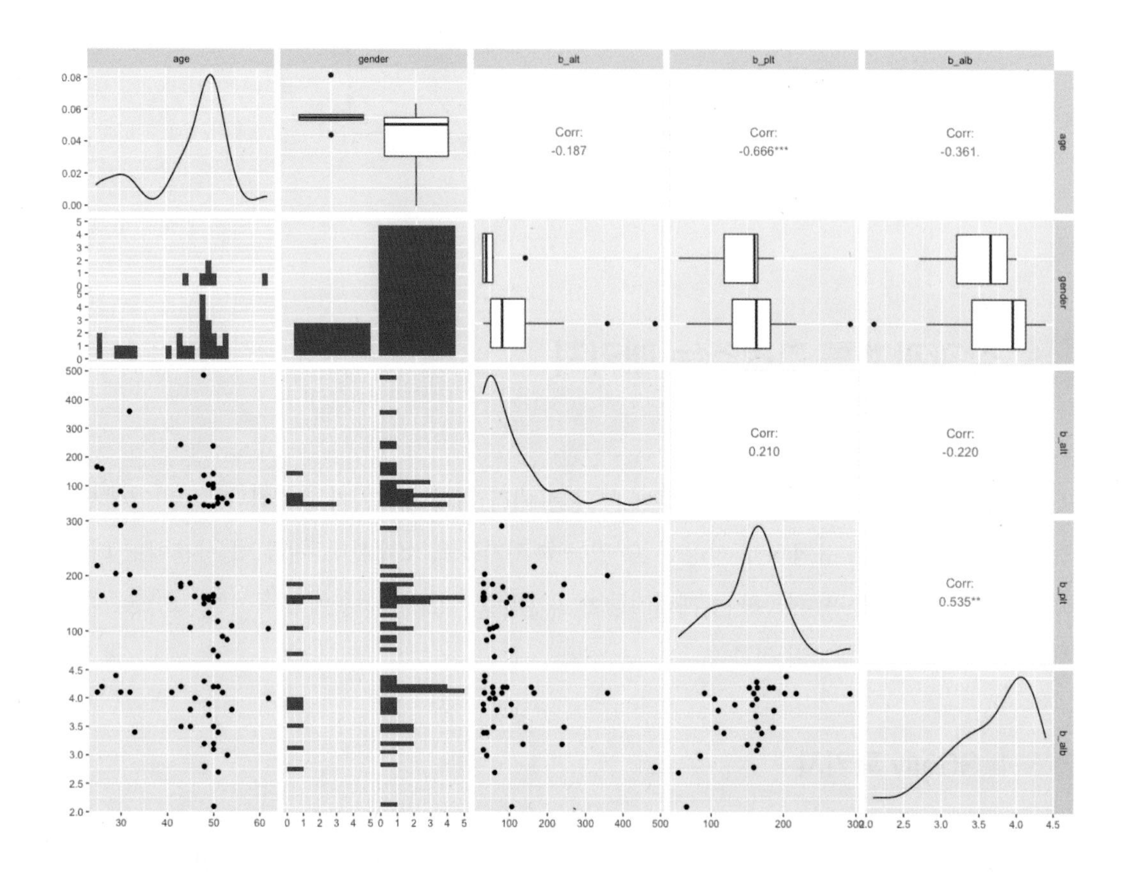

5-2 corrplot 패키지

여러 변수들의 상관관계를 한꺼번에 보기 위해 가장 많이 쓰이는 패키지는 corrplot 패키지다. 우선 corrplot 패키지를 설치하고 불러오자.

```
install.packages('corrplot')
library(corrplot)
```

1) 한눈에 변수들의 상관관계 보기: corrplot()

기본 형태와 옵션은 아래와 같다.

```
corrplot(cor(data), # correlation matrix 형태로 입력
         method=,   # plot의 종류 입력
         type=,     # plot의 upper, lower style 입력
         diag=TRUE, # defalut는 TRUE이다.
         tl.col=,   # label 색상
         bg=,       # 배경 색상
         title=,    # title
         col=)      # palette color 이용
```

연속형 변수들만 가지는 데이터를 따로 만들고, 결측치가 있는 경우에는 계산이 안 되기 때문에 결측치가 포함된 경우는 모두 제거한 cor.dt를 만들어서 실습하자. corrplot 내부에 들어갈 수 있는 객체는 correlation matrix, 즉 cor(data) 형태이다. 따라서 바로 데이터 이름을 쓰면 안 되고 cor(cor.dt) 형태가 되어야 한다.

```
cor.dt<-dat1 %>%
 select(age, b_alt, b_plt, b_alb) %>%
 na.omit()
corrplot(cor(cor.dt))
```

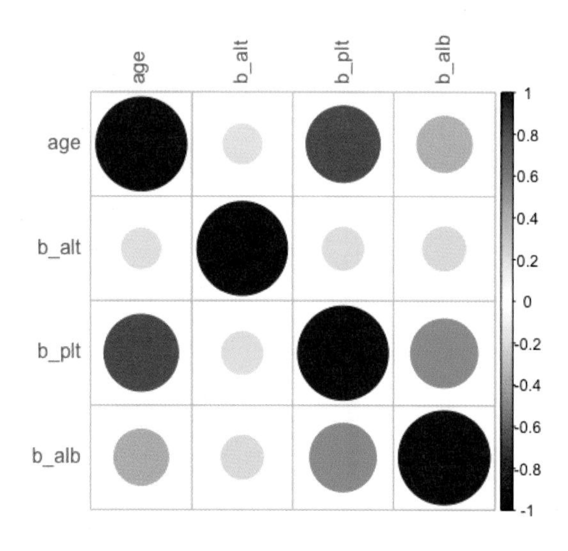

앞의 그래프에서 색깔이 파란색에 가까울수록 양의 상관관계가 있고, 붉은색에 가까울수록 음의 상관관계를 나타낸다.

2) 다양한 method 옵션 변화 주기

기본 형태의 원('circle') 말고 다른 method 옵션을 적용해보자.

```
par(mfrow=c(2,2))  # Plots 창을 4개 section으로 나누어준다.
corrplot(cor(cor.dt), method='square')
corrplot(cor(cor.dt), method='ellipse')
corrplot(cor(cor.dt), method='number')
corrplot(cor(cor.dt), method='color')
```

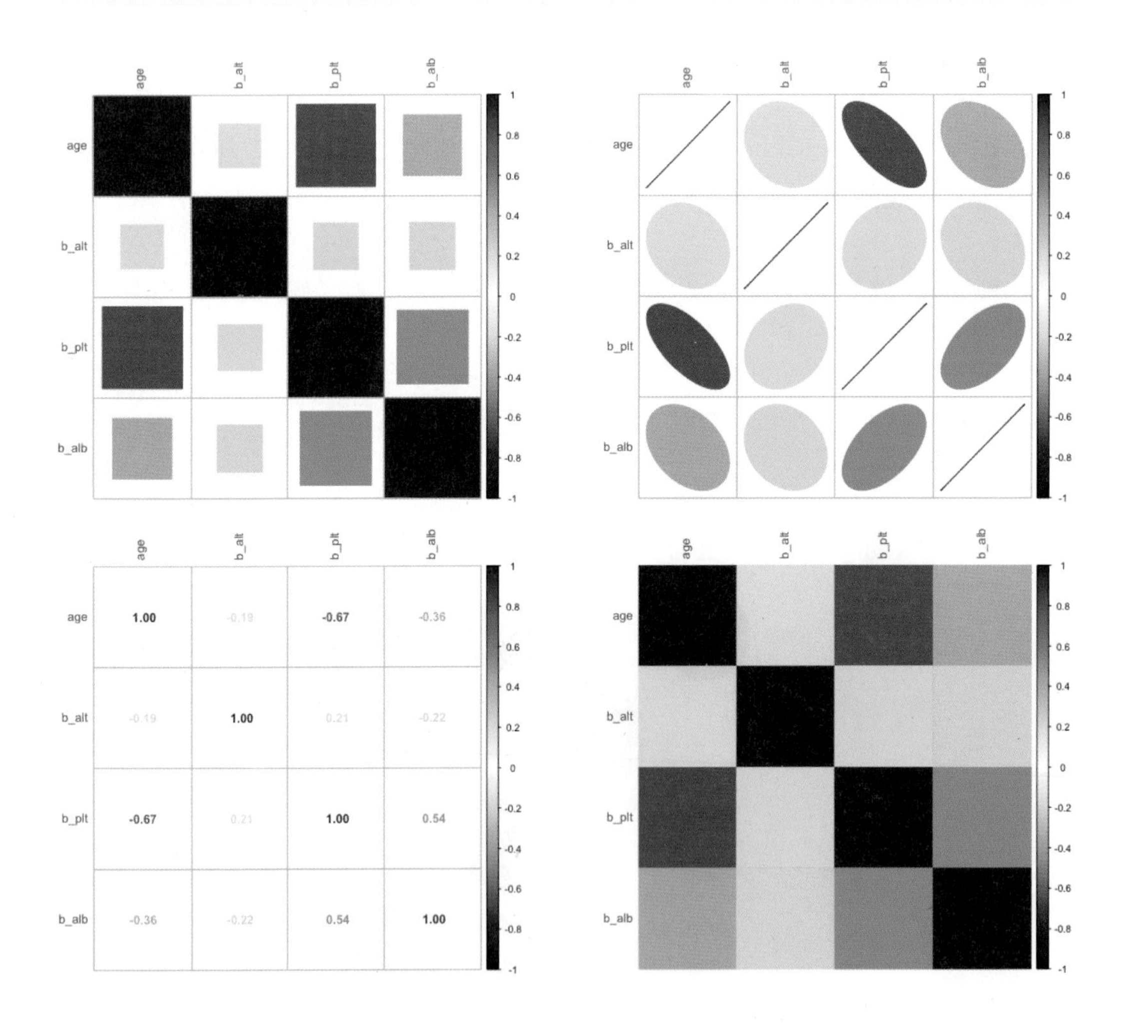

Ch 6

임상연구 관련 의학통계

지금까지는 R을 이용해 기본 데이터를 다루고 시각화하는 방법을 배웠다. 이번 6장에서는 실제 임상연구 데이터 분석을 위한 의학통계 지식을 간단하게 배울 예정이다. 본서는 의학통계를 직접적으로 다루지는 않기에 중요 개념만을 다룰 것이다. 그러나 데이터 분석에 익숙해지다 보면 분석기술을 아는 것뿐만 아니라 어떠한 분석방법을 사용해야 하고, 결과의 적절성을 어떻게 해석해야 하는지 아는 것이 임상연구에서 매우 중요하기에 이번 장의 내용 역시 중요하다.

1 회귀분석

회귀분석(regression analysis)의 시초는 영국 유전학자 프랜시스 골턴(Francis Galton)이라 할 수 있다. 그는 부모의 키와 아이들의 키 사이의 연관 관계를 연구하면서 부모와 자녀의 키 사이에는 선형(linear)적 관계가 있고, 키가 작아지는 것보다는 전체 키의 평균으로 돌아가려는 경향이 있다는 가설을 세우고 이를 분석하는 방법을 '회귀분석'이라고 하였다. 이후 칼 피어슨(Karl Pearson)은 아버지와 아들의 키를 조사한 결과를 바탕으로 함수 관계를 도출하여 회귀분석의 이론을 수학적으로 정립하였다.

회귀분석은 독립변수(X)에 대하여 종속변수(Y)의 관계를 수학적 모형으로 정의하는 것이며, 동시에 새로운 독립변수(X)가 주어질 때 이를 바탕으로 종속변수(Y)를 예측하게 해주는 모형이라고도 할 수 있다.

회귀분석에서 종속변수(Y)는 1개가 되지만, 독립변수(X)는 1개가 될 수도 있고 여러 개가 될 수도 있다. 그리고 독립변수(X)와 종속변수의 관계가 1차항이 될 수도 있고, 다차항(2차, 3차)이 될 수도 있다. 또한 종속변수(Y)와 독립변수(X) 간의 관계를 단순한 선형관계로 분석하거나 혹은 로짓(logit)을 이용하여 분석할 수 있으며, 새롭게 정의된 함수로 분석할 수도 있다. 즉 이와 같이 독립변수(X)의 개수, 몇 차 항인지, 어떤 함수 혹은 관계로 분석할지에 따라서 회귀분석의 종류와 방법이 결정된다.

여기에서는 가장 단순한 회귀분석인 단순 선형 회귀분석(simple linear regression)을 이용하여 회귀분석의 가정, 분석방법, 결과해석에 대해 먼저 배운 뒤 다른 회귀분석에 대해 배워보도록 한다. 비록 다른 종류의 회귀분석이더라도 기본 가정 및 결과해석법은 크게 다르지 않다.

회귀분석의 일반적 과정은 다음과 같다.

① 분석하고자 하는 변수들 중 종속변수(Y)와 독립변수(X)를 결정한다.
② 회귀식을 추정한다.
③ 회귀계수 및 결정계수를 산출한다.
④ 추정한 회귀식이 유의한 모형인지 유의성을 검증한다.
⑤ 추정한 회귀식의 회귀계수의 유의성을 검정한다.
⑥ 추정한 회귀식이 회귀분석의 기본 가정을 위반하지 않는지 점검한다.

1-1 단순 선형 회귀분석

제일 기본이 되는 회귀분석으로 1차함수($y=ax+b$)가 선형 회귀분석의 가장 기본적 예라고 볼 수 있다. 여기서 y는 종속변수, x는 독립변수가 된다. a는 기울기(slope)가 되고 b는 절편(intercept)이 된다. 예를 들어 $y=2x+3$이라고 하는 1차함수는 x가 1씩 증가할 때마다 $2\times(1)+3$씩 증가하는 y값을 산출하게 된다. 이때 기울기: 2, 절편: 3을 회귀계수(coefficient)라고도 한다.
이제 선형 회귀분석을 실습해보기 위해 데이터(Ch6_regression.csv)를 불러오자.

```
library(tidyverse)

dt<-read_csv("Example_data/Ch6_regression.csv")
head(dt)

# A tibble: 6 × 7
     id   osm    na   bun  glucose  weight  height
  <dbl> <dbl> <dbl> <dbl>    <dbl>   <dbl>   <dbl>
1     1   296   142     9      184      50     167
2     2   298   144    12      144      59     159
3     3   278   132    13       99      90     161
4     4   307   142    13      104      90     152
5     5   307   139    11      115      88     175
6     6   293   140    11      105      99     161
```

Ch6_regression.csv 데이터는 200명의 혈청 삼투압(osmolality) 데이터이며 변수의 의미는 아래와 같다.

변수	변수의 의미
id	환자 ID
osm	삼투압
na	나트륨
bun	혈액 요소 질소 (BUN)
glucose	혈당
weight	몸무게
height	키

먼저 na(독립변수), osm(종속변수)의 관계를 단순 선형 회귀분석으로 알아보자. 앞서 언급한 회귀분석의 일반적 순서대로 진행한다.

1) 독립변수와 종속변수 간의 상관관계 알아보기

plot 함수를 사용하여 독립변수와 종속변수 간에 어떠한 상관관계가 존재하는지 알아보자. 얼핏 보기에 na와 osm은 비교적 강한 양의 상관관계를 가지는 것으로 보인다. 즉 na 값이 커질수록 osm의 값도 일정 비율로 증가하는 양상을 보인다.

```
plot(osm~na, data=dt)
```

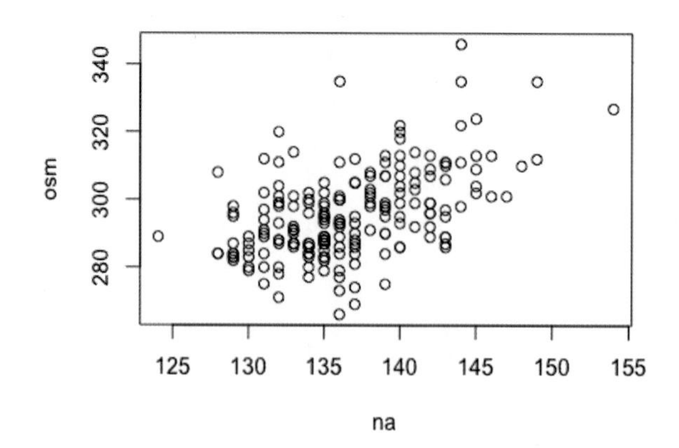

2) 회귀식 추정하기

회귀식은 다음과 같이 추정해볼 수 있다. 아래 그림의 2가지 회귀선 중에서 어떤 회귀선이 두 변수를 더 잘 설명할 수 있을까? 다른 말로 하자면 두 회귀선 중 어떤 회귀선을 이용하면 주어진 na에 따른 osm을 더 정확히 예측할 수 있을까? 오렌지색과 푸른색 회귀선 중에서 더 설명력(예측력)이 높은 회귀선을 결정할 때는 최소제곱법(least square method)을 사용한다.

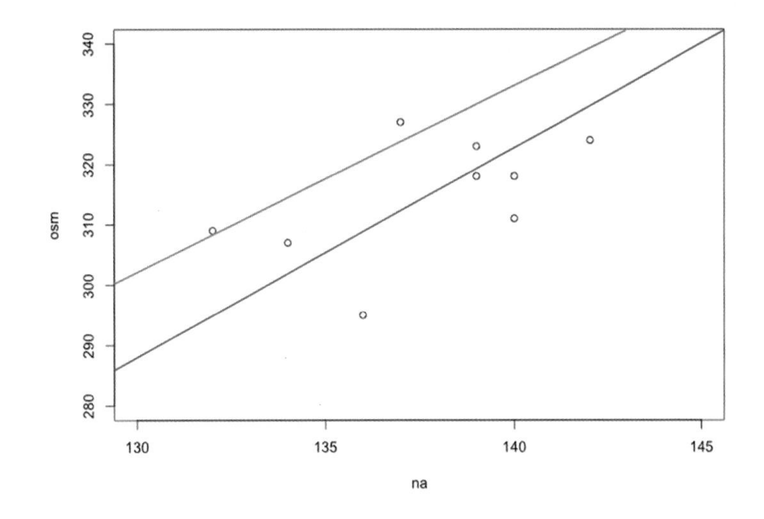

먼저 푸른색 회귀선을 기준으로 볼 때 na가 136일 경우 회귀선에 따르면 osm은 308이 예측된다. 하지만 실제 관측값은 294이다. 또한 na가 142일 때 osm은 329로 예측되지만 실제 관측값은 322이다. 이처럼 2개의 독립변수가 주어졌을 때 실제 관측값과 예측값 사이에 나타나는 차이를 잔차(residual)라고 한다.

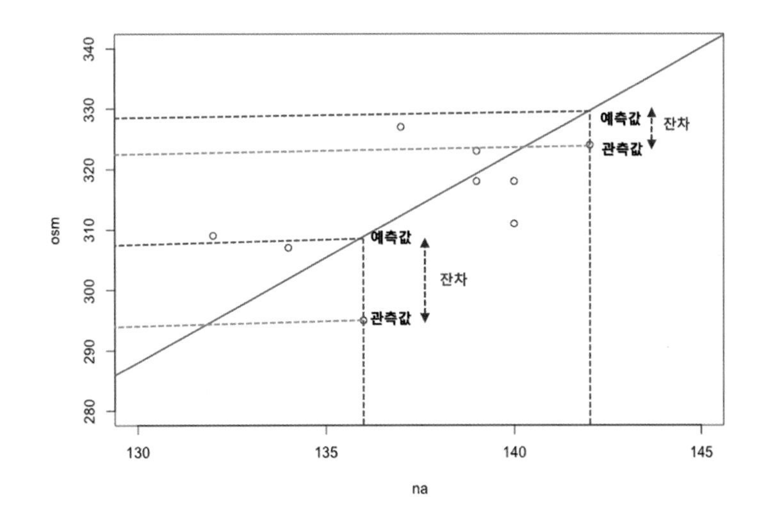

다음으로 오렌지색 회귀선을 기준으로 볼 때 na가 136일 경우 회귀선에 따르면 osm은 320이 예측된다. 하지만 실제 관측값은 294이다. 또한 na가 142일 때 osm은 339로 예측되지만 실제 관측값은 322이다. 따라서 2개의 독립변수에 대한 잔차는 오렌지색 회귀선일 때가 푸른색 회귀선일 때보다 훨씬 크다.

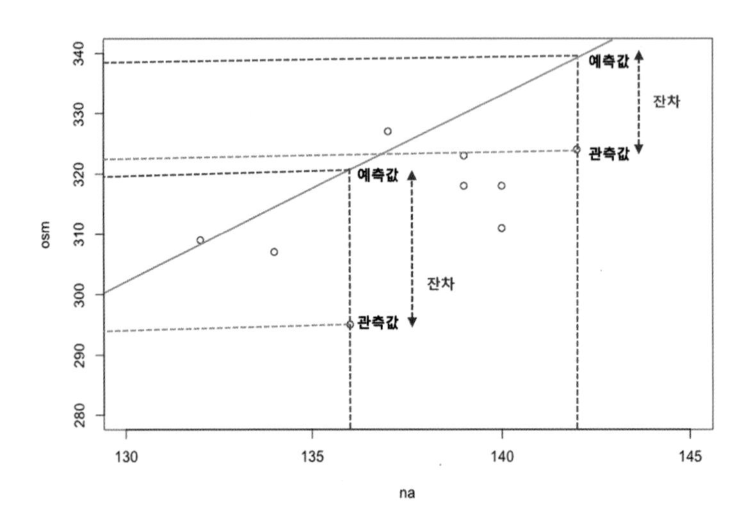

회귀선 추정의 목적은 가장 설명력이 높은, 즉 잔차가 최소화되는(정확히는 잔차의 제곱합이 최소화되는) 회귀선을 찾는 것이다. 단순 선형 회귀분석의 경우 아래의 코드를 사용한다.

```
lm(종속변수~독립변수, data=데이터)
```

위의 코드를 이용해서 회귀식을 추정하고 이를 fit이라는 객체에 저장하자.

```
fit<-lm(osm~na, data=dt)
fit

Call:
lm(formula=osm ~ na, data=dt)

Coefficients:
(Intercept)      na
    111.632   1.348
```

fit 객체를 보면 2개의 회귀계수(coefficient)가 나온다. na의 회귀계수는 기울기가 되고, (Intercept)로 표현된 회귀계수는 절편이 된다. 즉 앞의 회귀식을 다시 쓴다면 아래와 같이 쓸 수 있다.

$$y = 111.632 + 1.348 * na$$

그래프로 그리면 아래와 같다.

```
plot(osm~na, data=dt)
abline(fit, col='red', lwd=2)
```

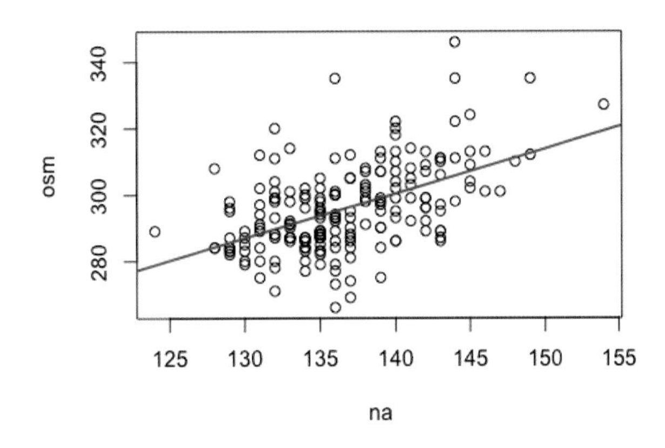

3) 추정한 회귀식의 결정계수 찾기

위에서 추정한 회귀식에 summary() 함수를 이용하면 결정계수(R^2)를 볼 수 있다. 아래 결과값 중 Adjusted R-squared 값이 추정한 회귀식의 결정계수(R^2)이다. 결정계수(coefficient of determination)의 의미는 표본으로 추정된 회귀선이 관찰치를 얼마나 적절히 설명하는가를 나타내는 척도라고 볼 수 있다.

```
summary(fit)

Call:
lm(formula = osm ~ na, data = dt)

Residuals:
```

```
   Min      1Q  Median      3Q     Max
-28.995  -6.950  -1.039   6.568  40.219

Coefficients:
            Estimate Std. Error t value Pr(>|t|)
(Intercept) 111.6318    21.9028   5.097 8.04e-07 ***
na            1.3483     0.1603   8.413 7.87e-15 ***
---
Signif. codes:  0 '***' 0.001 '**' 0.01 '*' 0.05 '.' 0.1 ' ' 1

Residual standard error: 11.08 on 198 degrees of freedom
Multiple R-squared:  0.2634,	Adjusted R-squared:  0.2596 
F-statistic: 70.78 on 1 and 198 DF,  p-value: 7.865e-15
```

그렇다면 R^2 결정계수에 대해서 조금만 더 알고 가자. 필요한 개념은 아래와 같다.

- SSR (sum of squares for regression: 회귀선에 의해 예측되는 Y의 변동)
- SSE (sum of squares for error: 회귀선에 의해 예측되지 않는 변동)
- SST (sum of squares for total: 종속변수 Y의 전체 변동)

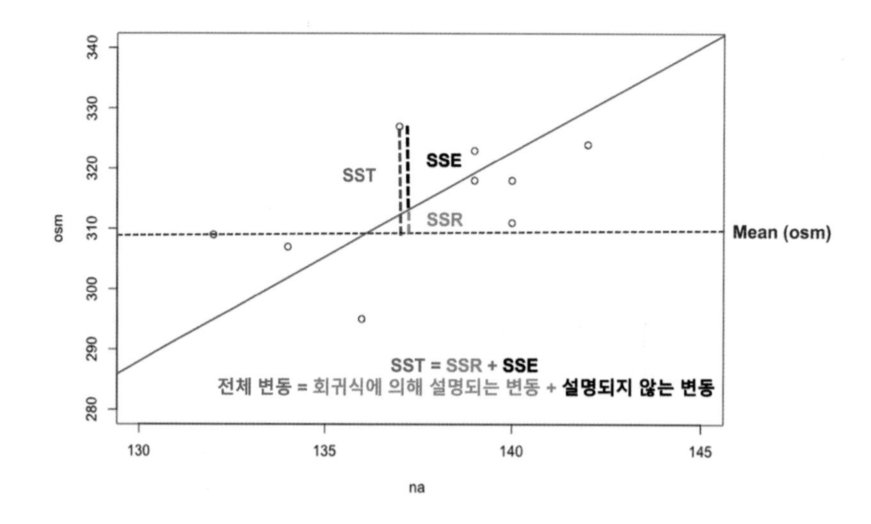

잘 추정된 회귀식의 경우 서로 다른 독립변수(na)에 따른 종속변수(osm) 값이 회귀선에 의해 잘 예측되어야 할 것이다. 하지만 모든 독립변수에 대해 100% 정확히 종속변수를 예측하기는 불가능하다. 위의 그림에서 보듯이 잔차는 생길 수밖에 없다.

전체 잔차의 제곱합의 합계를 SST라고 할 때 SST는 예측되는 잔차 제곱의 합계인 SSR과 예측되지 않는 잔차 제곱의 합계인 SSE의 총합이 된다. 즉 $SST = SSR + SSE$가 된다.
결정계수 $R^2 = \frac{SSR}{SST} = 1 - \frac{SSE}{SST}$ 로 계산한다. 즉 SSE가 작을수록, 상대적으로 SSR이 클수록 R^2는 커진다. 이로써 우리가 추정한 회귀식으로 독립변수와 종속변수 간 관계를 더 강하게 설명할 수 있다.

4) 추정한 회귀식이 유의한 모형인지 검증

우리가 위에서 추정한 회귀식이 과연 통계적으로 유의한 모형인지 검증해야 하는데, 이는 F분포로 결정할 수 있다(F분포를 왜 쓰는지는 여기서 다루지 않는다). 아래와 같이 추정한 선형 회귀의 summary를 확인하면 F 통계값과 이에 상응하는 p값이 제시되어 있다. 결과값의 제일 아래쪽에 F-statistic이라는 값이 F 통계값이며, 오른쪽 p값이 0.05 이하이므로 우리가 추정한 회귀식은 통계적으로 유의하다고 볼 수 있다.

```
summary(fit)

Call:
lm(formula = osm ~ na, data = dt)

Residuals:
    Min       1Q   Median      3Q     Max
-28.995   -6.950   -1.039   6.568  40.219

Coefficients:
            Estimate  Std. Error  t value   Pr(>|t|)
(Intercept) 111.6318     21.9028    5.097   8.04e-07 ***
na            1.3483      0.1603    8.413   7.87e-15 ***
---
Signif. codes: 0 '***' 0.001 '**' 0.01 '*' 0.05 '.' 0.1 ' ' 1

Residual standard error: 11.08 on 198 degrees of freedom
Multiple R-squared: 0.2634,  Adjusted R-squared: 0.2596
F-statistic: 70.78 on 1 and 198 DF, p-value: 7.865e-15
```

5) 추정한 회귀식의 회귀계수의 유의성을 검정

현재는 단변수 분석(독립변수가 1개)이라서 회귀계수의 유의성을 검증하는 것이 간단하다. 위의 `summary(fit)` 결과값을 보면 na의 estimate는 절편에 해당하는 1.3483이고, p값은 0.05 미만이라서 na는 osm이라는 종속변수를 설명하는 데 있어서 유의한 회귀계수를 가지고 있다.

6) 추정한 회귀식이 회귀분석의 기본 가정을 충족하는지 확인

임상연구를 할 때 초심자들이 흔히 범하는 실수는 회귀분석을 하고 나서 회귀식의 유의성과 회귀계수의 유의성만을 확인한 다음 분석을 끝마치는 것이다. 회귀분석을 통해 회귀식을 추정했다면, 그 식이 회귀분석에서 충족해야 할 기본 가정을 모두 만족하는지 꼭 확인해야 한다. 만약 기본 가정을 충족하지 않는다면 새로운 회귀식을 추정해야 한다.
선형 회귀분석에서 만족해야 하는 가정들은 아래와 같다.

- 선형성
- 잔차의 정규성
- 잔차의 독립성
- 잔차의 등분산성

(1) 선형성 확인

선형 회귀분석에서는 독립변수와 종속변수가 당연히 선형관계에 있어야 한다. 이는 아래와 같은 산점도로 확인할 수 있다. 아래 오른쪽 그래프를 보면 id와 bun은 전혀 선형관계가 아니기에 이러한 변수들을 이용하여 선형 회귀분석을 하는 것은 의미가 없다.

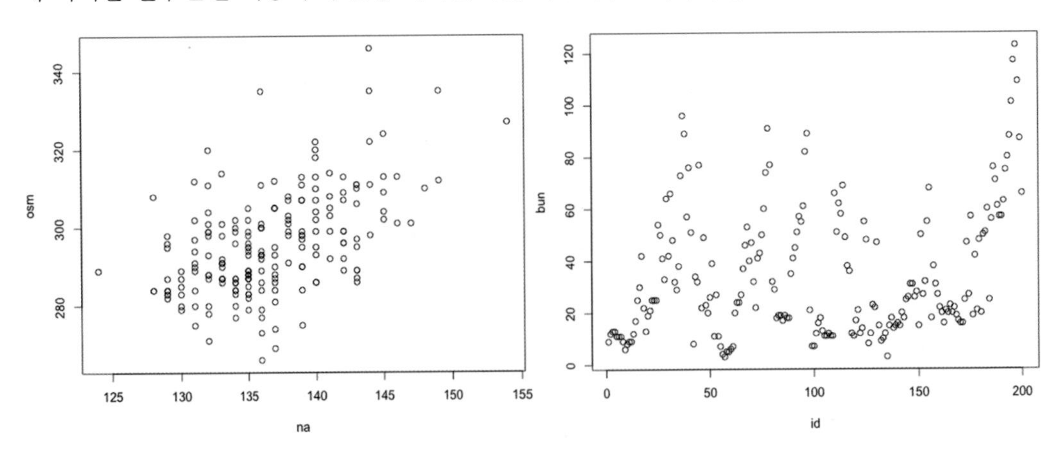

(2) 잔차의 정규성

잔차가 생기는 것은 어쩔 수 없지만, 잔차들만 따로 모아서 그 분포를 보았을 때도 일반적으로 정규성을 띠어야 한다. 잔차의 정규성은 Q-Q plot을 이용해서 육안으로 확인할 수 있다.

(3) 잔차의 독립성

만약 잔차의 분포가 서로 독립적이지 않고 연관이 있다면, 회귀식을 다시 추정해야 하고 무엇인가 추가적인 변수 혹은 분포를 반영하여야 한다는 의미이다. 잔차의 독립성을 보기 위해 전체 잔차의 산점도를 그려서 육안으로 확인할 수 있다.

(4) 잔차의 등분산성

위의 독립성 항목과 비슷한 의미로, 잔차는 독립적이어야 하며 그 분포 역시 균일해야 한다는 것이다. 즉 등분산성이 가정되어야 한다.

(5) 선형 회귀식의 가정 확인 방법

위에서 추정한 선형 회귀식 fit이 이러한 가정을 충족하는지 plot 명령어를 이용하여 쉽게 확인할 수 있다. 선형관계는 앞에서 이미 na와 osm 간의 산점도를 통해 충분히 확인하였다. 잔차의 정규성, 등분산성, 독립성에 대해서 확인해보자.

```
par(mfrow=c(2,2))
plot(fit)
```

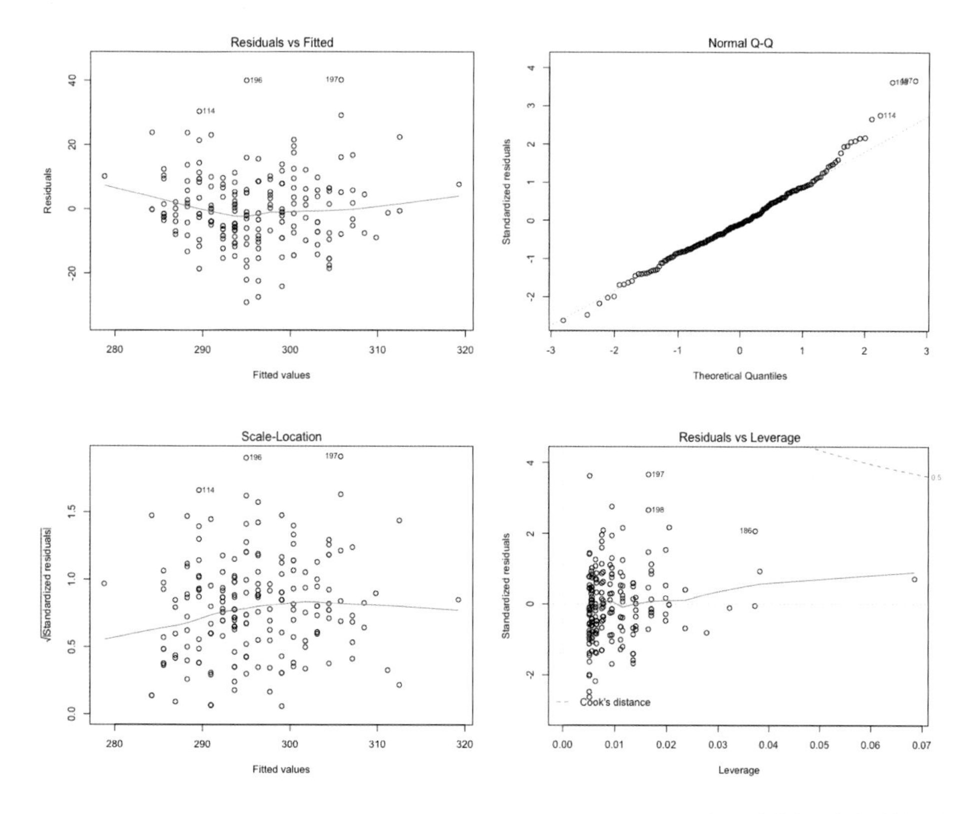

앞의 예측값에 따른 잔차를 나타내는 왼쪽 위 첫 번째 plot을 보면, 특별한 분포를 보이지 않고 랜덤하게 분포하여 잔차의 독립성이 위배되지 않음을 알 수 있다. 오른쪽 위 Q-Q plot에서는 잔차의 표준화가 점선을 따라가므로 잔차의 정규성이 위배되지 않음을 알 수 있다. 오른쪽 아래 잔차의 분산을 보여주는 plot에서는 등분산성이 위배되지 않음을 확인할 수 있다.

1-2 다중 회귀분석

다중 회귀분석은 종속변수가 연속변수일 경우에 가장 많이 사용하는 방법 중 하나다. 실제 임상연구에서는 위에서 다룬 1개의 독립변수만을 이용하여 종속변수를 설명하는 경우는 거의 없고, 여러 개의 독립변수(특히 연속변수로 된)를 이용하여 종속변수를 설명하기 위한 다중 회귀분석을 훨씬 많이 사용한다.
다중 회귀분석의 회귀식 추정 원리나 가정 등은 단순 선형 회귀분석과 크게 다르지 않다. 즉 기존의 $y=a+bx$의 회귀식이 $y=a+b_1x_1+b_2x_2+b_3x_3+\cdots+b_jx_j$ 형태가 되는 것이다.
앞에서 사용한 예제를 그대로 사용하여 다중 회귀분석을 수행해보자. 즉 연속변수 형태의 여러 개 독립변수(na, bun, glucose)를 이용하여 종속변수(osmolality)를 구해보자. 앞과 동일한 순서대로 진행한다.

1) 산점도를 이용하여 데이터 분포 살펴보기

bun, glucose, height, weight와 bun 간의 산점도를 그려서 분포를 먼저 확인하자. 다음 산점도를 보면 bun, glucose는 osm과의 관계에서 어느 정도 선형성을 띠고 있다. 하지만 height, weight는 osm과의 관계에서 선형성이 크게 눈에 띄지 않는다.

```
par(mfrow=c(2,2))
plot(osm~bun, data=dt, main="BUN")
plot(osm~glucose, data=dt, main="Glucose")
plot(osm~height, data=dt, main="Height")
plot(osm~weight, data=dt, main="Weight")
```

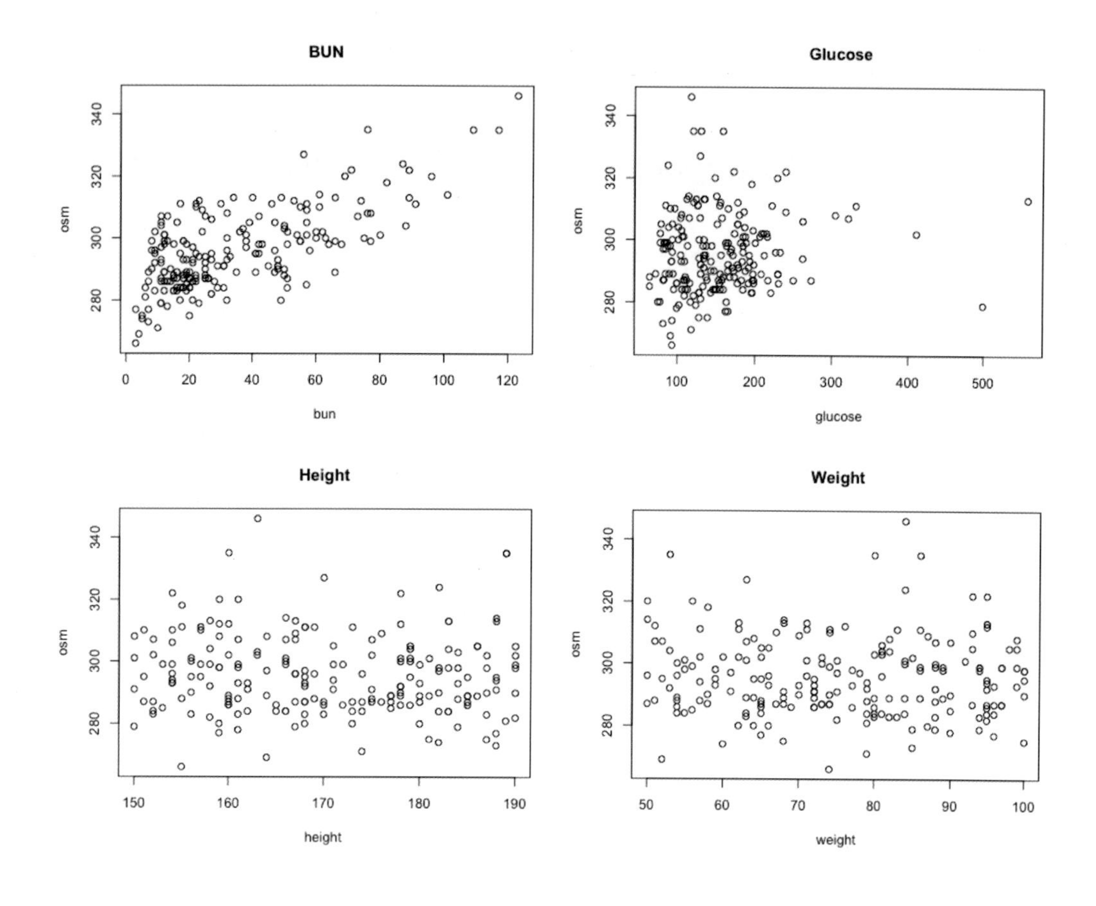


```
par(mfrow=c(1,1))
```

2) 다중 선형 회귀식 추정

기존 lm 공식에 아래와 같이 독립변수를 더해준다.

```
fit.multi<-lm(osm~na+bun+glucose+height+weight, data=dt)
fit.multi

Call:
lm(formula = osm ~ na + bun + glucose + height + weight, data = dt)

Coefficients:
(Intercept)         na        bun   glucose    height    weight
  84.917430   1.409028   0.369772  0.028286  0.002827  0.011948
```

각 변수들의 회귀계수에 따라서 추정된 회귀식은 다음과 같다.

$$osm = 1.41 * na + 0.37 * bun + 0.03 * glucose + 0.003 * height + 0.012 * weight + 84.9$$

3) 추정한 다중 선형 회귀식의 유의성 및 결정계수 검정

summary 기능을 이용해 앞에서 추정한 다중 선형 회귀식의 유의성과 결정계수를 검정한다.

```
summary(fit.multi)

Call:
lm(formula = osm ~ na + bun + glucose + height + weight, data = dt)

Residuals:
     Min       1Q   Median      3Q      Max
-17.2508  -3.8833  -0.7117  3.7632  18.9770

Coefficients:
             Estimate  Std. Error  t value  Pr(>|t|)
(Intercept) 84.917430   14.663494    5.791  2.78e-08 ***
na           1.409028    0.090263   15.610   < 2e-16 ***
bun          0.369772    0.017821   20.749   < 2e-16 ***
glucose      0.028286    0.006709    4.216  3.81e-05 ***
height       0.002827    0.037403    0.076     0.940
weight       0.011948    0.030551    0.391     0.696
---
Signif. codes: 0 '***' 0.001 '**' 0.01 '*' 0.05 '.' 0.1 ' ' 1

Residual standard error: 6.166 on 194 degrees of freedom
Multiple R-squared: 0.7763,   Adjusted R-squared: 0.7705
F-statistic: 134.6 on 5 and 194 DF, p-value: < 2.2e-16
```

검정 결과 na, bun, glucose 세 독립변수 모두 회귀계수의 p값이 0.05 미만으로 유의하다. 반면 height, weight는 p값이 0.05 이상으로 회귀계수가 유의하지 않다. Adjusted R-squared 값이 0.77로 본 회귀모형을 이용하여 종속변수(osm) 예측의 약 77%가 가능하다고 해석할 수 있다. F 분포를 적용하였을 때 p값이 0.05 미만으로 본 회귀식은 유의하다고 볼 수 있다.

4) 추정한 다중 선형 회귀식의 가정 점검

추정한 다중 선형 회귀식의 가정을 plot 명령어를 이용하여 점검한다.

```
par(mfrow=c(2,2))
plot(fit.multi)
```

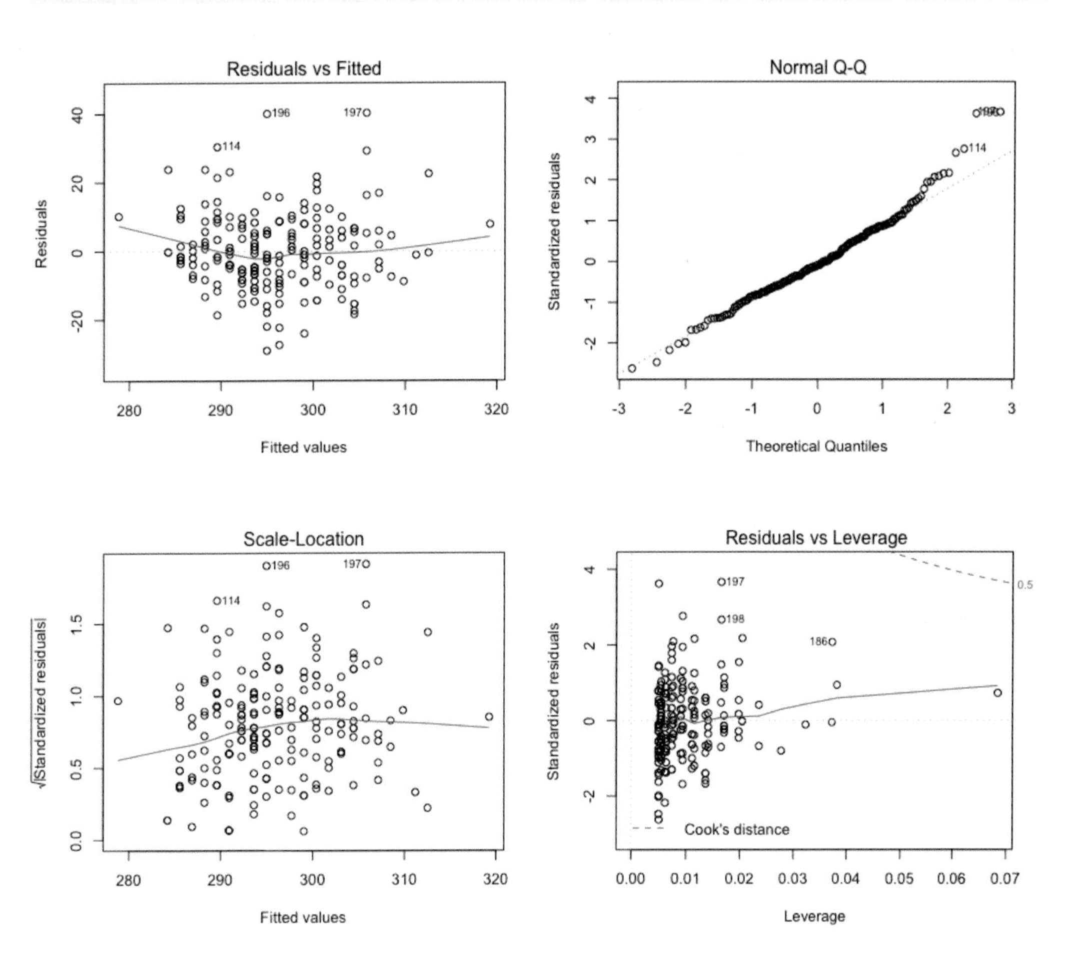

5) 최종 회귀모형에 포함될 변수 선택

최종 변수 선택은 다중 회귀분석에서 가장 중요한 단계라고 볼 수 있다. 위에서 5가지의 변수가 처음 추정된 회귀식에 포함되어 있었다. 그런데 osm을 가장 잘 설명(예측)해줄 수 있는 모형은 어떤 변수를 포함해야 할까?

변수 선택 방법은 크게 3가지로 구분할 수 있다.

- **후진 제거법**(backward elimination method): 전체 변수를 모두 넣고 유의성이 가장 떨어지는 변수를 하나씩 제거한다.
- **전진 선택법**(forward selection method): 유의성이 가장 높은 변수를 먼저 넣고, 그다음으로 유의성이 높은 변수를 순차적으로 모형에 포함한다.
- **단계적 선택법**(stepwise selection method): 후진 제거법과 전진 선택법을 같이 이용하여 최적의 모델을 찾는다.

변수 선택은 통계 강의나 수업에서 자주 질문이 나오는 이슈이다. 어떤 변수를 모형에 포함시켜야 하는지, 어떤 방법을 사용해 변수를 선택해야 하는지, 사실 이러한 질문에 대한 정답은 없다. 연구자가 판단하기에 본 회귀식에 임상적으로 꼭 포함되어야 할 변수가 있다면 포함시켜야 하며, 아무리 p값이 유의하더라도 임상적으로 의미가 없는 변수라면 포함시키지 않는 것이 좋다. 또한 후진, 전진, 단계적 방법 중 어느 것을 쓰든지 최적의 모델을 찾는 것이 중요하며, 논문을 쓸 경우 사용한 방법을 정확히 명기하면 된다.

6) 최적의 회귀모형 선택의 기준: AIC

위에서 언급한 방식으로 회귀모형을 선택할 때 기준이 되는 값은 AIC(Akaike's information criteria)이다. 결론부터 이야기하면 AIC 값이 낮을수록 설명력이 높은 우수한 회귀모형으로, AIC 값이 최소화될 수 있는 회귀모형을 만들기 위해 포함될 변수를 넣거나 제외하게 된다.
우선 아래 여러 개의 모델을 직접 하나씩 비교해보자.

- $osm = na + intercept$
- $osm = na + bun + intercept$
- $osm = na + bun + glucose + intercept$
- $osm = na + bun + glucose + height + intercept$
- $osm = na + bun + glucose + height + weight + intercept$

위의 5가지 회귀식의 R^2를 각각 계산해보자.

```
fit1<-lm(osm~na, data=dt)
f1<-summary(fit1)
f1$adj.r.squared
```

```
[1] 0.2596306
```

```
fit2<-lm(osm~na+bun, data=dt)
f2<-summary(fit2)
f2$adj.r.squared
```

```
[1] 0.7532313
```

```
fit3<-lm(osm~na+bun+glucose, data=dt)
f3<- summary(fit3)
f3$adj.r.squared
```

```
[1] 0.7726867
```

```
fit4<-lm(osm~na+bun+glucose+height, data=dt)
f4<-summary(fit4)
f4$adj.r.squared
```

```
[1] 0.7715272
```

```
fit5<-lm(osm~na+bun+glucose+height+weight, data=dt)
f5<-summary(fit5)
f5$adj.r.squared
```

```
[1] 0.7705304
```

- $osm = na + intercept$ 결정계수: 0.2596
- $osm = na + bun + intercept$ 결정계수: 0.7532
- $osm = na + bun + glucose + intercept$ 결정계수: 0.7727
- $osm = na + bun + glucose + height + intercept$ 결정계수: 0.7715
- $osm = na + bun + glucose + height + weight + intercept$ 결정계수: 0.7705

위의 결과를 보면 na, bun, glucose 변수는 추가할 때마다 R^2가 증가하지만 height, weight 변수는 모형에 포함되어도 오히려 R^2가 감소한다. 즉 height, weight 변수는 모형에 포함되지 않는 것이 좋다. 그런데 이렇게 하나씩 직접 할 필요 없이 다음과 같이 `step()` 함수를 이용하면 쉽게 해결할 수 있다.

```
fit.multi<-lm(osm~na+bun+glucose+height+weight, data=dt)
step(fit.multi)
Start: AIC=733.52
osm ~ na + bun + glucose + height + weight

           Df  Sum of Sq      RSS     AIC
- height    1        0.2   7375.6  731.52
- weight    1        5.8   7381.2  731.67
<none>                     7375.3  733.52
- glucose   1      675.8   8051.2  749.05
- na        1     9264.1  16639.5  894.24
- bun       1    16367.1  23742.5  965.34

Step: AIC=731.52
osm ~ na + bun + glucose + weight

           Df  Sum of Sq      RSS     AIC
- weight    1        5.8   7381.4  729.68
<none>                     7375.6  731.52
- glucose   1      677.2   8052.8  747.09
- na        1     9392.0  16767.5  893.78
- bun       1    16367.9  23743.4  963.35

Step: AIC=729.68
osm ~ na + bun + glucose

           Df  Sum of Sq      RSS     AIC
<none>                     7381.4  729.68
- glucose   1      672.6   8054.0  745.12
- na        1     9500.7  16882.1  893.14
- bun       1    16509.7  23891.0  962.59

Call:
lm(formula = osm ~ na + bun + glucose, data = dt)

Coefficients:
(Intercept)         na        bun    glucose
   86.08723    1.41118    0.36897    0.02795
```

위의 결과를 보면 AIC가 최소가 될 때까지 변수를 포함하거나 제외하면서 분석이 반복되고,

최종적으로 AIC = 729.68로 최소화될 때 분석이 중단된다. 그리고 bun, na, glucose가 포함 변수로 최종 선택된다.

7) 또 다른 변수 선택법

연구자가 모든 변수에 대해서 잘 알고 있다면 임상적 지식에 통계적 유의성을 더하여 변수를 선택할 수 있을 것이다. 하지만 어떤 변수가 들어가야 할지 판단이 잘 서지 않을 때는 변수 포함에 따른 가능한 한 많은 모형을 계산해보고 싶을 수도 있다. 이럴 때 `olsrr` 패키지를 이용하면 도움이 된다.
olsrr 패키지를 먼저 설치하고 불러오자.

```
install.packages('olsrr')
```

위에서 사용한 모델을 한 번 더 사용해보자.

```
library(olsrr)

fit.multi<-lm(osm~na+bun+glucose+height+weight, data=dt)
```

(1) 모든 변수의 조합으로 모델 평가: ols_step_all_possible()

다중 회귀분석에 포함될 변수들의 모든 조합을 평가해준다. 너무 많은 조합을 제시하기에 추천하지는 않는 방법이다. 아래 코드 출력 결과를 보면 총 31가지 모형이 이론적으로 가능하고 (회귀식이 올바른지 유의한지는 상관없이), R^2를 보면 16번째 na, bun, glucose가 포함된 모델이 Adj.R-squared 값이 가장 높다.

```
ols_step_all_possible(fit.multi)
  Index  N              Predictors   R-Square   Adj. R-Square   Mallow's Cp
2     1  1                     bun 0.469580229   0.4669013413   263.989252
1     2  1                      na 0.263351044   0.2596305952   442.834789
3     3  1                 glucose 0.010670380   0.0056737662   661.963856
4     4  1                  height 0.004144047  -0.0008855289   667.623606
5     5  1                  weight 0.001187392  -0.0038571161   670.187668
6     6  2                  na bun 0.755711356   0.7532312680    17.851362
```

```
10   7  2                   bun glucose  0.487944403   0.4827458693  250.063521
11   8  2                    bun height  0.473043212   0.4676933969  262.986093
12   9  2                    bun weight  0.471180988   0.4658122670  264.601046
7   10  2                    na glucose  0.275353003   0.2679961805  434.426482
9   11  2                     na weight  0.269830290   0.2624174000  439.215874
8   12  2                     na height  0.263353145   0.2558744972  444.832967
13  13  2                glucose height  0.015274811   0.0052776009  659.970814
14  14  2                glucose weight  0.011121737   0.0010823641  663.572431
15  15  2                 height weight  0.005426749  -0.0046704413  668.511224
16  16  3                na bun glucose  0.776113536   0.7726867019    2.158237
17  17  3                 na bun height  0.755760031   0.7520216643   19.809150
18  18  3                 na bun weight  0.755749093   0.7520105587   19.818635
22  19  3            bun glucose height  0.491958079   0.4841819272  248.582791
23  20  3            bun glucose weight  0.491418246   0.4836338314  249.050944
24  21  3             bun height weight  0.474543000   0.4665002903  263.685451
20  22  3             na glucose weight  0.279830133   0.2688071251  432.543836
19  23  3             na glucose height  0.275377682   0.2642865239  436.405079
21  24  3              na height weight  0.269835424   0.2586594352  441.211422
25  25  3         glucose height weight  0.015775970   0.0007113166  661.536200
27  26  4         na bun glucose weight  0.776289414   0.7717004785    4.005712
26  27  4         na bun glucose height  0.776119635   0.7715272175    4.152947
28  28  4          na bun height weight  0.755796796   0.7507874994   21.777267
30  29  4     bun glucose height weight  0.495302430   0.4849496597  247.682512
29  30  4      na glucose height weight  0.279858999   0.2650868756  434.518804
31  31  5 na bun glucose height weight  0.776296000   0.7705304333    6.000000
```

(2) 단계적 선택법으로 최적의 모델 비교하기: `ols_step_best_subset()`

단계적 선택법을 이용해 비교한 결과 Model 3의 AIC level이 가장 낮게 나타난다. 이때 포함된 변수가 na, bun, glucose이다.

```
ols_step_best_subset(fit.multi)
          Best Subsets Regression
---------------------------------------------
Model Index    Predictors
---------------------------------------------
     1         bun
     2         na bun
     3         na bun glucose
```

```
    4          na bun glucose weight
    5          na bun glucose height weight
------------------------------------------------

                                Subsets Regression Summary
------------------------------------------------------------------------------------------
                    Adj.       Pred
Model  R-Square  R-Square  R-Square      C(p)        AIC       SBIC        SBC        MSEP       FPE     HSP     APC
------------------------------------------------------------------------------------------
  1    0.4696    0.4669    0.4574   263.9893  1467.7603  897.2852  1477.6553  17664.1553  89.2039  0.4483  0.5411
  2    0.7557    0.7532    0.7484    17.8514  1314.6967  746.7794  1327.8899   8176.8608  41.4965  0.2086  0.2517
  3    0.7761    0.7727    0.7633     2.1582  1299.2544  731.9179  1315.7460   7532.3870  38.4132  0.1931  0.2330
  4    0.7763    0.7717    0.7609     4.0057  1301.0972  733.8289  1320.8871   7565.2660  38.7689  0.1950  0.2352
  5    0.7763    0.7705    0.7585     6.0000  1303.0913  735.8851  1326.1795   7604.2404  39.1577  0.1970  0.2375
------------------------------------------------------------------------------------------
AIC: Akaike Information Criteria
 SBIC: Sawa's Bayesian Information Criteria
 SBC: Schwarz Bayesian Criteria
 MSEP: Estimated error of prediction, assuming multivariate normality
 FPE: Final Prediction Error
 HSP: Hocking's Sp
 APC: Amemiya Prediction Criteria
```

(3) 전진 선택법으로 최적의 모델 비교하기: `ols_step_forward_aic()`

어떤 순서대로 변수가 포함되었는지, 변수가 포함됨에 따라 R^2가 변화하거나 AIC가 감소하는지 볼 수 있다.

```
ols_step_forward_aic(fit.multi)

                         Selection Summary
-----------------------------------------------------------------------
Variable        AIC        Sum Sq          RSS       R-Sq    Adj. R-Sq
-----------------------------------------------------------------------
bun         1467.760    15481.675    17487.505    0.46958      0.46690
na          1314.697    24915.184     8053.996    0.75571      0.75323
glucose     1299.254    25587.827     7381.353    0.77611      0.77269
-----------------------------------------------------------------------
plot(ols_step_forward_aic(fit.multi))
```

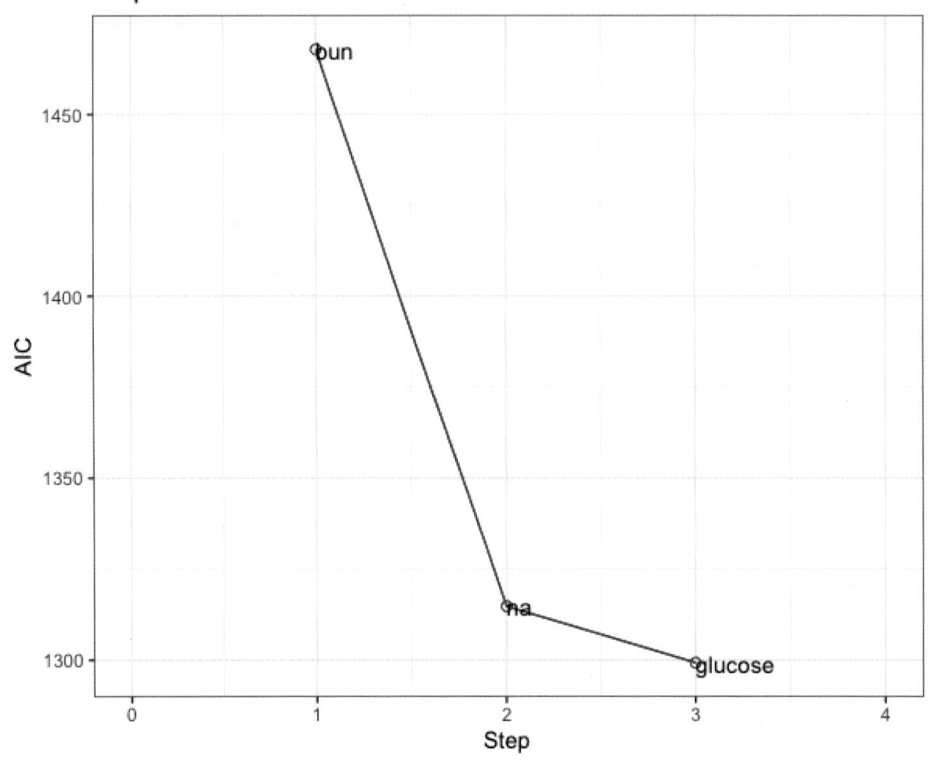

(4) 후진 제거법으로 최적의 모델 비교하기: ols_step_backward_aic()

후진 제거법을 사용했을 때 제외되는 변수를 알 수 있다. height, weight를 제외할수록 AIC 값이 감소하여 더 알맞은 다중 회귀모형을 만들 수 있다.

```
ols_step_backward_aic(fit.multi)

                  Backward Elimination Summary
------------------------------------------------------------------------
Variable        AIC         RSS        Sum Sq        R-Sq    Adj. R-Sq
------------------------------------------------------------------------
Full Model   1303.091    7375.337    25593.843    0.77630     0.77053
height       1301.097    7375.555    25593.625    0.77629     0.77170
weight       1299.254    7381.353    25587.827    0.77611     0.77269
------------------------------------------------------------------------
plot(ols_step_backward_aic(fit.multi))
```

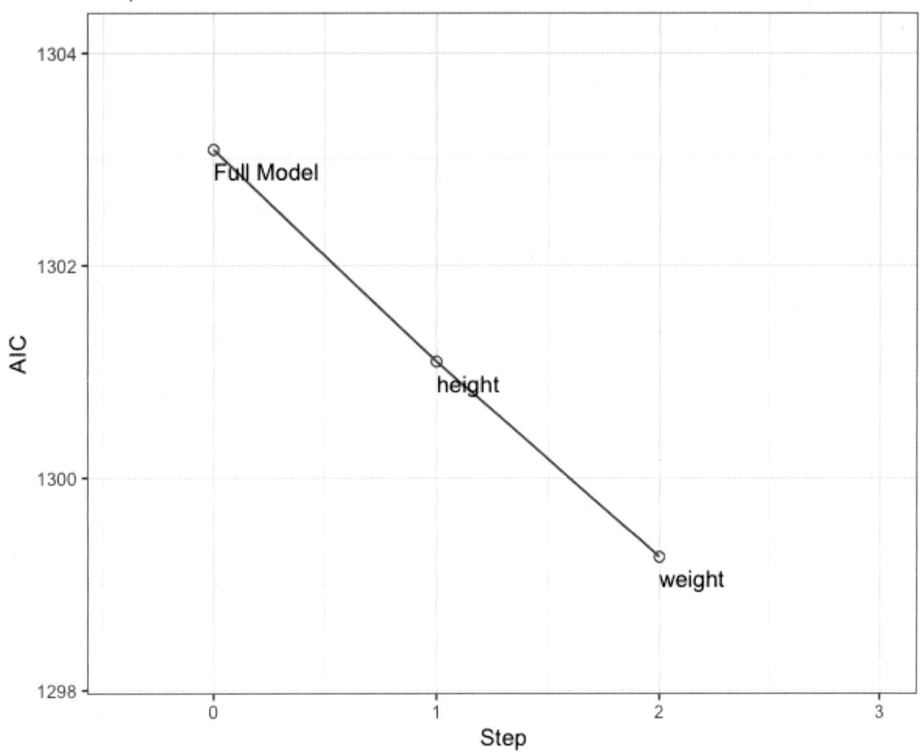

2 일반화 선형분석

지금까지 배운 선형 회귀분석은 연속형 변수 형태인 종속변수(y)를 1개 혹은 여러 개의 독립변수(x)를 통해 추정·설명하는 회귀식이다. 이러한 선형 회귀분석의 개념을 확장시킨 것이 일반화 선형분석(generalized linear regression, GLM)이다.
일반화 선형분석의 형태는 $y=a+b_1x_1+b_2x_2+b_3x_3+\cdots+b_jx_j+z$ 형태의 선형 회귀에서 종속변수(y)를 단순 연속변수가 아닌 특정 함수 $f(x)$로 변경한 것으로 다음과 같다.

$$f(x)=a+b_1x_1+b_2x_2+b_3x_3+\cdots+b_jx_j+z$$

이러한 일반화 선형모형의 대표적인 것이 임상연구에 많이 이용되는 로지스틱 회귀분석(logistic regression analysis)이다.

2-1 로지스틱 회귀분석

임상연구에서 생존분석과 더불어 가장 많이 쓰이는 분석 방법 중 하나다. 임상연구에서는 종속변수가 연속변수인 경우도 있지만, 이분형 변수(0 or 1)인 경우가 더 빈번하다. 즉 생존 혹은 사망, 재발 혹은 관해, 특정 질병의 발생 혹은 미발생 등이 좋은 예라 할 수 있다. 여기에서는 간단한 로지스틱 회귀분석을 통해서 개념을 잡는 데 집중하자.

1) 로지스틱 회귀분석의 기본: 종속변수가 이분형 변수

로지스틱 회귀분석에 사용할 데이터를 불러오자. `Ch6_logistic.csv` 파일을 사용한다.

```
dt1<-read_csv("Example_data/Ch6_logistic.csv")
head(dt1)

#Atibble: 6 × 9
     id   age gender group  ibd cirrhosis diabetes  htn      aspirin
  <dbl> <dbl>  <chr> <dbl> <chr>    <chr>    <chr> <chr>       <chr>
1     1    65 female     0  none     none     none  htn aspirin_user
2     2    78   male     1  none     none     none  htn aspirin_user
3     3    59 female     0  none     none     none none   no_aspirin
4     4    28   male     0   ibd     none     none none   no_aspirin
5     5    77 female     0  none     none diabetes none   no_aspirin
6     6    52 female     0   ibd     none     none  htn aspirin_user
```

간담도암(cholangiocarcinoma)을 진단받은 환자들과 매칭된 대조군으로 구성된 199명의 환자-대조군 연구 데이터이며 각 변수의 의미는 아래와 같다.

변수	변수의 의미
id	환자 ID (임의)
age	연령
gender	성별(male, female) - 종속변수
group	해당 군(0 = 대조군, 0 = 간담도암)
ibd	염증성 장빌환(ibd, none)
cirrhosis	간경변증(cirrhosis, none)
diabetes	당뇨(diabetes, none)
aspirin	아스피린 복용 여부(aspirin_user, no_aspirin)

dt1 데이터는 age, gender, cirrhosis, ibd, diabetes, htn, aspirin 등 7개의 독립변수로 이루어져 있으며, 종속변수는 group(0=대조군, 1=간담도암)으로 이분형 변수로 구성되어 있다.
전체 199명의 환자의 종속변수 분포를 먼저 살펴보자.

```
plot(dt1$id, dt1$group)
```

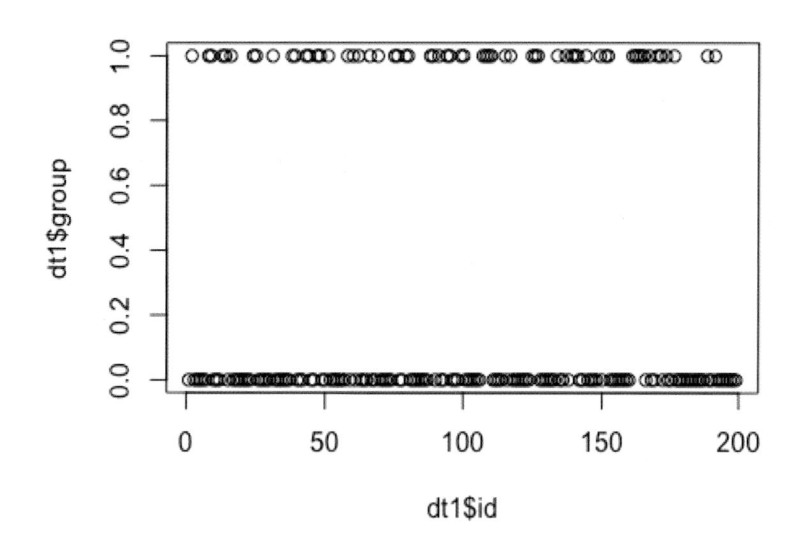

위의 그래프처럼 종속변수는 0 or 1(대조군 혹은 간담도암)이다. 즉 회귀모형을 이용해서 선형 회귀처럼 연속형 변수 타입의 종속변수를 예측하는 것이 아니라, 이분형변수(범주형 변수)를 예측해야(정확히는 이분형 변수에서 1이 될 확률을 예측해야) 한다. 즉 간담도암 환자일 확률을 예측하는데 p는 확률이기 때문에 당연히 0보다 같거나 크고 1보다 같거나 작다.

$$0 < p\text{(간담도암 환자일 확률)} < 1$$

2) 로짓의 이해

위에서 y축이 현재는 0 혹은 1의 이분형 변수이지만 확률은 연속형 변수이기 때문에 y축을 1이 될 확률 p로 바꾸어 표현할 수 있다면 기존 회귀모형처럼 사용할 수 있다. 이를 위해 필요한 것이 로짓 변환(logit transformation)이다. 즉 종속변수 $f(x)$를 $\ln\frac{p}{1-p}$로 변경하면 된다. 이렇게 되면 독립변수들의 값은 기존의 일반 선형모델과 동일한 형태로 남을 수 있다.

$$\ln \frac{p}{1-p}$$

위에서 본 일반 선형모델에서 종속변수 y만 $f(x)$로 변경되었다.

$$f(x) = a + b_1x_1 + b_2x_2 + b_3x_3 + \cdots + b_jx_j$$

$f(x)$는 $\ln \frac{p}{1-p}$와 같기 때문에 아래와 같이 나타낼 수 있다.

$$\ln \frac{p}{1-p} = a + b_1x_1 + b_2x_2 + b_3x_3 + \cdots + b_jx_j$$

독립변수들 x_1, x_2, x_3, x_j가 달라짐에 따라 y축은 $f(x)$, 즉 확률로 나타내는 S자 모양의(sigmoid) 곡선이 아래와 같이 표현된다.

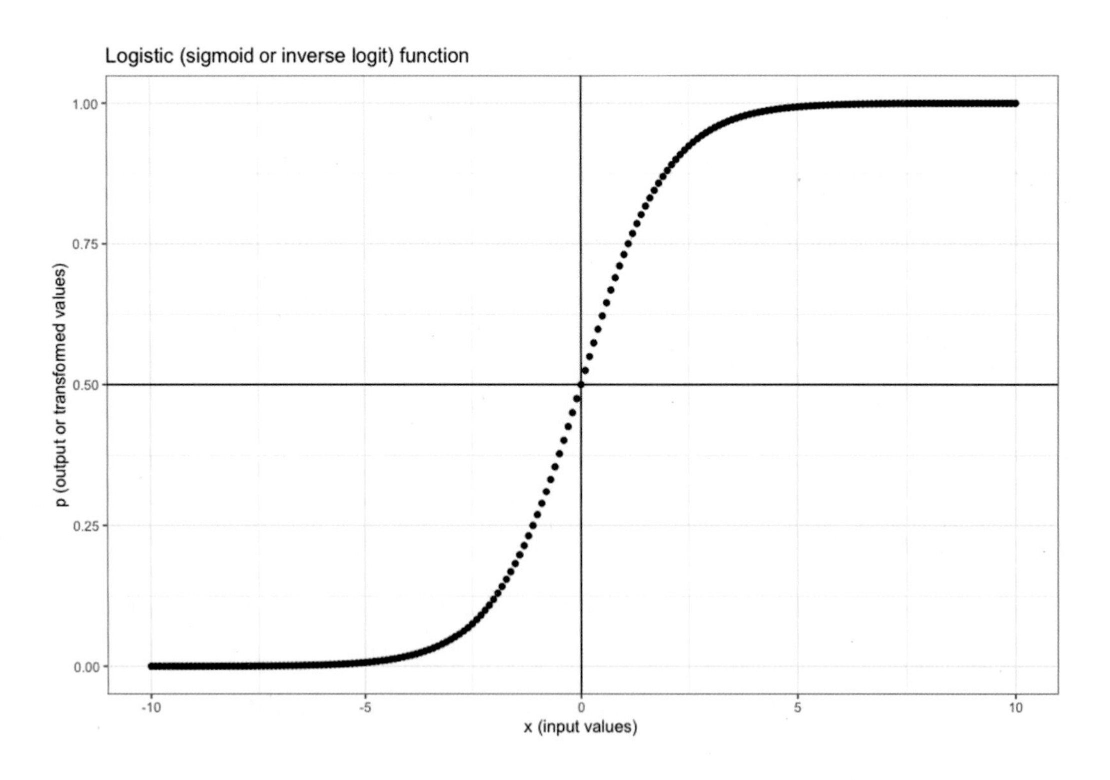

3) 로지스틱 회귀모형의 추정

일반 선형모델에서는 최소제곱법을 이용해서 관측값과 예측값의 차이를 최소화하는 직선 형태의 회귀선을 찾았다. 그러나 로지스틱 회귀모형에서는 S자 곡선 형태이므로 같은 방법을 적용할 수 없는데, 여기서 등장하는 개념이 우도(likelihood)이다. 우도는 일반인 및 임상연구자들에게 익숙하지 않은 개념으로 본서에서는 간단히 다루겠다.

확률은 우리가 모르는 모집단의 일부를 추출하여 (표본) 계산한 통계량(예: 표본 평균, 표본 분산)을 바탕으로 모집단의 모수(평균, 분산)를 추정하는 것이다. 즉 우리가 추정한 통계량이 얼마만큼 모집단의 통계량(정확히는 모수)과 일치할 것인가가 초점이다. 한편 우도는 확률의 방식과 다소 다른 관점이라고 볼 수 있다. 우도는 우리가 계산한 통계량을 바탕으로 이 통계량 안에 모집단의 모수가 존재할 가능성이 얼마인지를 추정하는 것이다. 따라서 로지스틱 회귀분석에서는 우도를 최대화하는 최대우도법(maximum likelihood method)을 이용해서 회귀모형을 추정한다.

4) 우도비 검정

만약 2개의 로지스틱 회귀모형을 추정했다고 하자. 두 모형의 우도비를 각각 계산해서 두 모형 사이에 우도가 유의한 차이가 나는지 비교하는 방법을 우도비 검정(likelihood ratio test)이라고 한다. 먼저 dt1의 기저특성을 살펴보기 위해 moonBook 패키지를 이용해서 기저특성을 나타내는 테이블을 만들자.

```
library(moonBook)
mytable(group~aspirin+ibd+diabetes+gender+age, data=dt1)

   Descriptive Statistics by 'group'
______________________________________________________
                      0            1          p
                   (N=137)       (N=62)
______________________________________________________
aspirin                                     0.001
 - aspirin_user   63 (46.0%)   12 (19.4%)
 - no_aspirin     74 (54.0%)   50 (80.6%)
ibd                                         0.000
 - ibd             3 ( 2.2%)   11 (17.7%)
 - none          134 (97.8%)   51 (82.3%)
```

```
diabetes                                0.087
 - diabetes       13 ( 9.5%)   12 (19.4%)
 - none          124 (90.5%)   50 (80.6%)
gender                                  0.992
 - female         69 (50.4%)   32 (51.6%)
 - male           68 (49.6%)   30 (48.4%)
age            62.1 ± 13.7  62.2 ± 11.8 0.956
—————————————————————————————————————————————
```

위의 테이블을 보면 대조군(0)에서 간담도암환자군(1)에 비해서 아스피린(aspirin) 사용력 빈도가 높으며, 염증성 장질환(ibd), 당뇨(diabetes)의 빈도가 더 낮다. 하지만 두 군 간의 성별이나 연령의 분포는 뚜렷한 차이가 보이지 않는다. 그렇다면 우리는 이렇게 생각할 수 있다.

'aspirin을 복용하지 않을 경우 복용하는 경우보다 간담도암 환자일 가능성이 높을 것이다.'
'ibd가 있다면 없는 경우보다 간담도암 환자일 가능성이 높을 것이다.'
'diabetes가 있다면 없는 경우보다 간담도암 환자일 가능성이 높을 것이다.'
'aspirin을 복용하지 않으면서 ibd도 있다면 간담도암 환자일 가능성이 더욱 높을 것이다.'

이렇게 관련된 독립변수를 포함하거나 제거하면서 종속변수(병이 있을 확률: p)의 가능성을 최대한 올리고자 할 것인데, 이때 쓰이는 방법이 우도비 검정이다.
즉 $f(x)=a+b_1*aspirin+b_2*ibd$일 때의 우도와 $f(x)=a+b_1*aspirin+b_2*ibd+b_3*diabetes$의 우도를 비교하여 더 증가할 경우 새로운 변수인 diabetes를 회귀설명변수에 추가하고 그렇지 않을 경우 포함하지 않게 된다. 이때의 공식은 아래와 같은데, 참고만 하자.

$$LR=-2\ln\frac{L_1}{L_2}$$

5) 로지스틱 회귀분석 공식

선형 회귀에서는 lm을 사용하였는데 일반화 선형 회귀모델의 일종인 로지스틱 회귀분석에서는 glm을 사용한다. 일단 id를 제외한 모든 변수를 다 넣어보자.

```
fit<-glm(group~age+gender+ibd+cirrhosis+diabetes+htn+aspirin,
        family=binomial, data=dt1)
fit

Call: glm(formula = group ~ age + gender + ibd + cirrhosis + diabetes +
  htn + aspirin, family = binomial, data = dt1)

Coefficients:
   (Intercept)            age   gendermale             ibdnone
        1.8461         0.0266      -0.1868             -2.5252
 cirrhosisnone  diabetesnone      htnnone  aspirinno_aspirin
       -2.4032       -0.6224      -0.1894             1.5741

Degrees of Freedom: 198 Total (i.e. Null);  191 Residual
Null Deviance:    246.9
Residual Deviance: 203.5   AIC: 219.5
```

위의 결과는 아래와 같이 쓸 수 있다.

$$f(x) = 1.846 + 0.027 * age - 0.187 * gender - 2.525 * ibd - 2.40 * cirrhosis - 0.622 * diabetes - 0.189 * htn + 1.57 * aspirin$$

summary 기능을 통해서 살펴보면, 현재 p값 0.05를 기준으로 유의한 독립변수는 ibd, cirrhosis, aspirin 이렇게 3가지뿐이다.

```
summary(fit)

Call:
glm(formula = group ~ age + gender + ibd + cirrhosis + diabetes +
    htn + aspirin, family = binomial, data = dt1)

Deviance Residuals:
    Min       1Q   Median       3Q      Max
-2.0773  -0.8040  -0.5290   0.6526   2.2647

Coefficients:
              Estimate  Std. Error  z value  Pr(>|z|)
(Intercept)    1.84611     1.64532    1.122  0.261845
age            0.02660     0.01498    1.776  0.075779 .
```

```
gendermale          -0.18685     0.35357   -0.528   0.597175
ibdnone             -2.52519     0.72481   -3.484   0.000494 ***
cirrhosisnone       -2.40317     1.11002   -2.165   0.030390 *
diabetesnone        -0.62241     0.54008   -1.152   0.249137
htnnone             -0.18937     0.40104   -0.472   0.636788
aspirinno_aspirin    1.57407     0.43921    3.584   0.000339 ***
---
Signif. codes: 0 '***' 0.001 '**' 0.01 '*' 0.05 '.' 0.1 ' ' 1

(Dispersion parameter for binomial family taken to be 1)

    Null deviance: 246.90 on 198 degrees of freedom
Residual deviance: 203.53 on 191 degrees of freedom
AIC: 219.53

Number of Fisher Scoring iterations: 4
```

6) 유의한 독립변수만 포함하기

위의 다중 선형 회귀분석에서 한 것처럼 `step` 기능을 이용하여 유의한 독립변수만 포함해보자.

```
step(fit, type='backward')
Start: AIC=219.53
group ~ age + gender + ibd + cirrhosis + diabetes + htn + aspirin

            Df  Deviance    AIC
- htn        1    203.75  217.75
- gender     1    203.81  217.81
- diabetes   1    204.83  218.83
<none>            203.53  219.53
- age        1    206.82  220.82
- cirrhosis  1    210.62  224.62
- aspirin    1    218.21  232.21
- ibd        1    218.80  232.80

Step: AIC=217.75
group ~ age + gender + ibd + cirrhosis + diabetes + aspirin

            Df  Deviance    AIC
- gender     1    204.01  216.01
```

```
- diabetes   1    205.50  217.50
<none>            203.75  217.75
- age        1    207.36  219.36
- cirrhosis  1    210.74  222.74
- aspirin    1    218.54  230.54
- ibd        1    218.90  230.90

Step: AIC=216.01
group ~ age + ibd + cirrhosis + diabetes + aspirin

            Df  Deviance     AIC
- diabetes   1    205.59  215.59
<none>            204.01  216.01
- age        1    207.86  217.86
- cirrhosis  1    211.39  221.39
- aspirin    1    218.69  228.69
- ibd        1    219.00  229.00

Step: AIC=215.59
group ~ age + ibd + cirrhosis + aspirin

            Df  Deviance     AIC
<none>            205.59  215.59
- age        1    210.27  218.27
- cirrhosis  1    215.30  223.30
- aspirin    1    220.28  228.28
- ibd        1    220.35  228.35

Call: glm(formula = group ~ age + ibd + cirrhosis + aspirin, family = binomial,
  data = dt1)

Coefficients:
  (Intercept)      age   ibdnone   cirrhosisnone   aspirinno_aspirin
      1.11990  0.03074  -2.47163        -2.69886             1.51259

Degrees of Freedom: 198 Total (i.e. Null); 194 Residual
Null Deviance:    246.9
Residual Deviance: 205.6   AIC: 215.6
```

fit.final에 최종 모형을 저장했다.

```
fit.final<-step(fit, type='backward')
Call: glm(formula = group ~ age + ibd + cirrhosis + aspirin, family = binomial,
  data = dt1)

Coefficients:
  (Intercept)        age    ibdnone   cirrhosisnone   aspirinno_aspirin
      1.11990    0.03074   -2.47163        -2.69886             1.51259

Degrees of Freedom: 198 Total (i.e. Null);  194 Residual
Null Deviance:    246.9
Residual Deviance: 205.6  AIC: 215.6
```

backward 옵션을 이용하였을 때는 age, ibd, cirrhosis, aspirin이 유의한 변수로 나타났고, AIC 역시 215.6으로 이전 모든 변수를 포함하였을 때(AIC:219.53)보다 훨씬 감소하였다. 즉 가장 우수한 회귀식은 다음과 같게 된다.

$$f(x) = 1.1199 + 0.0307 * age - 2.4716 * ibd - 2.6988 * cirrhosis + 1.5126 * aspirin$$

다만 여기서 주의할 것은 종속변수의 $f(x)$가 실수가 아닌 로짓 형태($\ln \frac{p}{1-p}$)이기 때문에 정확한 회귀계수(논문에 쓰기 위한 교차비)를 구하기 위해서는 지수 변형을 해주어야 한다는 점이다. 이런 경우에는 moonBook 패키지의 extractOR 함수를 이용하면 아주 간단히 할 수 있다.

```
extractOR(fit.final)
                      OR   lcl    ucl       p
(Intercept)         3.06  0.14  65.82  0.4742
age                 1.03  1.00   1.06  0.0355
ibdnone             0.08  0.02   0.35  0.0006
cirrhosisnone       0.07  0.01   0.58  0.0137
aspirinno_aspirin   4.54  1.98  10.39  0.0003
```

앞의 결과를 해석하면, aspirin 변수의 경우 아스피린을 복용하지 않는 사람(no_aspirin)이 복용하는 사람에 비해 간담도암 환자일 오즈가 4.54배 높고 이는 통계적으로 유의하다고 볼 수 있다.

7) 로지스틱 회귀모델에서 회귀모형의 평가: NagelkerkeR2

선형 회귀분석에서는 결정계수 R^2를 이용하여 평가했는데, 로지스틱 회귀분석 역시 이와 비슷한 개념인 Nagelkerke 결정계수 R_N^2가 있다. 많이 사용되지는 않지만 fmsb 패키지를 이용하면 구할 수 있다.

```
install.packages(fmsb)
```

fmsb 패키지를 불러온 뒤 NagelkerkeR2 명령어를 이용해 구할 수 있다. 아래 결과를 보면 본 회귀모형은 사용된 4개의 독립변수를 이용했을 때 약 26% 정도의 설명력을 갖는다고 말할 수 있다.

```
library(fmsb)
NagelkerkeR2(fit.final)
$N
[1] 199

$R2
[1] 0.2637072
```

2-2 모형의 성능

지금까지 설명한 모든 내용을 일목요연하게 잘 정리해주는 패키지가 있어 소개한다. 우리가 구현하려는 회귀모형의 성능을 다각적으로 측정해주는 `performace` 라는 패키지로 사용하기도 쉽다.

우선 설치부터 하자. 부속 패키지들도 같이 설치하자.

```
install.packages('performance')
install.packages('see')
install.packages('patchwork')
```

설치한 performance 패키지와 부속 패키지들을 불러오자.

```
library(performance)
library(see)
library(patchwork)
```

1) Nagelkerke 결정계수

위에서 언급했던 Nagelkerke 결정계수를 r2_nagelkerke 기능을 이용해 쉽게 구할 수 있다.

```
fit.final<-glm(group~age+ibd+cirrhosis+aspirin,
            family=binomial, data=dt1)
r2_nagelkerke(fit)
Nagelkerke's R2
        0.275477
```

2) Hosmer-Lemeshow goodness-of-fit test

로지스틱 회귀분석 모형의 적합도를 평가하는 방법으로 Hosmer-Lemeshow goodness-of-fit test(HL test)가 있다. 논문 작성이나 리비전 과정에서 HL test를 시행했는지 묻고 이에 대한 *p*값을 제시하라는 이야기를 가끔 들을 수 있다. 이런 경우에는 performance_hosmer 명령어를 통해 손쉽게 구할 수 있다.

```
performance_hosmer(fit.final)
# Hosmer-Lemeshow Goodness-of-Fit Test

  Chi-squared: 5.092
           df: 8
      p-value: 0.748
```

p값이 0.05 이상이므로 대립가설(모형이 적합하지 않다)을 채택하지 않고 기존의 귀무가설(모형이 적합하다)을 채택하게 된다. 따라서 위의 회귀모형은 유의하다고 해석할 수 있다.

3) 회귀모형 가정에 위배되는지 확인

위의 회귀모형의 가정성을 check_model 기능을 이용해서 한 번에 쉽게 체크할 수 있다. 다중 선형 회귀분석에서 사용했던 dt 데이터를 이용해서 회귀모형 가정을 만족하는지 확인해보자.

```
fit<-lm(osm~na+bun+glucose+height+weight, data=dt)
check_model(fit)
```

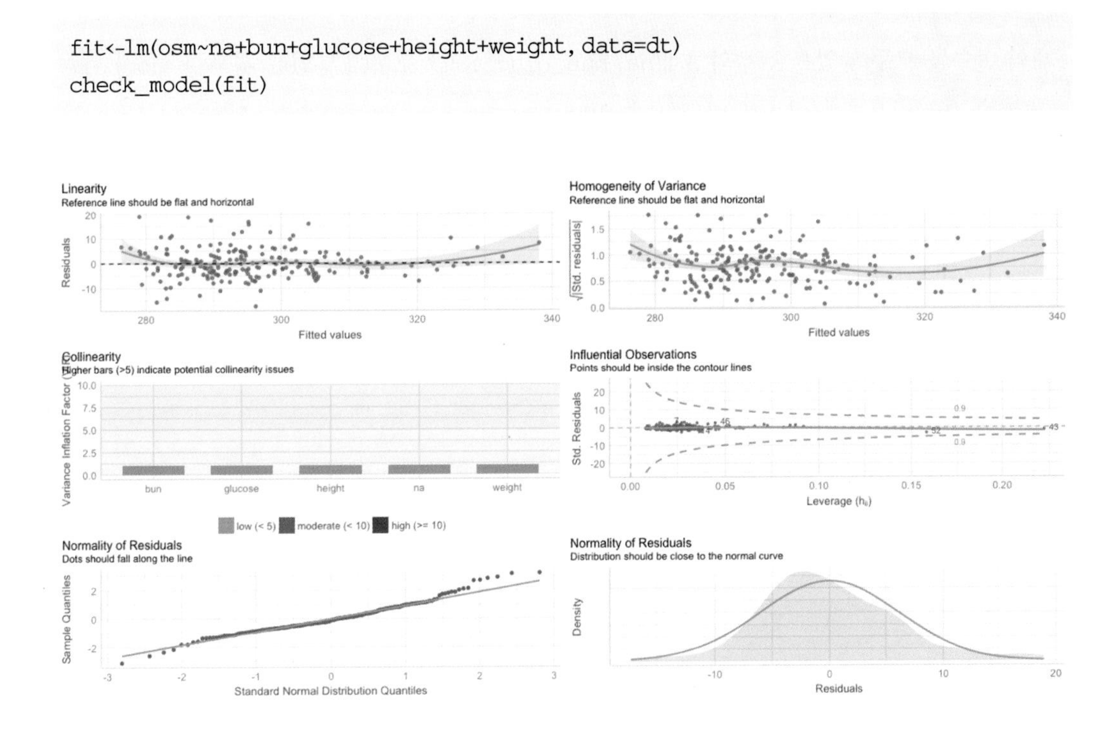

잔차의 정규성, 독립성, 등분산성을 한꺼번에 확인할 수 있다. 또한 각 변수들의 공선성(collinearity)까지 표시해준다.

4) 더 나은 모형 선택하기

기존 step 기능을 이용해도 되지만 `model_performance` 명령어를 사용하면 더 쉽다. 다중 선형 회귀분석에서 사용했던 dt 데이터를 이용하여 어떤 변수들을 포함하는 것이 더 나은 성능을 보여주는지 직접 비교할 수 있다.

```
fit<-lm(osm~na+bun+glucose+height+weight, data=dt)
model_performance(fit)

# Indices of model performance

     AIC |      BIC |    R2 |  R2 (adj.) |  RMSE |  Sigma
-----------------------------------------------------------
1303.091 | 1326.180 | 0.776 |      0.771 | 6.073 |  6.166
```

5개의 변수를 모두 넣었을 경우와 3개(na, bun, glucose)만 모형에 넣었을 경우를 `compare_performance` 기능을 이용해 비교할 수 있다.

```
fit<-lm(osm~na+bun+glucose+height+weight, data=dt)
fit1<-lm(osm~na+bun+glucose, data=dt)
compare_performance(fit, fit1, rank = TRUE)

# Comparison of Model Performance Indices

Name | Model |    R2 | R2 (adj.) |  RMSE | Sigma | AIC weights | BIC weights | Performance-Score
------------------------------------------------------------------------------------------------
fit1 |    lm | 0.776 |     0.773 | 6.075 | 6.137 |       0.872 |       0.995 |            66.67%
 fit |    lm | 0.776 |     0.771 | 6.073 | 6.166 |       0.128 |       0.005 |            33.33%
```

3 ROC 관련 분석

Receiver Operating Characteristic(ROC) 곡선은 질병의 진단과 관련된 임상연구에서 많이 사용되는 통계 방법이다. 하지만 최근에는 머신러닝과 관련하여 예측 모델의 성능을 측정하는 도구로 훨씬 더 많이 사용된다. ROC 곡선을 이용하여 최적의 임계점(cut-off)을 찾는 방법은 R을 이용해서 쉽게 구할 수 있고, 코드도 아주 간단하다.

이번 절에서는 ROC 곡선이 어떻게 만들어졌는지, 그 의미를 먼저 배워보도록 하자.

3-1 민감도, 특이도, 양성예측도, 음성예측도

진단과 관련된 ROC 관련 분석을 이해하기 위해서는 우선 아래 4가지 개념을 이해해야 한다.

- 민감도(sensitivity)
- 특이도(specificity)
- 양성예측도(positive predictive value, PPV)
- 음성예측도(negative predictive value, NPV)

간암을 예를 들어 설명하면, 간암 진단에서 알파태아단백(alpha-fetoprotein, AFP)이라는 종양 표지자가 진단에 중요한 역할을 한다. 일반적으로 간암이 있는 경우 AFP 수치가 증가되는 경향이 있다. 그렇다면 간암 진단에 AFP를 이용할 경우 최적의 진단기준(cut-off)은 얼마가 될까? 질병 진단에 있어 어떠한 방법도 100% 정확할 수는 없기에 아래와 같은 4가지 상황이 발생할 수 있다.

	AFP [종양표지자] (+)	AFP [종양표지자] (-)
간암 (+)	True positive (TP)	False negative (FN)
간암 (-)	False positive (FP)	True negative (TN)

- True Positive(TP) : 실제로 병(간암)이 있는 환자에서 검사(AFP)가 양성이 나옴
- True Negative(TN) : 실제로 병(간암)이 없는 환자에서 검사(AFP)가 음성이 나옴
- False Positive(FP) : 실제로 병(간암)이 없는 환자에서 검사(AFP)가 양성이 나옴
- False Negative(FN) : 실제로 병(간암)이 있는 환자에서 검사(AFP)가 음성이 나옴

실제 100명의 환자가 다음과 같은 결과를 보였을 때 민감도, 특이도, 양성예측도, 음성예측도를 구해보자.

	AFP [종양표지자] (+)	AFP [종양표지자] (-)	Total
간암 (+)	15 (TP)	5 (FN)	20
간암 (-)	10 (FP)	70 (TN)	80
Total	25	75	100

민감도(sensitivity) 는 실제로 병(간암)이 있는 환자에서 검사(AFP)가 양성이 나오는 확률로 아래와 같이 계산할 수 있다.

$$sensitivity = \frac{TP}{(TP + FN)}$$

100명의 환자를 대상으로 한 검사(AFP)의 민감도는 다음과 같이 구할 수 있다. 즉 병(간암)이 있는 20명에서 검사(AFP)가 양성으로 나온 사람은 15명으로 민감도는 0.75, 즉 75%이다.

$$sensitivity = \frac{15[TP]}{(15[TP] + 5[FN])} = 0.75$$

특이도(specificity) 는 실제로 병(간암)이 없는 사람에서 검사(AFP)가 음성이 나오는 확률로 아래와 같이 계산할 수 있다.

$$specificity = \frac{TN}{(FP + TN)}$$

100명의 환자를 대상으로 한 검사(AFP)의 특이도는 다음과 같이 구할 수 있다. 즉 병(간암)이 없는 80명에서 검사(AFP)가 음성으로 나온 사람은 70명으로 특이도는 0.875, 즉 87.5%이다.

$$specificity = \frac{70[TN]}{(10[FP] + 70[TN])} = 0.875$$

양성예측도(positive predictive value, PPV) 는 검사(AFP)가 양성이 나오는 사람에서 실제로 병(간암)이 있는 확률로 아래와 같이 계산할 수 있다.

$$positive\ predictive\ value = \frac{TP}{(TP + FP)}$$

100명의 환자를 대상으로 한 검사(AFP)의 양성예측도는 다음과 같이 구할 수 있다. 즉 검사(AFP)가 양성으로 나온 사람들 25명 중 병(간암)이 있는 사람은 15명으로 양성예측도는 0.60, 즉 60%이다.

$$positive\ predictive\ value = \frac{15[TP]}{(15[TP] + 10[FP])} = 0.60$$

음성예측도(negative predictive value, NPV) 는 검사(AFP)가 음성이 나오는 사람에서 실제로 병(간암)이 없는 확률로 아래와 같이 계산할 수 있다.

$$negative\ predictive\ value = \frac{TN}{(FN + TN)}$$

100명의 환자를 대상으로 한 검사(AFP)의 음성예측도는 다음과 같이 구할 수 있다. 검사(AFP)가 음성으로 나온 사람들 75명 중 병(간암)이 없는 사람은 70명으로 음성예측도는 0.933, 즉 93.3%이다.

$$negative\ predictive\ value = \frac{70[TN]}{(5[FN] + 75[TN])} = 0.933$$

정확도(accuracy) 는 실제로 병(간암)이 있는 사람에서 검사(AFP)가 양성으로 나오면서 병(간암)이 없는 사람에서 검사(AFP)가 음성으로 나올 확률로 다음과 같이 계산할 수 있다.

$$accuracy = \frac{TP + TN}{(TP + FP + FN + TN)}$$

100명의 환자를 대상으로 한 검사(AFP)의 정확도는 다음과 같이 구할 수 있다. 즉 검사(AFP)의 정확도는 85.0%이다.

$$accuracy = \frac{15[TP] + 70[TN]}{(15[TP] + 10[FP] + 5[FN] + 70[TN])} = 0.85$$

여기서 잠깐 기억해야 할 사항은 민감도와 특이도는 질병의 특성과 관련되어 있기에 하나의 진단 혹은 검사를 하였을 때 변하지 않는 고정값이지만, 양성예측도나 음성예측도는 고정값이 아니라는 점이다. 즉 똑같은 검사를 하더라도 PPV, NPV는 변동될 수 있는데, 이는 해당 질환의 유병률에 따라 달라질 수 있다.

아래의 2가지 예를 통해 유병률에 따른 PPV, NPV 변화를 살펴보자. 먼저 아래 표를 보면 전체 100명의 환자들 중 간암의 유병률은 $\frac{20}{100} = 0.2$, 20%이다.

	AFP [종양표지자] (+)	AFP [종양표지자] (-)	Total
간암 (+)	15 (TP)	5 (FN)	20
간암 (-)	10 (FP)	70 (TN)	80
Total	25	75	100

하지만 다음 표에서는 전체 100명의 환자들 중 간암의 유병률이 $\frac{5}{100} = 0.05$, 5%이다.

	AFP [종양표지자] (+)	AFP [종양표지자] (-)	Total
간암 (+)	4 (TP)	1 (FN)	5
간암 (-)	6 (FP)	89 (TN)	95
Total	10	90	100

앞의 두 표에서 보듯 서로 다른 유병률(20%, 5%)에 따른 PPV, NPV의 변화를 살펴보자.

유병률	PPV	NPV
20%	$\frac{15}{15+10} = 0.6\ (60\%)$	$\frac{70}{5+70} = 0.933\ (93.3\%)$
5%	$\frac{4}{4+6} = 0.4\ (40\%)$	$\frac{89}{1+89} = 0.988\ (98.9\%)$

여기서 의미하는 바는 특정 질환을 위한 진단검사의 경우 그 질환의 유병률에 민감하게 반응한다는 것이다. 즉 아무리 좋은 성능의 검사라도 그 질환의 유병률이 아주 낮은 인구집단에서 시행할 경우 PPV가 낮아진다. 다른 말로 하면 위양성(false positive)이 많이 나올 수밖에 없다.

3-2 위양성도, 정밀도

진단검사와 관련된 임상연구에서와 달리 머신러닝 쪽에서는 기존 민감도, 특이도, 양성예측도, 음성예측도 외에 위양성도(FPR), 정밀도(precision), recall 등의 개념도 많이 사용한다. 여기서는 그 정의만 살펴보기로 하자.

위에서 사용한 예를 다시 이용한다.

	AFP [종양표지자] (+)	AFP [종양표지자] (-)	Total
간암 (+)	15 (TP)	5 (FN)	20
간암 (-)	10 (FP)	70 (TN)	80
Total	25	75	100

위양성도(false positive rate) 는 가짜로 양성이 나올 확률, 즉 실제로 병(간암)이 없는데 검사(AFP)가 양성으로 나올 확률로 아래와 같이 계산할 수 있다.

$$false\ positive\ rate = \frac{FP}{(FP+TN)}$$

100명의 환자를 대상으로 한 검사(AFP)의 위양성도는 다음과 같이 구할 수 있다.

$$false\ positive\ rate = \frac{10[FP]}{(10[FP]+70[TN])} = 0.125$$

병(간암)이 없는 사람 80명에서 위양성으로 나온 사람은 10명으로 검사(AFP)의 위양성도는 0.125, 즉 12.5%이다.

여기서 특이한 점을 발견했는가? 검사(AFP)의 특이도(specificity)는 87.5%이고, 위양성도(FPR)는 12.5%이다. 즉 FPR = 1-specificity의 관계를 갖는다.

정밀도(precision) 를 구하는 공식은 아래와 같다.

$$precision = \frac{TP}{(TP+FP)}$$

100명의 환자를 대상으로 한 검사(AFP)의 정밀도는 다음과 같이 구할 수 있다.

$$precision = \frac{15[TP]}{(15[TP]+10[FP])} = 0.6$$

따라서 검사(AFP)의 정밀도는 0.6, 즉 60%이다.

사실 정밀도(precision)와 위에서 언급한 양성예측도(positive predictive value, PPV)는 같은 개념이다. 일반적으로 임상연구에서는 PPV로, 머신러닝에서 예측 모델의 성능을 표시할 때는 precision이라는 개념으로 주로 표현한다.

3-3 TPR, FPR 간의 관계

질환(여기에서는 간암)을 진단할 때 이상적으로 완벽한 검사가 존재한다면 TPR은 100%, FPR은 0%가 될 것이다. 그러나 일반적으로는 TPR을 최대화하면서 FPR을 최소화하는 것이 우수한 검사일 것이다. 만약 아래와 같은 검사가 존재한다면 어떨까?

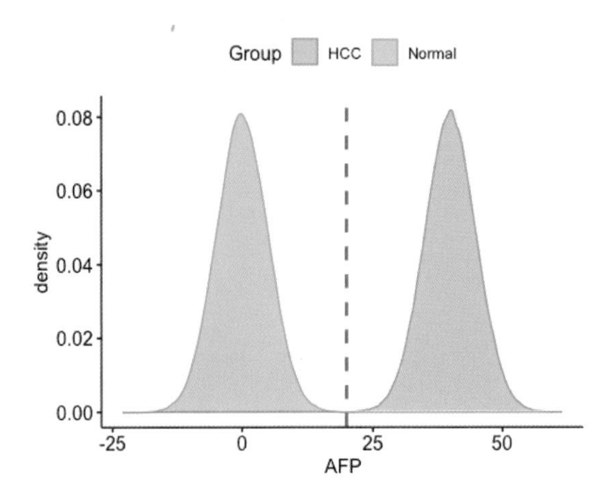

위의 그래프를 보면 검사(AFP) 20 정도를 기준으로 하면 간암환자와 정상을 거의 완벽히 구분할 수 있다. 이런 경우 TPR은 최대화되며 FPR은 최소화된다. 하지만 현실에서의 진단검사는 아래와 같은 분포가 되는 경우가 많다.

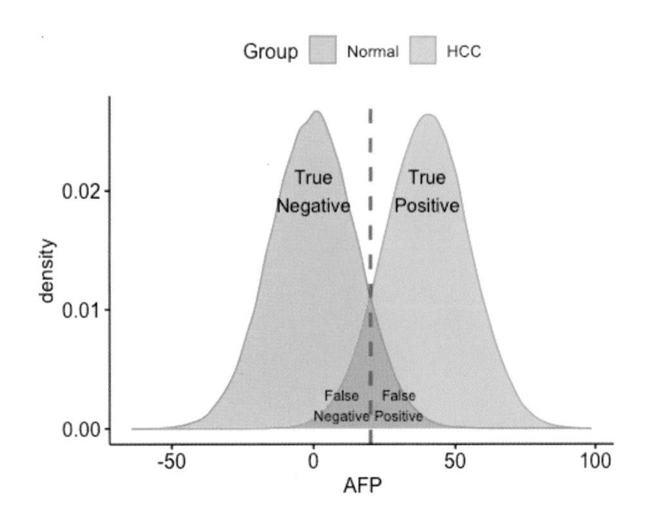

위의 경우에서 AFP 20을 기준으로 하였을 때, 정상의 일부($AFP \geq 20$)에서 간암이 있는 것으

로 진단할 수 있다. 즉 위양성(FP)이다. 반대로 간암 환자의 일부(AFP < 20)에서 간암이 없는 것으로 진단할 수 있다(위음성: FN).

그렇다면 AFP cut-off를 변경하면 어떻게 될까? 2가지 경우가 있을 것이다.

① AFP cut-off를 감소시키는 경우 (빨간색 선을 왼쪽으로 이동)

→ 위양성(false positive)이 증가한다(정상에서 간암이라고 진단되는 잘못된 경우가 증가한다).

→ 위음성(false negative)이 감소한다(간암환자에서 정상이라고 진단하는 잘못된 경우가 감소한다).

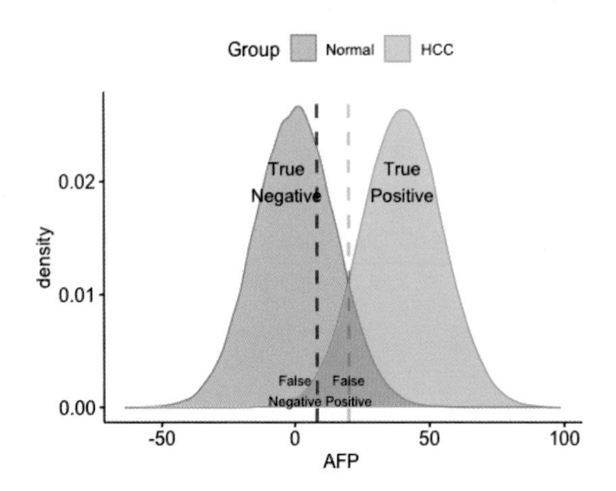

② AFP cut-off를 증가시키는 경우 (빨간색 선을 오른쪽으로 이동)

→ 위양성이 감소한다(정상에서 간암이라고 진단되는 잘못된 경우가 감소한다).

→ 위음성이 증가한다(간암환자에서 정상이라고 진단하는 잘못된 경우가 증가한다).

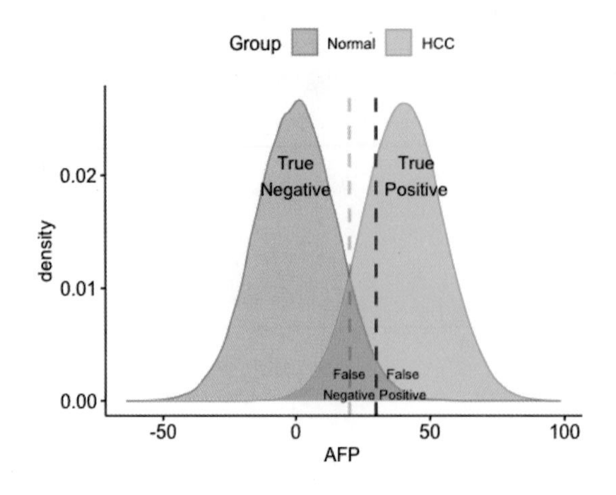

따라서 TPR과 FPR(1-specificity)은 trade-off 관계이다. 즉 TPR을 증가시키기 위해서 검사 cut-off를 변화시키면 필수적으로 FPR도 따라 증가할 수밖에 없다.

3-4 ROC 곡선 직접 그려보기

실제 예제를 이용해서 직접 ROC 곡선을 그려보면서 좀 더 공부를 해보자. 예제 데이터는 Ch6_roc.csv를 이용한다. roc.ex라는 데이터로 저장을 하고, 우선 데이터를 먼저 살펴본 뒤 편의상 afp 변수를 내림차순으로 정렬하자. roc.ex 데이터는 20명의 환자로 이루어져 있으며, 이 중 간암은 10명이고 정상은 10명이다.

```
roc.ex<-read_csv("Example_data/Ch6_afp.csv")
roc.ex<-roc.ex %>%
 arrange(desc(afp))
roc.ex

# A tibble: 20 × 3
     group   afp  pivka
     <chr> <dbl>  <dbl>
 1     HCC  86.5     20
 2     HCC  49.5     38
 3     HCC  14.6     18
 4  normal    14     17
 5     HCC  10.4     20
 6     HCC   9.4     22
 7     HCC   8.9     28
 8     HCC   8.9     32
 9     HCC   7.5     33
10     HCC   5.4     46
11  normal   5.3     29
12  normal   4.5     17
13  normal   4.3     10
14     HCC   4.2     66
15  normal     3     31
16  normal     3     11
17  normal   2.6     14
18  normal   2.3     11
19  normal   1.7     32
20  normal     1     18
```

두 그룹 간 AFP의 분포는 아래와 같다.

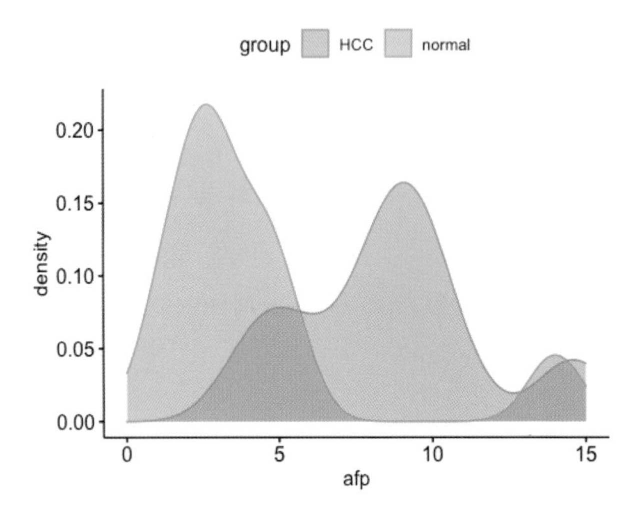

우선 일반적인 ROC 곡선의 구조를 살펴보자.

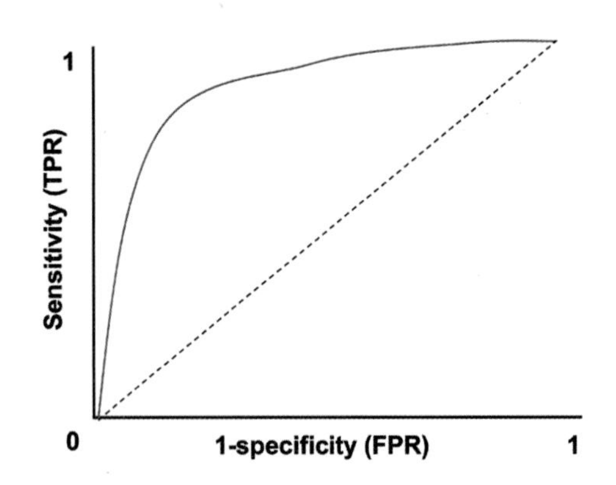

x축은 FPR(1-specificity)이고, 0에서 1까지 분포한다(주의! 만약 x축을 specificity로 한다면, 분포가 1에서 0으로 역순으로 바뀌게 된다). y축은 TPR(sensitivity)이고, 0에서 1까지 분포한다. 가장 높은 AFP 값은 86.5이다. 만약 AFP cut-off를 100으로 할 경우, 모든 환자는 간암이 없다고 진단하게 된다.

$\text{sensitivity} = \frac{0}{0+10} = 0$ 즉 0%이며, $\text{specificity} = \frac{10}{0+10} = 1$ 즉 100%이고, FPR은 반대로 0%이다. 이 경우 모두 정상으로 분류되며 TPR은 0%, FPR 역시 0%이다.

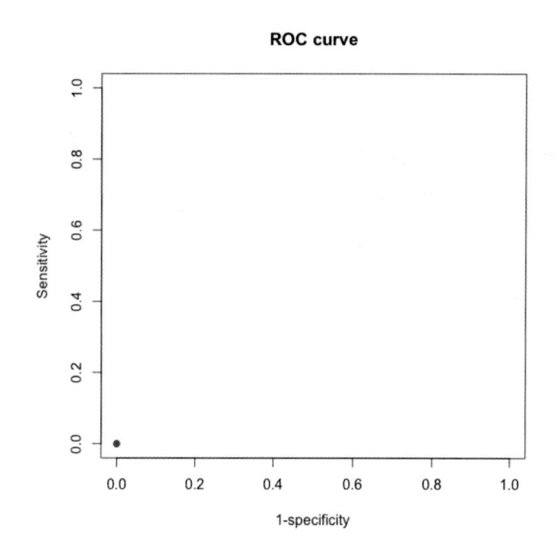

만약 AFP cut-off를 86.5로 한다면, 이보다 높은 AFP 값을 가진 환자만 간암으로 진단될 것이다.

Cut-off 86.5	AFP (+)	AFP (-)	Total
간암 (+)	1 (TP)	9 (FN)	10
간암 (-)	0 (FP)	10 (TN)	10
Total	1	19	20

sensitivity $= \frac{1}{1+9} = 0.1$ 즉 10%이며, specificity $= \frac{10}{0+10} = 1$ 즉 100%이고, FPR은 반대로 0%이다. ROC 곡선에 x축은 0, y축은 0.1로 표시하자.

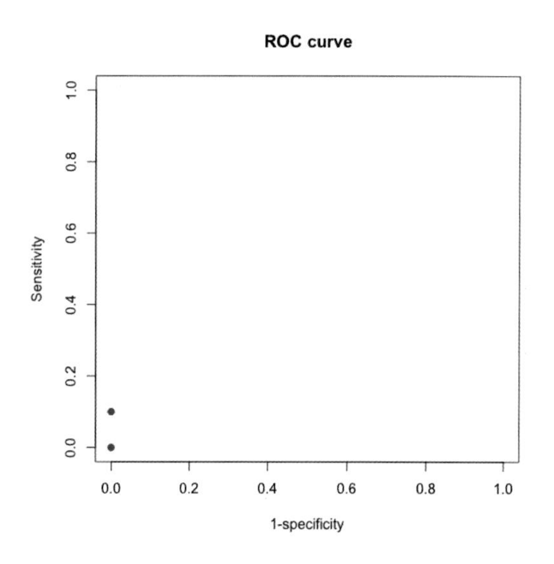

그다음으로 높은 AFP 값인 49.5를 참고하여 이번에는 AFP의 cut-off를 49로 해보자.

Cut-off 49	AFP (+)	AFP (-)	Total
간암 (+)	2 (TP)	8 (FN)	10
간암 (-)	0 (FP)	10 (TN)	10
Total	2	18	20

sensitivity $=\frac{2}{2+8}=0.2$ 즉 20%이며, specificity $=\frac{10}{0+10}=1$ 즉 100%이고, FPR은 반대로 0%이다. ROC 곡선에 x축은 0, y축은 0.2로 추가 표시하자.

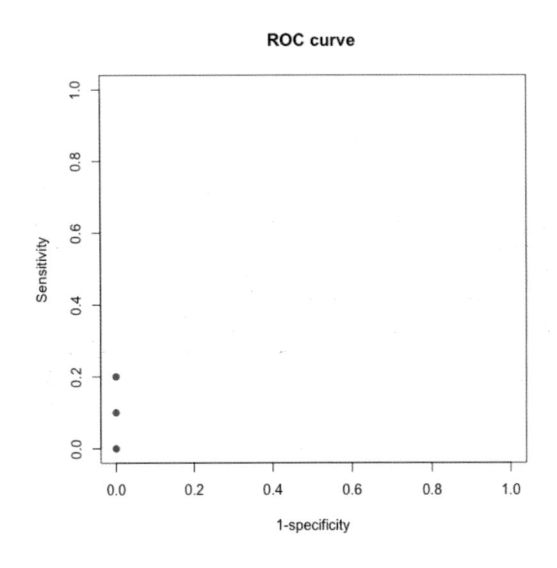

이번에는 AFP cut-off를 14로 해보자.

Cut-off 14	AFP (+)	AFP (-)	Total
간암 (+)	3 (TP)	7 (FN)	10
간암 (-)	1 (FP)	9 (TN)	10
Total	4	16	20

sensitivity $=\frac{3}{3+7}=0.3$ 즉 30%이며, specificity $=\frac{9}{1+9}=0.9$ 즉 90%이고, FPR은 반대로 10%이다. ROC 곡선에 x축은 0.1, y축은 0.3으로 추가 표시하자.

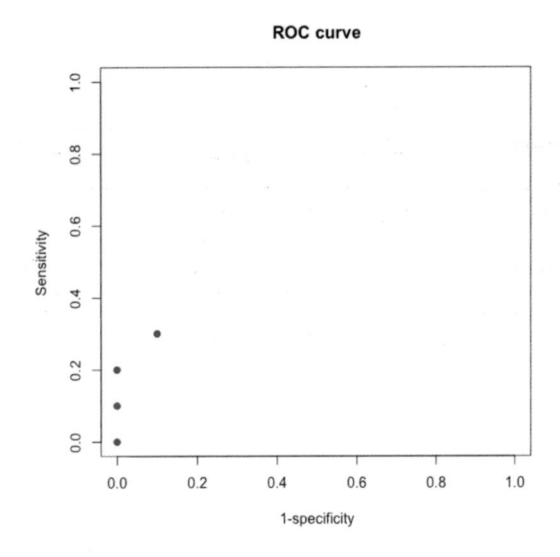

이번에는 AFP cut-off를 7로 해보자.

Cut-off 7	AFP (+)	AFP (-)	Total
간암 (+)	8 (TP)	2 (FN)	10
간암 (-)	1 (FP)	9 (TN)	10
Total	9	11	20

sensitivity$=\frac{8}{8+2}=0.8$ 즉 80%이며, specificity$=\frac{9}{1+9}=0.9$ 즉 90%이고, FPR은 반대로 10%이다. ROC 곡선에 x축은 0.1, y축은 0.8로 추가 표시하자.

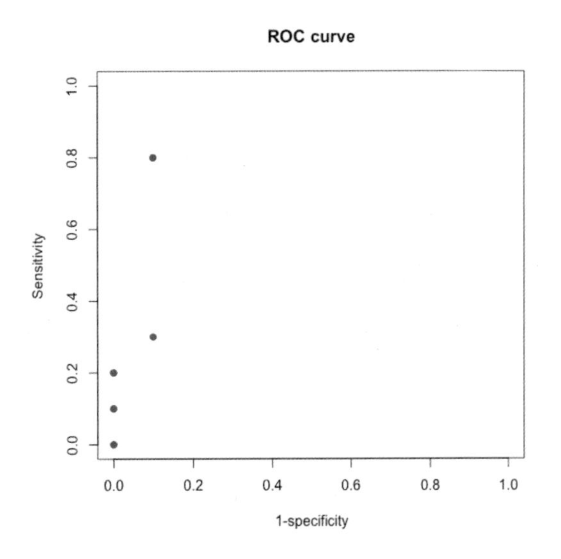

이번에는 AFP cut-off를 5로 해보자.

Cut-off 5	AFP (+)	AFP (-)	Total
간암 (+)	9 (TP)	1 (FN)	10
간암 (-)	2 (FP)	8 (TN)	10
Total	11	9	20

$\text{sensitivity} = \frac{9}{9+1} = 0.9$ 즉 90%이며, $\text{specificity} = \frac{8}{2+8} = 0.8$ 즉 80%이고, FPR은 반대로 20%이다. ROC 곡선에 x축은 0.2, y축은 0.9로 추가 표시하자.

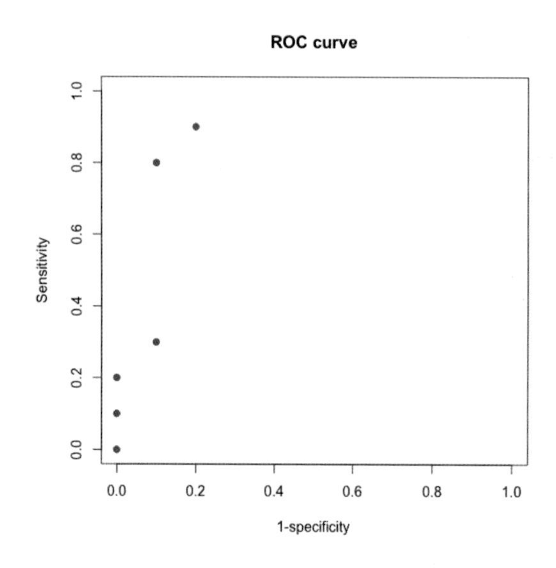

이번에는 AFP cut-off를 4로 해보자.

Cut-off 4	AFP (+)	AFP (-)	Total
간암 (+)	10 (TP)	0 (FN)	10
간암 (-)	4 (FP)	6 (TN)	10
Total	14	6	20

sensitivity $= \frac{10}{10+0} = 1$ 즉 100%이며, specificity $= \frac{6}{4+6} = 0.6$ 즉 60%이고, FPR은 반대로 40%이다. ROC 곡선에 x축은 0.4, y축은 1로 추가 표시하자.

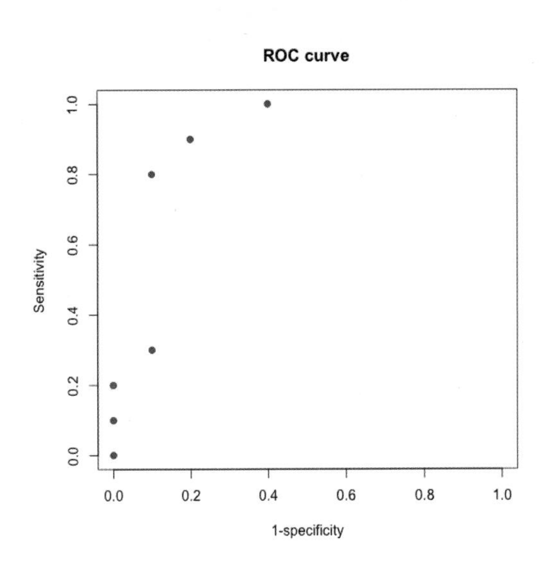

만약 AFP의 cut-off를 0으로 한다면, 모든 환자를 간암으로 진단하게 될 것이다. sensitivity $= \frac{10}{10+0} = 1$ 즉 100%이며, specificity $= \frac{0}{10+0} = 0$ 즉 0%이고, FPR은 반대로 100%이다. ROC 곡선에 x축은 1, y축은 1로 추가 표시하자.

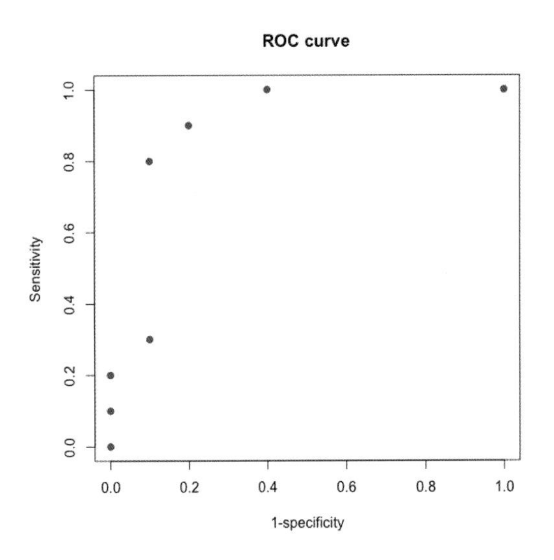

이렇게 수많은 cut-off를 정해서 그래프 위에 나타낸 후 선으로 이은 것이 아래와 같은 ROC 곡선이다.

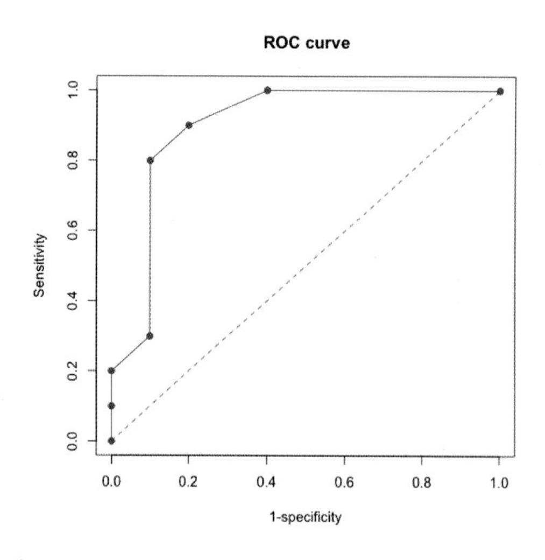

3-5 pROC 패키지

pROC 패키지는 ROC 관련 분석을 할 때 저자가 가장 많이 사용하며 추천하는 패키지다. 명령어 자체가 직관적이며 신뢰구간, AUROC, 최적의 cut-off까지 쉽게 구해준다.

```
install.packages('pROC')
```

1) ROC 객체 생성하기: roc( )

roc( )를 이용해 전체 ROC 객체 summary뿐만 아니라 95% 신뢰구간까지 확인할 수 있다.

```
library(pROC)

afp<-roc(roc.ex$group, roc.ex$afp, ci=TRUE)
afp

Call:
roc.default(response = roc.ex$group, predictor = roc.ex$afp,    ci = TRUE)

Data: roc.ex$afp in 10 controls (roc.ex$group HCC) > 10 cases (roc.ex$group normal).
Area under the curve: 0.9
95% CI: 0.7482-1 (DeLong)

plot(afp)
```

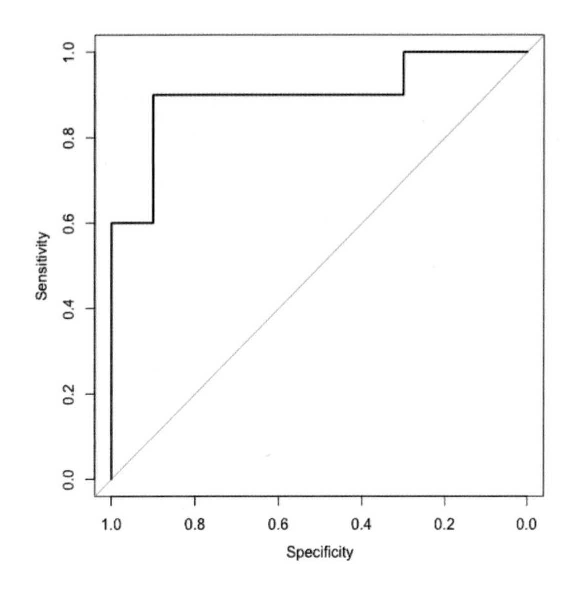

x축이 현재는 specificity로 되어 있어서 FPR혹은 1-specificity로 변경을 원할 경우, `legacy.axes=TRUE`라는 옵션을 추가하면 된다.

```
afp<-roc(roc.ex$group, roc.ex$afp)
plot(afp,legacy.axes=TRUE)
```

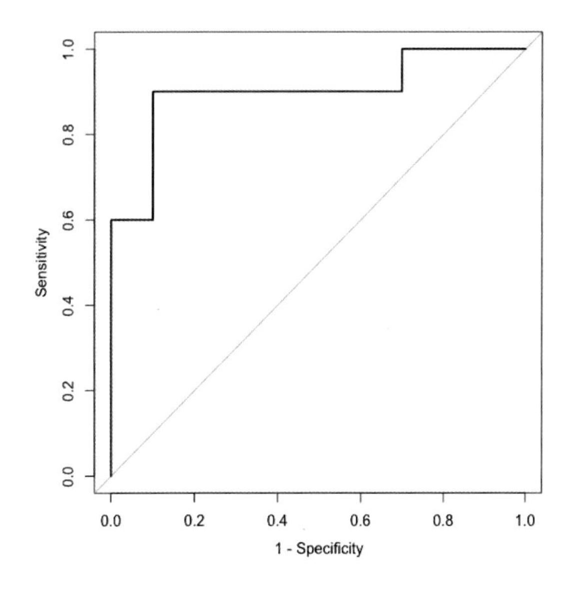

2) ROC 곡선 2개 겹쳐 그리기

1개의 ROC 곡선뿐만 아니라 2개를 겹쳐 그릴 수도 있다. AFP뿐만 아니라 PIVKA ROC 곡선까지 하나의 그래프에 같이 그려보자.

```
afp<-roc(roc.ex$group, roc.ex$afp)
pivka<-roc(roc.ex$group, roc.ex$pivka)

# 각각 그래프로 그리기
plot(afp, col='blue', legacy.axes=TRUE)
plot(pivka, col='red', legacy.axes=TRUE, add=TRUE)  # add=TRUE 옵션 추가

# legend 추가하기
legend(0.3, 0.2, legend=c("AFP", "PIVKA"),
        col=c("blue", "red"), lty=1:1, cex=0.8)
```

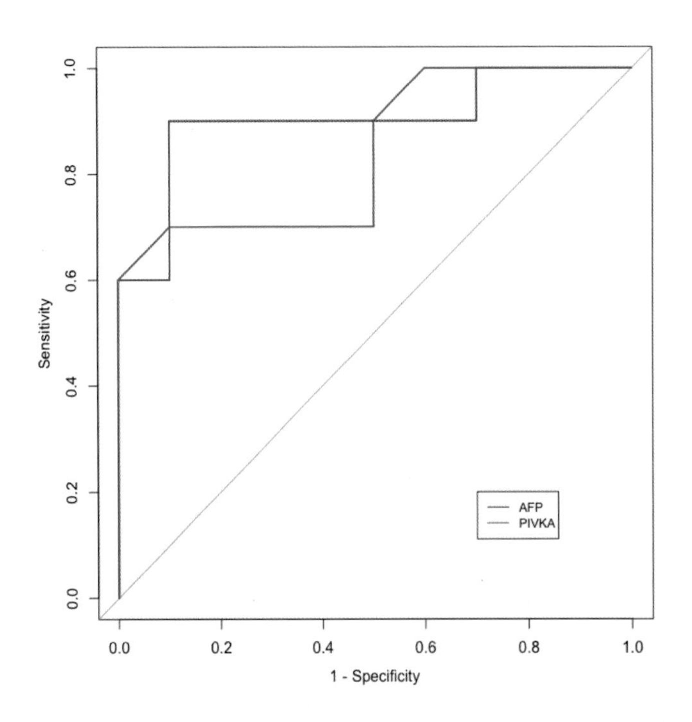

3) ROC 비교하기

`roc.test` 명령어를 사용하면 2개의 ROC 곡선 간의 성능 차이가 있는지 통계적으로 비교할 수 있다. 다음의 결과를 보면 AFP와 PIVKA 2가지 검사의 ROC 곡선에 통계적으로 유의한 차이는 없다. 구체적으로 AFP의 AUROC는 0.9, PIVKA의 AUROC는 0.84이다.

```
roc.test(afp, pivka)

  DeLong's test for two correlated ROC curves

data: afp and pivka
Z = 0.44073, p-value = 0.6594
alternative hypothesis: true difference in AUC is not equal to 0
95 percent confidence interval:
 -0.206824 0.326824
sample estimates:
 AUC of roc1   AUC of roc2
        0.90          0.84
```

4) 최적의 cut-off 찾기: `ci.thresholds()`

pROC 패키지의 가장 큰 장점 중 하나는 최적의 cut-off를 찾아주는 ci.thresholds라는 함수가 있다는 점이다. 아래와 같이 ROC 객체를 넣은 다음, 신뢰구간과 `thresholds='best'` 라는 옵션을 넣어주면 된다.

```
ci.thresholds(afp, conf.level=0.95, boot.n=1000,
              thresholds='best')
95% CI (1000 stratified bootstrap replicates):
 thresholds  sp.low  sp.median  sp.high  se.low  se.median  se.high
       5.35     0.7        0.9        1     0.7        0.9        1
```

AFP의 최적의 cut-off는 5.35로 나왔으며 이때 median sensitivity는 0.9, median specificity는 0.9이다.

boot.n = 1000은 위의 계산을 1000번 반복한다는 의미이다.

5) 특정 cut-off에서 민감도, 특이도 구하기: ci.coords()

ci.coords 함수를 이용하면 연구자가 궁금한 특정 cut-off에서 민감도, 특이도, 양성예측도, 음성예측도, 정확도 등을 구할 수 있다. AFP cut-off가 4일 때 각종 metrics를 구해보자.

```
#구하고자 하는 값들을 metric에 미리 저장해둔다
metric<-c('sensitivity','specificity','ppv','npv')

afp.cutoff<-ci.coords(afp, x=5, input="threshold", metric)
afp.cutoff

95% CI (2000 stratified bootstrap replicates):
 threshold sensitivity.low sensitivity.median sensitivity.high specificity.low
5         5             0.5                0.8                1             0.7
 specificity.median specificity.high ppv.low ppv.median ppv.high npv.low
5               0.9                1     0.7     0.8889        1  0.6429
  npv.median npv.high
5     0.8182        1

#민감도 (sensitivity)
afp.cutoff$sensitivity

     2.5%  50%  97.5%
[1,]  0.5  0.8      1

#특이도 (specificity)
afp.cutoff$specificity
     2.5%  50%  97.5%
[1,]  0.7  0.9      1

#양성예측도 (positive predictive value)
afp.cutoff$ppv

     2.5%          50%  97.5%
[1,]  0.7   0.8888889       1

#음성예측도 (negative predictive value)
afp.cutoff$npv

          2.5%        50%  97.5%
[1,] 0.6428571  0.8181818      1
```

3-6 Epi 패키지

역학 관련 여러 가지 metrics를 쉽게 구할 수 있는 Epi 패키지에도 ROC 곡선 기능이 포함되어 있다. 최적의 cut-off를 제공해줄 뿐만 아니라 ROC 곡선도 그려준다.

Epi 패키지를 이용해서 ROC 관련 분석을 할 때 그룹 코딩을 하는 경우(여기서는 group 변수)에는 병이 있는 경우를 숫자 1, 없는 경우를 0으로 코딩해주어야 오류가 나지 않는다. 따라서 여기서는 group 변수를 새롭게 new_gr이라는 변수에 0과 1로 코딩한 다음 new_gr을 이용하기로 한다.

```
library(Epi)

# 0과 1 로 새로운 변수에 저장하기
roc.ex$new_gr<-ifelse(roc.ex$group=='HCC',1,0)
ROC(form=new_gr~afp, data=roc.ex, plot='ROC')
ROC(form=new_gr~pivka, data=roc.ex, plot='ROC')
```

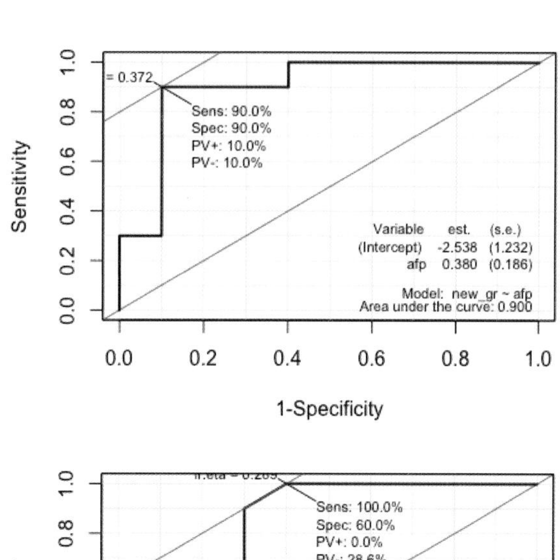

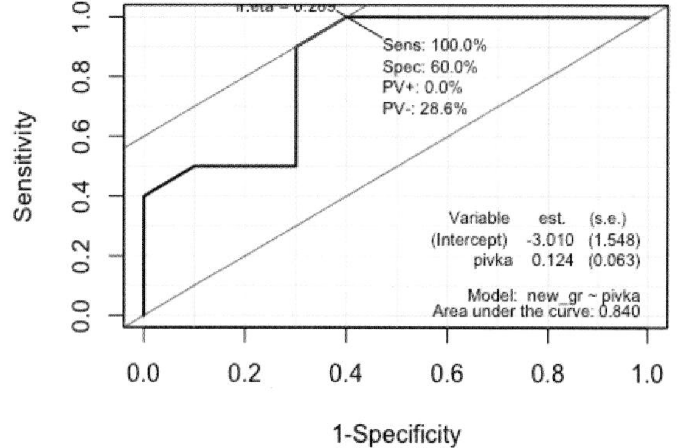

1) 2개 진단검사를 포함하여 ROC 곡선 그리기

Epi 패키지를 이용해서 AFP와 PIVKA를 조합했을 때 ROC 곡선을 그려보자.

```
ROC(form=new_gr~afp+pivka, data=roc.ex, plot='ROC')
```

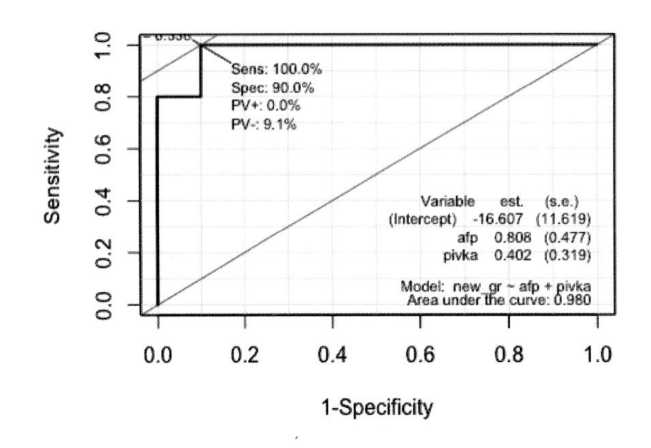

2가지 검사(AFP, PIVKA)를 조합해서 사용할 때 AUROC 값이 무려 0.98에 이른다. 이때 2가지 검사는 OR 조합이다. 즉 AFP나 PIVKA 둘 중 하나가 cut-off 이상인 경우를 질환(간암)이 있다고 판단하는 것이다.

4 생존분석

생존분석(survival analysis)은 사건이 일어났을 때나 일어나지 않았을 때의 결과, 그러한 사건이 일어날 시점을 예측하고 설명하는 통계학의 방법론이다. 보건의료 계열의 연구자료 상당 부분에 생존분석이 이용되며, 임상연구 및 논문 작성에 가장 많이 사용되는 분석 방법이기도 하다. 생존분석에 사용되는 자료의 특성과 몇 가지 개념을 간단히 정리하고 실습을 진행해보자.

4-1 Time to Event 분석

생존분석에 사용되는 자료에는 시간의 개념이 포함된다. 즉 연구의 시작시점(T_0)과 연구의 종료시점($T\ end$)이 존재하며, 연구자는 시작시점과 종료시점 사이에 사건 발생 여부를 관찰하게 된다. 여기서 말하는 사건은 연구자가 관심을 가지는 사건으로 일반적으로 사망(death), 질병 발생(disease occurrence), 재발(recurrence, relapse), 회복(recovery) 등이 될 수 있고 그 외에 어떤 것도 가능하다.

1) 중도절단

생존분석에 사용되는 자료의 가장 큰 특징 중 하나는 중도절단이라는 개념이 존재한다는 것이다.

- Uncensoring: 연구의 시작시점(T_0) 이후 관찰기간 동안 사건이 발생하는 경우이다.
- **중도절단**(censoring): 연구 대상에서 어떤 이유로든 실제 사건 발생 여부를 알 수 없게 되는 경우이다.

중도절단은 구체적으로 다음 3가지 경우에 해당될 수 있다.

① lost to follow-up: 관찰기간 중에 추적을 더이상 못하게 되는 경우 (이 시점까지 사건은 발생하지 않았다.)
② drop-out: 연구에서 중도탈락을 하는 경우 (중도탈락 전까지 사건은 발생하지 않았다.)
③ no event by the end of study(T end): 연구 종료시점까지 관찰하였지만 사건이 발생하지 않은 경우

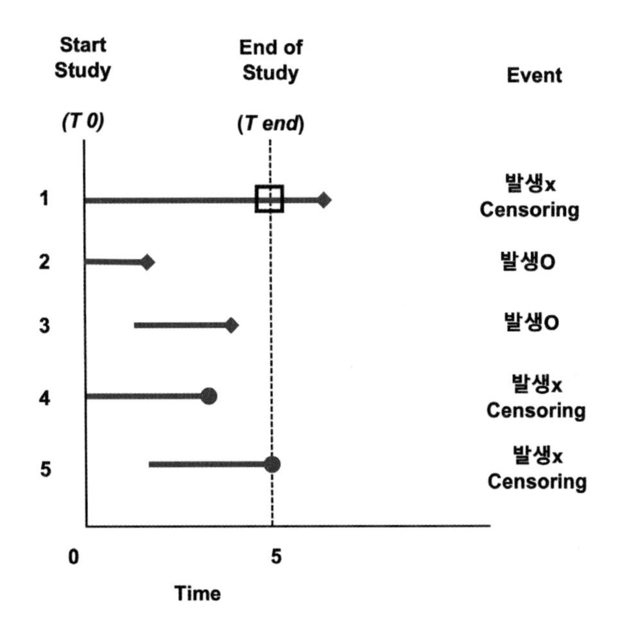

앞의 그림에서 ID#2, 3의 경우 사건이 발생한 uncensored에 해당된다. #1의 경우는 연구 종료까지 사건이 발생하지 않았고, #4의 경우 연구 중간에 추적관찰이 종료되었다. #5의 경우는 비록 중간에 연구 참여를 시작하였지만 연구 종료까지 사건이 발생하지 않았기 때문에 중도절단에 해당된다.

2) 생존함수와 위험함수

생존함수(survival function) $S(t)$는 t 시간까지 사건이 발생하지 않고 생존할 확률로, t값이 커질수록 $S(t)$값은 점점 작아질 수밖에 없다. 생존함수에 사용되는 개념의 정의는 아래와 같다.

- $S(t) = P$: t 시점에서 생존확률은 P이다.
- $S(0) = 1$: 연구 시작시점에서 모든 환자는 생존해 있다.
- $S(\infty) = 0$: 추적관찰을 영원히 지속할 때 생존자는 없다.

위험함수 혹은 위험도함수(hazard function) $h(t)$는 t 시간까지 사건이 발생하지 않고 생존한 사람이 t 라는 시점에 사망할 위험도이다.

이제 생존분석 연습을 위해 survival 패키지와 예제 데이터 Ch6_survival.csv를 불러오자.

```
library(survival)

suv.dt<-read_csv('Example_data/Ch6_survival.csv')
```

suv.dt 데이터는 20명 환자와 6개의 변수로 아래와 같이 구성되어 있다.

변수	변수의 의미
id	환자 ID
gender	성별 (M = 남성, F = 여성)
lc	간경변증 (0 = 간경변증 없음, 1 = 간경변증)
start_date	항바이러스제 치료 시작 일자
hcc_date	간암 발생 날짜 (간암이 발생한 경우) 혹은 마지막 추적관찰 날짜 (간암이 발생하지 않은 경우)
hcc	간암 발생 (0 = 간암 발생 안 함, 1 = 간암 발생)

id	gender	lc	start_date	hcc_date	hcc
1	M	1	2007-01-05	2014-07-18	1
2	F	0	2007-01-10	2016-08-25	0
3	M	1	2007-01-11	2017-06-21	1
4	M	0	2007-01-12	2012-12-17	0
5	M	1	2007-01-18	2009-07-15	1
6	M	1	2007-01-18	2013-01-11	0
7	M	1	2007-01-26	2015-01-09	1
8	F	0	2007-01-31	2017-08-24	0
9	F	1	2007-01-31	2009-03-20	0
10	M	0	2007-02-01	2017-09-12	1
11	M	0	2007-02-01	2010-09-30	1
12	M	0	2007-02-01	2010-04-23	1
13	M	0	2007-02-01	2017-08-03	0
14	M	1	2007-02-02	2011-07-07	1
15	M	1	2007-02-08	2012-11-21	1
16	M	1	2007-02-08	2011-01-21	0
17	F	1	2007-02-09	2010-07-28	0
18	F	1	2007-02-14	2009-06-17	1
19	M	0	2007-02-15	2017-08-25	0
20	F	1	2007-02-15	2012-01-31	1

3) 추적관찰기간 계산하기

현재 suv.dt에는 start_date라는 치료 시작(추적관찰 시작) 일자와 hcc_date라는 최종 추적관찰 일자가 존재하고, 추적관찰기간을 나타내는 변수는 없기에 우리가 계산을 해야 한다. 다음과 같은 순서로 진행해보자.

① lubridate 패키지를 이용한다.
② start_date와 hcc_date 두 날짜 간의 차이를 계산하여 hcc_period라는 변수에 저장한다.
③ as.numeric() 함수를 이용해서 hcc_period 자료 형태를 숫자형으로 변경한다.

```
library(lubridate)

suv.dt$hcc_period <- suv.dt$hcc_date - suv.dt$start_date
suv.dt$hcc_period <- as.numeric(suv.dt$hcc_period)
summary(suv.dt$hcc_period)

  Min.  1st Qu.  Median   Mean  3rd Qu.    Max.
   779     1319    2140   2303     3590    3876

# Day (일) 단위를 year (연) 단위로 변경하기
suv.dt$hcc_period <- suv.dt$hcc_period / 365.25
summary(suv.dt$hcc_period)

  Min.  1st Qu.  Median   Mean  3rd Qu.    Max.
 2.133    3.611   5.858  6.304    9.828  10.612
```

물론 아래와 같이 한꺼번에 코드를 쓸 수도 있다.

```
suv.dt<-suv.dt %>%
  mutate(hcc_period = hcc_date - start_date) %>%
  mutate(hcc_period = as.numeric(hcc_period)/365.25) %>%

summary(suv.dt$hcc_period)
```

모든 환자들의 추적관찰기간을 그래프로 나타내면 다음과 같다. 이 중 hcc가 발생한 환자도 있고, 발생하지 않은 환자도 있다.

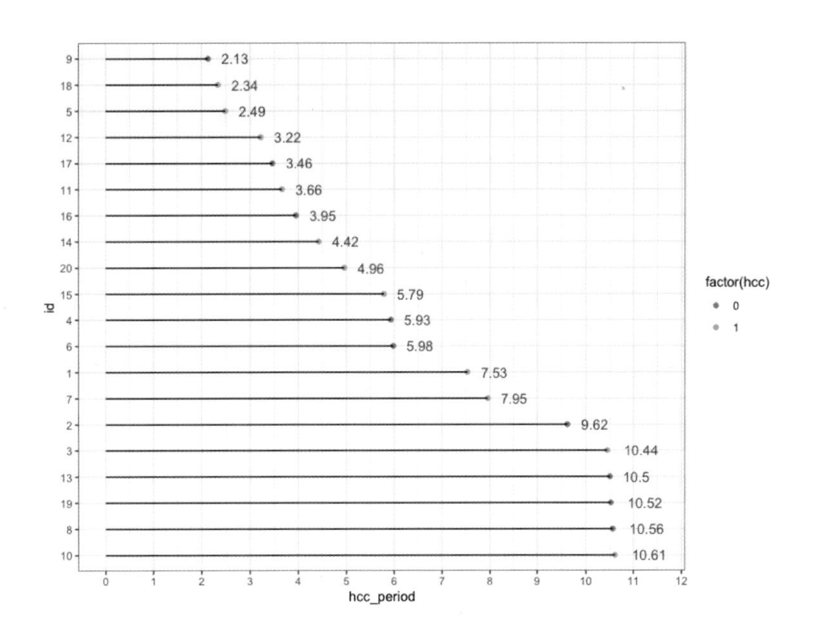

4) 생존분석 테이블 만들고 이해하기

앞의 그래프에 나타난 총 20명의 환자들을 대상으로 다음 내용을 생존분석 테이블에 1명씩 기록할 수 있다.

- **생존자**: 이전 시간까지 생존자 – 사건 – 중도절단
- **사건**: 간암 발생
- **중도절단**: 중도절단 발생
- **사건발생률**: $\frac{\text{사건}}{\text{생존자}}$
- **생존율**: 1–사건발생률

시간	생존자	중도절단	사건발생률	생존율
2.132786	20	1	0.00	1.00
2.338125	19	0	0.05	0.95
2.488706	18	0	0.11	0.89
3.222450	17	0	0.16	0.84

시간	생존자	중도절단	사건발생률	생존율
3.463381	16	1	0.16	0.84
3.660506	15	0	0.21	0.79
3.950719	14	1	0.21	0.79
4.424367	13	0	0.27	0.73
4.958248	12	0	0.33	0.67
⋮	⋮	⋮	⋮	⋮
10.611910	1	0	1.00	0.00

여기서 주의해서 볼 것은 단순히 중도절단만 발생할 경우(사건이 발생하지 않고), 사건발생률과 생존율에는 변화가 없다는 점이다.

위의 생존분석 테이블을 바탕으로 그래프를 그리면 아래와 같은 형태가 된다. 눈치 챘겠지만 이것이 바로 우리가 알고 있는 카플란-마이어 곡선이다. 다음 절에서는 카플란-마이어 곡선을 정식으로 그려보자.

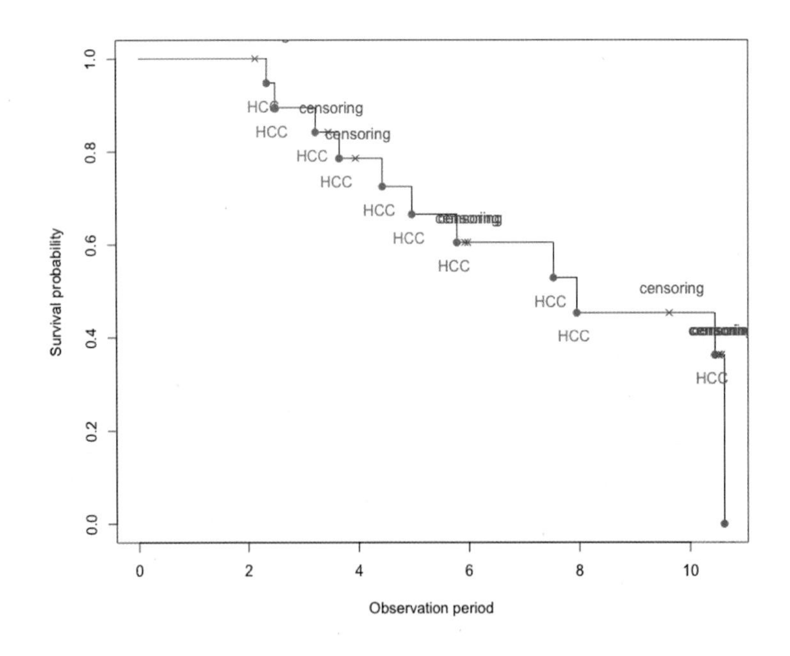

4-2 카플란-마이어 곡선

카플란-마이어 곡선(Kaplan-Meier curve, KM curve)은 생존함수를 비모수적(non-parametric)으로 추정하는 방법이다.

1) 생존함수 객체 만들기: survfit(Surv(관찰기간, 사건) ~ 1, data)

생존분석에서 가장 많이 사용하는 생존함수를 바로 만들어보자. 추적관찰기간 동안 간암 발생에 관한 생존함수다. 따라서 관찰기간은 hcc_period가 되고 사건은 hcc가 된다. ~1은 따로 그룹화를 하지 않고 전체 환자의 생존함수를 구한다는 의미이다.

```
f1<-survfit(Surv(hcc_period, hcc)~1, data=suv.dt)
```

사실 생존함수는 위의 코드 한 줄이 끝이라고 할 만큼 아주 간단하게 구할 수 있다. 하지만 f1이라는 생존함수 객체 안에는 아주 많은 정보가 포함되어 있다. 우선 KM 곡선을 그려보자.

```
plot(f1,
     xlab='Obervation period',
     ylab='Survival probability')
```

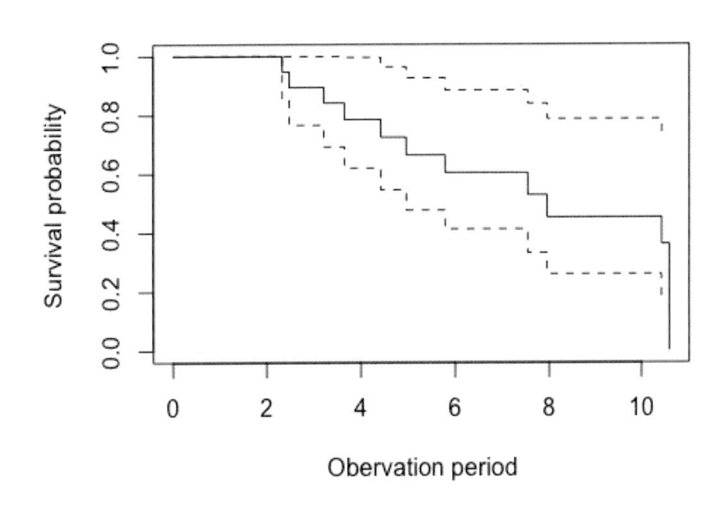

2) survminer 패키지를 이용한 KM 곡선 그리기: ggsurvplot()

R 기본 plot을 이용해서 KM 곡선을 그릴 수도 있지만 survminer 패키지의 ggsurvplot 기능을 이용하면 조금 더 편리하다. 특히 risk table을 같이 표현해주어서 좋다.

```
library(survminer)

ggsurvplot(f1, risk.table = TRUE)
```

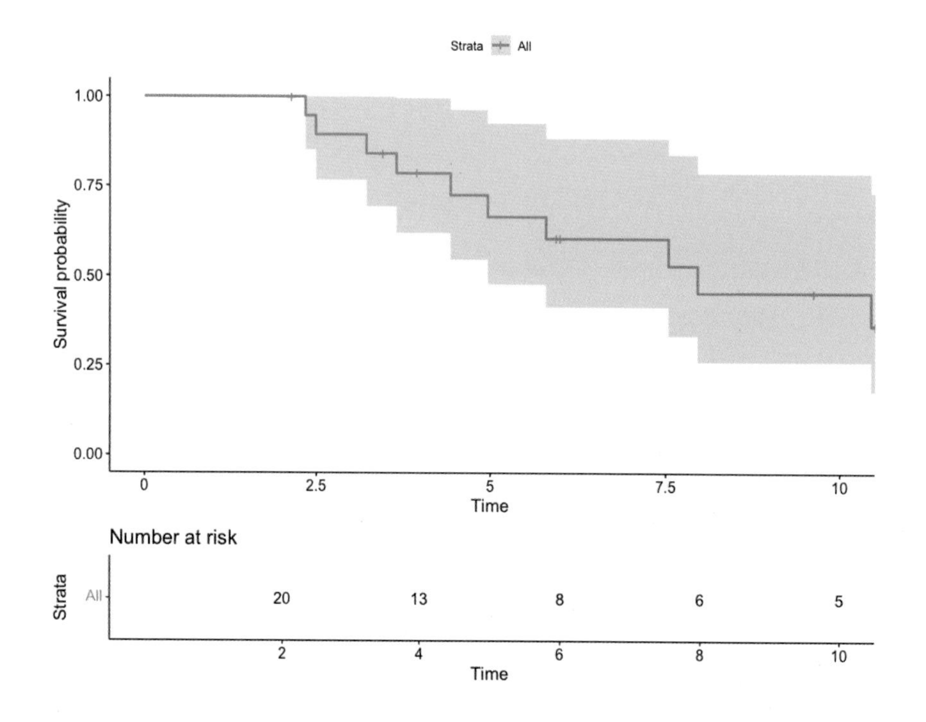

Tip

카플란-마이어 방법에 한 가지 가정이 있는데, 중도절단(censoring) 시점이나 패턴이 랜덤(random)하다는 점이다. 즉 특정한 규칙으로 중도절단 된 것이 아니라는 가정이 포함되어 있다.

4-3 5년 생존율 계산

1) summary 기능을 이용하여 특정 시점의 생존율 계산

전체 생존곡선도 우리의 관심사이지만, 특정 시점의 생존율을 계산해야 할 때도 있다. 앞의 예제에서 5년 생존율을 계산해보자. 기존 생존함수로 저장한 f1 객체를 이용하면 된다.

summary 기능을 이용하면 생존함수 객체를 요약해 보여주는데, 앞서 만든 생존분석 테이블과 흡사하다. 차이는 중도절단 된 경우는 생략하고 사건이 발생한 경우만 표시해준다는 점이다.

```
f1<-survfit(Surv(hcc_period, hcc)~1, data=suv.dt)
summary(f1)

Call: survfit(formula = Surv(hcc_period, hcc) ~ 1, data = suv.dt)

  time  n.risk  n.event  survival  std.err  lower 95% CI  upper 95% CI
  2.34      19        1     0.947   0.0512         0.852         1.000
  2.49      18        1     0.895   0.0704         0.767         1.000
  3.22      17        1     0.842   0.0837         0.693         1.000
  3.66      15        1     0.786   0.0951         0.620         0.996
  4.42      13        1     0.726   0.1052         0.546         0.964
  4.96      12        1     0.665   0.1125         0.477         0.926
  5.79      11        1     0.605   0.1174         0.413         0.885
  7.53       8        1     0.529   0.1247         0.333         0.840
  7.95       7        1     0.453   0.1277         0.261         0.788
 10.44       5        1     0.363   0.1305         0.179         0.734
 10.61       1        1     0.000      NaN            NA            NA
```

이러한 summary 기능에서 `times=관심시점` 옵션을 추가로 주면 된다.

```
summary(survfit(Surv(hcc_period, hcc)~1, data=suv.dt), times=5)

Call: survfit(formula = Surv(hcc_period, hcc) ~ 1, data = suv.dt)

  time  n.risk  n.event  survival  std.err  lower 95% CI  upper 95% CI
     5      11        6     0.665    0.113         0.477         0.926
```

즉 5년 시점 생존율은 66.5%이다. 그래프를 통해 확인해보자.

```
plot(f1, conf.int=FALSE)
points(x=5, y=0.665, pch=19)
segments(5,-0.1, 5,0.665, col='red')
segments(-1,0.665, 5,0.665,col='red', lty=2)
text(x=0+0.1, y=0.665+0.1, labels=c('66.5%'), col='red')
```

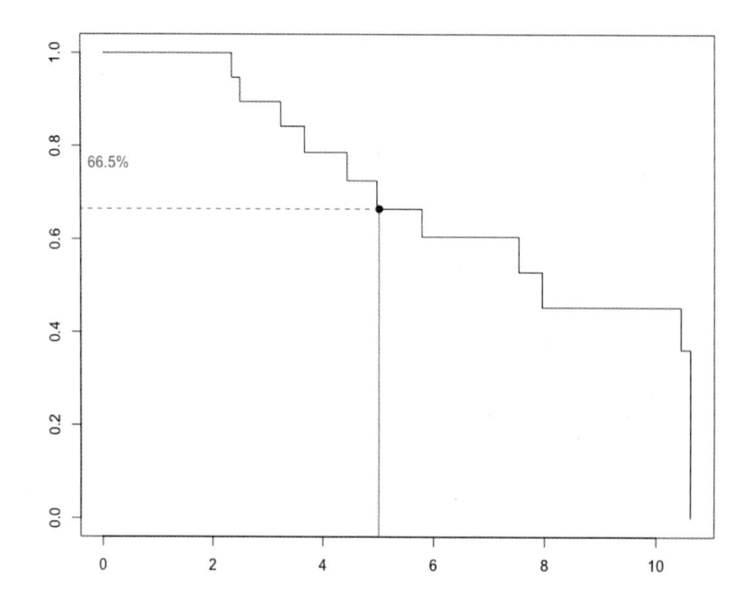

4-4 중위 생존시간 계산

임상연구에서는 중위 생존시간(median survival time)이라는 개념을 많이 사용한다. 앞의 20명의 데이터에서 단순하게 중위 생존시간을 계산하면 얼마일까? 5.857632년이 된다.

```
median(suv.dt$hcc_period)
[1] 5.857632
```

그러나 이 중위 생존시간은 틀렸다. 중도절단을 고려하지 않았기 때문이다. 정확히 계산하려면 다음과 같이 이전에 사용했던 생존함수를 이용해야 한다.

```
survfit(Surv(hcc_period, hcc)~1, data=suv.dt)
Call: survfit(formula = Surv(hcc_period, hcc) ~ 1, data = suv.dt)

      n  events  median  0.95LCL  0.95UCL
[1,] 20      11    7.95     4.96       NA
```

실제 중위 생존시간은 8년이 된다. 실제로 이 시기에 생존확률이 50%에 다다른다.

```
plot(f1, conf.int=FALSE)
points(x=8, y=0.5, pch=19)
segments(8,-0.1, 8,0.5, col='red')
segments(-1,0.5, 8,0.5,col='red', lty=2)
text(x=8, y=0.6, labels=c('50.0%'), col='red')
```

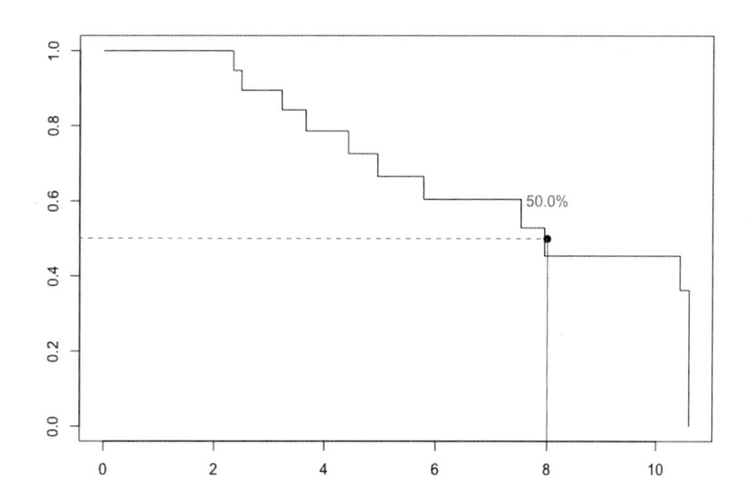

4-5 두 그룹의 생존함수 비교

두 그룹(또는 두 그룹 이상)의 생존함수 비교는 임상연구에서 가장 많이 하는 분석 중 하나다. 두 그룹 이상에서 생존함수 간에 유의한 차이가 있는지를 분석할 때는 로그-순위 검정(log-rank test)을 이용한다.

1) Log-rank test: `survdiff(Surv(관찰기간, 사건) ~ 비교하고자 하는 그룹, data = 데이터)`

로그-순위 검정은 2개 이상의 생존곡선을 통계적으로 비교할 때 사용된다. 먼저 귀무가설과 대립가설을 세우면 다음과 같다.

- **귀무가설**(H_0): 비교하려는 생존곡선들은 차이가 없다. 즉 모든 시점에서 $S_1(t) = S_2(t)$이다.
- **대립가설**(H_1): 적어도 두 생존곡선의 차이가 있다. $S_1(t) \neq S_2(t)$인 시점이 존재한다.

기본적으로 관찰된 모든 시점에서 평균적인 생존율의 차이를 평가하게 되는데, 전 구간에 걸쳐 일정한 차이가 있을 때 검정력이 높다. 두 생존곡선의 교차가 있을 경우에는 일반적으로 로그-순위 검정을 사용하기 부적절할 때가 많다. 다만, 관찰기간 동안 대부분 겹치지 않다가 마지막 관찰시점에 두 생존곡선이 수렴하는 양상을 보이면서 교차가 조금 있을 경우는 괜찮다.
위에서 사용한 suv.dt 데이터에서 lc 여부에 따른 간암 발생률에 차이가 있는지 살펴보자. 비교할 때는 survdiff 명령어를 이용한다. 비교하고 싶은 변수 앞에는 ~을 붙여주면 된다.

```
survdiff(Surv(hcc_period, hcc)~lc, data=suv.dt)

Call:
survdiff(formula = Surv(hcc_period, hcc) ~ lc, data = suv.dt)

       N  Observed  Expected  (O-E)^2/E  (O-E)^2/V
lc=0   8         3      6.45       1.84        5.1
lc=1  12         8      4.55       2.61        5.1

 Chisq= 5.1  on 1 degrees of freedom, p= 0.02
```

두 생존곡선, 즉 간경변증 유무 lc에 따른 간암 발생에는 유의한 차이가 있음을 알 수 있다. KM 곡선을 그려보자.

```
f1<-survfit(Surv(hcc_period, hcc)~lc, data=suv.dt)
plot(f1, conf.int=FALSE, col=c('blue','red'))
text(x=9, y=0.8, labels=c('lc=0'), col='blue')
text(x=9, y=0.2, labels=c('lc=1'), col='red')
```

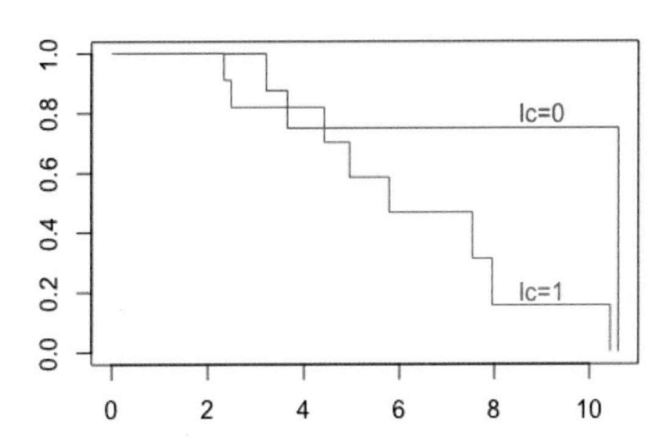

4-6 survminer 패키지

생존분석을 하고 나서 중요한 결과들은 결국 KM 곡선으로 제시해야 하는 경우가 많다. 수치로 결과를 보여주는 것도 중요하지만 적절한 시각화의 효과가 더욱 강력하기 때문이다. 이번 절에서는 R의 기본 그래프(도표)보다는 조금 더 편리하고 예쁜 KM 곡선을 그려주는 `survminer` 패키지를 이용하여 다양한 KM 곡선 옵션을 공부해보자.
데이터 파일은 Ch6_survival1.csv를 사용한다.

```
suv.dt1<-read_csv('Example_data/Ch6_survival1.csv')
dim(suv.dt1)
[1] 200 10
```

suv.dt1에 저장을 했다. suv.dt1 데이터는 200명의 환자로 구성되어 있고 데이터 형태는 다음과 같다.

변수	변수의 의미
id	patient ID (임의)
gender	M = 남성, F = 여성
age	연령
lc	간경변증 유무 (1=간경변증 있음, 0=없음)
death	사망 여부 (1=사망, 0=생존)
death_yr	사망 발생까지 관찰기간 (년)
hcc	간암 발생까지 관찰기간 (년)
hcc_yr	간암 발생 여부 (1=간암 발생, 0=없음)

1) 가장 기본 KM 곡선 그리기: ggsurvplot(생존함수 객체)

제일 기본이 되는 KM 곡선을 그리는 방법이다. 여기서는 suv.dt1 데이터에서 생존율을 구하기 위해 추적관찰기간은 death_yr를, 사건은 사망을 의미하는 death를 이용한다. KM 곡선을 그려보자.

```
f1<-survfit(Surv(death_yr, death)~1, data=suv.dt1)
ggsurvplot(f1)
```

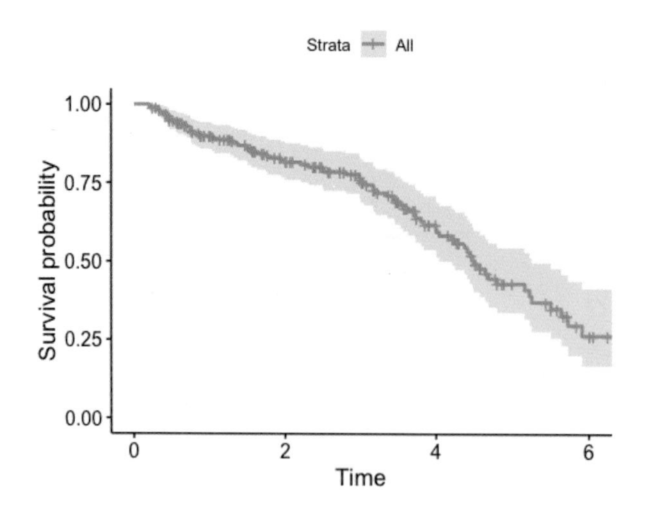

이번에는 간암 발생 여부에 따른 생존곡선을 그려보자. 기존 ~1이 코딩된 자리에 ~hcc가 들어가야지 간암 발생 여부에 따른 두 그룹의 생존곡선을 그릴 수 있다.

```
f1.hcc<-survfit(Surv(death_yr, death)~hcc, data=suv.dt1)
ggsurvplot(f1.hcc)
```

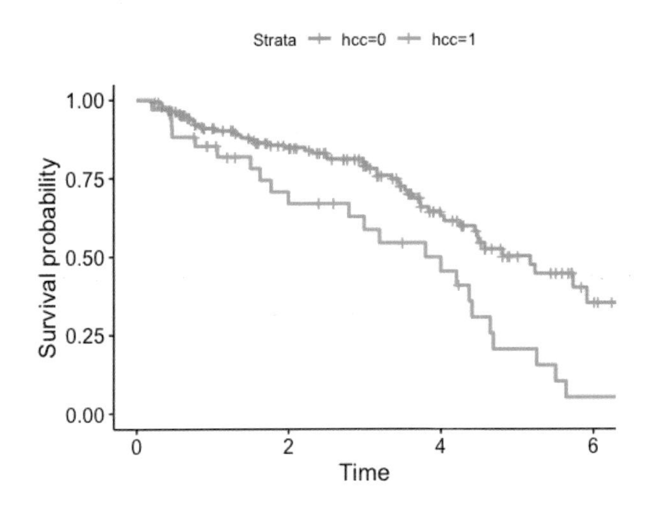

hcc에 따른 생존곡선이 확연하게 차이가 나는 것을 알 수 있다.

ggsurvplot 기능에는 아래와 같이 여러 개의 옵션이 있다.

```
ggsurvplot(f1.hcc,
           pval=TRUE, #p값 표시
           conf.int = TRUE, #confidence interval 표시
           conf.int.style='step', #confidence interval 표시 형태
           xlab='Years after treatment', #X-axis 이름
           break.time.by=1,  #X축 시간 단위
           risk.table=TRUE) #risk table 표시 여부
```

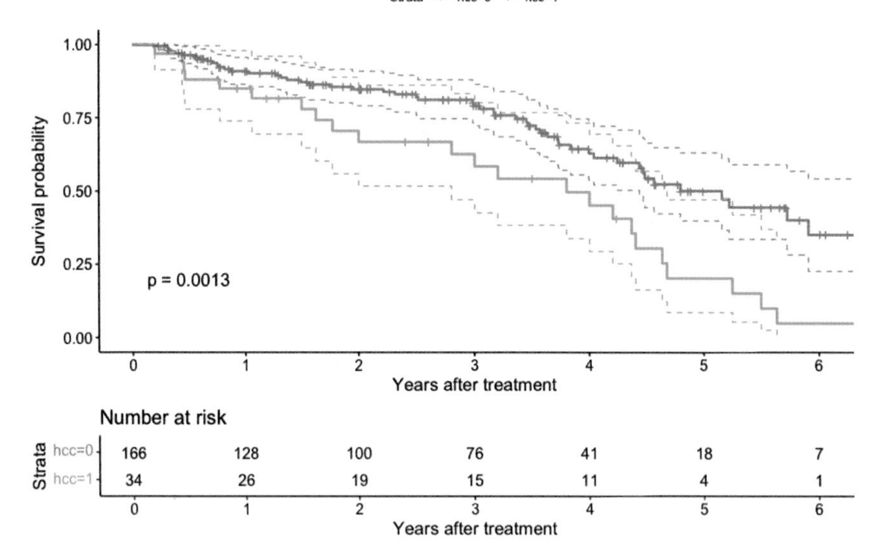

2) 누적 발생률로 KM 곡선 그리기: `fun = 'event'` 옵션

정확히 이야기하면 KM 곡선을 거꾸로 그리는 것은 아니다. 기존 KM 곡선은 Y축이 생존율이기에 (실제 생존율처럼) 처음 1에서 시작해서 시간이 지남에 따라 점차 0으로 감소하게 된다. 그러나 연구 결과를 제시할 때 이와 반대되는 경우도 있다. 즉 시간이 지남에 따라 어떤 사건이 발생할 누적 확률이 필요할 때이다. 예를 들어 시간의 흐름에 따라 간암이 발생하는 경우는 연구 시작시점에는 (간암이 없는 환자만 연구에 참여하게 되므로) 누적 발생률이 0이다. 하지만 시간이 흐름에 따라 (X축이 오른쪽으로 이동함에 따라) 간암이 발생하게 되어 Y축(누적발생률)이 증가하는 패턴을 보이며, 사건 발생이 많아질수록 Y축은 결국 1에 가까워지게 된다.

ggsurvplot을 이용해서 KM 곡선을 그리는 방법은 똑같지만 fun = event 옵션을 넣으면 된다. 그렇다면 누적 사망률 KM 곡선을 그려보자.

```
f2<-survfit(Surv(death_yr, death)~1, data=suv.dt1)
ggsurvplot(f2,
           conf.int = FALSE,
           fun = 'event',
           ylim=c(0,1),
           ggtheme=theme_bw())
```

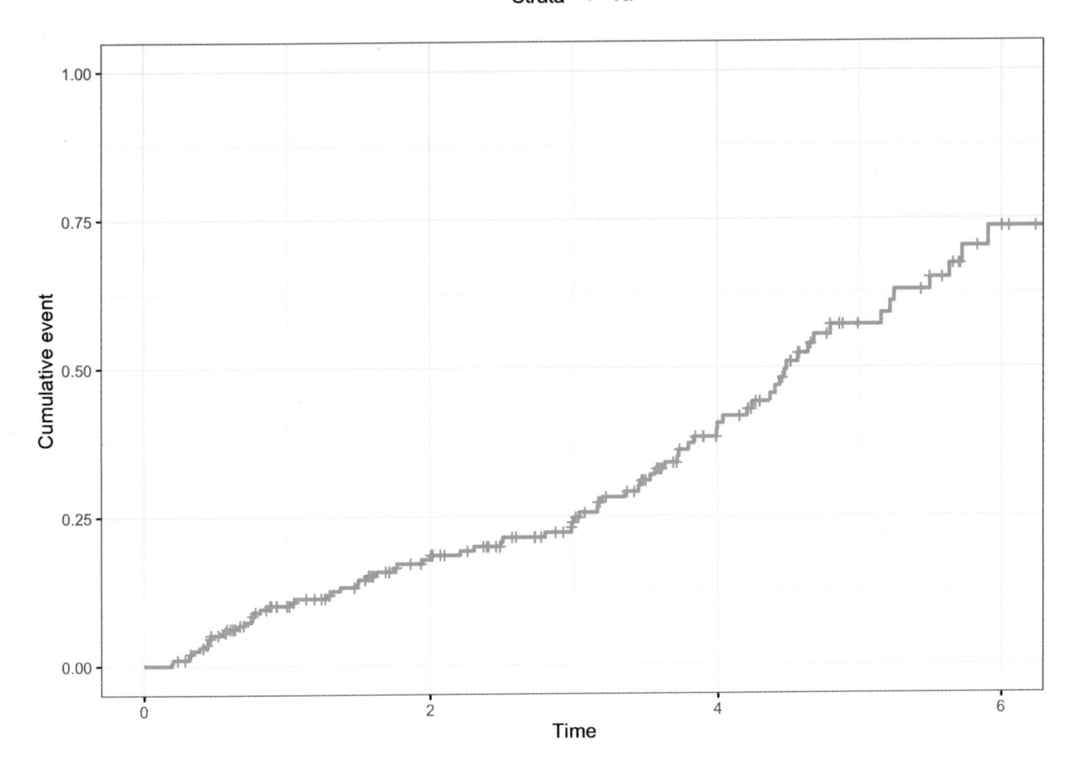

이번에는 간암 유무에 따른 누적 사망발생률을 그려보자. 그래프의 색상도 바꾸고 risk table 도 바꾸어서 만들어보자. 모든 옵션을 사용할 필요는 없고 필요한 것만 쓰자.

```
f2.hcc<-survfit(Surv(death_yr, death)~hcc, data=suv.dt1)
ggsurvplot(f2.hcc,
          fun='event',
          pval=TRUE,
          risk.table='abs_pct',
          palette=c('red','blue'),
          break.time.by=1,
          legend='top',
          legend.title='HCC',
          legend.labs=c('None','Present'),
          xlab=c('Years after treatment'),
          ylab=c('Cumulative incidence of HCC'),
          ylim=c(0,1),
          surv.median.line = 'hv',
          ncensor.plot=TRUE)
```

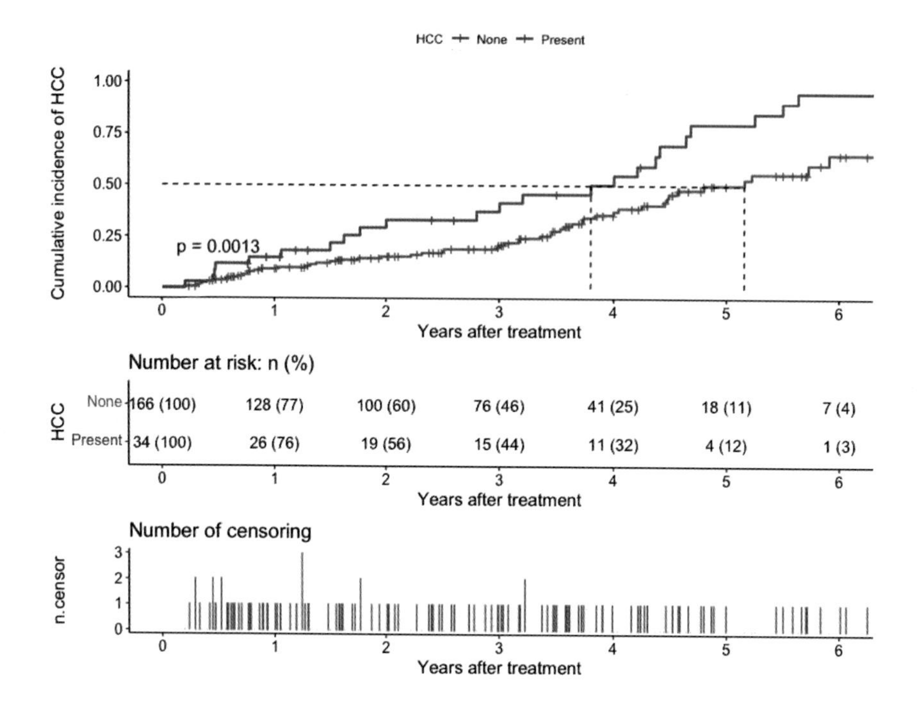

4-7 콕스 비례위험모형

콕스 비례위험모형(Cox proportional-hazard model)은 일반화 선형모형의 한 형태로 생존자료(time to event)에 대한 회귀분석 모형의 한 가지라고 볼 수 있다.

콕스 비례위험모형의 기본 가정 및 개념을 정리하면 다음과 같다.

- **위험(hazard)**: 생존곡선의 기울기라고 보면 된다. 즉 case가 얼마나 빠르게 사망(혹은 사건이 발생)하는지를 측정한 값이다.
- **위험률(hazard rate)**: 시간 t까지 사건이 없었던 환자의 t 직후 시간에서 사건의 비율이다.
- **위험비(hazard ratio)**: 두 그룹의 위험률의 비율이다.
- 위험도는 시간의 흐름에 따라 변하지 않으며, 따라서 두 그룹 간의 위험비(HR)의 비율(비)은 일정하게 유지된다. 이 때문에 콕스 모델을 비례위험모형이라고 한다.

콕스 비례위험모형이 기존 생존함수와 다른 점은 baseline hazard $h_0(t)$를 모른 채(추정하지 않고) 위험비(hazard ratio)를 추정한다는 점이다. 즉 우리는 전체 환자들 혹은 두 그룹 환자의 자세한 생존함수 분포를 찾으려 하기보다는, 두 그룹 환자들에서 위험도의 비율 혹은 비에 관심이 있는 것이다. 다른 말로 하면 위험인자(우리가 관심 있는 변수)의 유무에 따른 두 그룹의 위험도 비율을 계산하고자 함이다.

그렇다면 콕스 모형의 기본 가정에 위배가 될 때는 어떻게 해야 할까? 우선 어떤 가정에 위배되는지를 파악한 뒤 stratified Cox 모델, 시간의존 콕스 모델 등을 이용할 수도 있다. 여기서는 이 내용은 다루지 않겠다.

1) Cox model: coxph(Surv(관찰기간, 사건) ~ 관심 변수, data = 데이터)

survival 패키지 안에 coxph 기능을 이용하면 된다. 예제 데이터로 Ch6_survival2.csv를 불러오자. 그리고 suv.dt2에 저장하고, lc가 간암 발생에 유의한 인자인지 확인해보자. 우리가 원하는 위험비(hazard ratio)는 moonBook 패키지의 extractHR 기능을 이용하면 보다 쉽게 구할 수 있다.

```
library(moonBook)
suv.dt2 <-read_csv('Example_data/Ch6_survival2.csv')

f1.lc<-coxph(Surv(hcc_yr, hcc)~lc, data=suv.dt2)
extractHR(f1.lc)

     HR    lcl    ucl   p
lc  6.16   2.38   15.97  0
```

lc 유무는 간암 발생에 있어 5배의 위험도 차이가 있다. 이를 KM 곡선으로 나타내보자.

```
f1.lc<-survfit(Surv(hcc_yr, hcc)~lc, data=suv.dt2)
ggsurvplot(f1.lc,
          fun='event',
          pval=TRUE,
          risk.table=TRUE,
          break.time.by=1,
          xlab=c('Year after treatment'),
          ylab=c('Cumulative incidence of HCC'),
          ylim=c(0,1))
```

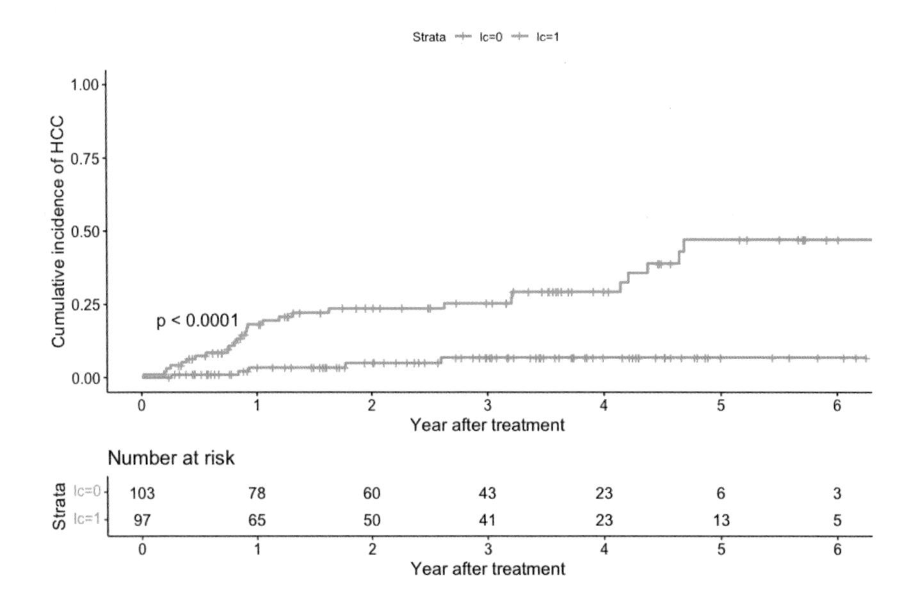

4-8 콕스 모형을 이용한 단변량, 다변량 분석

이전에 로지스틱 회귀분석에서 단변량, 다변량 분석을 한 것과 거의 동일한 방식으로 생존분석에서도 사건 발생과 연관이 있는 독립변수를 분석할 수 있다. 다만 로지스틱 회귀분석에서는 단변량, 다변량 분석에서 결과값을 교차비(odds ratio)로 제시하는 것과 달리, 생존분석에서는 시간 개념이 포함되며 연구 디자인 역시 대부분 코호트 연구나 무작위 연구인 경우가 많기 때문에 결과값 제시는 위험비(hazard ratio)로 하게 된다.

환자들의 기저특성들 중에서 추적관찰기간 동안 간암 발생과 연관이 있는 유의한 위험인자를 찾기 위해 단변량 분석을 해보자. 기존 suv.dt2 데이터에서 gender, age, lc, dm, hbeag이 간암 발생과 유의한 연관이 있는지 각 변수별 단변량 분석을 해보자.

1) moonBook 패키지를 이용하여 단변량 분석하기: mycph()

moonBook 패키지를 이용할 경우에는 생존함수 객체를 데이터 내에 1개의 변수로 저장하는 과정을 거쳐야 한다. 아래 코드에서는 TS라는 변수에 생존함수 객체를 저장하고, 이후 mycph 함수를 이용해서 여러 개의 변수를 동시에 단변량 분석을 할 수 있다.

```
suv.dt2$TS<-Surv(suv.dt2$hcc_yr,suv.dt2$hcc)

mycph(TS~gender+age+lc+dm+hbeag, data=suv.dt2)

 mycph : perform coxph of individual expecting variables

 Call: TS ~ gender + age + lc + dm + hbeag, data= suv.dt2
           HR    lcl    ucl      p
genderM  0.59   0.29   1.20  0.146
age      1.08   1.05   1.12  0.000
lc       6.16   2.38  15.97  0.000
dm       0.73   0.22   2.38  0.598
hbeag    1.12   0.56   2.24  0.745
```

단변량 분석 결과, 5개의 변수 중 age, lc가 간암 발생의 유의한 위험인자로 나왔다.

2) gtsummary 패키지를 이용하여 단변량 분석하기: tbl_uvregression()

gtsummary 패키지의 경우 바로 논문에 삽입할 수 있는 테이블 형식으로 결과를 제시해주는데, 이를 위해서는 다음과 같이 몇 가지 옵션을 넣어주어야 한다.

- Method = coxph 콕스 모형을 이용한다는 의미
- y = Surv(관찰기간, 사건) 생존함수 객체와 동일
- exponentiate = TRUE 콕스 모형에서 나온 회귀계수를 지수화해서 위험도를 제시

```
library(gtsummary)

suv.dt2 %>%
 select(-id, -TS, -death, -death_yr) %>%
 tbl_uvregression(method=coxph,
                  y=Surv(hcc_yr, hcc),
                  exponentiate=TRUE)
```

Characteristic	N	HR1	95% CI[1]	p-value
gender	200			
F		–	–	
M		0.59	0.29, 1.20	0.15
age	200	1.08	1.05, 1.12	< 0.001
lc	200	6.16	2.38, 16.0	< 0.001
dm	200	0.73	0.22, 2.38	0.6
hbeag	200	1.12	0.56, 2.24	0.7

1 HR = Hazard Ratio, CI = Confidence Interval

3) 다변량 분석 결과 제시: extractHR()

기본적으로 로지스틱 회귀분석에서 사용한 방식과 거의 같으며 coxph() 함수를 사용하게 되고 extractHR() 기능을 이용해서 HR만 바로 제시할 수 있다.

```
f1.multi<-coxph(Surv(hcc_yr,hcc)~age+gender+lc+dm+hbeag, data=suv.dt2)
extractHR(f1.multi)
          HR   lcl   ucl     p
age      1.07  1.03  1.12  0.002
genderM  1.61  0.68  3.83  0.277
lc       3.97  1.45 10.86  0.007
dm       0.78  0.23  2.59  0.679
hbeag    1.48  0.71  3.10  0.295
```

step 기능에 backward 옵션을 주어서 AIC를 최소화하는 변수들만 선택해보자.

```
f1.final<-step(f1.multi, direction = 'backward')

Start: AIC=293.56
Surv(hcc_yr, hcc) ~ age + gender + lc + dm + hbeag

          Df     AIC
- dm       1  291.75
- hbeag    1  292.64
- gender   1  292.78
<none>        293.56
- lc       1  300.48
- age      1  302.08

Step: AIC=291.75
Surv(hcc_yr, hcc) ~ age + gender + lc + hbeag

          Df     AIC
- hbeag    1  290.71
- gender   1  290.89
<none>        291.75
- lc       1  298.53
- age      1  300.31

Step: AIC=290.71
Surv(hcc_yr, hcc) ~ age + gender + lc

          Df     AIC
- gender   1  289.37
<none>        290.71
- lc       1  297.11
- age      1  298.49

Step: AIC=289.37
Surv(hcc_yr, hcc) ~ age + lc

          Df     AIC
<none>        289.37
- lc       1  295.23
- age      1  296.64
```

```
extractHR(f1.final)

      HR   lcl    ucl      p
age  1.06  1.02   1.10  0.002
lc   3.66  1.34  10.01  0.012
```

4) gtsummary 패키지를 이용한 다변량 분석 결과 제시: tbl_regression()

생존분석 다변량 분석에서 gtsummary 패키지는 상당히 유용하다. 앞서와 같이 간암 발생에 5개의 변수가 유의한 위험인자인지 다변량 분석을 통해 한꺼번에 확인해보자.

```
coxph(Surv(hcc_yr, hcc==1)~age+gender+lc+dm+hbeag, data=suv.dt2) %>%
 tbl_regression(exponentiate=TRUE)
```

Characteristic	HR[1]	95% CI[1]	p-value
age	1.07	1.03, 1.12	0.002
gender			
F	–	–	
M	1.61	0.68, 3.83	0.3
lc	3.97	1.45, 10.9	0.007
dm	0.78	0.23, 2.59	0.7
hbeag	1.48	0.71, 3.10	0.3

[1] HR = Hazard Ratio, CI = Confidence Interval

gtsummary 패키지를 이용하면 단변량, 다변량 분석 결과를 하나의 테이블에 쉽게 나타낼 수 있다. 간암 발생과 연관된 인자 5개의 단변량, 다변량 분석 결과를 아래와 같이 제시할 수 있다.

```
cox.uni<-suv.dt2 %>%
 select(hcc, hcc_yr, age, gender, lc, dm, hbeag) %>%
 tbl_uvregression(method=coxph,
                   y=Surv(hcc_yr, hcc),
                   exponentiate = TRUE)
cox.uni
```

Characteristic	N	HR[1]	95% CI[1]	p-value
age	200	1.08	1.05, 1.12	< 0.001
gender	200			
F		–	–	
M		0.59	0.29, 1.20	0.15
lc	200	6.16	2.38, 16.0	< 0.001
dm	200	0.73	0.22, 2.38	0.6
hbeag	200	1.12	0.56, 2.24	0.7

1 HR = Hazard Ratio, CI = Confidence Interval

```
cox.multi<-coxph(Surv(hcc_yr, hcc)~age+lc, data=suv.dt2) %>%
 tbl_regression(exponentiate=TRUE)
cox.multi
```

Characteristic	HR[1]	95% CI[1]	p-value
age	1.06	1.02, 1.10	0.002
lc	3.66	1.34, 10.0	0.012

1 HR = Hazard Ratio, CI = Confidence Interval

```
cox.table<-tbl_merge(
 tbls = list(cox.uni, cox.multi),
 tab_spanner = c("**Univariate analysis**","**Multivariable analysis**")
)
cox.table
```

Characteristic	Univariate analysis				Multivariable analysis		
	N	HR[1]	95% CI[1]	p-value	HR[1]	95% CI[1]	p-value
age	200	1.08	1.05, 1.12	< 0.001	1.06	1.02, 1.10	0.002
gender	200						
F		—	—				
M		0.59	0.29, 1.20	0.15			
lc	200	6.16	2.38, 16.0	< 0.001	3.66	1.34, 10.0	0.012
dm	200	0.73	0.22, 2.38	0.6			
hbeag	200	1.12	0.56, 2.24	0.7			

1 HR = Hazard Ratio, CI = Confidence Interval

4-9 forest plot 그리기

단변량 혹은 다변량 분석의 결과를 테이블로 제시하는 경우도 많지만 보다 직관적으로 보여주기 위해 forest plot과 같은 형태로 나타낼 수도 있다. ggforest()를 이용해 forest plot을 그려보자. `ggforest(Cox 모형 객체)` 형식으로 입력한다.

```
f1.cox<-coxph(Surv(hcc_yr, hcc==1)~age+gender+lc+dm+hbeag, data=suv.dt2)
ggforest(f1.cox)
```

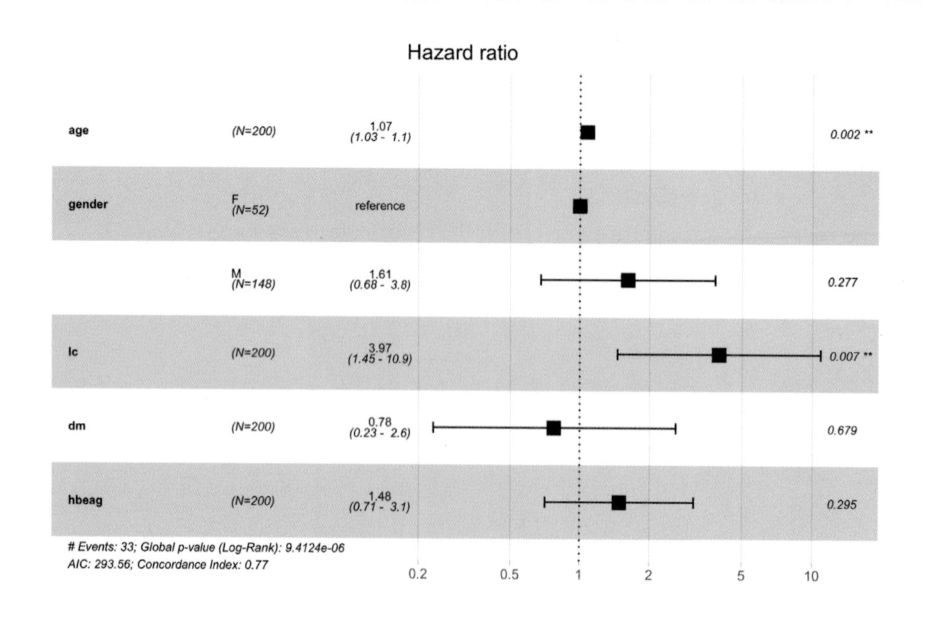

4-10 콕스 모형 검증

콕스 비례위험모형이 적합한 모형이 되기 위해서 내포하고 있는 가정이 있는데, 이러한 가정을 위배하지 않았는지 최종적으로 확인하는 과정을 거쳐야 한다. 이는 선형 회귀분석을 시행한 뒤 가정을 만족하는지 검증했던 것과 같은 방식이라고 볼 수 있다.

콕스 비례위험모형이 가정한 대로 잘 이루어졌는지 확인할 때는 주로 Schoenfeld test를 이용한다. 이 역시 survminer 패키지를 이용하면 쉽게 구할 수 있다.

```
f1.cox<-coxph(Surv(hcc_yr, hcc==1)~age+gender+lc+dm+hbeag, data=suv.dt2)

cox.zph(f1.cox)

          chisq   df     p
age       0.8153   1  0.37
gender    0.1968   1  0.66
lc        0.0203   1  0.89
dm        0.5405   1  0.46
hbeag     0.5723   1  0.45
GLOBAL    2.8071   5  0.73
```

f1.cox 모델에 포함된 5개의 변수 s(age, gender, lc, dm, hbeag)가 모두 사건에 대한 콕스 모형 구성에 있어서 비례위험 모형 가정에 위배되지 않는지 그래프와 p값으로 확인해준다. 결론부터 이야기하면 Schoenfeld test > 0.05인 경우 비례위험모형을 위배하지 않았다고 일반적으로 볼 수 있다. 이는 간단하게 아래의 코드를 입력해 그래프로 그릴 수 있다.

```
ftest<-cox.zph(f1.cox)
ggcoxzph(ftest)
```

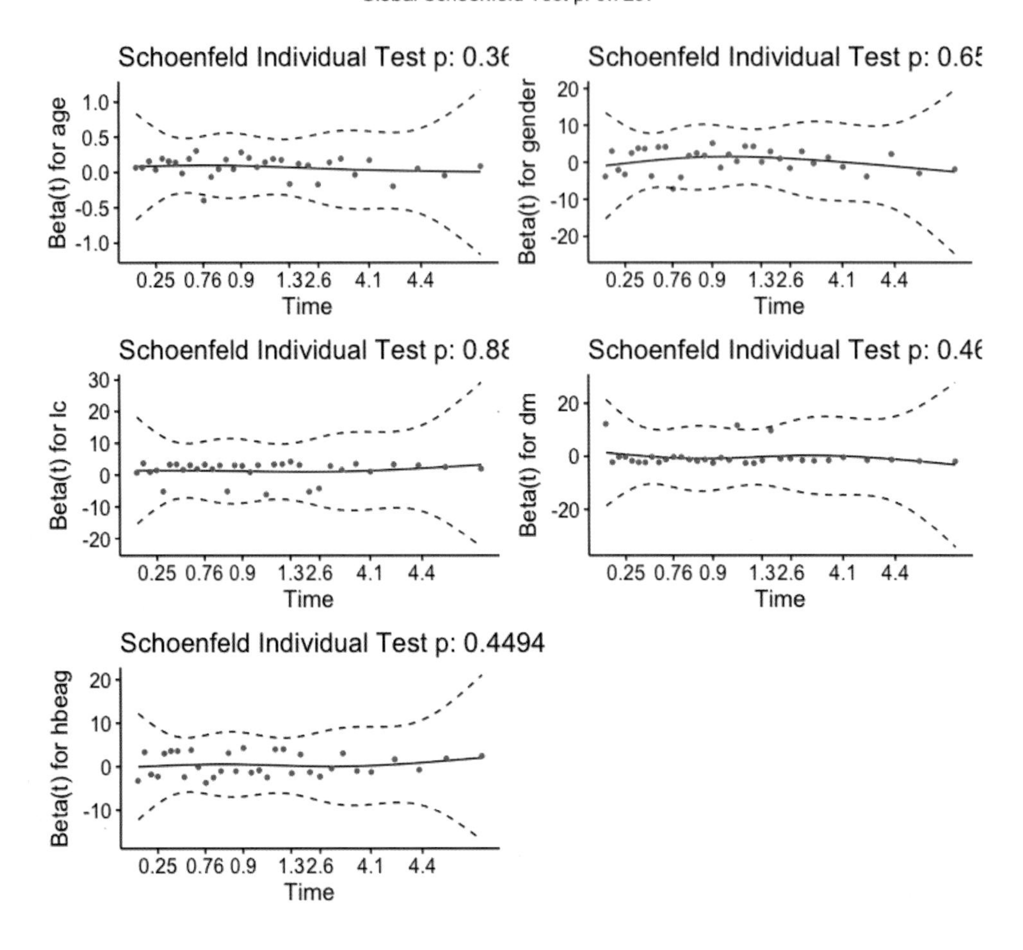

5 시간의존 콕스 비례위험모형

시간의존 콕스 비례위험모형(time dependent Cox proportional-hazard model)은 연구 추적관찰기간 동안 변화할 수 있는 변수를 인자로 가질 때 사용할 수 있는 방법이다. 앞에서 언급하였듯이 콕스 모형은 결국 비교하고자 하는 그룹 간의 위험도의 비가 일정하다는 가정이 있는데, 추적관찰기간 동안 위험비가 일정하게 유지되지 않거나 달라지는 경우는 시간의존 콕스 모형을 사용하는 것이 좋다.

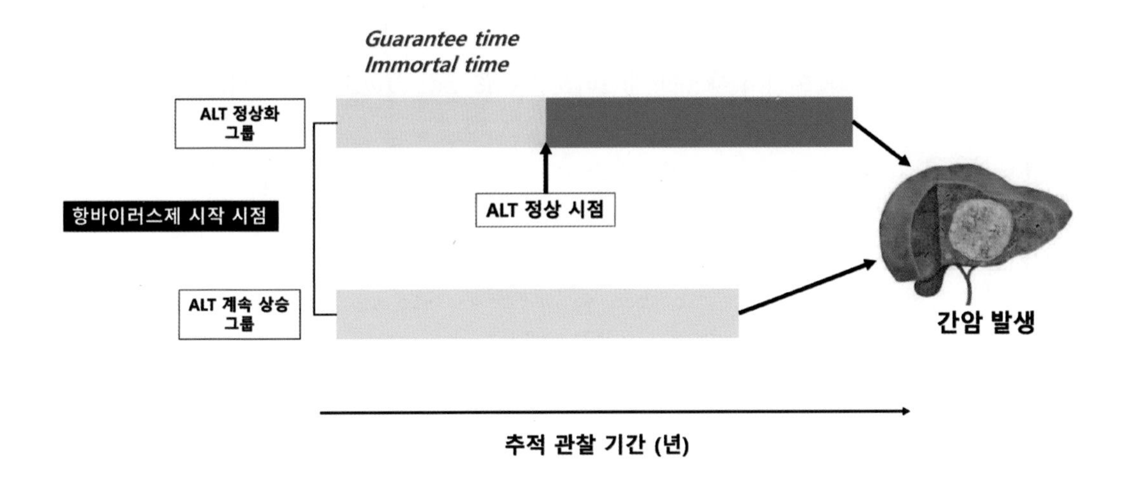

위의 그림을 예로 들어 설명하겠다. 항바이러스제 치료를 시작한 뒤 환자들을 추적관찰하면서 간암이 발생하는지를 지켜본다고 하자. 이때 관찰기간 중 ALT 정상화가 간암 발생에 영향을 주는 인자인지를 밝히고 싶다.

이러한 데이터의 특징은 아래와 같다.

- 우리는 ALT가 비정상으로 (상승) 유지되는 시기와 ALT가 정상화된 후의 시기에서 간암 발생위험도가 다를 것이라고 가정한다.
- 추적관찰기간 동안 ALT 정상화가 되는 환자도 있고, 추적관찰기간 동안 끝까지 ALT 정상화가 안 되는 환자도 있다.
- ALT가 정상화되는 환자들에서 ALT 가 정상화되는 시점은 모두 다르다.
- ALT가 정상화되는 환자들은 필연적으로 ALT가 정상화되는 시점까지 생존해 있어야 한다.
- ALT가 정상화되는 환자들에서 ALT가 정상화되는 시점까지는 ALT가 비정상(상승) 상태로 간주된다.
- ALT가 정상화된 후 ALT는 지속적으로 정상을 유지한다고 가정한다.

이러한 상황에서 ALT가 정상화된 그룹과 비정상으로 유지되는 그룹 간의 단순 간암 발생위험도를 비교하면, ALT 정상화 그룹에서 간암 발생위험도가 실제보다 낮게(underestimation) 예측될 수 있다. 실제로 두 그룹을 기저특성 변수처럼 처리하면, ALT 정상화 그룹은 ALT가 비정상으로 유지되었던 기간(노란색 막대)도 전체 생존시간으로 계산되기 때문에 상대적으로 추적관찰기간이 길게 계산되어 간암 발생위험도가 상대적으로 낮게 계산된다.

데이터와 함께 살펴보자. 여기서 사용할 데이터셋은 Ch6_survival3.csv이다.

```
dt.time<-read_csv('Example_data/Ch6_survival3.csv')
head(dt.time)

# A tibble: 6 × 9
     id   age  sex   alt    lc  hcc_yr   hcc    alt_nl  alt_duration
  <dbl> <dbl> <chr> <dbl> <dbl>   <dbl> <dbl>    <chr>         <dbl>
1     1  59.5    F    86     1    5.54     0  abnormal          5.54
2     2  37.8    M   261     0    10.8     0    normal         0.249
3     3  69.5    F    43     1    3.63     0    normal         0.230
4     4  39.7    F    97     0    5.63     0    normal         0.249
5     5  30.6    M   172     0    3.91     1    normal          1.02
6     6  38.3    M    56     0    10.7     1    normal         0.246
```

dt.time은 아래와 같이 구성된 간단한 데이터이다.

변수	변수의 의미
id	환자 ID (임의)
age	연령
sex	성별
alt	연구 시작시점 ALT
lc	간경변증
hcc_yr	간암 발생 혹은 마지막 f/u까지 관찰기간(년)
hcc	간암 발생 여부
alt_nl	추적관찰기간 동안 ALT 정상화 여부 (normal, abnormal)
alt_duration	ALT 정상화까지 걸린 기간 혹은 마지막 f/u까지 관찰기간(년)

ALT 정상화 여부를 나타내는 변수인 alt_nl을 기초 특성(baseline characteristics)처럼 다루어서 두 그룹으로 나누고 단순 로그-순위 검정(log-rank test)으로 비교하면 잘못된 결론을 내게 된다.

```
f1.hcc<-survfit(Surv(hcc_yr, hcc)~alt_nl, data=dt.time)

ggsurvplot(f1.hcc,
           fun='event',
           risk.table=TRUE,
           break.time.by=1,
           xlim=c(0,5),
           ylim=c(0,0.3),
           pval = TRUE)
```

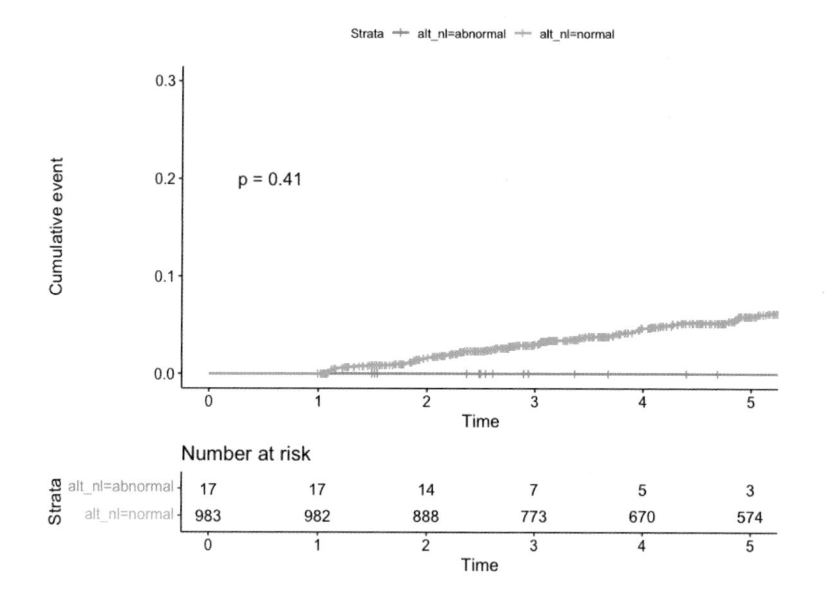

위의 KM 곡선을 보면 비록 유의하지는 않지만 ALT 정상화가 된 그룹에서 간암 발생위험이 더 높게 나온다. 따라서 ALT가 정상화되는 환자들에서 간암 발생위험도가 더 높은 것으로 잘못된 결론을 낼 수 있다.

실제 dt.time 데이터셋의 첫 6명의 환자들의 추적관찰기간을 자세히 살펴보면 다음과 같다.

id	alt_nl	alt_duration	hcc	hcc_yr
1	abnormal	5.54	0	5.54
2	normal	0.249	0	10.8
3	normal	0.230	0	3.63
4	normal	0.249	0	5.63
5	normal	1.02	1	3.91
6	normal	0.246	1	10.7

즉 alt_nl이 abnormal인 환자는 전체 추적관찰기간이 모두 abnormal ALT로 지냈다. 하지만 alt_nl이 normal인, 즉 ALT 정상화가 된 환자들의 추적관찰기간은 ALT 정상화 시점을 기준으로 2개의 기간(노란색, 파란색)으로 나눌 수 있다. 즉 6명의 환자들의 추적관찰기간은 아래와 같이 나눌 수 있다.

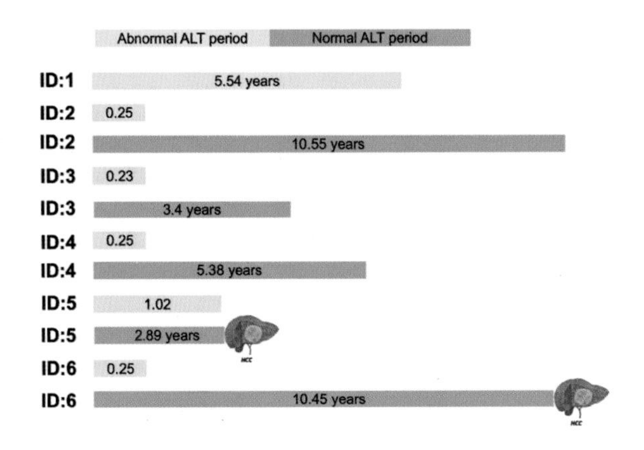

따라서 제대로 된 생존분석을 하려면, 위의 그림에서처럼 노란색과 푸른색 기간을 각각 1명의 환자처럼 처리해서 분석해야 한다.

- **노란색**: abnormal ALT인 상태의 기간
- **푸른색**: normal ALT인 상태의 기간

이러한 복잡한 데이터 역시 survival 패키지를 이용해서 쉽게 분석할 수 있다. 다음과 같이 공식처럼 외워서 이용하자.

- id 변수는 꼭 있어야 한다. 2명으로 쪼개서 분석은 하지만 실제는 1명의 환자이기 때문이다.
- HCC는 기존의 HCC 발생 사건을 의미한다.
- ALT는 ALT 정상화 사건을 의미한다.

```
# 간암 발생 여부를 최종 event로 지정하기
dt.time1<-tmerge(dt.time, dt.time, id=id, HCC=event(hcc_yr, hcc))

# ALT 정상화 시점에 따른 환자 추적관찰기간 분리하기
dt.time1<-tmerge(dt.time1, dt.time1, id=id, ALT=tdc(alt_duration, alt_nl))

# 결측치는 abnormal로 채우기
dt.time1$ALT[is.na(dt.time1$ALT)]<-c('abnormal')

# 변형 전 dt.time과 변형 후 dt.time1 데이터 비교하기
head(dt.time[,c('id','hcc_yr','hcc','alt_nl','alt_duration')])

# A tibble: 6 × 5
     id   hcc_yr    hcc     alt_nl  alt_duration
  <dbl>    <dbl>  <dbl>      <chr>         <dbl>
1     1     5.54      0   abnormal          5.54
2     2     10.8      0     normal         0.249
3     3     3.63      0     normal         0.230
4     4     5.63      0     normal         0.249
5     5     3.91      1     normal          1.02
6     6     10.7      1     normal         0.246

head(dt.time1[,c('id','hcc_yr','hcc','alt_nl','alt_duration','tstart','tstop','HCC',
'ALT')],11)

   id    hcc_yr hcc    alt_nl alt_duration    tstart      tstop HCC      ALT
1   1  5.535934   0  abnormal    5.5359343 0.0000000  5.5359343   0 abnormal
2   2 10.830938   0    normal    0.2491444 0.0000000  0.2491444   0 abnormal
3   2 10.830938   0    normal    0.2491444 0.2491444 10.8309377   0   normal
4   3  3.630390   0    normal    0.2299795 0.0000000  0.2299795   0 abnormal
5   3  3.630390   0    normal    0.2299795 0.2299795  3.6303901   0   normal
6   4  5.634497   0    normal    0.2491444 0.0000000  0.2491444   0 abnormal
7   4  5.634497   0    normal    0.2491444 0.2491444  5.6344969   0   normal
8   5  3.912389   1    normal    1.0212183 0.0000000  1.0212183   0 abnormal
9   5  3.912389   1    normal    1.0212183 1.0212183  3.9123888   1   normal
10  6 10.669405   1    normal    0.2464066 0.0000000  0.2464066   0 abnormal
11  6 10.669405   1    normal    0.2464066 0.2464066 10.6694045   1   normal
```

`dt.time`과 `dt.time1`의 차이를 알겠는가? 새로 만들어진 `tstart`, `tstop` 변수를 주목하라. 또한 `HCC`, `ALT`가 어떻게 코딩되었는지도 아래 그림을 통해 확인해보자.

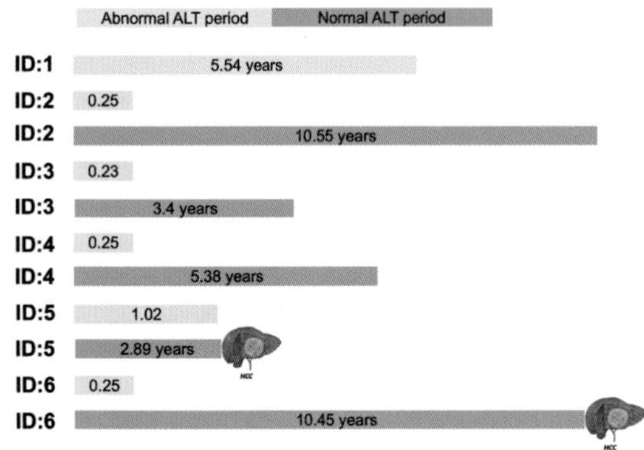

id	alt_nl	alt_duration	hcc	hcc_yr	tstart	tstop	ALT	HCC
1	abnormal	5.54	0	5.54	0	5.54	abnormal	0
2	normal	0.249	0	10.8	0	0.249	abnormal	0
2	normal	0.249	0	10.8	0.249	10.83	normal	0
3	normal	0.230	0	3.63	0	0.23	abnormal	0
3	normal	0.230	0	3.63	0.23	3.63	normal	0
4	normal	0.249	0	5.63	0	0.249	abnormal	0
4	normal	0.249	0	5.63	0.249	5.63	normal	0
5	normal	1.02	1	3.91	0	1.02	abnormal	0
5	normal	1.02	1	3.91	1.02	3.91	normal	1
6	normal	0.246	1	10.7	0	0.246	abnormal	0
6	normal	0.246	1	10.7	0.246	10.7	normal	1

이제 일반 콕스 모형과 비슷한 공식을 이용해서 시간의존 콕스 모형으로 HR을 계산할 수 있다. 다만 ALT 정상화 여부가 간암 발생의 유의한 위험인자인지를 확인하려면 콕스 모형에 기존에 존재하던 `alt_nl` 변수가 아니라 새롭게 만들어진 `ALT` 변수를 넣어야 한다. 그리고 `cluster(id)` 옵션을 추가해야 한다(실제로는 1명의 환자이므로).

```
f1.time<-coxph(Surv(tstart, tstop, HCC==1)~ALT+cluster(id), data=dt.time1)

extractHR(f1.time)
           HR   lcl   ucl     p
ALTnormal  0.3  0.15  0.63  0.001
```

ALT 정상화는 HCC risk에 있어 HR이 0.3이며 *p*값은 0.001이다. 즉 ALT 정상화를 경험하는 환자들에서 HCC risk가 낮다는 의미이다. 앞에서 단순 KM 곡선을 그렸을 때와 결론이 바뀌었다.

Ch 7

연구 따라하기 1:
아스피린과 간담도암

7장에서는 환자 대조군 연구(case-control study)를 살펴보고 직접 데이터 분석을 해본다. 본 연구는 2016년 Hepatology(2021년 기준 피인용지수 17)에 출판된 논문이다.

HEPATOLOGY

HEPATOLOGY, VOL. 64, NO. 3, 2016

Aspirin Use and the Risk of Cholangiocarcinoma‡

Jonggi Choi,[1] Hassan M. Ghoz,[1] Thoetchai Peeraphatdit,[1,2] Esha Baichoo,[1,3] Benyam D. Addissie,[1] William S. Harmsen,[4] Terry M. Therneau,[4] Janet E. Olson,[5] Roongruedee Chaiteerakij,[1,6*] and Lewis R. Roberts[1*]

Whether aspirin use is protective against cholangiocarcinoma (CCA) remains unclear. We determined the association between aspirin use and other risk factors for each CCA subtype individually. In a hospital-based case-control study, 2395 CCA cases (1169 intrahepatic, 995 perihilar, and 231 distal) seen at the Mayo Clinic, Rochester, MN, from 2000 through 2014 were enrolled. Controls selected from the Mayo Clinic Biobank were matched two to one with cases by age, sex, race, and residence (n = 4769). Associations between aspirin use, other risk factors, and CCA risk were determined. Aspirin was used by 591 (24.7%) CCA cases and 2129 (44.6%) controls. There was a significant inverse association of aspirin use with all CCA subtypes, with adjusted odds ratios (AORs) of 0.35 (95% confidence interval [CI], 0.29-0.42), 0.34 (95% CI 0.27-0.42), and 0.29 (95% CI 0.19-0.44) for intrahepatic, perihilar, and distal CCA, respectively ($P < 0.001$ for all). Primary sclerosing cholangitis was more strongly associated with perihilar (AOR = 453, 95% CI 104-999) than intrahepatic (AOR = 93.4, 95% CI 27.1-322) or distal (AOR = 34.0, 95% CI 3.6-323) CCA, whereas diabetes was more associated with distal (AOR = 4.2, 95% CI 2.5-7.0) than perihilar (AOR = 2.9, 95% CI 2.2-3.8) or intrahepatic (AOR = 2.5, 95% CI 2.0-3.2) CCA. Cirrhosis not related to primary sclerosing cholangitis was associated with both intrahepatic and perihilar CCA, with similar AORs of 14. Isolated inflammatory bowel disease without primary sclerosing cholangitis was not associated with any CCA subtype. *Conclusions*: Aspirin use was significantly associated with a 2.7-fold to 3.6-fold decreased risk for the three CCA subtypes; our study demonstrates that individual risk factors confer risk of different CCA subtypes to different extents. (HEPATOLOGY 2016;64:785-796)

1 연구 배경 및 개요

이번 장에서 공부할 환자 대조군 연구의 가설과 방법은 다음과 같다.

- **연구 가설** : 간담도암(cholangiocarcinoma, CCA) 발생에 있어 아스피린 사용 여부가 연관이 있을 것이다.
- **연구 방법**: Case(CCA)가 발생한 환자들을 모으고, control(non-diseased) 대상을 모아서, 두 군에서 이전 아스피린 사용력 여부를 시간을 거꾸로 거슬러 올라가서 조사한다. 이렇게 두 군에서 아스피린 사용력의 차이가 있는지를 밝힌다.

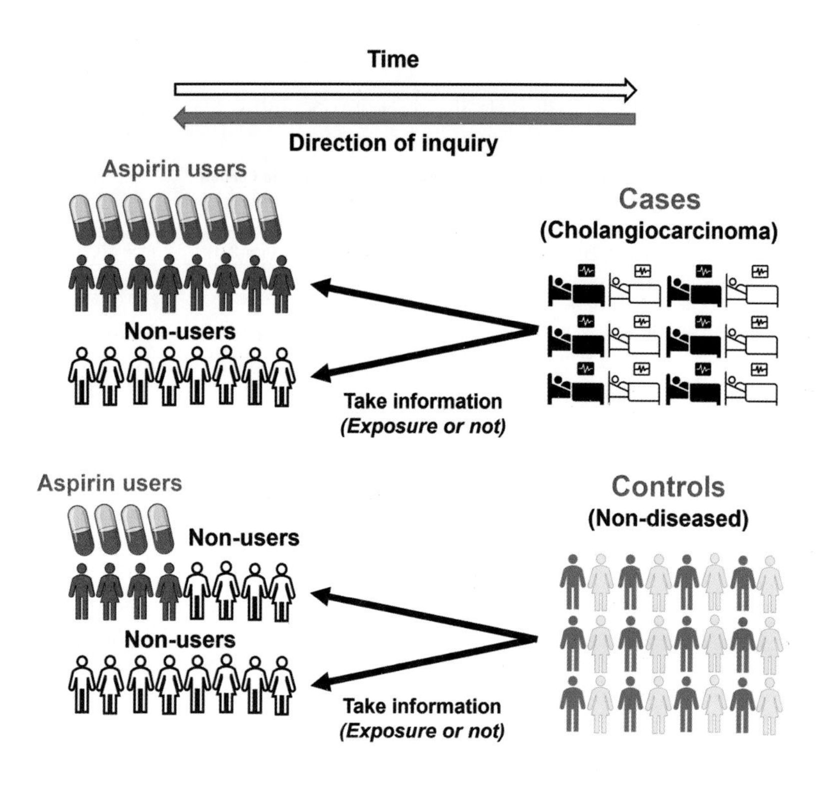

2 분석 계획

항상 분석을 시작하기 전에는 어떤 분석을 수행할지 미리 개요를 만들어놓는 것이 중요하다. '일단 분석 먼저 해보자' 하고 접근하면 분석의 방향성을 잃기 쉬우며 반복작업을 해야 할 경우가 많이 생기게 된다. 따라서 해당 연구의 목적이 무엇인지, 연구의 가설을 증명하기 위해 어떤 분석방법으로 어떻게 분석하며, 분석 결과를 어떻게 제시할지 미리 결정하고 진행하는 것을 추천한다.

우선 실제 논문에 게재되었던 테이블 5개를 만들어보자. 일반적인 환자 대조군 연구에서 많이 제시되는 테이블 형식이다.

• Table 1

모든 연구의 기본인 baseline characteristics가 담겨 있는 table 1을 만들어야 한다.

TABLE 1. Baseline Characteristics of CCA Cases and Controls

Characteristics	CCA Cases Total (n = 2395)	Intrahepatic (n = 1169)	Perihilar (n = 995)	Distal (n = 231)	Controls (n = 4769)	*P**
Age (years, mean ± SD)	61.5 ± 13.5	60.6 ± 13.1	61.6 ± 13.9	65.9 ± 13.0	61.6 ± 13.5	0.8
Sex, male	1094 (45.7%)	501 (42.9%)	471 (47.3%)	122 (52.8%)	2170 (45.5%)	0.9
Race[†]						0.09
White	2074 (95.0%)	1003 (94.9%)	868 (94.9%)	203 (95.8%)	4540 (95.8%)	
African American	34 (1.5%)	17 (1.5%)	15 (1.6%)	2 (0.9%)	88 (1.9%)	
Asian	58 (2.7%)	26 (2.5%)	27 (3.0%)	5 (2.4%)	88 (1.9%)	
American Indian	15 (0.7%)	8 (0.8%)	5 (0.5%)	2 (0.9%)	19 (0.4%)	
Others	3 (0.1%)	3 (0.3%)	0 (0.0%)	0 (0.0%)	5 (0.1%)	
PSC	411 (17.2%)	131 (11.2%)	253 (25.4%)	27 (11.7%)	6 (0.1%)	<0.001
Biliary tract diseases[‡]	37 (1.5%)	20 (1.7%)	16 (1.6%)	1 (0.4%)	4 (0.1%)	<0.001
Choledochal cyst	23 (1.0%)	15 (1.3%)	7 (0.7%)	1 (0.4%)	1 (0.0%)	<0.001
Hepatolithiasis	15 (0.6%)	6 (0.5%)	9 (0.9%)	0 (0.0%)	3 (0.1%)	<0.001
Cirrhosis	224 (9.4%)	114 (9.8%)	98 (9.8%)	12 (5.2%)	24 (0.5%)	<0.001
Non-PSC-related cirrhosis[§]	110 (4.6%)	72 (6.2%)	33 (3.3%)	5 (2.2%)	20 (0.4%)	<0.001
HBV infection	13 (0.5%)	10 (0.9%)	3 (0.3%)	0 (0.0%)	8 (0.2%)	0.006
HCV infection	36 (1.5%)	23 (2.0%)	13 (1.3%)	0 (0.0%)	17 (0.4%)	<0.001
IBD	346 (14.5%)	121 (10.3%)	196 (19.7%)	29 (12.6%)	79 (1.7%)	<0.001
Ulcerative colitis	294 (12.3%)	103 (8.8%)	165 (16.6%)	26 (11.3%)	42 (0.9%)	<0.001
Crohn's disease	52 (2.2%)	18 (1.5%)	31 (3.1%)	3 (1.3%)	37 (0.8%)	<0.001
Other comorbidities						
Diabetes	435 (18.2%)	208 (17.8%)	170 (17.1%)	57 (24.7%)	479 (10.0%)	<0.001
Obesity[‖]	660 (28.4%)	333 (29.6%)	264 (27.2%)	63 (27.9%)	1474 (31.3%)	0.01
NAFLD/NASH	113 (4.7%)	61 (5.2%)	37 (3.7%)	15 (6.5%)	181 (3.8%)	0.06
Smoking, ever-smoker	1030 (43.0%)	499 (42.7%)	414 (41.6%)	117 (50.6%)	1929 (40.4%)	0.04
Aspirin, current user	591 (24.7%)	276 (23.6%)	245 (24.6%)	70 (30.3%)	2129 (44.6%)	<0.001

• Table 2

전체 CCA와 연관된 인자를 찾기 위해 단변량, 다변량 분석을 시행할 것이다.

TABLE 2. Risk Factors for CCA (All Subtypes Combined)

Variables	Univariate Analysis OR	95% CI	*P*	Multivariate Analysis AOR	95% CI	*P*
Age, per 10-year increase	1.00	0.96-1.03	0.83	1.25	1.19-1.31	<0.001
Gender, female	0.99	0.90-1.10	0.89	1.16	1.03-1.31	0.02
Race, white	0.83	0.65-1.05	0.13	0.82	0.62-1.07	0.1
PSC	164	73.3-369	<0.001	171	72.6-404	<0.001
Biliary tract diseases	18.7	6.66-52.5	<0.001	12.1	3.97-36.9	<0.001
Non-PSC-related cirrhosis*	11.4	7.08-18.5	<0.001	10.8	6.48-18.0	<0.001
HBV infection	3.25	1.34-7.85	0.009	2.78	1.04-7.43	0.04
HCV infection	4.27	2.39-7.61	<0.001	1.94	0.95-3.95	0.07
IBD	10.0	7.81-12.9	<0.001	1.43	0.96-2.15	0.08
Diabetes	1.99	1.73-2.29	<0.001	2.76	2.32-3.27	<0.001
Obesity	0.87	0.78-0.97	0.01	0.88	0.78-1.00	0.05
NAFLD/NASH	1.26	0.99-1.60	0.06	1.10	0.82-1.48	0.5
Smoking, ever-smoker	1.11	1.01-1.23	0.04	1.29	1.14-1.45	<0.001
Aspirin, current user	0.41	0.36-0.45	<0.001	0.34	0.30-0.39	<0.001

• Table 3

각 subtype CCA와 연관된 인자를 찾기 위해 각 subtype에 따른 단변량, 다변량 분석을 시행할 것이다.

TABLE 3. Multivariate Logistic Regression Analysis of Risk Factors for Each CCA Subtype

Variables	iCCA (n = 1169) AOR (95% CI)	P	pCCA (n = 995) AOR (95% CI)	P	dCCA (n = 231) AOR (95% CI)	P
Age, per 10-year increase	1.17 (1.09-1.25)	<0.001	1.36 (1.26-1.47)	<0.001	1.22 (1.04-1.43)	0.01
Gender, female	1.13 (0.95-1.33)	0.2	1.13 (0.94-1.37)	0.2	1.31 (0.89-1.91)	0.2
Race, white	0.93 (0.63-1.36)	0.7	0.68 (0.44-1.03)	0.07	0.89 (0.34-2.34)	0.8
PSC	93.4 (27.1-322.2)	<0.001	453 (104-999)	<0.001	34.0 (3.57-323.1)	0.002
Biliary tract diseases	7.60 (2.34-24.66)	0.001	42.3 (1.57-999)	0.03	*	*
Non-PSC-related cirrhosis†	13.8 (6.62-28.63)	<0.001	14.1 (5.87-33.7)	<0.001	3.40 (0.55-21.15)	0.2
HBV infection	12.9 (2.69-61.61)	0.001	0.17 (0.02-1.26)	0.08	1.32 (0.01-196.9)	0.9
HCV infection	1.95 (0.75-5.11)	0.2	3.51 (1.02-12.08)	0.047	0.17 (0.01-5.17)	0.3
IBD	1.32 (0.74-2.33)	0.4	1.31 (0.68-2.53)	0.4	4.32 (0.97-19.26)	0.06
Diabetes	2.50 (1.95-3.20)	<0.001	2.88 (2.19-3.78)	<0.001	4.22 (2.54-6.99)	<0.001
Obesity	0.77 (0.64-0.92)	0.005	1.13 (0.92-1.40)	0.2	0.69 (0.45-1.06)	0.09
NAFLD/NASH	1.40 (0.94-2.09)	0.1	0.61 (0.36-1.04)	0.07	2.33 (0.97-5.59)	0.06
Smoking, ever-smoker	1.21 (1.02-1.43)	0.03	1.25 (1.03-1.52)	0.02	1.85 (1.27-2.71)	0.001
Aspirin, current user	0.35 (0.29-0.42)	<0.001	0.34 (0.27-0.42)	<0.001	0.29 (0.19-0.44)	<0.001

- Table 4

아스피린 사용자와 비사용자 간의 기저 동반 질환 여부의 차이가 있는지 살펴볼 예정이다.

TABLE 4. Comparison of Baseline Characteristics Between Current Aspirin Users and Nonusers

	CCA Cases			Controls		
Characteristics	Aspirin user (n = 591)	Nonuser (n = 1804)	P	Aspirin user (n = 2129)	Nonuser (n = 2640)	P
Age (years, mean ± SD)	69.3 ± 10.7	59.0 ± 13.3	<0.001	66.8 ± 11.1	57.4 ± 13.8	<0.001
Sex, male	278 (47.0%)	816 (45.2%)	0.5	1101 (51.7%)	1069 (40.5%)	<0.001
PSC	59 (10.0%)	352 (19.5%)	<0.001	1 (0.0%)	5 (0.2%)	0.3
Biliary tract diseases	8 (1.4%)	29 (1.6%)	0.8	2 (0.1%)	2 (0.1%)	1.0
Non-PSC-related cirrhosis*	28 (4.7%)	82 (4.5%)	0.9	6 (0.3%)	14 (0.5%)	0.3
HBV infection	2 (0.3%)	11 (0.6%)	0.7	3 (0.1%)	5 (0.2%)	1.0
HCV infection	6 (1.0%)	30 (1.7%)	0.4	3 (0.1%)	14 (0.5%)	0.046
IBD	54 (9.1%)	293 (16.2%)	<0.001	28 (1.3%)	51 (1.9%)	0.1
Other comorbidities						
Diabetes	180 (30.5%)	255 (14.1%)	<0.001	365 (17.1%)	114 (4.3%)	<0.001
Obesity	200 (33.8%)	460 (25.5%)	<0.001	708 (33.3%)	766 (29.0%)	<0.001
NAFLD/NASH	38 (6.4%)	75 (4.2%)	0.3	117 (5.5%)	64 (2.4%)	<0.001
Hypertension	351 (59.4%)	590 (32.7%)	<0.001	1351 (63.5%)	699 (26.5%)	<0.001
Atrial fibrillation	65 (11.0%)	77 (4.3%)	<0.001	223 (10.5%)	69 (2.6%)	<0.001
PVD	20 (3.4%)	15 (0.8%)	<0.001	46 (2.2%)	9 (0.3%)	<0.001
CAD	92 (15.6%)	62 (3.4%)	<0.001	219 (10.3%)	54 (2.0%)	<0.001
CVA	41 (6.9%)	36 (2.0%)	<0.001	177 (8.3%)	48 (1.8%)	<0.001
Smoking, ever-smoker	293 (49.6%)	737 (40.9%)	<0.001	947 (44.5%)	982 (37.2%)	<0.001

- Table 5

아스피린 사용여부, 사용기간, 사용용량, 사용빈도에 따른 교차비(odds ratio)를 구할 예정이다.

TABLE 5. Association Between Duration, Dosage, and Frequency of Aspirin Use and Risk of CCA

Variables	Cases (%)	Controls (%)	Crude OR	P	AOR	P
All subjects (n = 7164)						
Nonuser	1804 (75.3)	2640 (55.4)	1 (ref)		1 (ref)	
Aspirin use						
Current user	591 (24.7)	2129 (44.6)	0.41 (0.36-0.45)	<0.001	0.34 (0.30-0.39)	<0.001
Duration of use*						
≤3 years	103 (4.3)	433 (9.1)	0.35 (0.28-0.43)	<0.001	0.30 (0.23-0.38)	<0.001
>3 years	161 (6.7)	1580 (33.1)	0.15 (0.13-0.18)	<0.001	0.12 (0.10-0.15)	<0.001
Dose†						
81-162 mg/day	384 (16.0)	1697 (35.6)	0.33 (0.29-0.38)	<0.001	0.29 (0.25-0.33)	<0.001
≥325 mg/day	142 (5.9)	429 (9.0)	0.48 (0.40-0.59)	<0.001	0.39 (0.31-0.49)	<0.001
Frequency						
Nondaily	31 (1.3)	121 (2.5)	0.38 (0.25-0.56)	0.002	0.35 (0.22-0.55)	<0.001
Daily	560 (23.4)	2008 (42.1)	0.41 (0.37-0.46)	<0.001	0.34 (0.30-0.39)	<0.001

3 데이터 분석

상기 논문의 데이터를 그대로 사용할 수는 없기에 임의로 데이터 Ch7_aspirin.csv를 준비했다. 따라서 이번 분석의 결과값은 해당 논문의 결과와 차이가 난다.

3-1 데이터 구조 파악하기

먼저 사용할 데이터 Ch7_aspirin.csv를 불러오자. 데이터 분석에 필요한 패키지도 미리 한꺼번에 불러오자.

```
library(tidyverse)
library(moonBook)
library(gtsummary)
```

데이터를 불러오면서 dat로 명명하자.

```
dat <- read_csv('Example_data/Ch7_aspirin.csv')
```

이번에는 dat 데이터가 어떤 변수로 구성되어 있고 그 의미는 무엇인지 파악해보자.

변수	변수의 의미
ID	환자 ID
Group	환자 그룹 (0 = control, 1 = case)
Age (연령)	연령
Gender (성별)	성별 (0 = male, 1 = female)
RaceGroup	인종 (0 = white, 1 = black, 2 = asian, 3 = american indian)
Location	CCA subtype (0 = intrahepatic (iCCA), 1 = perihilar (pCCA), 2 = distal (dCCA))
Obesity	비만 여부 (0 = normal, 1 = obesity, 2 = unknown)
Aspirin	아스피린 사용 여부 (0 = non-user, 1 = aspirin user)

변수	변수의 의미
Frequency	아스피린 사용빈도 (0 = non-user, 1 = non-daily user, 2 = daily user)
Duration	아스피린 사용기간 (0 = non-user, 1 = < 3years, 2 = ≥ 3years)
Dose	아스피린 사용용량 (0 = non-user, 1 = 81-162mg/day, 2 = ≥ 325mg/day)
CVA	뇌혈관 질환 병력 (0 = none, 1 = CVA)
CAD	관상동맥 질환 병력 (0 = none, 1 = CAD)
HTN	고혈압 병력 (0 = none, 1 = HTN)
Diabetes	당뇨 병력 (0 = none, 1 = diabetes)
PSC	원발성 경화성 담관염 병력 (0 = none, 1 = PSC)
Cirrhosis	간경변증 동반 여부 (0 = none, 1 = cirrhosis)
HBV	만성 B형간염 동반 여부 (0 = none, 1 = HBV)
Smoking	흡연력 (0 = never-smoker, 1 = ever-smoker)

전체 데이터의 구조를 파악해보자.

```
dim(dat)
[1] 1000  19
```

dat는 1000명의 환자의 19개의 변수로 이루어진 데이터이다.

3-2 데이터 전처리하기 1

1) 변수 이름 수정하기

변수 이름을 파악해보자.

```
colnames(dat)
 [1] "ID"        "Group"     "Age"       "Gender"    "RaceGroup"  "Location"
 [7] "Obesity"   "Aspirin"   "Frequency" "Duration"  "Dose"       "CVA"
[13] "CAD"       "HTN"       "Diabetes"  "PSC"       "Cirrhosis"  "HBV"
[19] "Smoking"
```

변수 이름에 소문자, 대문자가 혼재한 경우 코딩 오류가 많이 발생할 수 있기 때문에 저자는 소문자로 통일하기를 추천한다. 본격적인 데이터 분석에 앞서 원본 데이터인 dat를 dat1에 복사한 뒤 데이터 전처리 및 분석에는 dat1을 사용하자. 모든 변수 이름을 `tolower()` 함수를 이용해서 소문자로 변경하자.

```
dat1<-dat
names(dat1) <- tolower(names(dat1))
names(dat1)
```

```
 [1] "id"        "group"     "age"        "gender"     "racegroup"  "location"
 [7] "obesity"   "aspirin"   "frequency"  "duration"   "dose"       "cva"
[13] "cad"       "htn"       "diabetes"   "psc"        "cirrhosis"  "hbv"
[19] "smoking"
```

다음으로 각 변수들의 자료 형태를 glimpse() 함수를 이용해서 확인해보자. 각 변수들의 일부 값과 자료 형태가 나타난다.

```
glimpse(dat1)
Rows: 1,000
Columns: 19
$ id        <dbl> 1, 2, 99, 7, 5, 9, 13, 8, 15, 22, 11, 26, 27, 30, 34, 35, 26
$ group     <dbl> 0, 0, 1, 0, 1, 0, 0, 1, 0, 0, 1, 0, 0, 0, 0, 0, 1, 1, 1, 0,
$ age       <dbl> 72, 35, 54, 59, 57, 70, 59, 78, 63, 45, 77, 42, 37, 62, 57,
$ gender    <dbl> 0, 1, 1, 1, 0, 1, 1, 0, 1, 0, 1, 1, 0, 0, 0, 1, 0, 0, 0, 1,
$ racegroup <dbl> 0, 0, 0, 0, 0, 0, 0, 0, 0, 0, 0, 0, 0, 0, 0, 1, 0, 0, 0,
$ location  <dbl> 0, 0, 0, 0, 1, 0, 0, 0, 0, 0, 2, 0, 0, 0, 0, 0, 0, 1, 0, 0,
$ obesity   <dbl> 1, 1, 0, 0, 0, 0, 0, 0, 0, 1, 0, 0, 0, 1, 0, 1, 0, 0, 0, 1,
$ aspirin   <dbl> 0, 0, 0, 0, 0, 0, 1, 1, 1, 1, 1, 0, 0, 1, 0, 1, 0, 0, 0, 0,
$ frequency <dbl> 0, 0, 0, 0, 0, 0, 2, 2, 2, 2, 2, 0, 0, 2, 0, 2, 0, 0, 0, 0,
$ duration  <dbl> 0, 0, 0, 0, 0, 0, 2, 3, 2, 3, 1, 0, 0, 2, 0, 2, 0, 0, 0, 0,
$ dose      <dbl> 0, 0, 0, 0, 0, 0, 2, 1, 1, 2, 1, 0, 0, 1, 0, 1, 0, 0, 0, 0,
$ cva       <dbl> 0, 0, 0, 0, 0, 0, 0, 0, 0, 0, 0, 0, 0, 0, 0, 0, 0, 0, 0, 0,
$ cad       <dbl> 0, 0, 0, 0, 0, 0, 0, 0, 0, 0, 0, 0, 0, 0, 0, 0, 0, 0, 0, 0,
$ htn       <dbl> 1, 0, 0, 0, 0, 0, 1, 0, 0, 0, 1, 0, 0, 1, 0, 1, 0, 0, 0, 0,
$ diabetes  <dbl> 0, 0, 0, 0, 0, 0, 0, 0, 0, 0, 0, 0, 1, 0, 0, 0, 0, 0, 0,
$ psc       <dbl> 0, 1, 1, 0, 0, 0, 0, 0, 0, 0, 0, 0, 1, 0, 0, 1, 0, 1, 0,
```

```
$cirrhosis  <dbl> 0, 0, 0, 0, 0, 0, 0, 0, 0, 0, 0, 0, 0, 0, 0, 0, 1, 0, 0, 0,
$hbv        <dbl> 0, 0, 0, 0, 0, 0, 0, 0, 0, 0, 1, 0, 0, 0, 0, 0, 0, 0, 0, 0,
$smoking    <dbl> 1, 0, 0, 0, 1, 1, 0, 1, 1, 0, 0, 0, 0, 1, 1, 0, 0, 0, 0, 0,
```

sapply 기능을 사용하면 훨씬 깔끔하게 볼 수도 있다.

```
sapply(dat1, class)

        id      group        age     gender  racegroup   location    obesity    aspirin
 "numeric"  "numeric"  "numeric"  "numeric"  "numeric"  "numeric"  "numeric"  "numeric"
 frequency   duration       dose        cva        cad        htn   diabetes        psc
 "numeric"  "numeric"  "numeric"  "numeric"  "numeric"  "numeric"  "numeric"  "numeric"
 cirrhosis        hbv    smoking
 "numeric"  "numeric"  "numeric"
```

현재 모든 변수의 자료 형태는 숫자형(numeric)으로 되어 있다. 하지만 일부 변수는 실제는 범주형(categorical)인데 단지 0 혹은 1로 코딩되어 있었기 때문에 숫자형으로 모두 불러오기가 되었다. 따라서 현재 변수들 중에서 범주형 변수는 향후 자료 형태를 요인형(factor)으로 변경해서 분석해야 한다.

2) 결측값 확인하기

전체 데이터 중에서 결측값은 없는지, 결측값이 존재하는 변수를 찾은 뒤 어떻게 처리할지 등을 미리 결정해야 한다. 아래와 같이 is.na 함수를 이용해 확인한 결과 dat1 데이터에 결측값은 현재 없다.

```
colSums(is.na(dat1))

        id      group        age     gender  racegroup   location    obesity    aspirin
         0          0          0          0          0          0          0          0
 frequency   duration       dose        cva        cad        htn   diabetes        psc
         0          0          0          0          0          0          0          0
 cirrhosis        hbv    smoking
         0          0          0
```

3) 자료 형태 변경하기

다음과 같은 단계로 자료 형태 변경을 진행해보자.

① 연속형 변수로 남길 변수 찾기
② 범주형 변수들은 요인형(factor)으로 변환하기
③ 각 범주형 변수들에 해당 라벨(label) 변경하기 (값 입력)
④ 잘 변환되었는지 확인하기
⑤ table 1으로 빈도 파악하기

dat1에서 연속형 변수로 남길 변수는 id, age뿐이다. 엄밀히 이야기하면 id는 연속형 변수는 아니다(numeric, 즉 숫자 형태이기는 하지만 사칙연산이 가능하지 않고, 하나의 값이 하나의 독립적인 범주이기 때문이다). 따라서 dat1에서 요인형으로 변환할 변수를 선택하는 것보다 연속형 변수로 남길 변수를 선택하는 것이 빠를 것 같다.
연속형 변수 id, age를 앞으로 옮기고 나머지 변수는 모두 뒤로 이동하여 변수 위치를 변경하자. dplyr의 select 기능과 everything 기능을 이용한다.

```
dat1 <- dat1 %>%
  select(id, age, everything())
colnames(dat1)

 [1] "id"         "age"        "group"      "gender"     "racegroup"  "location"
 [7] "obesity"    "aspirin"    "frequency"  "duration"   "dose"       "cva"
[13] "cad"        "htn"        "diabetes"   "psc"        "cirrhosis"  "hbv"
[19] "smoking"
```

이제는 group부터 smoking까지 요인형으로 변경해보자. as.factor 혹은 as_factor 기능을 아래와 같이 사용하면 된다.

```
dat1$group <- as.factor(dat1$group)
dat1$gender <- as.factor(dat1$gender)
dat1$racegroup <- as.factor(dat1$racegroup)
```

하지만 20개 가까운 변수를 이렇게 다 쓸 수는 없다. 동시에 바꿀 수는 없을까? 반복적으로 해야 하는 작업이니 for 반복문을 써보자.

```
for (i in 3:19){
 dat1[ ,i]<-as.factor(dat1[ ,i])
}
```

상기 코드의 의미는 'dat1의 i번째 변수를 factor로 변경하는데, i는 3에서 19까지 반복된다'는 것이다. 따라서 위의 for 반복문은 아래와 같은 의미이다.

```
dat1 4번째 변수 <- as.factor(dat1 4번째 변수)
dat1 5번째 변수 <- as.factor(dat1 5번째 변수)
..
..
dat1 19번째 변수 <- as.factor(dat1 19번째 변수)
```

하지만 for 반복문은 연산시간이 오래 걸리고 비효율적인 코딩이 되는 경우가 많다. 따라서 mutate를 이용하여 좀 더 짧은 코드를 작성해보자.

```
dat1 <- dat1 %>%
 mutate_at(vars(group:smoking), as.factor)
sapply(dat1, class)
       id        age      group    gender  racegroup   location    obesity    aspirin
"numeric" "numeric"  "factor"  "factor"   "factor"   "factor"   "factor"   "factor"
frequency  duration      dose       cva        cad        htn   diabetes        psc
 "factor"  "factor"  "factor"  "factor"   "factor"   "factor"   "factor"   "factor"
cirrhosis       hbv   smoking
 "factor"  "factor"  "factor"
```

한꺼번에 19개 변수가 모두 요인형으로 변경되었다. 위의 코드가 이해되는가? 3장에서 배운 tidyverse 문법을 이용했는데, 이번에는 새롭게 mutate_at이라는 기능을 이용했고 코드는 다음 절차에 따라 작성되었다.

① mutate_at과 기존 mutate와의 차이는 mutate_at은 규칙을 새롭게 적용할 변수를 먼저 지정해준 뒤, 그다음 적용할 규칙 및 코드를 작성한다는 점이다.
② mutate_at 안에 as.factor로 변환할 변수를 vars(group:smoking)으로 지정한다. 다음 지정한 변수에 적용할 as.factor를 실행한다.
③ sapply 기능을 이용해서 변화된 자료 형태를 확인한다.

3-3 데이터 전처리하기 2

1) 변수에 라벨 붙이기

이번에는 각 변수에서 0, 1 등으로 코딩되어 있는 값에 정확한 값 이름(label)을 붙여보자. dat1의 범주형 변수들에 값 이름을 붙여주자.

```
dat1$id <- factor(dat1$id)
dat1$group <- factor(dat1$group,
                     labels=c('control', 'case'))
dat1$gender <- factor(dat1$gender,
                      labels=c('male', 'female'))
dat1$racegroup <- factor(dat1$racegroup,
                         labels=c('white','black','asian'))
dat1$location <- factor(dat1$location,
                        labels=c('iCCA','pCCA','dCCA'))
dat1$obesity <- factor(dat1$obesity,
                       labels=c('normal','obesity','unknown'))
dat1$aspirin <- factor(dat1$aspirin,
                       labels=c('non-user','aspirin-user'))
dat1$frequency <- factor(dat1$frequency,
                         labels=c('non-user','non-daily user','daily user'))
dat1$duration <- factor(dat1$duration,
                        labels=c('non-user','<3 years','\U2265 3 years','unknown'))
dat1$dose <- factor(dat1$dose,
                    labels=c('non-user','81-162mg/day','\U2265 325mg/day','unknown'))
```

그 외 나머지 변수는 일괄적으로 0=none, 1=present로 명명할 수 있다.
그런데 위의 코드처럼 모두 쓰지 말고 한꺼번에 변경할 수는 없을까? 역시 mutate를 이용해서 다음과 같이 해볼 수 있다.

```
dat1 <- dat1 %>%
  mutate_at(vars(cva:smoking), ~ifelse(.==1, 'present','none')) %>%
  mutate_at(vars(cva:smoking), as.factor)
```

위의 코드가 좀 어렵게 느껴질 수 있는데, 아래의 순서로 이해하자.

① 한꺼번에 여러 변수에 같은 함수를 적용하기 위해 mutate_at을 이용한다.
② 새롭게 변경할 변수는 cva부터 smoking까지다.
③ 이 변수들 모두에 ifelse를 적용할 것이다. (~ifelse로 표현)
④ ifelse 구문은 ifelse(값==1, 'present', 'none')으로 할 것이기 때문에 값==1인 부분을 .==1로 표현한다.
⑤ 왜냐하면 여러 개 변수의 값들을 모두 적을 수는 없기 때문이다(마침표 . 는 반복되는 모든 값을 가지고 온다는 의미이다).
⑥ 'present', 'none'으로 값이 할당되고 나서 자료 형태는 우리가 원하는 요인형(factor)이 아니라 다시 문자형(character)으로 변하게 된다. R 자체가 'present' 혹은 'none'을 알파벳 문자 그대로의 의미로 받아들이기 때문이다.
⑦ 따라서 다시 요인형으로 변경한다.
⑧ 이렇게 변경된 데이터는 다시 dat1에 할당하자.

데이터가 잘 변경되었는지 확인하자. dat1 데이터 변경이 완료되었다.

```
glimpse(dat1)
Rows: 1,000
Columns: 19
$ id         <fct> 1, 2, 99, 7, 5, 9, 13, 8, 15, 22, 11, 26, 27, 30, 34, 35, 26,
$ age        <dbl> 72, 35, 54, 59, 57, 70, 59, 78, 63, 45, 77, 42, 37, 62, 57,
$ group      <fct> control, control, case, control, case, control, control, cas
$ gender     <fct> male, female, female, female, male, female, female, male, fe
$ racegroup  <fct> white, white, white, white, white, white, white, white, whit
$ location   <fct> iCCA, iCCA, iCCA, iCCA, pCCA, iCCA, iCCA, iCCA, iCCA, iCCA,
$ obesity    <fct> obesity, obesity, normal, normal, normal, normal, normal, no
$ aspirin    <fct> non-user, non-user, non-user, non-user, non-user, non-user,
$ frequency  <fct> non-user, non-user, non-user, non-user, non-user, non-user,
```

```
$ duration  <fct> non-user, non-user, non-user, non-user, non-user, non-user,
$ dose      <fct> non-user, non-user, non-user, non-user, non-user, non-user,
$ cva       <fct> none, none, none, none, none, none, none, none,
$ cad       <fct> none, none, none, none, none, none, none, none,
$ htn       <fct> present, none, none, none, none, none, present,
$ diabetes  <fct> none, none, none, none, none, none, none, none,
$ psc       <fct> none, present, present, none, none, none, none, none, none,
$ cirrhosis <fct> none, none, none, none, none, none, none, none, none, none,
$ hbv       <fct> none, none, none, none, none, none, none, none, none, none,
$ smoking   <fct> present, none, none, none, present, present, none, present,
```

2) 연령 구간 변수 만들기

앞으로 분석에 사용하기 위해 기존 age 변수를 10세 단위로 나누어서 age_gr이란 새로운 변수로 만들어보자. cut 기능을 이용해보자.

```
dat1<-dat1 %>%
 mutate(age_gr=cut(age,
                   c(-Inf,40,50,60,70,Inf),
                   c('<40','40-49','50-59','60-69','\U2265 70')))
# \U2265는 unicode 번호로 ≥을 의미한다.
```

age_gr 분포를 살펴보자.

```
dat1 %>%
 count(age_gr)

# A tibble: 5 × 2
  age_gr      n
   <fct>  <int>
1    <40     60
2  40-49    150
3  50-59    243
4  60-69    261
5   ≥ 70    286 # 위의 \U2265 unicode가 ≥으로 반영된 것을 알 수 있다.
```

3-4 Table 1 만들기

moonBook 패키지의 mytable을 이용해 테이블을 만들어보자.

```
colnames(dat1)

mytable(group~aspirin+age_gr+gender+racegroup+
        obesity+cva+cad+htn+diabetes+psc+
        cirrhosis+hbv+smoking,
        data=dat1)
```

전체 변수들을 모두 포함한 table 1을 완성하였다. 그런데 위의 코드에 해당 변수를 모두 쓰지 않고 변수를 쓰는 자리에 . 을 쓰고, table 1에 나오지 않아도 되는 변수에는 -를 앞에 붙여서 코드를 작성하면 훨씬 효율적으로 작업할 수 있다. 결과값은 같은데, 단 한 줄의 코드만으로 실행된다.

```
colnames(dat1)
mytable(group~.-id-location-frequency-duration-dose,
        data=dat1)
```

이번에는 case 환자들 중에서 subtype별로 테이블을 만들어보자. 데이터는 case 그룹만 선택한 다음 group별로가 아니라 location에 따라 분류하면 된다. case 그룹만 dat.sub에 새롭게 할당하고, 똑같이 location으로 나누어서 테이블을 만든다.

```
dat.sub <- dat1 %>%
 filter(group=='case')

mytable(location~.-id-group-frequency-duration-dose,
    data=dat.sub)

      Descriptive Statistics by 'location'
```

	iCCA (N=138)	pCCA (N=143)	dCCA (N=31)	p
age	60.5 ± 13.9	59.0 ± 14.0	66.8 ± 13.5	0.019
gender				0.881
- male	60 (43.5%)	62 (43.4%)	12 (38.7%)	
- female	78 (56.5%)	81 (56.6%)	19 (61.3%)	
racegroup				0.992
- white	126 (91.3%)	132 (92.3%)	29 (93.5%)	
- black	7 (5.1%)	6 (4.2%)	1 (3.2%)	
- asian	5 (3.6%)	5 (3.5%)	1 (3.2%)	
obesity				0.494
- normal	94 (68.1%)	100 (69.9%)	24 (77.4%)	
- obesity	42 (30.4%)	43 (30.1%)	7 (22.6%)	
- unknown	2 (1.4%)	0 (0.0%)	0 (0.0%)	
aspirin				0.084
- non-user	111 (80.4%)	102 (71.3%)	20 (64.5%)	
- aspirin-user	27 (19.6%)	41 (28.7%)	11 (35.5%)	
cva				0.797
- none	135 (97.8%)	138 (96.5%)	30 (96.8%)	
- present	3 (2.2%)	5 (3.5%)	1 (3.2%)	
cad				0.619
- none	131 (94.9%)	134 (93.7%)	28 (90.3%)	
- present	7 (5.1%)	9 (6.3%)	3 (9.7%)	
htn				0.544
- none	85 (61.6%)	93 (65.0%)	17 (54.8%)	
- present	53 (38.4%)	50 (35.0%)	14 (45.2%)	
diabetes				0.193
- none	117 (84.8%)	117 (81.8%)	22 (71.0%)	
- present	21 (15.2%)	26 (18.2%)	9 (29.0%)	
psc				0.000
- none	127 (92.0%)	105 (73.4%)	29 (93.5%)	
- present	11 (8.0%)	38 (26.6%)	2 (6.5%)	
cirrhosis				0.583
- none	126 (91.3%)	131 (91.6%)	30 (96.8%)	
- present	12 (8.7%)	12 (8.4%)	1 (3.2%)	

```
hbv                                                         0.004
 - none          137 (99.3%)   143 (100.0%)   29 (93.5%)
 - present         1 ( 0.7%)     0 ( 0.0%)     2 ( 6.5%)
smoking                                                     0.900
 - none           81 (58.7%)    81 (56.6%)    17 (54.8%)
 - present        57 (41.3%)    62 (43.4%)    14 (45.2%)
age_gr                                                      0.045
 - <40             9 ( 6.5%)    15 (10.5%)     1 ( 3.2%)
 - 40-49          25 (18.1%)    23 (16.1%)     3 ( 9.7%)
 - 50-59          33 (23.9%)    38 (26.6%)     2 ( 6.5%)
 - 60-69          34 (24.6%)    37 (25.9%)    10 (32.3%)
 - ≥ 70           37 (26.8%)    30 (21.0%)    15 (48.4%)
```

여기서는 테이블을 만들 때 제외할 변수로 group도 넣어야 한다. 왜냐하면 dat.sub에는 현재 case만 포함되어 있고 control은 포함되어 있지 않기 때문이다. 위의 코드에서 -group을 넣지 않을 경우 오류가 난다.

4 단변량 분석

4-1 교차테이블 만들기

로지스틱 회귀(logistic regression)를 이용한 단변량 분석을 할 경우 계산되어 나오는 교차비(odds ratio)는 해당 독립변수와 종속변수 간의 교차테이블(crosstable)을 만들어보면 어느 정도 예측할 수 있다.

1) R base 기능으로 간단한 테이블 만들기

`table` 기능을 이용하여 group에 따른 gender 성별의 분포를 테이블로 만들어보자.

```
table(dat1$group, dat1$gender)
         male  female
 control  309     379
 case     134     178
```

`xtabs` 기능을 이용하여 group에 따른 gender 성별의 분포를 테이블로 만들어보자. 코드 형태가 약간 다르다.

```
xtabs(~group+gender, data=dat1)
         gender
group     male  female
  control  309     379
  case     134     178
```

2) crosstable 패키지를 이용하여 깔끔한 테이블 만들기

`crosstable` 패키지를 이용하면 다양한 형태의 테이블을 만들 수 있다. 우선 crosstable 패키지를 설치하자.

```
install.packages('crosstable')
```

crosstable 기능을 이용하여 group에 따른 gender 성별의 분포를 테이블로 만들어보자. 코드 형태는 `crosstable(dataset, c('변수'), by=그룹 변수)` 이다.

```
library(crosstable)
crosstable(dat1, c('gender'), by=group)
# A tibble: 2 × 5
     .id    label  variable      control          case
   <chr>    <chr>     <chr>        <chr>         <chr>
1 gender   gender      male  309 (69.75%)  134 (30.25%)
2 gender   gender    female  379 (68.04%)  178 (31.96%)
```

다음과 같은 다양한 옵션이 있다.

(1) 다른 문서로 복사하기 위해 flextable 형태로 바꾸기

```
crosstable(dat1, c('gender'), by=group) %>%
 as_flextable()
```

label	variable	group	
		control	case
gender	male	309 (69.75%)	134 (30.25%)
	female	379 (68.04%)	178 (1.96%)

(2) 전체 합을 나타내기: total='both'

```
crosstable(dat1, c('gender'), by=group, total='both') %>%
 as_flextable()
```

label	variable	group		Total
		control	case	
gender	male	309 (69.75%)	134 (30.25%)	443 (44.30%)
	female	379 (68.04%)	178 (31.96%)	557 (55.70%)
	Total	688 (68.80%)	312 (31.20%)	1000 (0.00%)

(3) 여러 개 변수 포함시키기

```
crosstable(dat1, c('gender','hbv'), by=group, total='both') %>%
 as_flextable()
```

label	variable	group		Total
		control	case	
gender	male	309 (69.75%)	134 (30.25%)	443 (44.30%)
	female	379 (68.04%)	178 (31.96%)	557 (55.70%)
	Total	688 (68.80%)	312 (31.20%)	1000 (100.00%)
hbv	none	683 (68.85%)	309 (31.15%)	992 (99.20%)
	present	5 (62.50%)	3 (37.50%)	8 (0.80%)
	Total	688 (68.80%)	312 (31.20%)	1000 (0.00%)

(4) Chi-square test 바로 하기: `test=TRUE`

```
crosstable(dat1, c('gender'), by=group, test=TRUE) %>%
  as_flextable()
```

label	variable	group		test
		control	case	
gender	male	309 (69.75%)	134 (30.25%)	p value: 0.5624 (Pearson's Chi-squared test)
	female	379 (68.04%)	178 (31.96%)	

4-2 교차비 계산하기

먼저 gender가 case, control 그룹 사이에 간담도암 발생과 연관된 인자인지 로지스틱 회귀분석을 해보자.

```
fit.gender <- glm(group~gender, family=binomial, data = dat1)
summary(fit.gender)

Call:
glm(formula = group ~ gender, family = binomial, data = dat1)

Deviance Residuals:
    Min       1Q   Median       3Q      Max
-0.8775  -0.8775  -0.8488   1.5105   1.5464

Coefficients:
                Estimate Std. Error z value Pr(>|z|)
(Intercept)     -0.83550    0.10344  -8.078 6.61e-16 ***
genderfemale     0.07975    0.13768   0.579    0.562
---
Signif. codes: 0 '***' 0.001 '**' 0.01 '*' 0.05 '.' 0.1 ' ' 1

(Dispersion parameter for binomial family taken to be 1)

  Null deviance: 1241.4 on 999 degrees of freedom
Residual deviance: 1241.0 on 998 degrees of freedom
AIC: 1245

Number of Fisher Scoring iterations: 4
```

summary 내용이 복잡하게 나오지만 우리는 교차비와 *p*값에 관심이 있다. 아래와 같이 moonBook 패키지의 extractOR 함수를 사용해 교차비와 *p*값을 쉽게 구할 수 있다. gender 변수에서 female은 male(기준치)에 비해 CCA 발생 교차비가 1.08이며 *p*값은 0.5624이다.

```
extractOR(fit.gender)

               OR   lcl   ucl      p
(Intercept)  0.43  0.35  0.53 0.0000
genderfemale 1.08  0.83  1.42 0.5624
```

4-3 교차비 그래프

moonBook 패키지의 `ORplot` 기능을 사용하면 편하게 교차비 그래프를 그릴 수 있다. 다음과 같이 3개의 종류를 제공한다. type=1 형식으로 변경할 수 있다.

```
ORplot(fit.gender, type=1)
ORplot(fit.gender, type=2)
ORplot(fit.gender, type=3)
```

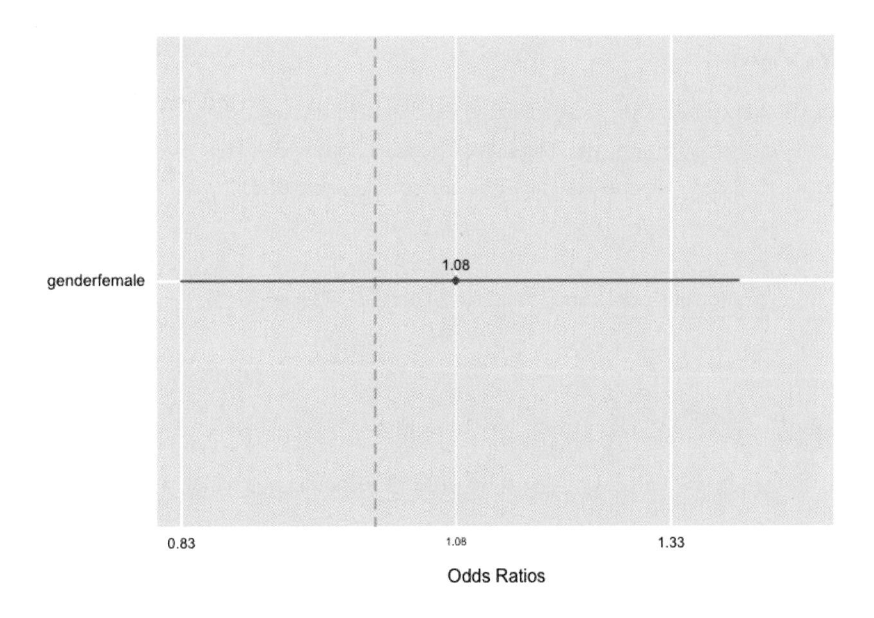

`ORplot` 함수의 내부에는 다양한 옵션이 아래와 같이 있다.

```
ORplot(x,
    type = 1,  # plot type
    xlab = "",  # x-axis 이름
    ylab = "",  # y-axis 이름
    show.OR = TRUE,  # odds ratio 숫자로 표시 여부
    show.CI = FALSE,  # confidence interval 표시 여부
    sig.level = 1,
    cex = 1.2,
    lwd = 2,
    pch = 18,
    col = NULL)
```

4-4 모든 변수 단변량 분석 하기

여러 개 변수의 단변량 분석을 한꺼번에 해보자. dat1에도 단변량 분석을 할 수 있는 변수가 많이 있다. 한꺼번에 손쉽게 할 수 있는 방법을 소개한다.
가장 중요한 aspirin뿐만 아니라 그 외 age_gr, gender, racegroup 등 다른 여러 변수들도 CCA 발생과 연관이 있는지 확인이 필요하다. 단변량 분석을 해보자.

```
fit.aspirin <- glm(group~aspirin, family=binomial, data=dat1)
fit.age_gr <- glm(group~age_gr, family=binomial, data=dat1)
fit.gender <- glm(group~gender, family=binomial, data=dat1)
...
...
fit.smoking <- glm(group~smoking, family=binomial, data=dat1)
```

위와 같이 일일이 코딩을 하려면 시간이 너무 많이 들고 힘들다. R의 함수 기능과 각종 명령어를 사용하여 한꺼번에 모든 변수를 넣어서 단변량 분석을 해보자. 진행 과정이 다소 어려울 수도 있지만 따라하면서 이해해보자.
우선 로지스틱 회귀분석을 자동으로 실행해주는 새로운 함수 `uni.log`를 만들어보자.

```
uni.log<-function(variable){
 formula <- as.formula(paste('group~', variable))
 result.log <- glm(formula, data=dat1, family=binomial)
 extractOR(result.log)
}
```

이해가 되는가? 위의 과정을 단계별로 살펴보자.

① formula는 group~ variable(변경 가능) 문구를 만들어준다.

② result.log는 glm(formula[=group~variable], data=dat1, family=binomial), 즉 단변량 분석을 시행한다.

③ extractOR(result.log)를 이용해서 결과값만 출력하게 한다.

④ 즉 uni.log(해당변수)를 입력하면

formula <- group~해당변수

result.log(glm(group~해당변수, data=dat1, family=binomial))

extractOR(result.log)가 반환된다.

예시로 age_gr 변수를 적용해보자. extractOR에서 제시하는 OR, lower confidence interval, upper confidence interval, *p*값이 순서대로 반환된다.

```
uni.log('age_gr')
                OR    lcl   ucl       p
(Intercept)    0.71  0.43  1.19  0.1988
age_gr40-49    0.72  0.39  1.33  0.2972
age_gr50-59    0.60  0.34  1.08  0.0865
age_gr60-69    0.63  0.35  1.12  0.1161
age_gr≥ 70     0.56  0.32  1.00  0.0495
```

이제는 다른 변수를 넣어보자. 결과값이 길게 나오므로 5개만 넣어보자. 리스트 형태로 총 5개의 단변량 분석을 동시에 수행하니 교차비와 신뢰구간, *p*값이 반환된다.

```
var <- c('aspirin','age_gr','gender','racegroup','cirrhosis')
lapply(var, function(x)uni.log(x))
[[1]]
                          OR   lcl   ucl  p
(Intercept)             0.62  0.52  0.73  0
aspirinaspirin-user     0.41  0.31  0.56  0

[[2]]
                 OR   lcl   ucl       p
(Intercept)    0.71  0.43  1.19  0.1988
age_gr40-49    0.72  0.39  1.33  0.2972
age_gr50-59    0.60  0.34  1.08  0.0865
age_gr60-69    0.63  0.35  1.12  0.1161
age_gr≥ 70     0.56  0.32  1.00  0.0495

[[3]]
                 OR   lcl   ucl       p
(Intercept)    0.43  0.35  0.53  0.0000
genderfemale   1.08  0.83  1.42  0.5624

[[4]]
                   OR   lcl   ucl       p
(Intercept)      0.44  0.38  0.50  0.0000
racegroupblack   2.00  0.96  4.15  0.0629
racegroupasian   1.57  0.72  3.43  0.2561

[[5]]
                     OR   lcl    ucl  p
(Intercept)        0.42  0.37   0.48  0
cirrhosispresent   8.47  3.62  19.81  0
```

4-5 gtsummary 패키지 이용하기

앞에 소개한 방법보다 단변량 분석을 좀 더 쉽게 한꺼번에 하는 방법이 있다. `gtsummary` 패키지의 `tbl_uvregression()`을 사용하면 된다.

```
dat1 %>%
 select(-id,-age,-location,-frequency,-duration,-dose) %>%
 tbl_uvregression(method=glm,
                  y=group,
                  method.args = list(family=binomial),
                  exponentiate = TRUE)
```

Characteristic	N	OR[1]	95% CI[1]	p-value
gender	1,000			
male		–	–	
female		1.08	0.83, 1.42	0.6
racegroup	1,000			
white		–	–	
black		2.00	0.95, 4.16	0.063
asian		1.57	0.70, 3.40	0.3
obesity	1,000			
normal		–	–	
obesity		0.92	0.68, 1.22	0.6
unknown		0.43	0.07, 1.63	0.3
aspirin	1,000			
non-user		–	–	
aspirin-user		0.41	0.31, 0.55	<0.001
cva	1,000			
none		–	–	
present		0.54	0.24, 1.08	0.10

Characteristic	N	OR[1]	95% CI[1]	p-value
cad	1,000			
none		–	–	
present		1.14	0.63, 1.99	0.7
htn	1,000			
none		–	–	
present		0.75	0.57, 0.98	0.039
diabetes	1,000			
none		–	–	
present		1.84	1.26, 2.68	0.002
psc	1,000			
none		–	–	
present		13.2	6.92, 28.0	< 0.001
cirrhosis	1,000			
none		–	–	
present		8.47	3.82, 21.4	< 0.001
hbv	1,000			
none		–	–	
present		1.33	0.27, 5.44	0.7
smoking	1,000			
none		–	–	
present		1.12	0.85, 1.46	0.4
age_gr	1,000			
< 40		–	–	
40-49		0.72	0.39, 1.34	0.3
50-59		0.60	0.34, 1.08	0.087
60-69		0.63	0.36, 1.13	0.12
≥ 70		0.56	0.32, 1.01	0.049

1 OR = Odds Ratio, CI = Confidence Interval

20개의 단변량 분석 결과가 테이블로 일목요연하게 정리된 것을 확인할 수 있다. `tbl_uvregression` 기능의 다양한 옵션은 아래와 같다.

위치	옵션	설명
함수 내 기능	exponentiate	로지스틱 분석 후 교차비(OR)를 지수화(exponential)해서 결과값을 보여준다.
	show_single_row	none, present 이런 형식의 경우 present 같이 중요한 하나의 값만 표시한다.
	pvalue_fun	*p*값의 소숫점 자리수를 지정할 수 있게 해준다.
추가 기능	add_global_p()	
	bold_labels()	변수들을 굵게(볼드) 처리해준다.
	bold_p()	*p*값을 굵게(볼드) 처리해준다.

위에 소개한 옵션들을 사용하여 좀 더 깔끔하고 정돈된 테이블을 만들어보자.

```
dat1 %>%
 select(-id,-age,-location,-frequency,-duration,-dose) %>%
 tbl_uvregression(method=glm,
                  y=group,
                  method.args = list(family=binomial),
                  exponentiate = TRUE,
                  show_single_row = c('aspirin','gender','cva',
                                      'cad','htn','diabetes',
                                      'psc','cirrhosis','hbv',
                                      'smoking')) %>%
 bold_labels() %>%
 bold_p()
```

Characteristic	N	OR[1]	95% CI[1]	p-value
gender	1,000	1.08	0.83, 1.42	0.6
racegroup	1,000			
white		–	–	
black		2.00	0.95, 4.16	0.063

Characteristic	N	OR[1]	95% CI[1]	p-value
asian		1.57	0.70, 3.40	0.3
obesity	1,000			
normal		—	—	
obesity		0.92	0.68, 1.22	0.6
unknown		0.43	0.07, 1.63	0.3
aspirin	1,000	0.41	0.31, 0.55	< 0.001
cva	1,000	0.54	0.24, 1.08	0.1
cad	1,000	1.14	0.63, 1.99	0.7
htn	1,000	0.75	0.57, 0.98	0.039
diabetes	1,000	1.84	1.26, 2.68	0.002
psc	1,000	13.2	6.92, 28.0	< 0.001
cirrhosis	1,000	8.47	3.82, 21.4	< 0.001
hbv	1,000	1.33	0.27, 5.44	0.7
smoking	1,000	1.12	0.85, 1.46	0.4
age_gr	1,000			
< 40		—	—	
40-49		0.72	0.39, 1.34	0.3
50-59		0.60	0.34, 1.08	0.087
60-69		0.63	0.36, 1.13	0.12
≥ 70		0.56	0.32, 1.01	0.049

1 OR = Odds Ratio, CI = Confidence Interval

show_single_row 옵션을 이용해 코드를 좀 더 간단하게 아래와 같이 작성해볼 수 있다.

```
uni.var<-names(dat1[ ,c(12:19)])  #none, present로 코딩된 변수 이름 골라내기

dat1 %>%
  select(-id,-age,-location,-frequency,-duration,-dose) %>%
  tbl_uvregression(method=glm,
```

```
                  y=group,
                  method.args = list(family=binomial),
                  exponentiate = TRUE,
                  show_single_row = uni.var) %>%
 bold_labels() %>%
 bold_p()
```

유용한 옵션 몇 가지만 더 살펴보자.

- pvalue_fun: p값의 소수점 단위를 변환할 수 있다.
- estimate_fun: OR, 95% 신뢰구간 소수점 단위를 변환할 수 있다.
- bold_p(t = 원하는 p 값) : 특정 p값 이하만 굵게(볼드) 처리할 수 있다.

```
dat1 %>%
 select(-id,-age,-location,-frequency,-duration,-dose) %>%
 tbl_uvregression(method=glm,
                  y=group,
                  method.args = list(family=binomial),
                  exponentiate = TRUE,
                  show_single_row = uni.var,
                  pvalue_fun = function(x) style_pvalue(x, digits = 2)) %>%
 bold_labels() %>%
 bold_p(t=0.001)
```

Characteristic	N	OR[1]	95% CI[1]	p-value
gender	1,000			
male		–	–	
female		1.08	0.83, 1.42	0.56
racegroup	1,000			
white		–	–	
black		2.00	0.95, 4.16	0.063
asian		1.57	0.70, 3.40	0.26

Characteristic	N	OR[1]	95% CI[1]	p-value
obesity	1,000			
normal		—	—	
obesity		0.92	0.68, 1.22	0.55
unknown		0.43	0.07, 1.63	0.27
aspirin	1,000			
non-user		—	—	
aspirin-user		0.41	0.31, 0.55	< 0.001
cva	1,000	0.54	0.24, 1.08	0.1
cad	1,000	1.14	0.63, 1.99	0.65
htn	1,000	0.75	0.57, 0.98	0.039
diabetes	1,000	1.84	1.26, 2.68	0.002
psc	1,000	13.2	6.92, 28.0	< 0.001
cirrhosis	1,000	8.47	3.82, 21.4	< 0.001
hbv	1,000	1.33	0.27, 5.44	0.7
smoking	1,000	1.12	0.85, 1.46	0.43
age_gr	1,000			
< 40		—	—	
40-49		0.72	0.39, 1.34	0.3
50-59		0.60	0.34, 1.08	0.087
60-69		0.63	0.36, 1.13	0.12
≥ 70		0.56	0.32, 1.01	0.049

1 OR = Odds Ratio, CI = Confidence Interval

5 다변량 분석

5-1 다변량 분석하기

단변량 분석에서 통계적으로 의미가 있거나 임상적으로 의미가 있는 변수를 다변량 분석에 포함하면 된다. 아래 예제에서 aspirin, age_gr, gender, racegroup, obesity, cva, cad, htn, diabetes, psc, cirrhosis, hbv, smoking 13개의 변수를 다변량 분석에 적용해보자.

```
fit.multi <- glm(group~aspirin+age_gr+gender+racegroup+
                 obesity+cva+cad+htn+diabetes+
                 psc+cirrhosis+hbv+smoking,
                 family=binomial,
                 data=dat1)
summary(fit.multi)

Call:
glm(formula = group ~ aspirin + age_gr + gender + racegroup +
  obesity + cva + cad + htn + diabetes + psc + cirrhosis +
  hbv + smoking, family = binomial, data = dat1)

Deviance Residuals:
    Min       1Q   Median       3Q      Max
-2.4322  -0.8457  -0.6082   1.0298   2.2225

Coefficients:
                      Estimate  Std. Error  z value   Pr(>|z|)
(Intercept)           -0.97545     0.34116   -2.859   0.004246 **
aspirinaspirin-user   -0.91860     0.17628   -5.211   1.88e-07 ***
age_gr40-49           -0.13264     0.36410   -0.364   0.715628
age_gr50-59           -0.03121     0.34771   -0.090   0.928478
age_gr60-69            0.13134     0.34882    0.377   0.706528
age_gr ≥ 70            0.25956     0.35405    0.733   0.463481
genderfemale           0.16912     0.15366    1.101   0.271065
racegroupblack         0.45264     0.41525    1.090   0.275698
racegroupasian         0.28842     0.42569    0.678   0.498064
obesityobesity        -0.04632     0.16934   -0.274   0.784455
```

```
obesityunknown        -1.37476     0.84135    -1.634   0.102262
cvapresent            -0.19104     0.42190    -0.453   0.650688
cadpresent             0.38942     0.32960     1.181   0.237416
htnpresent            -0.27474     0.16913    -1.624   0.104285
diabetespresent        0.82023     0.22658     3.620   0.000295 ***
pscpresent             2.49216     0.38177     6.528   6.67e-11 ***
cirrhosispresent       1.69379     0.47646     3.555   0.000378 ***
hbvpresent             0.16386     0.79771     0.205   0.837247
smokingpresent         0.25021     0.15336     1.632   0.102784
---
Signif. codes: 0 '***' 0.001 '**' 0.01 '*' 0.05 '.' 0.1 ' ' 1

(Dispersion parameter for binomial family taken to be 1)

  Null deviance: 1241.4 on 999 degrees of freedom
Residual deviance: 1091.5 on 981 degrees of freedom
AIC: 1129.5

Number of Fisher Scoring iterations: 4
```

통계적으로 유의한 변수($p < 0.05$)들은 ***로 표시된다. 위의 분석 결과를 보면 aspirin, diabetes, psc, cirrhosis가 유의한 인자이다.

각 변수들의 교차비(OR)를 살펴보자. 이번에도 extractOR 함수를 유용하게 사용할 수 있다.

```
extractOR(fit.multi)

                       OR    lcl    ucl       p
(Intercept)          0.38   0.19   0.74  0.0042
aspirinaspirin-user  0.40   0.28   0.56  0.0000
age_gr40-49          0.88   0.43   1.79  0.7156
age_gr50-59          0.97   0.49   1.92  0.9285
age_gr60-69          1.14   0.58   2.26  0.7065
age_gr ≥ 70          1.30   0.65   2.59  0.4635
genderfemale         1.18   0.88   1.60  0.2711
racegroupblack       1.57   0.70   3.55  0.2757
racegroupasian       1.33   0.58   3.07  0.4981
obesityobesity       0.95   0.69   1.33  0.7845
obesityunknown       0.25   0.05   1.32  0.1023
cvapresent           0.83   0.36   1.89  0.6507
```

```
cadpresent          1.48   0.77    2.82   0.2374
htnpresent          0.76   0.55    1.06   0.1043
diabetespresent     2.27   1.46    3.54   0.0003
pscpresent         12.09   5.72   25.54   0.0000
cirrhosispresent    5.44   2.14   13.84   0.0004
hbvpresent          1.18   0.25    5.63   0.8372
smokingpresent      1.28   0.95    1.73   0.1028
```

psc의 교차비가 상당히 크다. 하지만 이는 잘못된 계산이 아니다. 원발경화담관염(primary sclerosing cholangitis, PSC)은 간담도암을 가장 잘 일으킬 수 있는 강력한 위험인자이다.

1) 단계적 로지스틱 회귀분석

필요에 따라 여러 가지 옵션을 주어서 로지스틱 회귀모델에 가장 적합한 최종 모형을 찾아야 한다. 주로 많이 사용하는 옵션은 후진선택법(backward selection)이다.

`step()` 함수를 이용해 단계적(stepwise) 로지스틱 회귀분석을 실행하자.

```
fit.multi2 <-step(fit.multi)

Start: AIC=1129.46
group ~ aspirin + age_gr + gender + racegroup + obesity + cva +
  cad + htn + diabetes + psc + cirrhosis + hbv + smoking

              Df  Deviance     AIC
- age_gr       4    1094.5  1124.5
- racegroup    2    1093.0  1127.0
- hbv          1    1091.5  1127.5
- cva          1    1091.7  1127.7
- gender       1    1092.7  1128.7
- cad          1    1092.8  1128.8
- obesity      2    1094.9  1128.9
<none>              1091.5  1129.5
- smoking      1    1094.1  1130.1
- htn          1    1094.1  1130.1
- diabetes     1    1104.3  1140.3
- cirrhosis    1    1105.8  1141.8
- aspirin      1    1120.2  1156.2
- psc          1    1148.4  1184.4
```

```
Step: AIC=1124.47
group ~ aspirin + gender + racegroup + obesity + cva + cad +
  htn + diabetes + psc + cirrhosis + hbv + smoking

              Df  Deviance     AIC
- racegroup    2    1095.8  1121.8
- hbv          1    1094.5  1122.5
- cva          1    1094.6  1122.6
- obesity      2    1097.7  1123.7
- gender       1    1095.8  1123.8
- htn          1    1096.2  1124.2
- cad          1    1096.2  1124.2
<none>              1094.5  1124.5
- smoking      1    1097.7  1125.7
- diabetes     1    1107.6  1135.6
- cirrhosis    1    1108.9  1136.9
- aspirin      1    1120.7  1148.7
- psc          1    1151.6  1179.6

Step: AIC=1121.83
group ~ aspirin + gender + obesity + cva + cad + htn + diabetes +
  psc + cirrhosis + hbv + smoking

              Df  Deviance     AIC
- hbv          1    1095.9  1119.9
- cva          1    1096.0  1120.0
- obesity      2    1098.9  1120.9
- gender       1    1097.2  1121.2
- cad          1    1097.6  1121.6
- htn          1    1097.7  1121.7
<none>              1095.8  1121.8
- smoking      1    1099.1  1123.1
- diabetes     1    1109.5  1133.5
- cirrhosis    1    1110.7  1134.7
- aspirin      1    1123.4  1147.4
- psc          1    1152.8  1176.8
```

```
Step: AIC=1119.89
group ~ aspirin + gender + obesity + cva + cad + htn + diabetes +
  psc + cirrhosis + smoking

            Df  Deviance     AIC
- cva        1    1096.0  1118.0
- obesity    2    1098.9  1118.9
- gender     1    1097.2  1119.2
- cad        1    1097.6  1119.6
- htn        1    1097.7  1119.7
<none>            1095.9  1119.9
- smoking    1    1099.2  1121.2
- diabetes   1    1109.5  1131.5
- cirrhosis  1    1111.0  1133.0
- aspirin    1    1123.6  1145.6
- psc        1    1152.8  1174.8

Step: AIC=1118
group ~ aspirin + gender + obesity + cad + htn + diabetes + psc +
  cirrhosis + smoking

            Df  Deviance     AIC
- obesity    2    1099.0  1117.0
- gender     1    1097.3  1117.3
- cad        1    1097.7  1117.7
- htn        1    1097.9  1117.9
<none>            1096.0  1118.0
- smoking    1    1099.3  1119.3
- diabetes   1    1109.7  1129.7
- cirrhosis  1    1111.2  1131.2
- aspirin    1    1125.0  1145.0
- psc        1    1152.9  1172.9

Step: AIC=1117.03
group ~ aspirin + gender + cad + htn + diabetes + psc + cirrhosis +
  smoking
```

```
              Df  Deviance    AIC
- gender       1    1100.3 1116.3
- cad          1    1100.7 1116.7
- htn          1    1100.8 1116.8
<none>              1099.0 1117.0
- smoking      1    1102.1 1118.1
- diabetes     1    1112.8 1128.8
- cirrhosis    1    1114.5 1130.5
- aspirin      1    1127.0 1143.0
- psc          1    1156.3 1172.3

Step: AIC=1116.34
group ~ aspirin + cad + htn + diabetes + psc + cirrhosis + smoking

              Df  Deviance    AIC
- cad          1    1101.8 1115.8
- htn          1    1102.1 1116.1
<none>              1100.3 1116.3
- smoking      1    1103.2 1117.2
- diabetes     1    1113.8 1127.8
- cirrhosis    1    1115.5 1129.5
- aspirin      1    1129.5 1143.5
- psc          1    1156.8 1170.8

Step: AIC=1115.84
group ~ aspirin + htn + diabetes + psc + cirrhosis + smoking

              Df  Deviance    AIC
- htn          1    1103.2 1115.2
<none>              1101.8 1115.8
- smoking      1    1105.2 1117.2
- diabetes     1    1116.6 1128.6
- cirrhosis    1    1116.8 1128.8
- aspirin      1    1129.8 1141.8
- psc          1    1158.1 1170.1

Step: AIC=1115.25
group ~ aspirin + diabetes + psc + cirrhosis + smoking
```

```
              Df  Deviance     AIC
<none>               1103.2  1115.2
- smoking     1      1106.5  1116.5
- diabetes    1      1116.7  1126.7
- cirrhosis   1      1118.6  1128.6
- aspirin     1      1135.4  1145.4
- psc         1      1160.3  1170.3
```

그 외 아래와 같이 다양한 옵션을 줄 수 있다.

```
step(fit.multi, direction='backward')
step(fit.multi, direction='forward')
step(fit.multi, direction='both')
```

우리는 `fit.multi2`로 결과를 제시할 것이다. AIC 값을 기준으로 전체 변수 모두 모델에 넣은 다음, 가장 영향력이 적은 변수를 하나씩 빼면서 fitting 정도를 살펴보고, 더 이상 변수를 제거해도 더 나은 모델이 만들어지지 않으면 제거 단계를 멈춘다. `fit.multi2`에서는 기존 13개 변수 중에 `aspirin, diabetes, psc, cirrhosis, smoking` 이렇게 5개 변수가 남게 되었다. `extractOR` 기능을 이용해서 좀 더 간단하게 살펴보자.

```
extractOR(fit.multi2)
                       OR   lcl    ucl       p
(Intercept)          0.40  0.32   0.50  0.0000
aspirinaspirin-user  0.41  0.30   0.56  0.0000
diabetespresent      2.19  1.45   3.31  0.0002
pscpresent          10.89  5.31  22.34  0.0000
cirrhosispresent     5.58  2.23  14.00  0.0002
smokingpresent       1.31  0.98   1.76  0.0719
```

ORplot 기능을 이용해서 큰 흐름을 먼저 보자.

```
ORplot(fit.multi2, type=3)
```

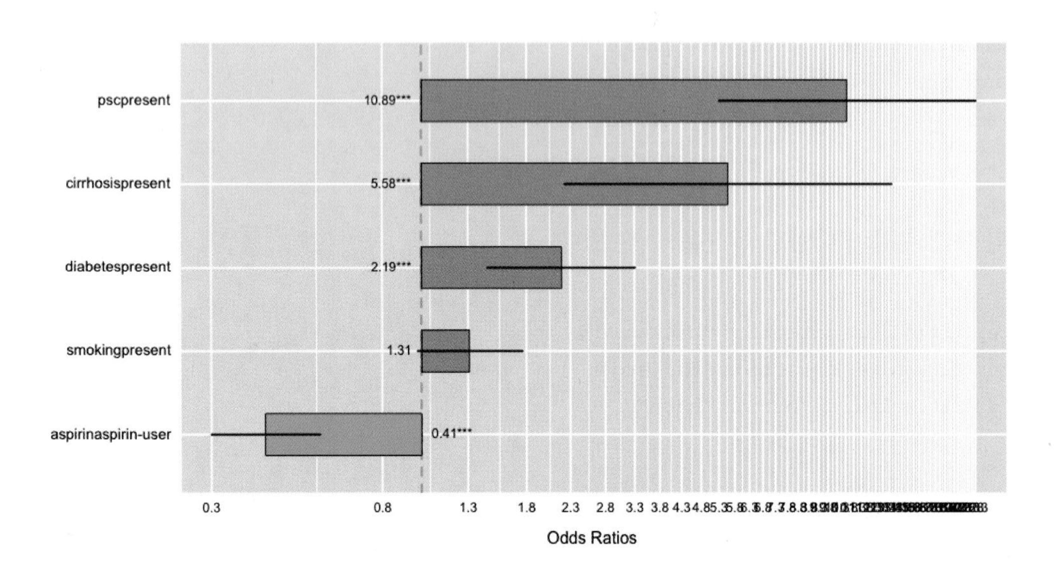

5-2 forestmodel 패키지

`forestmodel` 패키지에 포함된 `forest_model()` 함수를 이용하면 다변량 분석 결과를 forest plot으로 제시할 수 있다. 우선 필요한 패키지들을 설치하자.

```
install.packages(forestmodel)
install.packages(rlang)
install.packages(broom)
```

함수 구성 자체는 간단하다. 다변량 분석 결과를 forest_model() 함수에 넣어주면 된다.

```
library(forestmodel)
library(rlang)
library(broom)
forest_model(fit.multi2)
```

Variable		N	Odds ratio		p
aspirin	non-user	611		Reference	
	aspirin-user	389		0.41 (0.30, 0.56)	<0.001
diabetes	none	871		Reference	
	present	129		2.19 (1.45, 3.31)	<0.001
psc	none	939		Reference	
	present	61		10.89 (5.52, 23.57)	<0.001
cirrhosis	none	968		Reference	
	present	32		5.58 (2.31, 14.94)	<0.001
smoking	none	592		Reference	
	present	408		1.31 (0.98, 1.76)	0.07

0.5 1 2 5 10 20

5-3 finalfit 패키지

`finalfit` 패키지를 이용해 결과를 제시할 때 `finalfit` 기능과 `or_plot` 기능을 아주 유용하게 사용할 수 있다.

실습을 위해 fit.multi2에서 유의한 인자였던 8개 인자를 var1에 할당해서 넣어보자.

```
library(finalfit)

var1 <- c('aspirin','diabetes','psc','cirrhosis','smoking')

dat1 %>%
  finalfit('group', var1, metrics=TRUE)

[[1]]
Dependent:  group                    control        case
       aspirin          non-user 378 (61.9)   233 (38.1)
                    aspirin-user 310 (79.7)    79 (20.3)
      diabetes              none 615 (70.6)   256 (29.4)
                         present  73 (56.6)    56 (43.4)
           psc              none 678 (72.2)   261 (27.8)
                         present  10 (16.4)    51 (83.6)
     cirrhosis              none 681 (70.4)   287 (29.6)
                         present   7 (21.9)    25 (78.1)
```

```
                smoking           none 413 (69.8)    179 (30.2)
                               present 275 (67.4)    133 (32.6)
          OR (univariable)          OR (multivariable)
                         -                          -
   0.41 (0.31-0.55, p<0.001)  0.41 (0.30-0.56, p<0.001)
                         -                          -
   1.84 (1.26-2.68, p=0.002)  2.19 (1.45-3.31, p<0.001)
                         -                          -
 13.25 (6.92-28.05, p<0.001) 10.89 (5.52-23.57, p<0.001)
                         -                          -
  8.47 (3.82-21.44, p<0.001)  5.58 (2.31-14.94, p<0.001)
                         -                          -
   1.12 (0.85-1.46, p=0.428)  1.31 (0.98-1.76, p=0.072)

[[2]]

 Number in dataframe = 1000, Number in model = 1000, Missing = 0, AIC = 1115.2, C-statistic
= 0.694, H&L = Chi-sq(8) 0.81 (p=0.999)
```

or_plot 기능을 이용하여 교차비를 플롯으로 그려보자.

```
dat1 %>%
 or_plot('group', var1)
```

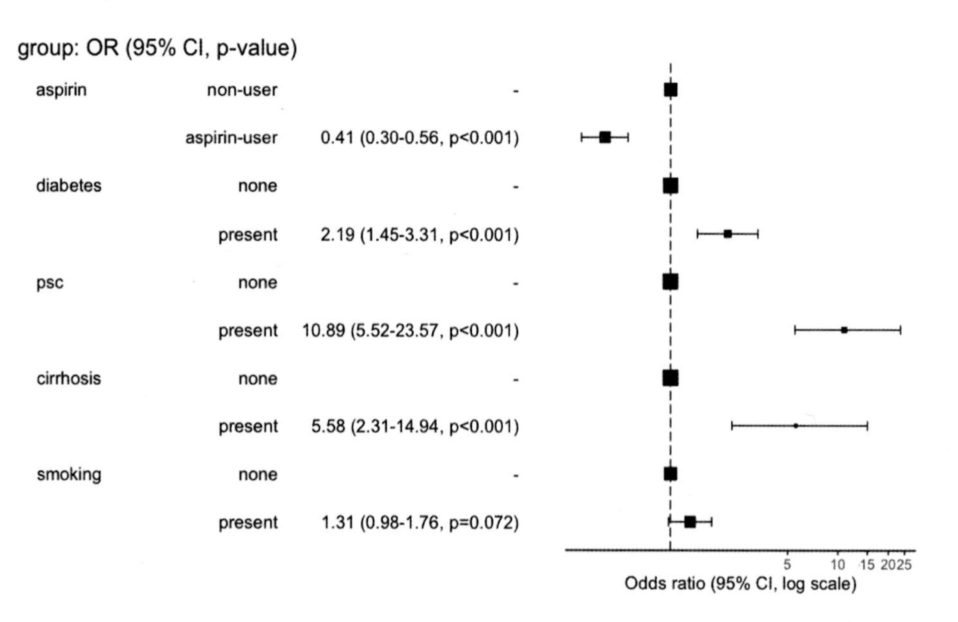

6 결과 제시

6-1 Table 1

전체 환자의 기저특성을 나타내는 table 1을 만들어보자. 위에서 제시한 논문의 table 1과 똑같이 만들려면 기존 데이터에서 약간 변형을 해야 한다. 우리가 table 1에 나타내고 싶은 정보는 다음과 같다.

- 전체(n = 1,000명)의 기저특성 제시
- case 그룹의 경우 location에 따라 나누어 기저특성 제시

기존 dat1을 dat2로 복사한 뒤 위의 조건을 만족하는 테이블을 아래의 코딩으로 만들어보자. 다소 복잡한 과정이다.

```
dat2<-dat1  #dat2로 복사

dat2$location<-as.character(dat2$location)  #location 변수를 다시 character로 변경

dat2<-dat2 %>%       #subgroup이라는 변수에 case의 경우 location을, control은 그대로
 mutate(subgroup = ifelse(group=='case', location, 'control'))

dat2 %>%    #확인
 count(subgroup, location)
#A tibble: 6 × 3
  subgroup  location     n
     <chr>     <chr> <int>
1  control      dCCA    62
2  control      iCCA   359
3  control      pCCA   267
4     dCCA      dCCA    31
5     iCCA      iCCA   138
6     pCCA      pCCA   143

dat2$subgroup<-factor(dat2$subgroup,
                      levels=c('iCCA','pCCA','dCCA','control')) #table에서 표시되는 순서를 결정
```

```
mytable(subgroup~aspirin+age_gr+gender+racegroup+obesity+
        cva+cad+htn+diabetes+psc+cirrhosis+hbv+smoking,
        data=dat2, show.total=TRUE)
```

Descriptive Statistics by 'subgroup'

	iCCA (N=138)	pCCA (N=143)	dCCA (N=31)	control (N=688)	Total (N=1000)	p
aspirin						0.000
- non-user	111 (80.4%)	102 (71.3%)	20 (64.5%)	378 (54.9%)	611 (61.1%)	
- aspirin-user	27 (19.6%)	41 (28.7%)	11 (35.5%)	310 (45.1%)	389 (38.9%)	
age_gr						0.058
- <40	9 (6.5%)	15 (10.5%)	1 (3.2%)	35 (5.1%)	60 (6.0%)	
- 40-49	25 (18.1%)	23 (16.1%)	3 (9.7%)	99 (14.4%)	150 (15.0%)	
- 50-59	33 (23.9%)	38 (26.6%)	2 (6.5%)	170 (24.7%)	243 (24.3%)	
- 60-69	34 (24.6%)	37 (25.9%)	10 (32.3%)	180 (26.2%)	261 (26.1%)	
- ≥ 70	37 (26.8%)	30 (21.0%)	15 (48.4%)	204 (29.7%)	286 (28.6%)	
gender						0.899
- male	60 (43.5%)	62 (43.4%)	12 (38.7%)	309 (44.9%)	443 (44.3%)	
- female	78 (56.5%)	81 (56.6%)	19 (61.3%)	379 (55.1%)	557 (55.7%)	
racegroup						0.526
- white	126 (91.3%)	132 (92.3%)	29 (93.5%)	656 (95.3%)	943 (94.3%)	
- black	7 (5.1%)	6 (4.2%)	1 (3.2%)	16 (2.3%)	30 (3.0%)	
- asian	5 (3.6%)	5 (3.5%)	1 (3.2%)	16 (2.3%)	27 (2.7%)	
obesity						0.709
- normal	94 (68.1%)	100 (69.9%)	24 (77.4%)	464 (67.4%)	682 (68.2%)	
- obesity	42 (30.4%)	43 (30.1%)	7 (22.6%)	214 (31.1%)	306 (30.6%)	
- unknown	2 (1.4%)	0 (0.0%)	0 (0.0%)	10 (1.5%)	12 (1.2%)	
cva						0.384
- none	135 (97.8%)	138 (96.5%)	30 (96.8%)	652 (94.8%)	955 (95.5%)	
- present	3 (2.2%)	5 (3.5%)	1 (3.2%)	36 (5.2%)	45 (4.5%)	
cad						0.743
- none	131 (94.9%)	134 (93.7%)	28 (90.3%)	651 (94.6%)	944 (94.4%)	
- present	7 (5.1%)	9 (6.3%)	3 (9.7%)	37 (5.4%)	56 (5.6%)	
htn						0.142
- none	85 (61.6%)	93 (65.0%)	17 (54.8%)	382 (55.5%)	577 (57.7%)	
- present	53 (38.4%)	50 (35.0%)	14 (45.2%)	306 (44.5%)	423 (42.3%)	

diabetes						0.002
- none	117 (84.8%)	117 (81.8%)	22 (71.0%)	615 (89.4%)	871 (87.1%)	
- present	21 (15.2%)	26 (18.2%)	9 (29.0%)	73 (10.6%)	129 (12.9%)	
psc						0.000
- none	127 (92.0%)	105 (73.4%)	29 (93.5%)	678 (98.5%)	939 (93.9%)	
- present	11 (8.0%)	38 (26.6%)	2 (6.5%)	10 (1.5%)	61 (6.1%)	
cirrhosis						0.000
- none	126 (91.3%)	131 (91.6%)	30 (96.8%)	681 (99.0%)	968 (96.8%)	
- present	12 (8.7%)	12 (8.4%)	1 (3.2%)	7 (1.0%)	32 (3.2%)	
hbv						0.003
- none	137 (99.3%)	143 (100.0%)	29 (93.5%)	683 (99.3%)	992 (99.2%)	
- present	1 (0.7%)	0 (0.0%)	2 (6.5%)	5 (0.7%)	8 (0.8%)	
smoking						0.840
- none	81 (58.7%)	81 (56.6%)	17 (54.8%)	413 (60.0%)	592 (59.2%)	
- present	57 (41.3%)	62 (43.4%)	14 (45.2%)	275 (40.0%)	408 (40.8%)	

```
table1<-dat2 %>%      # gtsummary 패키지의 tbl_summary로 만들어보기
 select(-id, -age, -location, -frequency, -duration, -dose) %>%
 tbl_summary(by=subgroup) %>%
 add_overall() %>%
 modify_spanning_header( c('stat_1','stat_2','stat_3')~'**Case group**') %>%
 modify_caption('**Table 1. Baseline characteristics of the study population**')

table1 %>%
 as_flex_table()
```

Table 1. Baseline characteristics of the study population

	Case group				
Characteristic	Overall, N = 1,000[1]	iCCA, N = 138[1]	pCCA, N = 143[1]	dCCA, N = 31[1]	control, N = 688[1]
group					
control	688 (69%)	0 (0%)	0 (0%)	0 (0%)	688 (100%)
case	312 (31%)	138 (100%)	143 (100%)	31 (100%)	0 (0%)
gender					
male	443 (44%)	60 (43%)	62 (43%)	12 (39%)	309 (45%)
female	557 (56%)	78 (57%)	81 (57%)	19 (61%)	379 (55%)
racegroup					
white	943 (94%)	126 (91%)	132 (92%)	29 (94%)	656 (95%)
black	30 (3.0%)	7 (5.1%)	6 (4.2%)	1 (3.2%)	16 (2.3%)
asian	27 (2.7%)	5 (3.6%)	5 (3.5%)	1 (3.2%)	16 (2.3%)
obesity					
normal	682 (68%)	94 (68%)	100 (70%)	24 (77%)	464 (67%)
obesity	306 (31%)	42 (30%)	43 (30%)	7 (23%)	214 (31%)
unknown	12 (1.2%)	2 (1.4%)	0 (0%)	0 (0%)	10 (1.5%)
aspirin					
non-user	611 (61%)	111 (80%)	102 (71%)	20 (65%)	378 (55%)
aspirin-user	389 (39%)	27 (20%)	41 (29%)	11 (35%)	310 (45%)
cva					
none	955 (96%)	135 (98%)	138 (97%)	30 (97%)	652 (95%)
present	45 (4.5%)	3 (2.2%)	5 (3.5%)	1 (3.2%)	36 (5.2%)
cad					
none	944 (94%)	131 (95%)	134 (94%)	28 (90%)	651 (95%)
present	56 (5.6%)	7 (5.1%)	9 (6.3%)	3 (9.7%)	37 (5.4%)
htn					
none	577 (58%)	85 (62%)	93 (65%)	17 (55%)	382 (56%)

Case group					
Characteristic	Overall, N = 1,000[1]	iCCA, N = 138[1]	pCCA, N = 143[1]	dCCA, N = 31[1]	control, N = 688[1]
present	423 (42%)	53 (38%)	50 (35%)	14 (45%)	306 (44%)
diabetes					
none	871 (87%)	117 (85%)	117 (82%)	22 (71%)	615 (89%)
present	129 (13%)	21 (15%)	26 (18%)	9 (29%)	73 (11%)
psc					
none	939 (94%)	127 (92%)	105 (73%)	29 (94%)	678 (99%)
present	61 (6.1%)	11 (8.0%)	38 (27%)	2 (6.5%)	10 (1.5%)
cirrhosis					
none	968 (97%)	126 (91%)	131 (92%)	30 (97%)	681 (99%)
present	32 (3.2%)	12 (8.7%)	12 (8.4%)	1 (3.2%)	7 (1.0%)
hbv					
none	992 (99%)	137 (99%)	143 (100%)	29 (94%)	683 (99%)
present	8 (0.8%)	1 (0.7%)	0 (0%)	2 (6.5%)	5 (0.7%)
smoking					
none	592 (59%)	81 (59%)	81 (57%)	17 (55%)	413 (60%)
present	408 (41%)	57 (41%)	62 (43%)	14 (45%)	275 (40%)
age_gr					
< 40	60 (6.0%)	9 (6.5%)	15 (10%)	1 (3.2%)	35 (5.1%)
40-49	150 (15%)	25 (18%)	23 (16%)	3 (9.7%)	99 (14%)
50-59	243 (24%)	33 (24%)	38 (27%)	2 (6.5%)	170 (25%)
60-69	261 (26%)	34 (25%)	37 (26%)	10 (32%)	180 (26%)
≥ 70	286 (29%)	37 (27%)	30 (21%)	15 (48%)	204 (30%)

1 n (%)

6-2 Table 2

단변량, 다변량 분석 결과를 제시하는 table 2를 만들어보자. gtsummary 패키지의 tbl_uvregression 함수를 이용하여 단변량 결과를 먼저 만들고, 이후 단계적 로지스틱 회귀분석을 통해 다변량 분석 결과를 도출한다. 마지막으로 단변량, 다변량 분석 결과를 하나의 table 2로 만들어보자.

```
colnames(dat2)

 [1] "id"        "age"       "group"       "gender"     "racegroup" "location"
 [7] "obesity"   "aspirin"   "frequency"   "duration"   "dose"      "cva"
[13] "cad"       "htn"       "diabetes"    "psc"        "cirrhosis" "hbv"
[19] "smoking"   "age_gr"    "subgroup"

single<-c('aspirin','cva','cad','htn',
          'diabetes','psc','cirrhosis','hbv','smoking') #none은 표기하지 않을 변수 저장해두기

uni.table<-dat2 %>%
  select(group:aspirin, cva:smoking) %>%
  tbl_uvregression(method=glm,
                   y=group,
                   method.args = list(family=binomial),
                   exponentiate = TRUE,
                   show_single_row = all_of(single)) %>%
  bold_labels() %>%
  bold_p()


multi.table<-tbl_regression(fit.multi2,
                   exponentiate = T,
                   show_single_row = c('aspirin','diabetes',
                                       'psc','cirrhosis','smoking')) %>%
  bold_labels() %>%
  bold_p()


table2<-tbl_merge(tbls=list(uni.table, multi.table),
        tab_spanner = c('**Univariate analysis**','**Multivariable analysis**')) %>%
  modify_caption('**Table 2. Risk factors for CCA**')

table2 %>%
  as_flex_table()
```

Table 2. Risk factors for CCA

	Univariate analysis				Multivariable analysis		
Characteristic	N	OR[1]	95% CI[1]	p-value	OR[1]	95% CI[1]	p-value
gender	1,000						
male		–	–				
female		1.08	0.83, 1.42	0.6			
racegroup	1,000						
white		–	–				
black		2.00	0.95, 4.16	0.063			
asian		1.57	0.70, 3.40	0.3			
location	1,000						
dCCA		–	–				
iCCA		0.77	0.48, 1.25	0.3			
pCCA		1.07	0.67, 1.74	0.8			
obesity	1,000						
normal		–	–				
obesity		0.92	0.68, 1.22	0.6			
unknown		0.43	0.07, 1.63	0.3			
aspirin	1,000	0.41	0.31, 0.55	< 0.001	0.41	0.30, 0.56	< 0.001
cva	1,000	0.54	0.24, 1.08	0.10			
cad	1,000	1.14	0.63, 1.99	0.7			
htn	1,000	0.75	0.57, 0.98	0.039			
diabetes	1,000	1.84	1.26, 2.68	0.002	2.19	1.45, 3.31	< 0.001
psc	1,000	13.2	6.92, 28.0	< 0.001	10.9	5.52, 23.6	< 0.001
cirrhosis	1,000	8.47	3.82, 21.4	< 0.001	5.58	2.31, 14.9	< 0.001
hbv	1,000	1.33	0.27, 5.44	0.7			
smoking	1,000	1.12	0.85, 1.46	0.4	1.31	0.98, 1.76	0.072

1 OR = Odds Ratio, CI = Confidence Interval

6-3 Table 3

CCA subtype별로 각자 다변량 분석을 실행해서 결과값을 제시해보자. 다음 단계로 진행한다.

① 우선 location에 따라 subtype을 나누어야 한다(즉 iCCA, pCCA, dCCA).

② 우리 데이터는 control 그룹도 CCA는 없지만 각 location별 case에 따라서 별개로 매칭되어 있다.

③ location별로 다변량 분석을 시행하여 각각 테이블을 만든다.

④ 만들어진 3개의 테이블을 합쳐서 table 3를 만든다.

```
# intrahepatic CCA (iCCA)
icca<-dat2 %>%
 filter(location=='iCCA')

fit.icca <- glm(group~aspirin+age_gr+gender+racegroup+
                obesity+cva+cad+htn+diabetes+
                psc+cirrhosis+hbv+smoking,
                family=binomial,
                data=icca)
fit.icca2<-step(fit.icca, direction='backward') # 상기 코드의 결과값은 길어서 생략한다.

multi.icca<-tbl_regression(fit.icca2, exponentiate = T,
                      show_single_row = c('aspirin','diabetes','psc','cirrhosis')) %>%
 bold_labels() %>%
 bold_p()

# perihilar CCA (pCCA)
pcca<-dat2 %>%
 filter(location=='pCCA')

fit.pcca <- glm(group~aspirin+age_gr+gender+racegroup+
                obesity+cva+cad+htn+diabetes+
                psc+cirrhosis+hbv+smoking,
                family=binomial,
                data=pcca)
fit.pcca2<-step(fit.pcca, direction='backward') # 상기 코드의 결과값은 길어서 생략한다.
```

```
multi.pcca<-tbl_regression(fit.pcca2, exponentiate = T,
                          show_single_row = c('aspirin','cad','htn','diabetes','psc',
'cirrhosis','hbv','smoking')) %>%
 bold_labels() %>%
 bold_p()

# distal CCA (dCCA)
dcca<-dat2 %>%
 filter(location=='dCCA')

fit.dcca <- glm(group~aspirin+age_gr+gender+racegroup+
            obesity+cva+cad+htn+diabetes+
            psc+cirrhosis+hbv+smoking,
            family=binomial,
            data=dcca)
fit.dcca2<-step(fit.dcca, direction='backward')  # 상기 코드의 결과값은 길어서 생략한다.

multi.dcca<-tbl_regression(fit.dcca2, exponentiate = T,
                          show_single_row = c('aspirin','obesity','diabetes')) %>%
 bold_labels() %>%
 bold_p()

# Combine tables
table3<-tbl_merge(tbls=list(multi.icca, multi.pcca, multi.dcca),
             tab_spanner = c('**Intrahepatic CCA**','**Perihilar CCA**','**Distal
CCA**')) %>%
      modify_caption('**Table 3. Multivariable analysis for each CCA subtype**')

table3 %>%
 as_flex_table()
```

Table 3. Multivariable analysis for each CCA subtype

	Intrahepatic CCA			Perihilar CCA			Distal CCA		
Characteristic	OR[1]	95% CI[1]	p-value	OR[1]	95% CI[1]	p-value	OR[1]	95% CI[1]	p-value
aspirin	0.33	0.20, 0.53	< 0.001	0.43	0.26, 0.71	0.001	0.41	0.15, 1.06	0.074
diabetes	1.65	0.86, 3.08	0.12	2.49	1.23, 5.04	0.011	8.65	2.12, 45.9	0.005
psc	7.00	1.95, 33.0	0.005	22.9	8.34, 81.8	< 0.001			
cirrhosis	10.7	2.61, 72.8	0.003	6.67	1.73, 32.6	0.009			

	Intrahepatic CCA			Perihilar CCA			Distal CCA		
Characteristic	OR[1]	95% CI[1]	p-value	OR[1]	95% CI[1]	p-value	OR[1]	95% CI[1]	p-value
obesity							0.26	0.05, 0.93	0.058
normal				—	—				
obesity				1.29	0.75, 2.18	0.4			
unknown				0.00		>0.9			
cad				2.10	0.79, 5.36	0.12			
htn				0.57	0.34, 0.95	0.033			
hbv				0.00		>0.9			
smoking				1.47	0.91, 2.37	0.11			

1 OR = Odds Ratio, CI = Confidence Interval

6-4 Table 4

table 4는 아스피린 사용자와 비사용자 간의 기저특성 비교로 비교적 간단하다. moonBook 패키지의 mytable을 이용하면 된다.

```
mytable(group+aspirin~age+age_gr+gender+racegroup+obesity+
        cva+cad+htn+diabetes+psc+cirrhosis+hbv+smoking,
        data=dat2)

   Descriptive Statistics stratified by 'group' and 'aspirin'
_____________________________________________________________________________
                        control                             case
             ___________________________________ ____________________________
             non-user   aspirin-user    p      non-user   aspirin-user    p
             (N=378)     (N=310)               (N=233)     (N=79)
_____________________________________________________________________________
 age        58.3 ± 13.1  67.0 ± 12.1  0.000   57.1 ± 13.6  70.1 ± 10.7  0.000
 age_gr                               0.000                             0.000
   - <40     29 ( 7.7%)   6 ( 1.9%)           24 (10.3%)   1 ( 1.3%)
   - 40-49   79 (20.9%)  20 ( 6.5%)           49 (21.0%)   2 ( 2.5%)
   - 50-59  104 (27.5%)  66 (21.3%)           62 (26.6%)  11 (13.9%)
```

- 60-69	96 (25.4%)	84 (27.1%)		55 (23.6%)	26 (32.9%)	
- ≥ 70	70 (18.5%)	134 (43.2%)		43 (18.5%)	39 (49.4%)	
gender			0.005			0.680
- male	151 (39.9%)	158 (51.0%)		98 (42.1%)	36 (45.6%)	
- female	227 (60.1%)	152 (49.0%)		135 (57.9%)	43 (54.4%)	
racegroup			0.003			0.523
- white	351 (92.9%)	305 (98.4%)		212 (91.0%)	75 (94.9%)	
- black	13 (3.4%)	3 (1.0%)		12 (5.2%)	2 (2.5%)	
- asian	14 (3.7%)	2 (0.6%)		9 (3.9%)	2 (2.5%)	
obesity			0.006			0.544
- normal	260 (68.8%)	204 (65.8%)		165 (70.8%)	53 (67.1%)	
- obesity	108 (28.6%)	106 (34.2%)		66 (28.3%)	26 (32.9%)	
- unknown	10 (2.6%)	0 (0.0%)		2 (0.9%)	0 (0.0%)	
cva			0.000			0.001
- none	374 (98.9%)	278 (89.7%)		231 (99.1%)	72 (91.1%)	
- present	4 (1.1%)	32 (10.3%)		2 (0.9%)	7 (8.9%)	
cad			0.000			0.000
- none	370 (97.9%)	281 (90.6%)		226 (97.0%)	67 (84.8%)	
- present	8 (2.1%)	29 (9.4%)		7 (3.0%)	12 (15.2%)	
htn			0.000			0.001
- none	256 (67.7%)	126 (40.6%)		158 (67.8%)	37 (46.8%)	
- present	122 (32.3%)	184 (59.4%)		75 (32.2%)	42 (53.2%)	
diabetes			0.000			0.013
- none	353 (93.4%)	262 (84.5%)		199 (85.4%)	57 (72.2%)	
- present	25 (6.6%)	48 (15.5%)		34 (14.6%)	22 (27.8%)	
psc			0.997			0.024
- none	372 (98.4%)	306 (98.7%)		188 (80.7%)	73 (92.4%)	
- present	6 (1.6%)	4 (1.3%)		45 (19.3%)	6 (7.6%)	
cirrhosis			0.617			1.000
- none	373 (98.7%)	308 (99.4%)		214 (91.8%)	73 (92.4%)	
- present	5 (1.3%)	2 (0.6%)		19 (8.2%)	6 (7.6%)	
hbv			0.497			1.000
- none	374 (98.9%)	309 (99.7%)		231 (99.1%)	78 (98.7%)	
- present	4 (1.1%)	1 (0.3%)		2 (0.9%)	1 (1.3%)	
smoking			0.382			0.010
- none	233 (61.6%)	180 (58.1%)		144 (61.8%)	35 (44.3%)	
- present	145 (38.4%)	130 (41.9%)		89 (38.2%)	44 (55.7%)	

6-5 Table 5

지금까지 분석에서 아스피린 사용자일수록 CCA의 낮은 발생률과 연관이 있었다. 그렇다면 table 5에서는 아스피린의 사용 기간, 사용 빈도, 사용 용량 등과 CCA의 연관성을 확인해보자.

```
dat2 %>%
 count(aspirin)

#A tibble: 2 × 2
     aspirin      n
       <fct>  <int>
1      non-user   611
2  aspirin-user   389

asp<-dat2 %>%
 filter(aspirin=='aspirin-user')

asp %>%
 select(group, duration, frequency, dose) %>%
 tbl_summary(by=group) %>%
 add_p()
```

Characteristic	control, N = 310[1]	case, N = 79[1]	p-value[2]
duration			< 0.001
non-user	0 (0%)	0 (0%)	
< 3 years	70 (23%)	11 (14%)	
≥ 3 years	216 (70%)	20 (25%)	
unknown	24 (7.7%)	48 (61%)	
frequency			0.8
non-user	0 (0%)	0 (0%)	
non-daily user	14 (4.5%)	4 (5.1%)	
daily user	296 (95%)	75 (95%)	
dose			< 0.001
non-user	0 (0%)	0 (0%)	

Characteristic	control, N = 310[1]	case, N = 79[1]	p-value[2]
81-162mg/day	243 (78%)	54 (68%)	
≥ 325mg/day	67 (22%)	15 (19%)	
unknown	0 (0%)	10 (13%)	

1 n (%)
2 Fisher's exact test

```
table5<-asp %>%
 select(group, duration, frequency, dose) %>%
 tbl_uvregression(method=glm,
                  y=group,
                  method.args = list(family=binomial),
                  exponentiate = TRUE) %>%
 bold_labels() %>%
 bold_p() %>%
 modify_caption('**Table 5. Association between duration, dose, and frequency of aspirin use and the risk of CCA**')

table5 %>%
 as_flex_table()
```

Table 5. Association between duration, dose, and frequency of aspirin use and the risk of CCA

Characteristic	N	OR[1]	95% CI[1]	p-value
duration	389			
< 3 years		–	–	
< 3 years		–	–	
≥ 3 years		0.59	0.27, 1.33	0.2
unknown		12.7	5.89, 29.6	< 0.001
frequency	389			
non-daily user		–	–	
non-daily user		–	–	
daily user		0.89	0.31, 3.20	0.8

Characteristic	N	OR[1]	95% CI[1]	p-value
dose	389			
81–162mg/day		–	–	
81–162mg/day		–	–	
≥ 325mg/day		1.01	0.52, 1.86	> 0.9
unknown		70,431,124	0.00, NA	> 0.9

1 OR = Odds Ratio, CI = Confidence Interval

Ch 8

연구 따라하기 2: 생체표지자와 간암

8장에서는 case-control study design 연구를 살펴보고 직접 데이터 분석을 해본다. 아래 연구는 2018년 Hepatology(2021년 기준 피인용지수 17)에 발표된 논문이다.

HEPATOLOGY

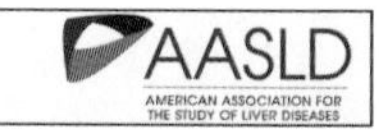

HEPATOLOGY, VOL. 69, NO. 5, 2019

HEPATOBILIARY MALIGNANCIES

Longitudinal Assessment of Three Serum Biomarkers to Detect Very Early-Stage Hepatocellular Carcinoma

Jonggi Choi,[1] Gi-Ae Kim,[2] Seungbong Han,[3] Woochang Lee,[4] Sail Chun,[4] and Young-Suk Lim[1]

We aimed to determine the surveillance performance of alpha-fetoprotein (AFP), lectin-reactive AFP (AFP-L3), des-gamma-carboxy prothrombin (DCP), and their combinations for the early detection of hepatocellular carcinoma (HCC) by using prospectively collected longitudinal samples in patients at risk. Among 689 patients with cirrhosis and/or chronic hepatitis B who participated in four prospective studies, 42 HCC cases were diagnosed, selected, and matched with 168 controls for age, sex, etiology, cirrhosis, and duration of follow-up in a 1:4 ratio. Levels of AFP, AFP-L3, and DCP at the time of HCC diagnosis, month −6, and month −12 were compared between cases and controls. Of 42 HCC cases, 39 (93%) had cirrhosis, 36 (85.7%) had normal alanine aminotransferase levels, and 31 (73.8%) had very early-stage HCC (single <2 cm). AFP and AFP-L3 began to increase from 6 months before diagnosis of HCC in cases ($P < 0.05$), while they remained unchanged in controls. At HCC diagnosis, the area under the receiver operator characteristic curves (AUROCs) for AFP, AFP-L3, and DCP were 0.77, 0.73, and 0.71, respectively. Combining AFP and AFP-L3 showed a higher AUROC (0.83), while adding DCP did not further improve the AUROC (0.86). With the optimal cutoff values (AFP, 5 ng/mL; AFP-L3, 4%), the sensitivity and specificity of AFP and AFP-L3 combination were 79% and 87%, respectively. The sensitivity of ultrasonography was 48.6%, which was increased to 88.6% and 94.3% by adding AFP and AFP + AFP-L3, respectively. *Conclusion*: Among three biomarkers, AFP showed the best performance in discriminating HCC cases from controls; the AFP and AFP-L3 combination, adopting cutoff values (5 ng/mL and 4%, respectively), significantly improved the sensitivity for detecting HCC at a very early stage. (HEPATOLOGY 2019;69:1983-1994).

출처: https://aasldpubs.onlinelibrary.wiley.com/doi/10.1002/hep.28529

1 연구 배경 및 개요

1) 연구 배경

미국 국립암연구소(National Cancer Institute, NCI)에서는 Early Detection Research Network(EDRN)의 분과를 따로 두고, 암 조기 발견을 위한 생체표지자(biomarker) 개발 및 검증을 하며 이와 관련된 표준연구 지침을 제시하고 있다. 이와 관련하여 조금 더 자세히 공부를 해보자.

암 선별 프로그램의 목표는 근치적 치료(curative treatment)가 가능한 조기 병기의 암(early stage cancer)을 발견하여 해당 암으로 인한 사망률을 감소시키는 것이다. 이러한 암 선별 프로그램은 가능하면 비침습적(non-invasive)이고 비용이 적게 들수록 그 유용성이 올라간다. 따라서 EDRN에서는 암 조기 발견을 위한 생체표지자 연구의 진행 단계를 아래와 같이 정의한다.

Phases of Biomarker Discovery and Validation

PHASE 1	• **Preclinical Exploratory** • Promising directions identified
PHASE 2	• **Clinical Assay and Validation** • Clinical assay detects established disease
PHASE 3	• **Retrospective Longitudinal Repository** • Biomarker detects preclinical disease and a "screen positive" rule defined
PHASE 4	• **Prospective Screening** • Extent and characteristics of disease detected by the test and the false referral rate are identified
PHASE 5	• **Cancer Control** • Impact of screening on reducing burden of disease on population is quantified

Pepe SM et al, J Natl Cancer Inst 2001; 93:14
Margaret et al, J Natl Cancer Inst 2008; 100:1432

- 1단계 : 실험실 연구를 통한 생체표지자 후보 물질 발굴
  - 예) 종양조직과 정상조직을 비교하여 종양조직에서만 발현되는 면역화학적 마커를 발견하거나 유전자의 발현을 발견한다.

- **2단계**: 우리가 흔히 하는 환자 대조군 연구를 통해 생체표지자의 성능을 증명
  - 예) 여기서 환자는 암환자를 가리키며, 대조군은 암이 없는 일반인이다.
  - true positive rate(TPR), false positive rate(FPR), ROC 곡선을 통해서 해당 생체표지자의 성능을 평가한다.
  - 주된 관심사는 암이 있는 사람과 없는 사람을 얼마나 정확히 구별할 수 있는가이다.
  - 주의할 점은 2단계 연구까지는 암의 조기발견의 유용성을 평가하는 단계가 아니라는 것이다.

- **3단계**: 암이 발견되기 전(pre-clinical disease) 상태의 혈청이나 조직을 이용하여 실제 임상에서 암이 진단되기 전에 먼저 발견할 수 있는지 확인
  - 즉 암이 발견된 환자에서 암이 발견되기 수개월 혹은 수년전 이미 모여져 있던 검체를 분석하였을 때 같은 시점의 대조군의 검체와 차이가 있음을 밝히는 것이다.
  - 따라서 시간을 두고 계속적으로 저장된 검체가 필수적이다.

- **4단계**: 전향적으로 생체표지자에 기반한 선별검사를 하였을 때 실제 암발견률과 위양성(선별검사)으로 인한 추가 검사율을 비교
  - 비교적 많은 연구대상자를 통해 후보 생체표지자를 이용하여 암을 선별하는 전향적 연구를 진행한다.
  - 실제 암발견률을 계산하고, 그중 근치적 치료가 가능한 조기암의 비율을 구한다.
  - 해당 선별검사 프로그램의 실용성을 확인한다.
  - 생체표지자가 양성인 환자들에서 확진검사로 이어지는 순응도 역시 확인하여 순응도가 떨어지는 경우 그 원인을 파악하여 보다 나은 선별 프로그램을 만든다.

- **5단계**: 해당 선별프로그램을 이용하여 population level에서 해당 암으로 인한 사망률이 감소하였는지 확인

본 연구는 사전에 전향적으로 모아둔 샘플을 이용한 phase 3 biomarker 연구에 해당한다.

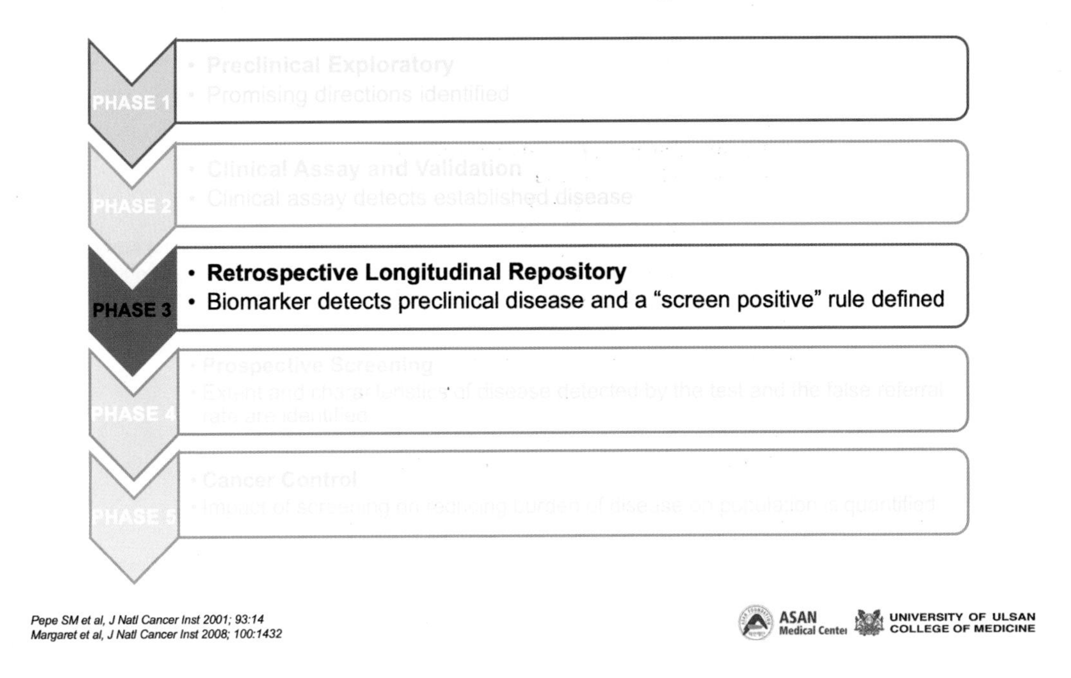

2) 연구 가설

- 간암(hepatocellular carcinoma, HCC)의 조기 진단에 여러 개의 혈청 생체표지자(biomarker)가 사용되고 있다.
- 간암 진단시점이 아닌 간암이 발견되기 전에 생체표지자의 변화로 인해 현재 진단 기술로 발견되기 전에 간암을 먼저 찾을 수 있을 것이다.
- 따라서 본 연구를 통하여 통상적인 암 진단 시점이 아닌 암 진단 6개월 전, 12개월 전에 미리 저장되어 있던 혈청을 이용해서 3가지 생체표지자(AFP, PIVKA-II, AFP-L3)를 분석하여 유용성을 찾아본다.

3) 연구 방법

본 연구는 이전에 시행되었던 전향적 연구에서 주기적으로 모아놓은 혈청을 이용한 연구이며, 전향적 연구에서 추적관찰 중 간암이 발생한 환자를 case 그룹, 간암이 발생하지 않은 환자를 control 그룹으로 하였다.

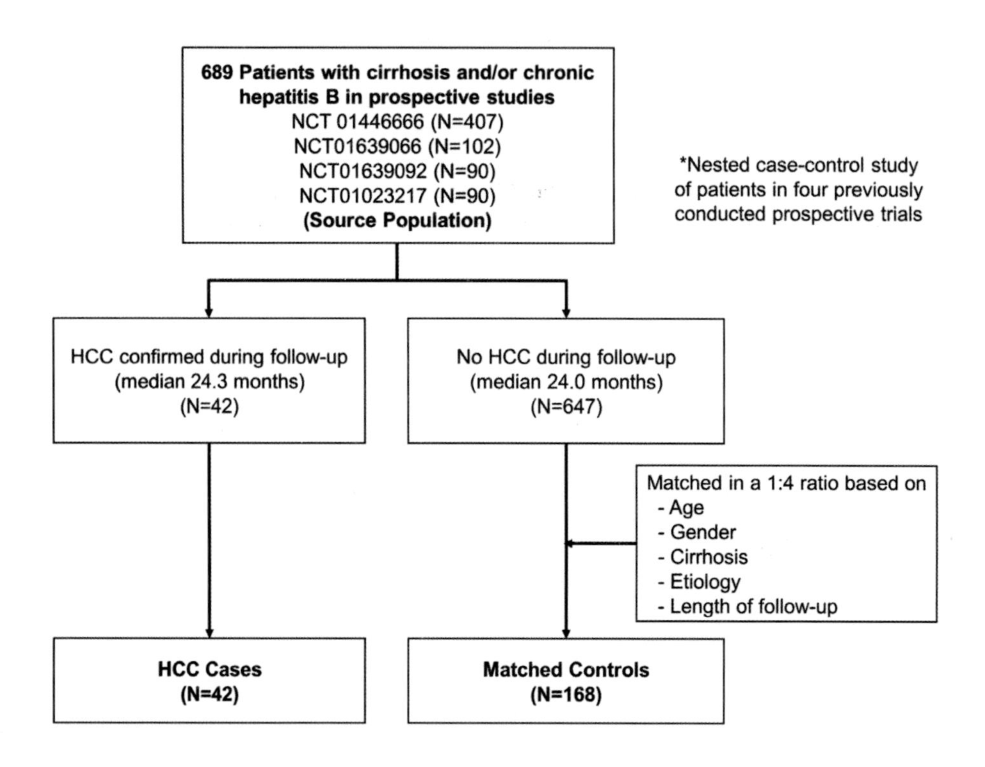

본 연구의 데이터를 그대로 사용할 수 없으므로 실습을 위해 임의로 데이터를 만들었다. 따라서 실제 연구 결과와 분석 결과가 다를 수밖에 없다. 연구 흐름을 이해하고 분석을 따라해보는 것에 중점을 두자.

2 분석 계획

먼저 본 논문에 실린 그래프와 테이블들을 살펴보면서 어떤 분석을 수행해야 할지 계획을 세워 보자.

(1) case(HCC)와 control(no HCC) 그룹 간의 시점에 따른 AFP 비교

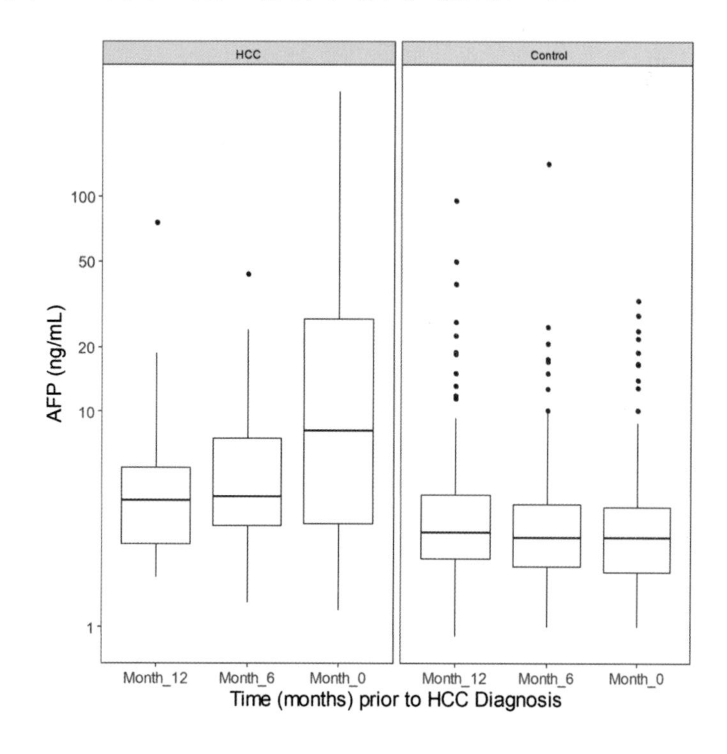

(2) case(HCC)와 control(no HCC) 그룹 간의 시점에 따른 PIVKA-II 비교

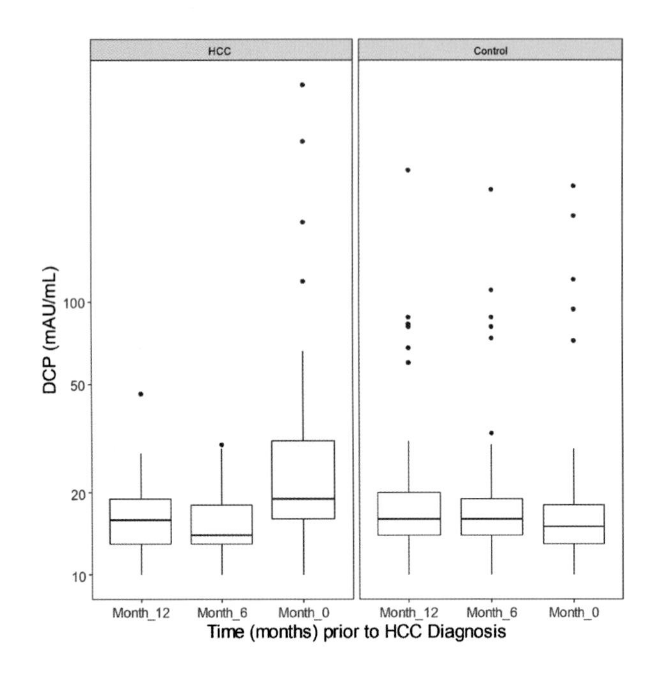

(3) case(HCC)와 control(no HCC) 그룹 간의 시점에 따른 AFP-L3 비교

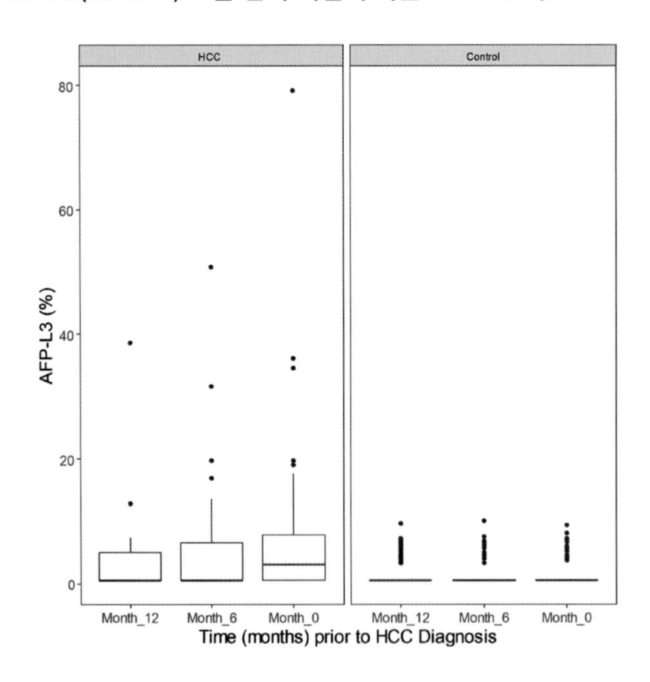

(4) 3가지 생체표지자(AFP, PIVKA, AFP-L3)의 performance를 나타내는 ROC 곡선

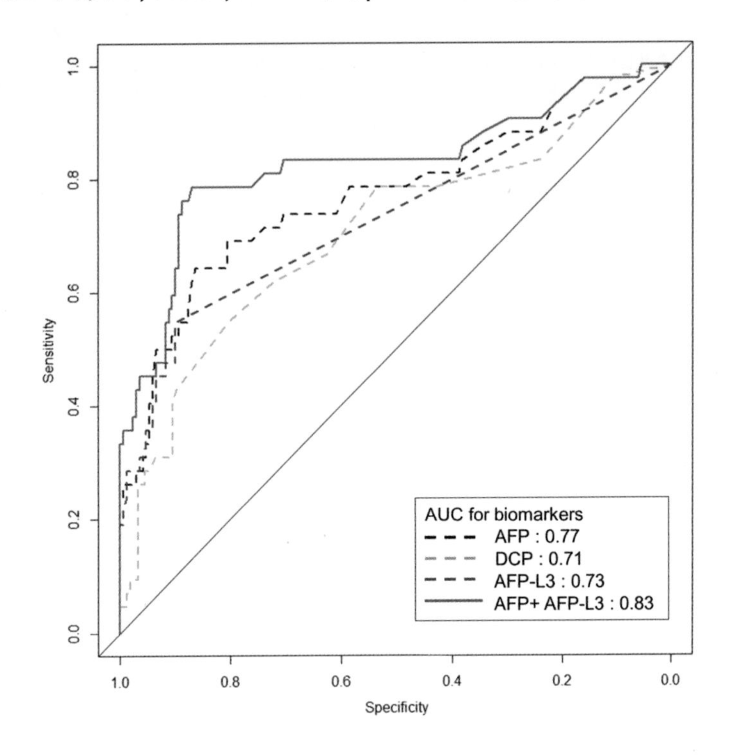

(5) 3가지 생체표지자를 각각 조합하였을 때 시점대별 ROC 곡선

TABLE 2. AUROC for AFP, AFP-L3, DCP, and Combinations of Each Marker in Differentiating Cases From Controls

Months From HCC Diagnosis	AUROC at Month 0 (95% CI)	AUROC at Month −6 (95% CI)	AUROC at Month −12 (95% CI)
AFP	0.77 (0.68-0.86)	0.70 (0.61-0.79)	0.63 (0.53-0.72)
AFP-L3	0.73 (0.65-0.81)	0.69 (0.61-0.77)	0.60 (0.51-0.69)
DCP	0.71 (0.61-0.80)	0.59 (0.49-0.70)	0.54 (0.42-0.66)
AFP + DCP	0.77 (0.67-0.87)	0.61 (0.51-0.70)	0.52 (0.43-0.62)
AFP + AFP-L3	0.83 (0.74-0.92)	0.78 (0.69-0.87)	0.71 (0.62-0.80)
AFP + AFP-L3 + DCP	0.86 (0.76-0.95)	0.69 (0.59-0.79)	0.60 (0.51-0.70)

(6) 3가지 생체표지자 각각의 조합에서 특정 값을 cut-off로 나누었을 때 시점별 민감도와 특이도

TABLE 3. Comparison of Diagnostic Performances Between Each Single Biomarker and Combination of Biomarkers

Biomarkers at Months From HCC Diagnosis	Sensitivity (%) (95% CI)	Specificity (%) (95% CI)
AFP ≥ 5 ng/mL		
Month 0	62 (48-76)	87 (82-92)
Month −6	36 (21-50)	86 (80-90)
Month −12	31 (17-45)	82 (76-88)
AFP-L3 ≥ 4%		
Month 0	55 (40-69)	90 (85-94)
Month −6	46 (32-61)	91 (87-95)
Month −12	30 (13-47)	95 (91-98)
DCP ≥ 20 mAU/mL		
Month 0	48 (33-64)	86 (80-91)
Month −6	17 (11-22)	83 (69-94)
Month −12	22 (9-38)	84 (67-81)
AFP ≥ 5 ng/mL + DCP ≥ 20 mAU/mL		
Month 0	62 (48-76)	78 (71-84)
Month −6	46 (31-62)	71 (64-77)
Month −12	46 (30-62)	64 (56-71)
AFP ≥ 5 ng/mL + AFP-L3 ≥ 4%		
Month 0	79 (67-90)	87 (82-92)
Month −6	66 (51-80)	85 (80-90)
Month −12	55 (35-74)	81 (75-86)
AFP ≥ 5 ng/mL + AFP-L3 ≥ 4% + DCP ≥ 20 mAU/mL		
Month 0	83 (71-93)	75 (68-82)
Month −6	77 (62-90)	66 (60-74)
Month −12	70 (53-87)	59 (52-67)

(7) 3가지 생체표지자에서 특정 민감도에 따른 특이도, 특정 특이도에 따른 민감도

TABLE 4. Sensitivity for a Fixed Specificity and Specificity for a Fixed Sensitivity at Each Time Point for the Three Biomarkers

Months From HCC diagnosis	Specificity	Sensitivity		
		AFP	AFP-L3	DCP
0	70%	74%	65%	68%
	80%	69%	60%	55%
	90%	52%	48%	41%
−6	70%	64%	58%	44%
	80%	47%	52%	24%
	90%	29%	46%	9%
−12	70%	50%	45%	44%
	80%	29%	37%	31%
	90%	19%	30%	15%

Months From HCC diagnosis	Sensitivity	Specificity		
		AFP	AFP-L3	DCP
0	70%	75%	60%	68%
	80%	46%	40%	58%
	90%	23%	20%	25%
−6	70%	66%	50%	37%
	80%	44%	34%	22%
	90%	23%	17%	11%
−12	70%	50%	38%	31%
	80%	29%	25%	19%
	90%	19%	13%	6%

3 데이터 분석

우선 분석에 필요한 패키지와 데이터를 불러오자. 본 실습에 사용할 데이터는 Ch8_afp.csv 이다.

```
library(tidyverse)
library(readr)
library(moonBook)
library(gtsummary)
library(lubridate)
library(ggpubr)
library(gridExtra)

dat <- read_csv('Example_data/Ch8_afp.csv')
```

3-1 데이터 구조 파악하기

우선 dim을 이용하여 구조부터 파악하자. dat는 114명 환자의 26개 변수로 이루어져 있다.

```
dim(dat)
[1] 114 26
```

dat의 변수 종류를 확인해보자.

```
colnames(dat)
 [1] "id"      "group"   "bclc"    "size"    "number"  "dob"     "sex"
 [8] "etio"    "afp_m12" "piv_m12" "l3_m12"  "afp_m6"  "piv_m6"  "l3_m6"
[15] "m0_date" "afp_m0"  "piv_m0"  "l3_m0"   "plt"     "alb"     "alt"
[22] "bili"    "inr"     "bmi"     "dm"      "fhx"
```

총 26개의 변수는 아래와 같이 구성되어 있다.

변수	변수의 의미
id	환자 ID (임의)
group	그룹 (case = 간암, control = 대조군)
bclc	BCLC 병기 (0 = very early, A = early, B = intermediate, case만 값 존재)
size	HCC size (cm): case만 값 존재
number	HCC number: case만 값 존재
dob	생년월일 (임의)
sex	성별 (M = 남성, F = 여성)
etio	간질환 원인: Alcohol, HBV, HCV, Others
lc	간경변증 여부: (0 = 간경변증 없음, 1 = 간경변증)
afp_m12	12개월 전 AFP 값
piv_m12	12개월 전 PIVKA-II 값
l3_m12	12개월 전 AFP-L3 값
afp_m6	6개월 전 AFP 값
piv_m6	6개월 전 PIVKA-II 값
l3_m6	6개월 전 AFP-L3 값
m0_date	마지막 시점 날짜
afp_m0	마지막 시점 AFP 값
piv_m0	마지막 시점 PIVKA-II 값
l3_m0	마지막 시점 AFP-L3 값
plt	혈소판
alb	혈청 알부민
alt	혈청 ALT
bili	혈청 빌리루빈
inr	프로트롬빈 타임
bmi	환자 body mass index
dm	당뇨 여부 (0 = 당뇨 없음, 1 = 당뇨)
fhx	HCC 가족 (N = 가족력 없음, Y = 가족력 있음)

가장 중요한 case와 control 그룹의 분포를 살펴보자. 전체 114명의 환자들 중 19명의 case 그룹과 95명의 control 그룹이 포함되어 있다.

```
dat %>%
 count(group)

# A tibble: 2 × 2
    group      n
    <chr>  <int>
1    case     19
2 control     95
```

3-2 결측값 확인하기

결측값은 없는지 확인해보자. bclc, size, number 변수에서 95개의 결측값이 있는데, 이는 당연하다. 95명은 control 그룹이며 간암이 없기 때문에 간암의 특성을 나타내는 위의 3개 변수는 존재할 수가 없기 때문이다.

```
colSums(is.na(dat))
    id   group    bclc   size  number     dob     sex   etio afp_m12 piv_m12
     0       0      95     95      95       0       0      0       0       0
13_m12  afp_m6  piv_m6  13_m6 m0_date  afp_m0  piv_m0  13_m0     plt     alb
     0       0       0      0       0       0       0      0       0       0
   alt    bili     inr    bmi      dm     fhx
     0       0       0      0       0       0
```

3-3 데이터 전처리하기

AFP-L3(%) 값은 0으로 코딩되어 있지만 실제로는 lower detection limit가 0.5%이므로 0으로 코딩된 값을 0.5로 변경해보자. 항상 원본 데이터를 변경할 때는 복사한 데이터를 이용하는 것이 좋다. 여기서는 dat1을 이용하기로 한다.

```
dat1 <- dat
```

ifelse를 이용해서 AFP-L3 lower limit를 변경하자.

```
dat1$l3_m12 <- ifelse(dat1$l3_m12==0, 0.5, dat1$l3_m12)
dat1$l3_m6 <- ifelse(dat1$l3_m6==0, 0.5, dat1$l3_m6)
dat1$l3_m0 <- ifelse(dat1$l3_m0==0, 0.5, dat1$l3_m0)
```

이렇게 할 수도 있지만 mutate를 이용해서 아래와 같이 할 수도 있다.

```
dat1 <- dat1 %>%
  mutate(l3_m12 = ifelse(l3_m12==0, 0.5, l3_m12)) %>%
  mutate(l3_m6 = ifelse(l3_m6==0, 0.5, l3_m6)) %>%
  mutate(l3_m0 = ifelse(l3_m0==0, 0.5, l3_m0))
```

또 다른 방법으로 코드를 더 간단히 할 수도 있다.

```
dat1 <- dat1 %>%
  mutate_at(vars(l3_m12, l3_m6, l3_m0), ~ifelse(.==0,0.5,.))
```

1) 환자 나이 계산하기

현재 dob 변수에 생년월일은 있지만, month 0 시점 기준 환자의 나이가 없다. dob 변수와 m0_date 변수를 이용해서 나이를 계산해보자. 날짜와 시간 계산을 편하게 해주는 lubridate 패키지를 이용한다. 우선 두 변수의 자료 형태를 살펴보자.

```
library(lubridate)

class(dat1$dob)
[1] "Date"
class(dat1$m0_date)
[1] "Date"
```

dob, m0_date 둘 다 모두 자료 형태는 Date 형태이다. 현재 나이는 m0_date에서 dob를 빼면 된다.

```
dat1 <- dat1 %>%
  mutate(age = (m0_date - dob)/365)  # Day로 계산된 것을 year로 바꾸기
head(dat1$age)

Time differences in days
[1] 61.63288 57.63014 61.41918 66.55342 66.70959 64.49589
```

계산이 되었다. 하지만 age의 자료 형태를 살펴보자.

```
class(dat1$age)

[1] "difftime"
```

difftime(시간 차이) 형태이기에 숫자형(numeric)으로 변경해주어야 한다.

```
dat1$age <- as.numeric(dat1$age)
class(dat1$age)

[1] "numeric"
```

2) 필요 없는 변수 제외하기

분석에 필요 없는 변수는 제외하자.

```
colnames(dat1)

 [1] "id"       "group"   "bclc"    "size"    "number"  "dob"     "sex"
 [8] "etio"     "afp_m12" "piv_m12" "l3_m12"  "afp_m6"  "piv_m6"  "l3_m6"
[15] "m0_date"  "afp_m0"  "piv_m0"  "l3_m0"   "plt"     "alb"     "alt"
[22] "bili"     "inr"     "bmi"     "dm"      "fhx"     "age"

dat1 <- dat1 %>%
  select(-dob,-m0_date)
```

3-4 Table 1 만들기

moonBook 패키지의 mytable()을 이용해 두 그룹 간의 기저특성을 비교하는 table 1을 만들어보자.

```
mytable(group~sex+age+etio+plt+alb+alt+bili+
        inr+bmi+dm+fhx,
        data=dat1)

  Descriptive Statistics by 'group'
____________________________________________________
                 case           control        p
                (N=19)          (N=95)
____________________________________________________
 sex                                          0.613
  - F          7 (36.8%)      44 (46.3%)
  - M         12 (63.2%)      51 (53.7%)
 age          59.0 ± 5.8      58.5 ± 6.5      0.729
 etio                                         0.984
  - Alcohol    1 ( 5.3%)       4 ( 4.2%)
  - HBV       15 (78.9%)      75 (78.9%)
  - HCV        1 ( 5.3%)       7 ( 7.4%)
  - Others     2 (10.5%)       9 ( 9.5%)
 plt         71.2 ± 26.2     83.8 ± 44.6      0.101
 alb           3.9 ± 0.4       3.9 ± 0.5      0.697
 alt         31.5 ± 15.4     29.4 ± 16.4      0.610
 bili          1.4 ± 0.6       1.5 ± 0.8      0.633
 inr           1.2 ± 0.1       1.1 ± 0.1      0.750
 bmi          26.7 ± 3.8      24.8 ± 3.1      0.022
 dm                                           0.926
  - 0         13 (68.4%)      69 (72.6%)
  - 1          6 (31.6%)      26 (27.4%)
 fhx                                          0.392
  - N         12 (63.2%)      72 (75.8%)
  - Y          7 (36.8%)      23 (24.2%)
____________________________________________________
```

gtsummary 패키지를 이용해서도 table 1을 만들어보자. 생체표지자 값들은 제외하고 만들자.

```
dat1 %>%
 select(group, sex, age, etiology=etio, plt:fhx) %>%
 tbl_summary(by=group) %>%
 add_p() %>%
 modify_caption('**Table 1. Baseline Characteristics**')
```

Table 1. Baseline Characteristics

Characteristic	case, N = 19[1]	control, N = 95[1]	p-value[2]
sex			0.4
F	7 (37%)	44 (46%)	
M	12 (63%)	51 (54%)	
age	59 (55, 63)	56 (54, 62)	0.6
etiology			> 0.9
Alcohol	1 (5.3%)	4 (4.2%)	
HBV	15 (79%)	75 (79%)	
HCV	1 (5.3%)	7 (7.4%)	
Others	2 (11%)	9 (9.5%)	
plt	69 (54, 84)	79 (57, 94)	0.3
alb	3.90 (3.55, 4.15)	4.00 (3.65, 4.30)	0.6
alt	35 (18, 40)	26 (18, 34)	0.4
bili	1.40 (1.00, 1.70)	1.30 (1.00, 1.80)	> 0.9
inr	1.17 (1.10, 1.23)	1.13 (1.06, 1.20)	0.4
bmi	27.0 (25.0, 29.4)	24.7 (23.0, 26.6)	0.016
dm	6 (32%)	26 (27%)	0.7
fhx			0.3
N	12 (63%)	72 (76%)	
Y	7 (37%)	23 (24%)	

1 n (%); Median (IQR)

2 Pearson's Chi-squared test; Wilcoxon rank sum test; Fisher's exact test

3-5 Biomarker Figure 만들기

1) 히스토그램 그리기

기본 figure로 제시할 3가지 생체표지자의 히스토그램을 그려보자. ggpubr 패키지의 gghistogram을 이용해서 각 시점별로 색깔을 다르게 그려보자.

(1) AFP

```
gghistogram(dat1, x='afp_m0', bins=20, color='red',
            add='median', rug=TRUE)
gghistogram(dat1, x='afp_m6', bins=20, color='blue',
            add='median', rug=TRUE)
gghistogram(dat1, x='afp_m12', bins=20,
            add='median', rug=TRUE)
```

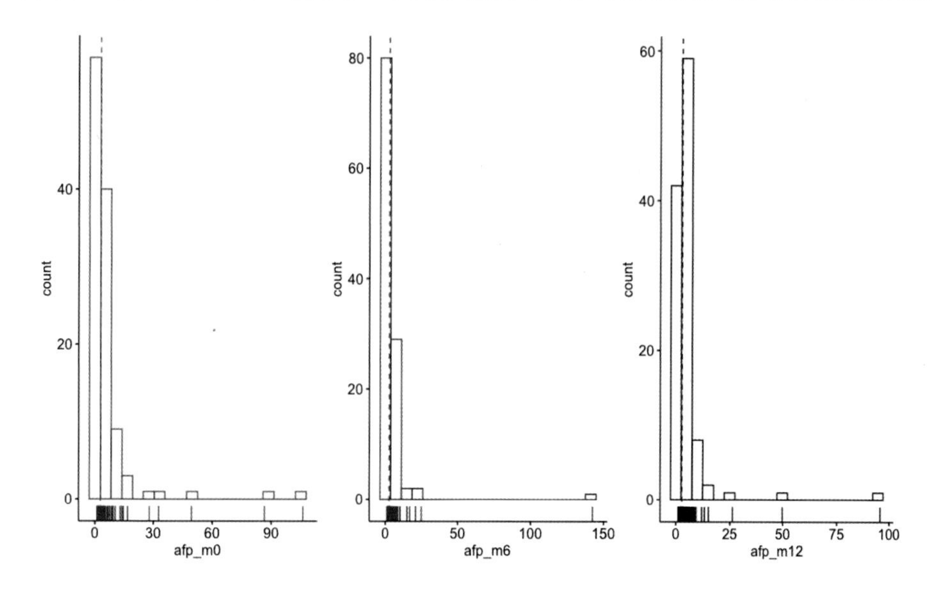

(2) PIVKA

```
gghistogram(dat1, x='piv_m0', bins=20, color='red',
            add='median', rug=TRUE)
gghistogram(dat1, x='piv_m6', bins=20, color='blue',
            add='median', rug=TRUE)
gghistogram(dat1, x='piv_m12', bins=20,
            add='median', rug=TRUE)
```

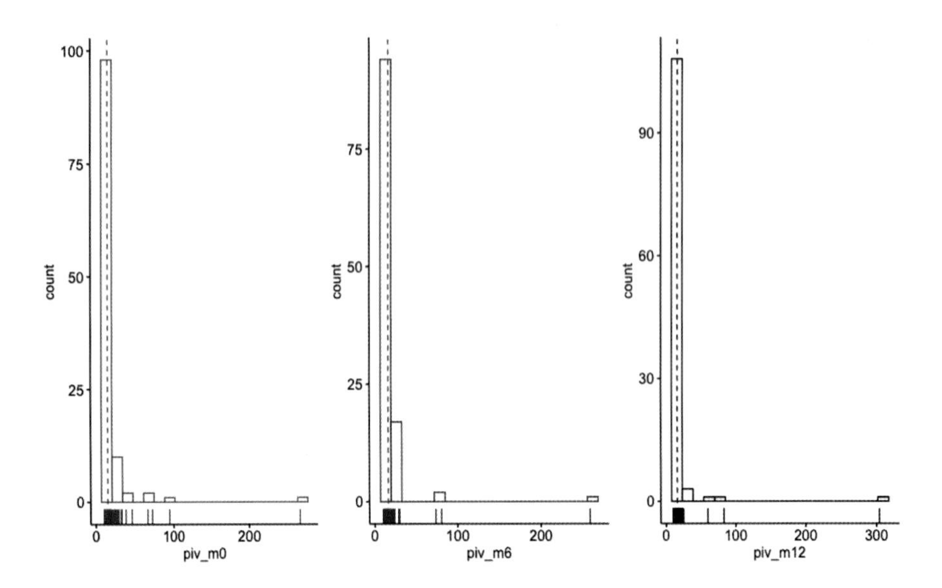

(3) AFP-L3

```
gghistogram(dat1, x='l3_m0', bins=20, color='red',
          add='median', rug=TRUE)
gghistogram(dat1, x='l3_m6', bins=20, color='blue',
          add='median', rug=TRUE)
gghistogram(dat1, x='l3_m12', bins=20,
          add='median', rug=TRUE)
```

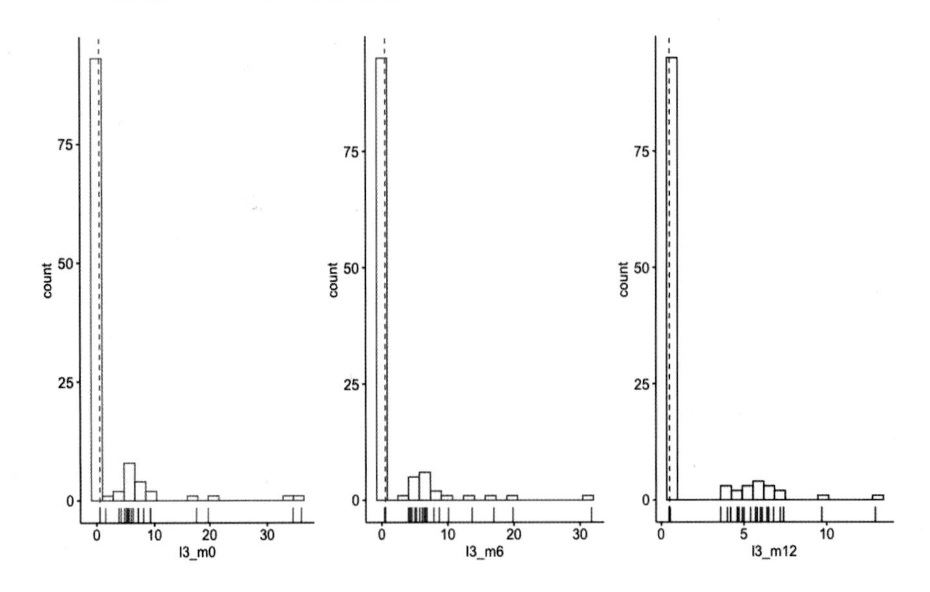

3가지 생체표지자의 case, control 간의 분포를 대략 보았다. 모든 시점에서 생체표지자 값들은 한쪽으로 치우친 분포를 보였는데 이를 편향된(skewed) 데이터라고 한다. 세 시점의 생체표지자는 따로 테이블을 만들어 비교해보자. 생체표지자들이 정규분포를 하지 않을 가능성이 높기에 median과 IQR로 표시하기 위해 method=2 옵션을 사용한다.

```
mytable(group~afp_m12+afp_m6+afp_m0+
        piv_m12+piv_m6+piv_m0+
        l3_m12+l3_m6+l3_m0,
        data=dat1, method=2)

   Descriptive Statistics by 'group'
______________________________________________________
              case              control          p
             (N=19)             (N=95)
______________________________________________________
 afp_m12    4.0 [ 2.6; 5.7]     2.7 [ 2.2; 4.0]   0.056
 afp_m6     4.2 [ 3.3; 6.5]     2.6 [ 1.9; 3.8]   0.007
 afp_m0     8.9 [ 5.0;11.7]     2.6 [ 1.8; 3.5]   0.000
 piv_m12   14.0 [13.0;19.0]    16.0 [14.0;19.0]   0.593
 piv_m6    14.0 [13.0;17.5]    16.0 [13.5;19.0]   0.506
 piv_m0    20.0 [15.0;30.0]    15.0 [12.0;17.0]   0.002
 l3_m12     0.5 [ 0.5; 5.6]     0.5 [ 0.5; 0.5]   0.001
 l3_m6      5.1 [ 0.5; 8.3]     0.5 [ 0.5; 0.5]   0.000
 l3_m0      5.1 [ 0.5; 8.6]     0.5 [ 0.5; 0.5]   0.000
______________________________________________________
```

2) box plot 그리기

ggplot2를 이용해서 박스플롯을 그려보자. 저자가 자주 사용하는 미리 만들어놓은 mytheme를 사용하도록 하자.

```
mytheme<-theme_bw()+
 theme(panel.grid.major=element_blank(),
       panel.grid.minor=element_blank(),
       axis.title.x=element_text(size=16),
       axis.text.x=element_text(size=12),
       axis.title.y=element_text(size=16),
       axis.text.y=element_text(size=12),
       plot.title=element_text(size=18, face="bold"),
       legend.position="none")
```

기존 dat1을 다소 변형해서 박스플롯을 그려보자. 다음 절차에 따라 진행한다.

① 3가지 생체표지자를 검사 시점에 따라서 case, control 두 그룹으로 나누어 그린다.
② 현재 wide 형태의 dat1에서 생체표지자 값들만 선택하여 long 형태 데이터로 변형한다.
③ 12개월 전, 6개월 전, 현재 시점 생체표지자 순서대로 factor 변환을 한다.
④ ggplot2를 이용해서 박스플롯을 그린다.

```
afp<-dat1 %>%
 select(group,contains('afp'))

head(afp)

# A tibble: 6 × 4
  group   afp_m12  afp_m6  afp_m0
  <chr>     <dbl>   <dbl>   <dbl>
1  case       5.3    10.2    49.5
2  case       6.1     4.7    14.6
3  case         4     3.7     4.7
4  case       9.3     8.5     9.4
5  case       2.7     5.9     4.2
6  case       9.3     8.4     8.9
afp1<-afp %>%
 gather('interval', 'result', 2:4)

head(afp1)

# A tibble: 6 × 3
  group   interval   result
  <chr>      <chr>    <dbl>
1  case    afp_m12      5.3
2  case    afp_m12      6.1
3  case    afp_m12        4
4  case    afp_m12      9.3
5  case    afp_m12      2.7
6  case    afp_m12      9.3

afp1$interval<-factor(afp1$interval, levels = c('afp_m12','afp_m6','afp_m0'))
```

데이터 변형을 위한 코드를 작성하면서 각 단계마다 head, glimpse 등을 이용해 잘 변환되는지 확인해보는 것도 좋은 방법이다.

```
afp.boxplot<-ggplot(afp1, aes (x=interval, y=result))+
 geom_boxplot()+
 scale_y_continuous(trans = 'log10', breaks=c(1,10,20,50,100),name="AFP (ng/mL)")+
 mytheme+
 facet_grid(.~group, labeller = label_parsed)
afp.boxplot
```

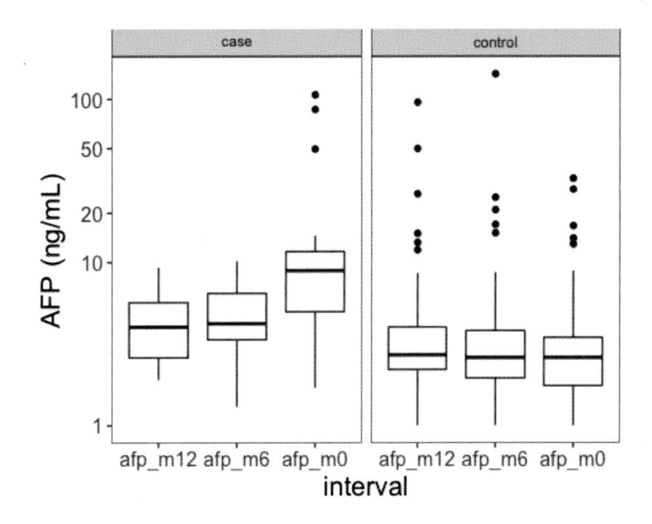

PIVKA도 같은 방식으로 그려보자. 사실상 AFP와 같은 코드이다. 하지만 이번에는 코드를 연결해서 작성하여 더 짧게 써보자.

```
piv<-dat1 %>%
 select(group,contains('piv')) %>%
 gather('interval', 'result', 2:4) %>%
 mutate(interval = factor(interval,
                          levels=c('piv_m12','piv_m6','piv_m0')))

piv.boxplot<-ggplot(piv, aes (x=interval, y=result))+
 geom_boxplot()+
 scale_y_continuous(trans = 'log10', breaks=c(1,10,20,50,100),name="piv (ng/mL)")+
 mytheme+
 facet_grid(.~group, labeller = label_parsed)
piv.boxplot
```

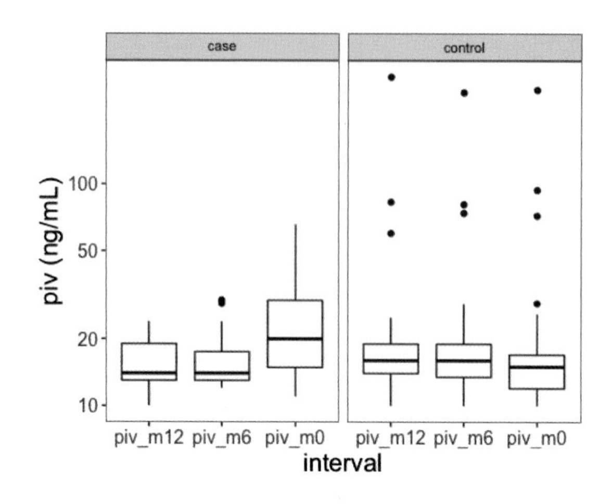

AFP-L3도 같은 방식으로 그려보자. 이번에는 그래프까지 바로 이어서 코드를 써보자.

```
l3.boxplot<-dat1 %>%
 select(group,contains('l3')) %>%
 gather('interval', 'result', 2:4) %>%
 mutate(interval = factor(interval,
                          levels = c('l3_m12','l3_m6','l3_m0'))) %>%
 ggplot(aes (x=interval, y=result))+
 geom_boxplot()+
 scale_y_continuous(breaks=c(1,10,20,50,100),name="l3 (ng/mL)")+
 mytheme+
 facet_grid(.~group, labeller = label_parsed)

l3.boxplot
```

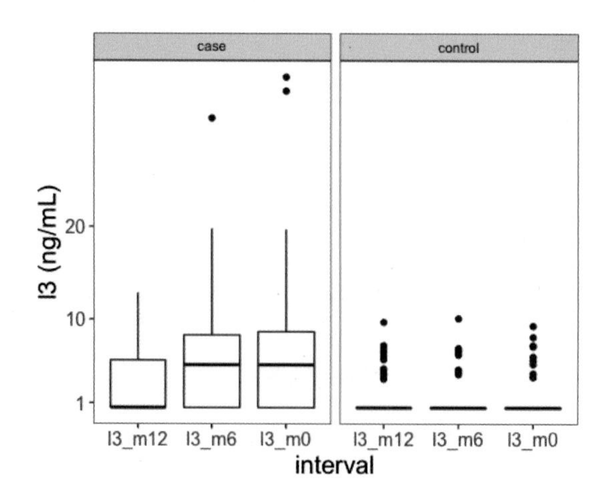

AFP-L3의 경우처럼 코드를 쓸 수도 있다. 하지만 개인적으로는 추천하지 않는데, 이유는 너무 길고 복잡하며 중간에 오류가 날 경우 더 혼란스럽기 때문이다. 코드를 쓰는 데 익숙해지더라도 무조건 연결해 쓰기보다는 다소 길더라도 어느 정도 맺고 끊음이 있는 코드가 가독성이 좋다고 생각한다. 또한 추후 내가 작성한 분석 코드를 볼 때 빨리 이해할 수 있다. 개인적으로는 위의 3가지 박스플롯을 그렸던 코드 중에서 AFP 혹은 PIVKA의 예가 적절한 코드라고 생각한다.

다음으로 gridExtra 패키지를 이용해 3개의 박스플롯을 한 화면에 그려보자.

```
grid.arrange(afp.boxplot, piv.boxplot, l3.boxplot, nrow=1, ncol=3)
```

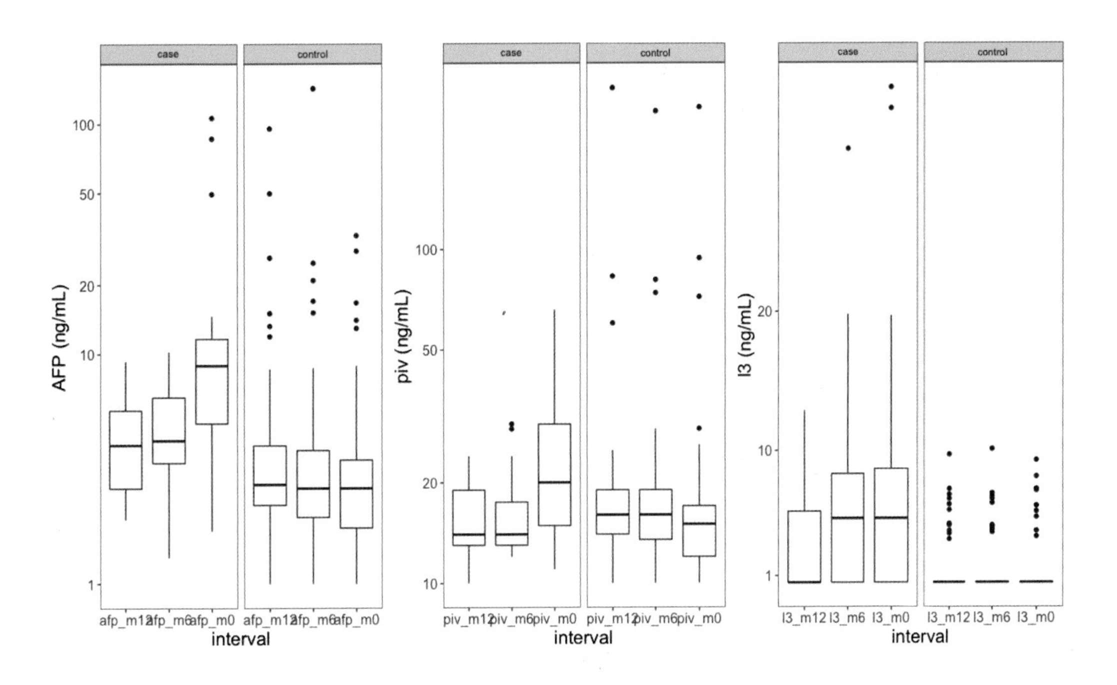

4 ROC 곡선

현재 performance를 보고자 하는 검사 변수 3가지는 AFP, PIVKA, AFP-L3이다. 우선 각각의 ROC 곡선을 그려보고, 특정 변수가 더 우월한지 비교해보자. 6장에서 언급했듯이 pROC 패키지가 가장 사용하기 쉽고 직관적이기에 여기에서도 pROC 패키지를 주로 이용한다.

4-1 개별 ROC 곡선 그리기

3가지 생체표지자 각각의 ROC 곡선을 먼저 그려보자.

```
library(pROC)

# AFP
afp_month0<-roc(form=group~afp_m0, data=dat1, ci=T)
afp_month0

Call:
roc.formula(formula = group ~ afp_m0, data = dat1, ci = T)

Data: afp_m0 in 19 controls (group case) > 95 cases (group control).
Area under the curve: 0.8388
95% CI: 0.7302-0.9474 (DeLong)

plot(afp_month0)
```

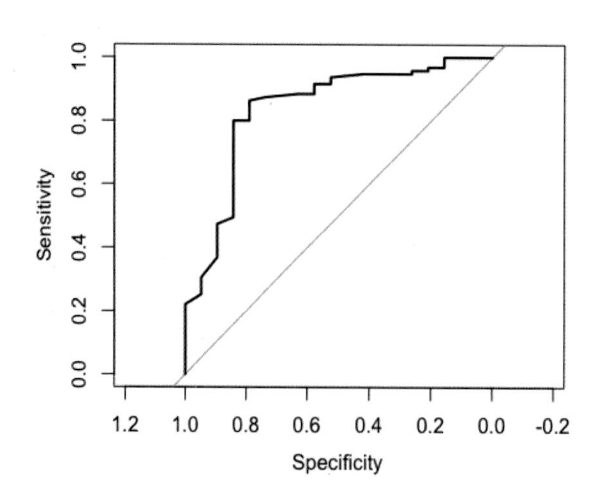

```
# PIVKA
piv_month0<-roc(form=group~piv_m0, data=dat1, ci=T)
piv_month0

Call:
roc.formula(formula = group ~ piv_m0, data = dat1, ci = T)

Data: piv_m0 in 19 controls (group case) > 95 cases (group control).
Area under the curve: 0.7252
95% CI: 0.5777-0.8727 (DeLong)

plot(piv_month0)
```

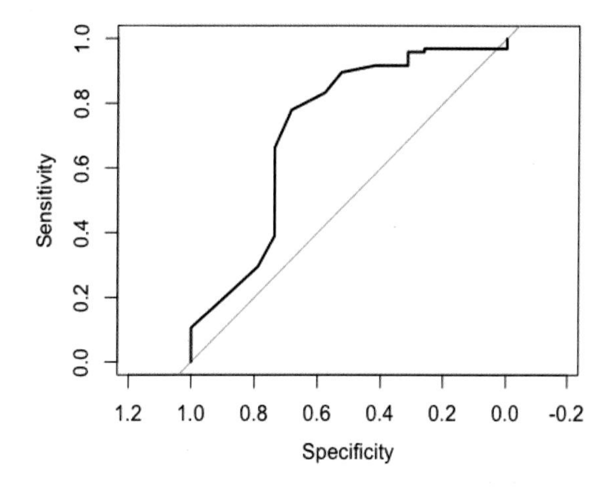


```
# AFP-L3
l3_month0<-roc(form=group~l3_m0, data=dat1, ci=T)
l3_month0

Call:
roc.formula(formula = group ~ l3_m0, data = dat1, ci = T)

Data: l3_m0 in 19 controls (group case) > 95 cases (group control).
Area under the curve: 0.7753
95% CI: 0.6578-0.8929 (DeLong)

plot(l3_month0)
```

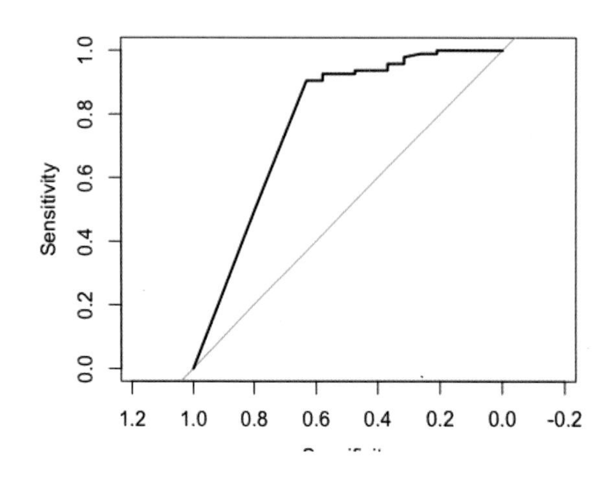

4-2 ROC 곡선 겹쳐 그리기

이번에는 3개의 ROC 곡선을 색깔을 달리하여 한꺼번에 그려보자. AFP는 검정색, PIVKA는 푸른색, AFP-L3는 붉은색으로 나타낸다.

```
plot(afp_month0)
plot(piv_month0, add=TRUE, col='blue')
plot(l3_month0, add=TRUE, col='red')
```

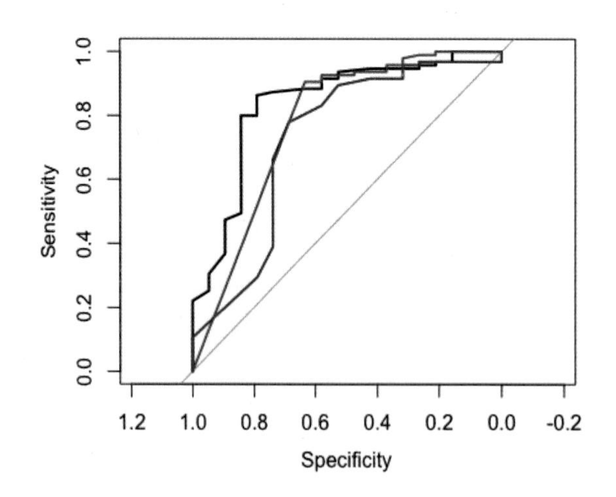

5 Cut-Off

5-1 Optimal Cut-Off

`ci.thresholds()` 함수를 이용해서 가장 좋은 performance를 보이는 optimal cut-off를 구해보자. AFP, PIVKA, AFP-L3 모두 구해보자.

```
ci.thresholds(afp_month0, conf.level=0.95, boot.n=1000, thresholds='best')

95% CI (1000 stratified bootstrap replicates):
thresholds  sp.low  sp.median  sp.high  se.low  se.median  se.high
      4.65  0.5789     0.7895   0.9474  0.7895     0.8632   0.9263

ci.thresholds(piv_month0, conf.level=0.95, boot.n=1000, thresholds='best')

95% CI (1000 stratified bootstrap replicates):
thresholds  sp.low  sp.median  sp.high  se.low  se.median  se.high
      17.5  0.4737     0.6842   0.8947  0.6842     0.7789   0.8632

ci.thresholds(l3_month0, conf.level=0.95, boot.n=1000, thresholds='best')

95% CI (1000 stratified bootstrap replicates):
thresholds  sp.low  sp.median  sp.high  se.low  se.median  se.high
         1  0.4211     0.6316   0.8421  0.8421     0.9053   0.9684
```

종합하면 아래와 같이 나온다.

Marker	Time	Cut-Off
AFP	month 0	4.65
PIVKA	month 0	17.5
AFP-L3	month 0	1.0

5-2 특정 cut-off에서 metrics 구하기

ci.coords() 함수를 이용해 특정 cut-off에서 각종 metrics를 구해보자. AFP의 optimal cut-off는 위에서 4.65로 나왔다. 그렇다면 이때 민감도(sensitivity), 특이도(specificity), 양성예측도(positive predictive value, PPV), 음성예측도(negative predictive value, NPV)를 구해보고, AFP cut-off가 7일 때 같은 metrics들을 구해보자.

우선 구하고 싶은 metrics들을 metric이라는 변수에 저장한다.

```
metric<-c('sensitivity','specificity','ppv','npv')
a1<-ci.coords(afp_month0, x=4.65, input="threshold", ret=metric)
a1

95% CI (2000 stratified bootstrap replicates):
     threshold  sensitivity.low  sensitivity.median  sensitivity.high
4.65      4.65           0.7895              0.8632            0.9263
     specificity.low  specificity.median  specificity.high  ppv.low  ppv.median
4.65          0.5789              0.7895            0.9474    0.913       0.954
     ppv.high  npv.low  npv.median  npv.high
4.65   0.9882   0.4118      0.5357       0.7
```

민감도, 특이도, 양성예측도, 음성예측도를 개별로 보고 싶을 때는 아래와 같이 하면 된다.

```
a1$sensitivity

          2.5%       50%     97.5%
[1,] 0.7894737 0.8631579 0.9263158
a1$specificity

          2.5%       50%     97.5%
[1,] 0.5789474 0.7894737 0.9473684
a1$ppv

          2.5%       50%     97.5%
[1,] 0.9130435  0.954023 0.9882353
a1$npv

          2.5%       50%     97.5%
[1,] 0.4117647 0.5357143       0.7
```

AFP cut-off가 7일 때를 구해보자.

```
a2<-ci.coords(afp_month0, x=7, input="threshold", ret=metric)
a2

95% CI (2000 stratified bootstrap replicates):
 threshold  sensitivity.low  sensitivity.median  sensitivity.high  specificity.low
7          7            0.8632                   0.9158              0.9684              0.3684
 specificity.median  specificity.high  ppv.low  ppv.median  ppv.high  npv.low
7                0.5789              0.7895   0.8763       0.9167      0.957       0.4
 npv.median  npv.high
7       0.5833       0.7895
```

테이블로 정리해보자.

```
a1$sensitivity

          2.5%          50%        97.5%
[1,] 0.7894737  0.8631579  0.9263158

a2$sensitivity

          2.5%          50%        97.5%
[1,] 0.8631579  0.9157895  0.9684211

sens.table<-rbind(a1$sensitivity, a2$sensitivity)
rownames(sens.table)<-c('cutoff_4.65','cutoff_7')
sens.table

                    2.5%         50%       97.5%
cutoff_4.65  0.7894737  0.8631579  0.9263158
cutoff_7     0.8631579  0.9157895  0.9684211
```

위의 4가지 metrics 외에도 다양하게 구할 수 있다.

```
metric2<-c("specificity", "sensitivity", "accuracy", "tn", "tp", "fn", "fp", "npv","ppv",
"1-specificity", "1-sensitivity", "1-accuracy", "1-npv", "1-ppv")
ci.coords(afp_month0, x=4.65, input="threshold", ret=metric2)
```

```
95% CI (2000 stratified bootstrap replicates):
        threshold       specificity.low  specificity.median  specificity.high
4.65             4.65            0.5789              0.7895            0.9474
    sensitivity.low  sensitivity.median      sensitivity.high      accuracy.low
4.65           0.7895              0.8632              0.9263            0.7895
   accuracy.median  accuracy.high  tn.low  tn.median  tn.high  tp.low  tp.median
4.65           0.8509           0.9123      11         15       18      75       82
    tp.high    fn.low    fn.median   fn.high    fp.low    fp.median   fp.high    npv.low
4.65      88         7           13        20         1            4         8    0.4167
    npv.median     npv.high    ppv.low    ppv.median     ppv.high   1-specificity.low
4.65      0.5357       0.6818     0.9121          0.954       0.9882             0.05263
    1-specificity.median  1-specificity.high  1-sensitivity.low
4.65                0.2105              0.4211            0.07368
    1-sensitivity.median  1-sensitivity.high      1-accuracy.low  1-accuracy.median
4.65                0.1368              0.2105            0.08772             0.1491
    1-accuracy.high  1-npv.low  1-npv.median  1-npv.high  1-ppv.low  1-ppv.median
4.65           0.2105     0.3182        0.4643      0.5833    0.01176       0.04598
         1-ppv.high
4.65        0.08791
```

5-3 특정 민감도에서 특이도 구하기

ci.coords 기능을 이용해서 특정 민감도에서 특이도를 구할 수 있다. 예를 들어 AFP cut-off의 민감도를 80%, 90%에 맞출 때 특이도를 아래와 같이 구할 수 있다.

```
a3<-ci.coords(afp_month0, x=0.8, input="sensitivity", ret=metric2)
a3$sensitivity

    2.5%  50%  97.5%
[1,]  0.8  0.8    0.8

a3$specificity

          2.5%        50%  97.5%
[1,]  0.6315789  0.8421053      1

a4<-ci.coords(afp_month0, x=0.9, input="sensitivity", ret=metric2)
```

테이블을 만들어보자.

```
spec.table<-rbind(a3$specificity, a4$specificity)
rownames(spec.table)<-c('sensitivity_80%','sensitivity_90%')
spec.table
                      2.5%        50%      97.5%
sensitivity_80%  0.6315789  0.8421053  1.0000000
sensitivity_90%  0.2631579  0.6256579  0.8947368
```

5-4 ROC 곡선 비교하기

roc.test() 함수를 이용해 ROC 곡선 간의 성능을 비교해보자. AFP와 PIVKA의 ROC 곡선을 비교해보자.

```
roc.test(afp_month0, piv_month0)

  DeLong's test for two correlated ROC curves

data: afp_month0 and piv_month0
Z = 1.2241, p-value = 0.2209
alternative hypothesis: true difference in AUC is not equal to 0
95 percent confidence interval:
 -0.06827417 0.29542099
sample estimates:
 AUC of roc1   AUC of roc2
   0.8387812     0.7252078
```

5-5 여러 개 변수 ROC 곡선 그리기

한 가지 검사만이 아니라 두 검사를 동시에 사용할 경우의 ROC 곡선을 그려보자. 사실 2개 이상의 변수를 이용해서 ROC 곡선을 그리면 일종의 로지스틱 회귀분석과 같은 양상이 되어버린다(결과가 이분형 변수이기 때문이다).

여러 개 변수를 조합해 ROC 곡선을 그릴 때는 `Epi` 패키지를 이용하는 것이 좋다.

```
library(Epi)

temp<-dat1 %>%
 select(group, afp_m0, piv_m0, l3_m0) %>%
 mutate(gr=ifelse(group=='case',1,0))

head(temp)

# A tibble: 6 × 5
  group  afp_m0  piv_m0  l3_m0    gr
  <chr>   <dbl>   <dbl>  <dbl> <dbl>
1 case     49.5      17    5.4     1
2 case     14.6      38    1.5     1
3 case      4.7      18    9.2     1
4 case      9.4      22    5.1     1
5 case      4.2      66   17.6     1
6 case      8.9      28   19.7     1

afp_piv<-ROC(form=gr~afp_m0+piv_m0, data=temp, plot = 'ROC')
```

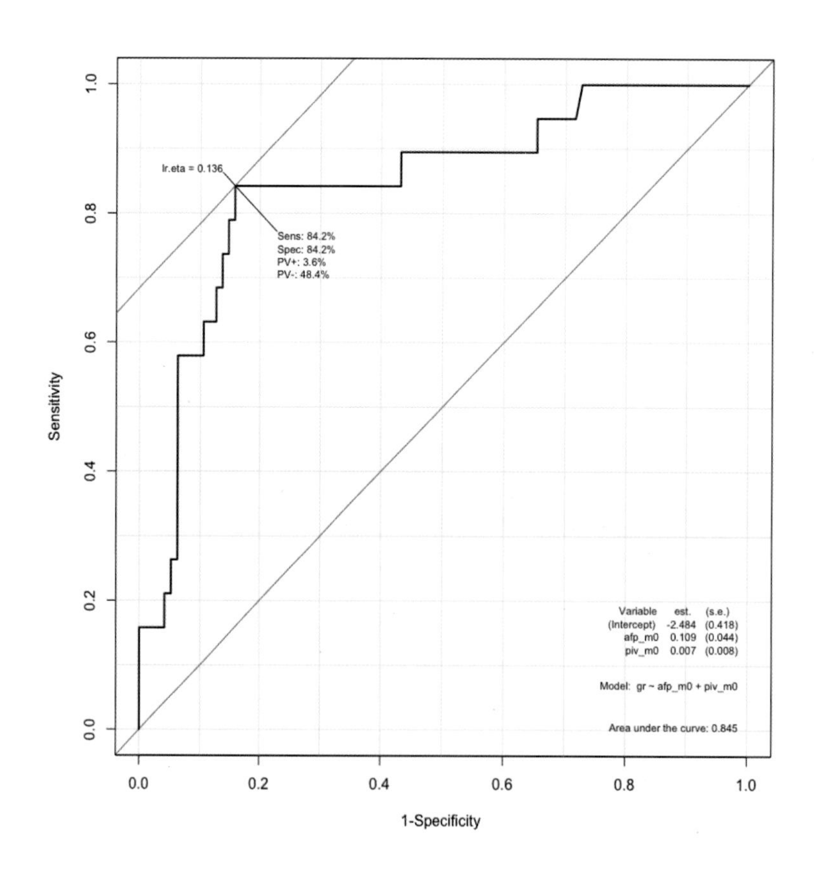

```
afp_piv$AUC

[1] 0.8445983

l<-glm(gr~afp_m0+piv_m0+l3_m0,data=temp, family=binomial)
prob=predict(l,type=c("response"))
temp$prob=prob
g<-roc(gr~prob,data=temp)
head(temp)

# A tibble: 6 × 6
  group  afp_m0  piv_m0  l3_m0    gr   prob
  <chr>   <dbl>   <dbl>  <dbl> <dbl>  <dbl>
1 case     49.5      17    5.4     1  0.863
2 case     14.6      38    1.5     1  0.197
3 case      4.7      18    9.2     1  0.518
4 case      9.4      22    5.1     1  0.312
5 case      4.2      66   17.6     1  0.942
6 case      8.9      28   19.7     1  0.970

plot.roc(dat1$group, dat1$afp_m0, ci=F, of="thresholds", identity.col="grey",
main="HCC cases vs. Controls")
plot.roc(dat1$group, dat1$piv_m0, ci=F, of="thresholds", add=T, col="orange", lty=2)
plot.roc(dat1$group, dat1$l3_m0, ci=F, of="thresholds", add=T, col="blue")
plot(g,add=T,col="red")
```

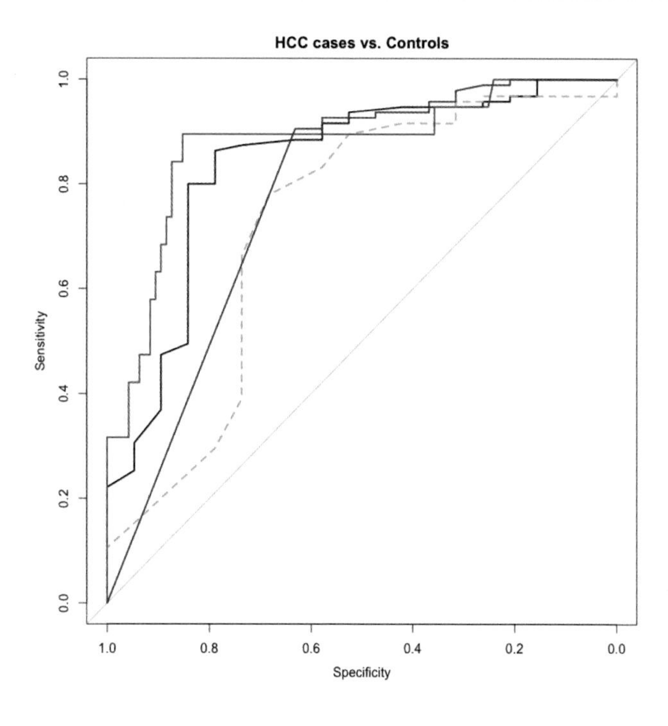

5-6 자동 계산 테이블 만들기

그렇다면 AFP에서 민감도를 50%~100%까지 10% 단위로 변화시켰을 때 특이도와 95% 신뢰구간을 구해보자. 이때 민감도 50%일 때 특이도 계산, 민감도 60%일 때, 70%일 때, 80%일 때…… 이렇게 계속 반복할 수는 없다.

다소 복잡해 보이겠지만 자동 계산을 해서 테이블까지 만들어주는 나만의 함수를 한번 만들어보자. 생각의 흐름은 다음과 같다.

① 민감도는 50%~100%, 즉 0.5, 0.6, 0.7, 0.8, 0.9, 1.0까지 값이 필요하다.
② 해당 특이도는 ci.coords() 기능을 이용한다.
③ 위의 결과값에서 특이도 값(신뢰구간 포함)만 따로 추출한다.
④ 추출된 값으로 테이블 형태로 보일 수 있는 데이터프레임을 만든다.
⑤ 데이터프레임의 행 이름(rowname)에 민감도라고 명명한다.
⑥ 행 이름에서 민감도 뒤에 50%, 60%, 70%, 80%, 90%, 100%를 붙인다.

```
a<-seq(0.5,1,0.1)   # a가 위 설명의 ①에 해당한다.
a
[1] 0.5 0.6 0.7 0.8 0.9 1.0

# cal_specificity라는 함수를 정의한다.
cal_specificity<-function(x, y){
 spec<-ci.coords(y, x=x, input="sensitivity", ret='specificity')
 spec$specificity
}

# 정의한 함수의 x, y 자리에 해당 값을 넣는다.
table.afp<-cal_specificity(a, afp_month0)

# 만들어진 데이터프레임의 행에 이름을 붙인다.
rownames(table.afp)<-paste0('Sensitivity',' ',seq(0.5,1,0.1)*100, '%')
table.afp
```

```
                     2.5%       50%       97.5%
Sensitivity 50%   0.6842105  0.8717105  1.0000000
Sensitivity 60%   0.6842105  0.8421053  1.0000000
Sensitivity 70%   0.6842105  0.8421053  1.0000000
Sensitivity 80%   0.6315789  0.8421053  1.0000000
Sensitivity 90%   0.2631579  0.6184211  0.8947368
Sensitivity 100%  0.0000000  0.1578947  0.3157895
```

위에서 cal_specificity라는 함수를 만들어놓았기 때문에 똑같이 PIVKA와 AFP-L3도 금방 이용할 수 있다.

```
# PIVKA
table.piv<-cal_specificity(a, piv_month0)
rownames(table.piv)<-paste0('Sensitivity',' ',seq(0.5,1,0.1)*100, '%')
table.piv

                     2.5%       50%       97.5%
Sensitivity 50%   0.5263158  0.7368421  0.8947368
Sensitivity 60%   0.5263158  0.7368421  0.8947368
Sensitivity 70%   0.4933976  0.7231781  0.8947368
Sensitivity 80%   0.3834586  0.6315789  0.8474013
Sensitivity 90%   0.1578947  0.4736842  0.7368421
Sensitivity 100%  0.0000000  0.0000000  0.2631579

# AFP-L3
table.l3<-cal_specificity(a, l3_month0)
rownames(table.l3)<-paste0('Sensitivity',' ',seq(0.5,1,0.1)*100, '%')
table.l3

                     2.5%       50%       97.5%
Sensitivity 50%   0.66661585  0.7965116  0.9117647
Sensitivity 60%   0.59993902  0.7558140  0.8941176
Sensitivity 70%   0.53326220  0.7151163  0.8764706
Sensitivity 80%   0.46658537  0.6744186  0.8588235
Sensitivity 90%   0.26315789  0.5909091  0.8000000
Sensitivity 100%  0.05263158  0.2105263  0.4736842
```

Ch 9

연구 따라하기 3 :
ALT 정상화와 간암 발생 위험

9장에서는 historical cohort design(retrospective study) 연구를 살펴보고, 직접 데이터 분석을 해본다. 아래 연구는 2019년 American Journal of Gastroenterology[Impact factor = 10.9 (피인용지수, 2021년 기준)]에 발표된 논문이다.

Earlier Alanine Aminotransferase Normalization During Antiviral Treatment Is Independently Associated With Lower Risk of Hepatocellular Carcinoma in Chronic Hepatitis B

Jonggi Choi, MD, PhD[1], Gi-Ae Kim, MD, PhD[2], Seungbong Han, PhD[3] and Young-Suk Lim, MD, PhD[1]

OBJECTIVES: **It was suggested that normalization of serum alanine aminotransferase (ALT) levels at 1 year of antiviral treatment is associated with a lower risk of hepatic events in patients with chronic hepatitis B (CHB). However, it remains unclear whether earlier ALT normalization is associated with lower hepatocellular carcinoma (HCC) risk, independent of fatty liver or cirrhosis and on-treatment virological response (VR), in patients with CHB.**

METHODS: **We analyzed 4,639 patients with CHB who initiated treatment with entecavir or tenofovir using landmark analysis and time-dependent Cox analysis. We defined normal ALT as ≤35 U/L (men) and ≤25 U/L (women) and VR as serum hepatitis B virus DNA <15 IU/mL.**

RESULTS: **During a median 5.6 years of treatment, 509 (11.0%) patients developed HCC. ALT normalization occurred in 65.6% at 1 year and 81.9% at 2 years and was associated with a significantly lower HCC risk in landmark ($P < 0.001$) and time-dependent Cox anaiyses (adjusted hazard ratio [AHR] 0.57; $P < 0.001$). Compared with ALT normalization within 6 months, delayed ALT normalization at 6–12, 12–24, and >24 months was associated with incrementally increasing HCC risk (AHR 1.40, 1.74, and 2.45, respectively; $P < 0.001$), regardless of fatty liver or cirrhosis at baseline and VR during treatment. By contrast, neither earlier VR (AHR 0.93; $P = 0.53$) nor earlier hepatitis B e antigen seroclearance (AHR 0.91; $P = 0.31$) was associated with a significantly lower HCC risk.**

DISCUSSION: **In patients with CHB treated with entecavir or tenofovir, earlier ALT normalization was independently associated with proportionally lower HCC risk, regardless of fatty liver or cirrhosis at baseline and on-treatment VR.**

SUPPLEMENTARY MATERIAL accompanies this paper at https://links.lww.com/AJG/B339

Am J Gastroenterol 2019;00:1–9. https://doi.org/10.14309/ajg.0000000000000490

 연구 배경 및 개요

이번 장에서 공부해볼 연구는 대규모 자료를 다룬 후향적 연구(retrospective study)이다.

- **연구 가설**: 만성 B형간염에서 항바이러스제[엔테카비르(entecavir) 또는 테노포비르(tenofovir)]를 사용하고 나서 혈청 ALT가 정상화되는(일반적으로 ALT가 정상이 아니고 상승되어 있는 환자에게서 항바이러스제를 쓰게 된다) 그룹이, 항바이러스제를 사용하였지만 계속 상승되어 있는 환자 그룹보다 간암 발생의 위험이 감소할 것이다. 뿐만 아니라 혈청 ALT의 정상화 속도가 빠를수록 향후 간암 발생의 위험이 더 감소할 것이다.

• **연구 방법**: 혈청 ALT가 상승되어 있어서 항바이러스제를 시작하게 된 만성 B형간염 환자들로 구성된 대규모 후향적 코호트를 분석하여 항바이러스제 시작시점(baseline)을 기준으로 혈청 ALT의 정상화 여부를 분석한다. 또한 혈청 ALT 정상화 여부와 간암 발생위험도를 생존분석을 통해 구하고, 혈청 ALT가 정상화되는 시점과 향후 간암 발생위험도 사이에 연관이 있는지도 확인한다.

  실제 논문에는 이보다 더 다양한 하위집단(subgroup) 분석과 더 많은 내용이 담겨 있지만, 본서에서는 가장 기본이 되는 분석을 중심으로 실습을 진행한다.

2 분석 계획

먼저 본 논문에 실린 그래프와 테이블들을 살펴보면서 어떤 분석들을 해야 할지 계획을 세워보자.

(1) Figure 1. 실제 연구에서 후향적 코호트 구축 과정 (포함된 환자와 제외된 환자)

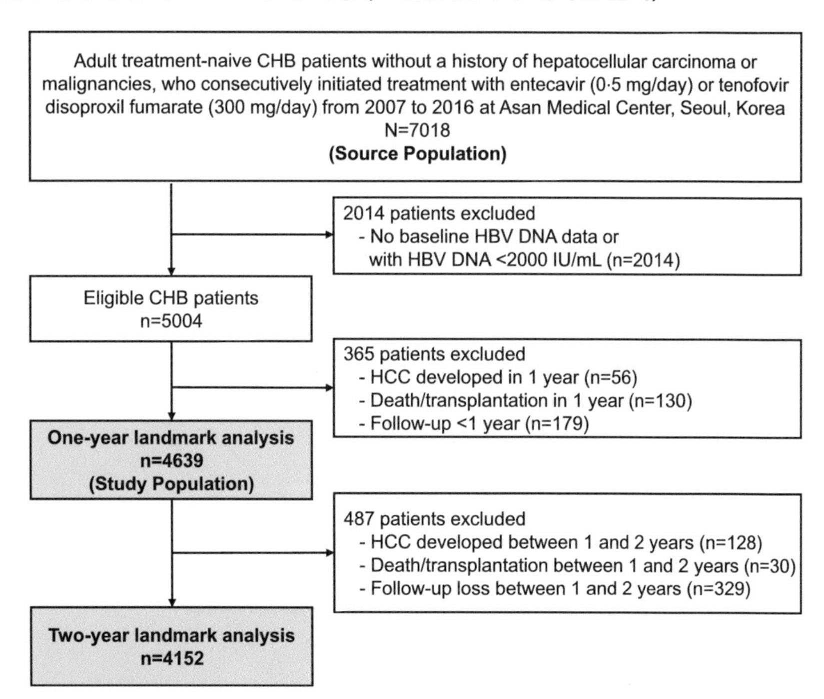

Figure 1. Study flow. CHB, chronic hepatitis B; HBV, hepatitis B virus; HCC, hepatocellular carcinoma.

(2) Figure 2. 혈청 ALT 정상화가 된 그룹과 계속 상승되어 있는 그룹 간의 간암 발생위험도를 비교한 카플란-마이어 곡선

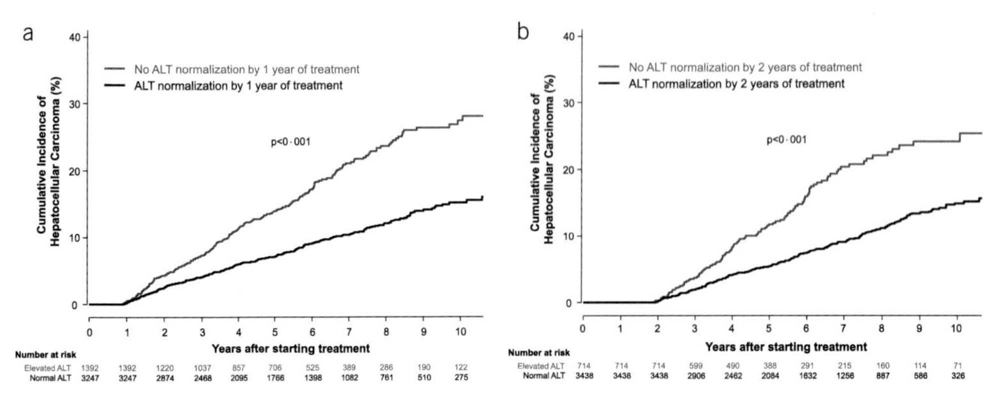

Figure 2. Risk of HCC according to ALT normalization during treatment in chronic hepatitis B patients. (**a**) One-year landmark analysis. (**b**) Two-year landmark analysis. ALT, alanine aminotransferase; HCC, hepatocellular carcinoma.

(3) Figure 3. 혈청 ALT 정상화 시점(6개월 이내, 12개월 이내, 24개월 이내, 계속 상승)에 따른 간암 발생위험도를 비교한 카플란-마이어 곡선

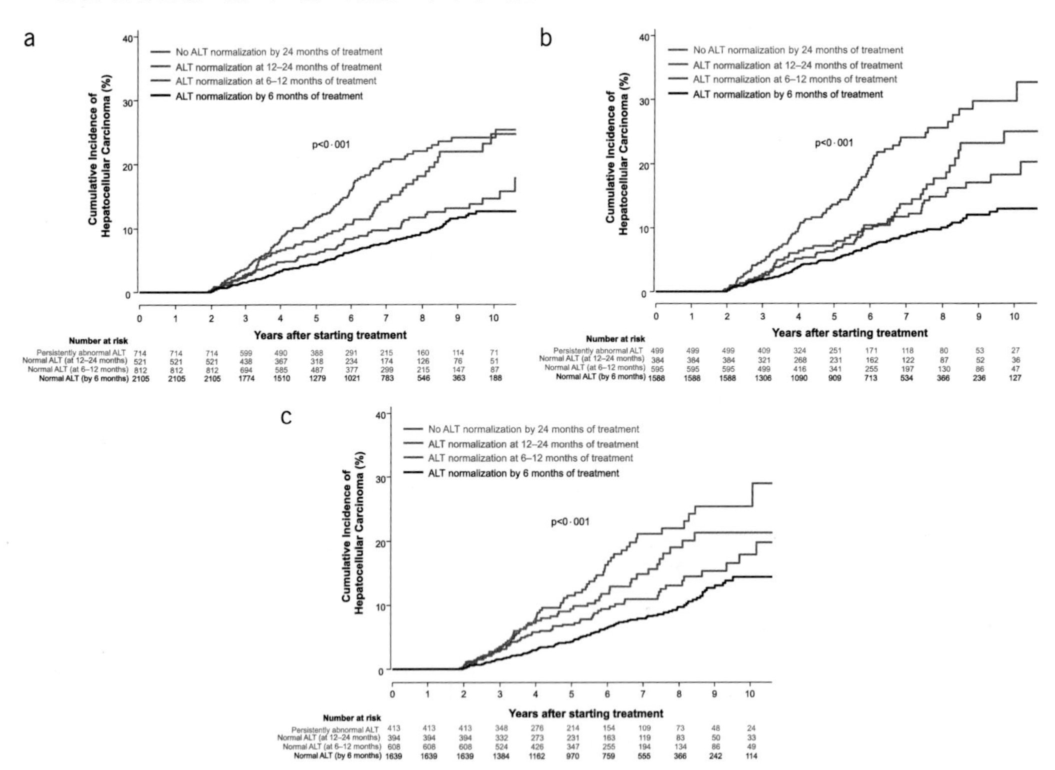

Figure 3. Risk of HCC according to the timing of ALT normalization by 2-year landmark analysis. (**a**) Entire cohort (n = 4,152). (**b**) Patients without fatty liver disease at baseline (n = 3,066). (**c**) Patients who achieved virological response by 2 years of treatment (n = 3,054). ALT, alanine aminotransferase; HCC, hepatocellular carcinoma.

Table 1. 연구에 포함된 환자들의 기저특성

Table 1. Baseline characteristics of patients with CHB treated with ETV or TDF

Characteristics	Patients included in 1-yr landmark analysis	Patients included in 2-yr landmark analysis
No. of patients	4,639	4,152
Age, mean ± SD, yr	47.0 ± 10.9	46.8 ± 10.8
Men, n (%)	2,990 (64.5)	2,682 (64.6)
Cirrhosis, n (%)	2,027 (43.7)	1,811 (43.6)
HBeAg positivity[a], n (%)	2,732 (64.2)	2,475 (64.9)
HBV DNA, median (IQR), $\log_{10}$ IU/mL	6.7 (5.5–7.9)	6.7 (5.5–7.9)
AST, median (IQR), U/mL	74 (46–131)	74 (47–132)
ALT, median (IQR), U/mL	93 (47–184)	95 (47–186)
Albumin, median (IQR), g/dL	4.0 (3.6–4.2])	4.0 (3.6–4.2)
Total bilirubin, median (IQR), mg/dL	1.0 (0.8–1.4)	1.0 (0.8–1.4)
Prothrombin time, median (IQR), INR	1.1 (1.0–1.1)	1.1 (1.0–1.1)
Platelets, median (IQR), 1,000/mm^3	159 (116–199)	160 (117–199)
Creatinine, mean ± SD, mg/dL	0.8 (0.7–0.9)	0.8 (0.7–0.9)
BMI, mean ± SD	24.1 ± 3.4	24.0 ± 3.4
Diabetes mellitus, n (%)	281 (6.1)	234 (5.6)
Fatty liver[b], n (%)	1,124 (24.2)	1,047 (25.2)
Hypertension, n (%)	333 (7.2)	280 (6.7)
ETV/tenofovir, n (%)	3,065/1,574 (66.1/33.9)	2,803/1,349 (67.5/32.5)
CU-HCC score, mean ± SD	15.8 ± 12.9	15.6 ± 12.8
GAG-HCC score, mean ± SD	95.6 ± 22.4	95.5 ± 22.3
PAGE-B score, mean ± SD	13.4 ± 5.0	13.3 ± 4.9
REACH-B score, mean ± SD	11.2 ± 2.4	11.1 ± 2.4

ALT, alanine aminotransferase; AST, aspartate aminotransferase; BMI, body mass index; CHB, chronic hepatitis B; CU, Chinese University; ETV, entecavir; GAG, guide with age, gender; HBeAg, hepatitis B e antigen; HBV, hepatitis B virus; HBV DNA, core promoter mutations and cirrhosis; HCC, hepatocellular carcinoma; INR, international normalized ratio; IQR, interquartile range; PAGE-B, risk score based on age, gender, and platelets; REACH-B, risk estimation for hepatocellular carcinoma in chronic hepatitis B; TDF, tenofovir disoproxil fumarate.
[a]Information was unavailable in 382 patients.
[b]Information was unavailable in 59 patients.

Table 2. 간암 발생과 연관된 단변량, 다변량 분석 (time-dependent Cox model 이용)

Table 2. Time-dependent Cox regression analysis for factors predictive of HCC in patients with CHB treated with entecavir or tenofovir

Variables	Univariate analysis HR (95% CI)	Univariate analysis *P* value	Multivariable analysis AHR (95% CI)	Multivariable analysis *P* value
On-treatment variables[a]				
ALT normalization during treatment[b]	0.54 (0.43–0.67)	<0.001	0.57 (0.45–0.71)	<0.001
VR during treatment[c]	0.99 (0.79–1.23)	0.90	0.93 (0.73–1.17)	0.53
HBeAg Positivity during treatment	0.68 (0.57–0.81)	<0.001	0.91 (0.75–1.10)	0.31
Baseline variables				
Age, yr	1.07 (1.06–1.08)	<0.001	1.06 (1.05–1.07)	<0.001
Sex, male	1.67 (1.36–2.05)	<0.001	2.45 (1.98–3.03)	<0.001
Cirrhosis	5.84 (4.64–7.34)	<0.001	2.30 (1.77–2.99)	<0.001
HBV DNA, log_{10} IU/mL	0.85 (0.80–0.90)	<0.001	0.91 (0.86–0.98)	0.01
Albumin, g/dL	0.46 (0.41–0.53)	<0.001	0.67 (0.57–0.80)	<0.001
Total bilirubin, mg/dL	1.04 (1.01–1.06)	0.01	0.97 (0.93–1.01)	0.09
Prothrombin time, INR	2.88 (2.31–3.58)	<0.001	0.80 (0.49–1.30)	0.37
Platelets, $\times 1{,}000/mm^3$	0.98 (0.98–0.99)	<0.001	0.99 (0.99–0.99)	<0.001
Diabetes	1.92 (1.44–2.56)	<0.001	1.11 (0.83–1.49)	0.49
Fatty liver	0.74 (0.60–0.91)	0.005	1.13 (0.92–1.39)	0.24

Total number of patients, 4,639; number of events (HCC), 509.
AHR, adjusted hazard ratio; ALT, alanine aminotransferase; CHB, chronic hepatitis B; CI, confidence interval; HBV, hepatitis B virus; HBeAg, hepatitis B e antigen; HCC, hepatocellular carcinoma; HR, hazard ratio; INR, international normalized ratio; VR, virological response.
[a]Analyzed as time-varying variables.
[b]Normal ALT was defined as ≤35 U/L for men and ≤25 U/L for women.
[c]VR was defined as serum HBV DNA levels <15 IU/mL.

Table 3. 다양한 하위그룹에서 ALT 정상화 시점과 간암 발생에 대한 다변량 분석

Table 3. Summary of time-dependent cox regression analysis for the risk of HCC according to the timing of ALT normalization in various patient subgroups

Timing of ALT normalization during treatment	Entire population (n = 4,152)		Patients without fatty liver (n = 3,066)		Patients with VR (n = 3,054)		Patients with cirrhosis (n = 1,811)	
	AHR[a] (95% CI)	*P* value	AHR[a] (95% CI)	*P* value	AHR[b] (95% CI)	*P* value	AHR[c] (95% CI)	*P* value
At ≤6 mo	1.00		1.00		1.00		1.00	
At 6–12 mo	1.40 (1.05–1.87)	0.02	1.48 (1.08–2.04)	0.02	1.59 (1.16–2.20)	0.004	1.44 (1.06–1.96)	0.02
At 12–24 mo	1.74 (1.29–2.35)	<0.001	1.58 (1.11–2.24)	0.01	1.68 (1.19–2.37)	0.003	1.49 (1.07–2.07)	0.02
At >24 mo	2.45 (1.89–3.17)	<0.001	2.58 (1.93–3.45)	<0.001	2.50 (1.80–3.47)	<0.001	2.22 (1.68–2.94)	<0.001

AHR, adjusted hazard ratio; ALT, alanine aminotransferase; CI, confidence interval, HBV, hepatitis B virus; HCC, hepatocellular carcinoma; VR, virological response.
[a]Adjusted for age, sex, HBV DNA levels, albumin levels, platelet counts, cirrhosis, and diabetes at baseline.
[b]Adjusted for age, sex, HBV DNA levels, albumin levels, platelet counts, cirrhosis, diabetes, and fatty liver at baseline.
[c]Adjusted for age, sex, HBV DNA levels, albumin levels, platelet counts, diabetes, and fatty liver at baseline.

3 데이터 전처리 및 탐색

상기 논문의 데이터를 그대로 사용할 수는 없기에 임의로 만든 예제 데이터 Ch9_alt.csv를 사용한다. 따라서 이번 분석의 결과값은 해당 논문의 결과와 다를 수밖에 없다.

3-1 데이터 구조 파악하기

여기서 사용할 데이터는 Ch9_alt.csv이다. 본 실습에 필요한 패키지를 한꺼번에 불러온 뒤 데이터도 같이 불러오자.

```
# load packages
library(tidyverse)
library(moonBook)
library(gtsummary)
library(survival)
library(survminer)
library(lubridate)
```

데이터를 불러오면서 dat으로 명명하자.

```
dat <- read_csv('Example_data/Ch9_alt.csv')
```

dat 데이터의 변수는 아래와 같다.

```
dim(dat)
[1] 1500  19
colnames(dat)
 [1] "id"        "dob"  "sex"     "index_date"    "plt"
 [6] "inr"       "alt"  "bil"     "alb"           "cr"
[11] "fatty"     "lc"   "hbeag"   "dm"            "dna"
[16] "hcc_date"  "hcc"  "alt_nl"  "alt_duration"
```

변수	변수의 의미
id	환자 ID (임의)
dob	환자 생년월일 (임의)
sex	성별 (M = 남성, F = 여성)
index_date	항바이러스제 종류 첫 시작 날짜
plt	혈소판
inr	프로트롬빈 타임
alt	혈청 ALT
bil	혈청 빌리루빈
alb	혈청 알부민
cr	혈청 크레아티닌
fatty	지방간 여부 (fatty liver, No fatty liver)
lc	간경변증 여부 (0 = 간경변증 없음, 1 = 간경변증)
hbeag	HBV e 항원 (0 = HBe항원 음성, 1 = HBeA항원 양성)
dm	당뇨 여부 (0 = 당뇨 없음, 1 = 당뇨)
dna	혈청 HBV DNA
hcc_date	항바이러스제 시작부터 간암 발생 시점(간암 발생 환자) 혹은 마지막 추적관찰날짜(간암 발생 안 한 환자)
hcc	간암 발생 여부 (0 = 간암 발생 안 함, 1 = 간암 발생)
alt_nl	혈청 ALT 정상화 여부 (0 = ALT 계속 상승, 1 = ALT 정상화됨)
alt_duration	항바이러스제 시작부터 혈청 ALT가 정상화된 시점까지 기간(ALT가 정상화된 환자) 혹은 마지막 추적관찰까지 기간(ALT가 정상화되지 않은 환자)

3-2 결측값 확인하기

dat로 저장한 데이터를 여러 가지로 변형해야 하는데 원래 데이터는 그대로 보존하기 위해 dat1을 만든 후 실습을 진행한다. 우선 dat1 데이터에 결측값이 존재하는지 확인하자.

```
dat1<-dat
colSums(is.na(dat1))
```

```
         id  dob  sex  index_date    plt    inr
          0    0    0           0      0      0
        alt  bil  alb          cr  fatty     lc
          0    0    0           0     84      0
      hbeag   dm  dna    hcc_date    hcc alt_nl
          0    0    0           0      0      0
alt_duration
          0

dat1 %>%
 count(fatty)

# A tibble: 3 × 2
        fatty      n
        <chr>  <int>
1    Fatty liver   368
2 No fatty liver  1048
3           <NA>    84
```

결측값 확인 결과, 지방간 여부를 의미하는 `fatty` 변수에 84개의 결측값이 존재한다.

다음으로 결측값이 없는 데이터만 분석(complete case analysis)하기보다는 이 환자들에서 결측값이 존재하는 것 자체를 not available이라는 값으로 새롭게 저장한 후 현재의 1500명 환자 전체를 이후 분석에서 사용하기로 하자.

```
dat1$fatty[is.na(dat1$fatty)]<-c('not_available')
dat1 %>%
 count(fatty)
# A tibble: 3 × 2
        fatty      n
        <chr>  <int>
1    Fatty liver   368
2 No fatty liver  1048
3 not_available     84
```

이제 결측값 없이 잘 저장되었고, `fatty` 변수는 `Fatty liver`, `No fatty liver`, `not available` 이렇게 3가지 값을 가진 변수로 바뀌었다.

3-3 관찰기간 계산하기

현재 dat1에 있는 변수들 중 날짜를 나타내는 변수는 dob(생년월일), index_date(항바이러스제 시작 날짜: 본 연구의 시작 날짜), hcc_date(간암 발생 혹은 마지막 추적관찰 날짜) 이렇게 3개다. 생존분석을 위해서는 위 변수들 간의 관계를 변환해서 기간을 나타내는 변수가 필요하며 아래와 같이 계산할 수 있다.

- **연령** (age로 **저장**) : dob와 index_date 간의 기간을 이용해서 계산할 수 있다.
- **환자 추적관찰기간** (hcc_yr로 **저장**) : index_dat와 hcc_date를 이용해서 계산할 수 있다.

위의 3가지 변수를 이용해서 새로운 2개의 변수(age, hcc_yr)를 만들어보자. 날짜 간 계산이므로 lubridate 패키지가 필요한데 앞에서 이미 불러오기를 하였다.
먼저 연령을 계산해서 age에 저장한 후 잘 변환되었는지 summary로 확인한다.

```
dat1$age<-(dat1$index_date-dat1$dob)/365.25
dat1$age<-as.numeric(dat1$age)
summary(dat1$age)

 Min.  1st Qu.  Median   Mean  3rd Qu.   Max.
18.24    40.39   48.20  47.76    55.29  81.52
```

변환이 잘 진행된 것을 확인할 수 있으며 age의 분포는 최솟값이 18.24세, 최댓값이 81.52세다. index_date), class(dat1$dob)를 실행하여 자료 형태가 Date가 맞는지 확인하자. 간혹 예제파일을 불러들일 때 날짜 변수를 제대로 불러오지 못할 경우 POSIXct 혹은 POSIXlt 형태로 불러올 수 있다.
이 경우에는 해당 자료 형태를 아래 코드를 이용해서 Date로 변환한 다음 시행하면 문제없이 실습을 따라할 수 있을 것이다.

```
dat1$index_date <- ymd(dat1$index_date)
dat1$dob <-ymd(dat1$dob)
```

이번에는 환자들의 추적관찰기간을 같은 방식으로 hcc_yr 변수에 저장해보자.

```
dat1$hcc_yr<-(dat1$hcc_date-dat1$index_date)/365.25
dat1$hcc_yr<-as.numeric(dat1$hcc_yr)
summary(dat1$hcc_yr)
 Min.  1st Qu.  Median  Mean  3rd Qu.   Max.
 1.013   3.406   5.952  6.115   8.572  13.090
```

본 연구에 포함된 환자들의 추적관찰기간은 최소 1.01년부터 최대 13.09년까지 분포하며, 추적관찰기간의 중위값은 5.95이다. 논문을 작성할 때는 대부분 전체 환자들의 추적관찰기간 중위값을 보고한다.

3-4 데이터 전처리하기

dna에 저장되어 있는 HBV DNA값은 상용 log로 변형해서 dna_log에 저장해보자.

```
dat1$dna_log<-log10(dat1$dna)

summary(dat1$dna_log)
 Min.  1st Qu.  Median  Mean  3rd Qu.  Max.
 3.301   5.672   6.724  6.686   7.884  9.982
```

4 데이터 분석: 기저특성 요약

4-1 Table 1 만들기

moonBook 패키지를 이용해서 Table 1을 만들어보자. 전체 환자 대상의 기저특성을 moonBook 패키지의 mytable을 이용해서 만들어보자.
여기에서는 따로 그룹을 나누어서 기저특성을 비교하지 않고 전체 환자 모두의 기저특성을 나타내도록 한다. 앞에서 배운 것처럼 전체 환자를 볼 때는 ~ 표시 앞에 따로 분류할 그룹을 쓰지 않고 공백으로 남겨두면 된다.

```
mytable(~age+sex+plt+inr+alt+bil+alb+cr+fatty+lc+hbeag+dna_log+dm,
   data=dat1)

     Descriptive Statistics
---------------------------------------------------------
                   Mean ± SD or %      N    Missing (%)
---------------------------------------------------------
 age                  47.8 ± 11.0   1500      0 ( 0.0%)
 sex                                1500      0 ( 0.0%)
  - F                 542  (36.1%)
  - M                 958  (63.9%)
 plt                 160.1 ± 63.5   1500      0 ( 0.0%)
 inr                    1.1 ± 0.2   1500      0 ( 0.0%)
 alt                206.7 ± 345.8   1500      0 ( 0.0%)
 bil                    1.7 ± 3.4   1500      0 ( 0.0%)
 alb                    3.8 ± 0.6   1500      0 ( 0.0%)
 cr                     0.9 ± 0.7   1500      0 ( 0.0%)
 fatty                              1500      0 ( 0.0%)
  - Fatty liver       368  (24.5%)
  - No fatty liver   1048  (69.9%)
  - not_available      84  (5.6%)
 lc                                 1500      0 ( 0.0%)
  - 0                 785  (52.3%)
  - 1                 715  (47.7%)
 hbeag                              1500      0 ( 0.0%)
  - 0                 639  (42.6%)
  - 1                 861  (57.4%)
 dna_log                6.7 ± 1.5   1500      0 ( 0.0%)
 dm                                 1500      0 ( 0.0%)
  - 0                1392  (92.8%)
  - 1                 108  (7.2%)
---------------------------------------------------------
```

결측치 확인에서 보았듯이 현재 우리 데이터는 결측치가 없는 1500명의 데이터이다.

5 데이터 분석하기: 간암 발생

5-1 전체 환자에서 간암 발생 확인하기: KM 곡선 그리기

이번 실습 데이터의 일차 평가 변수(primary endpoint 혹은 primary outcome)는 간암 발생이다. 우선 간암 발생률에 대한 분석을 해보자. 전체 1500명 환자에서 추적관찰기간 동안 누적 간암 발생을 나타내는 카플란 마이어 곡선(Kaplan–Meier curve, KM 곡선)부터 그려보자. 분석에 필요한 survival, survminer 패키지는 위에서 이미 불러왔다.

```
fit.hcc<-survfit(Surv(hcc_yr,hcc)~1, data=dat1)

ggsurvplot(fit.hcc,
           fun='event',
           ylim=c(0,0.3),
           break.time.by=2,
           risk.table = TRUE,
           censor = FALSE)
```

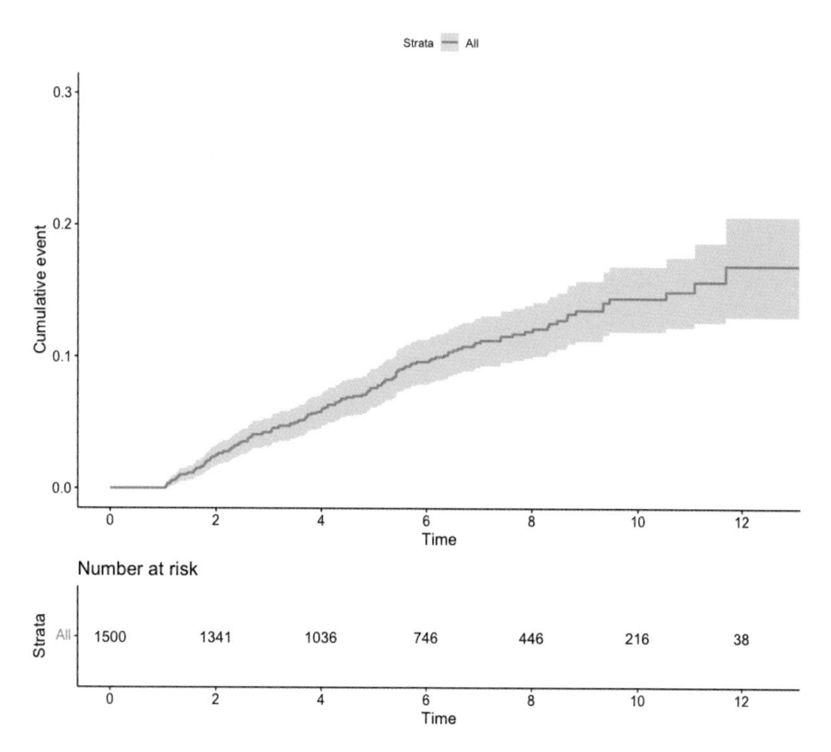

본 그래프는 전체 환자를 약 13년까지 관찰하였을 때 관찰기간(X축)에 따른 누적 간암 발생률(Y축)을 나타낸다. 당연히 X축에서 오른쪽으로 갈수록 추적관찰하고 있는 환자(Number at risk에 표시된 숫자) 수는 감소되고 있다.
생존함수를 KM 곡선으로 나타내는 데 있어서 누적 발생률을 표현하고 싶었기 때문에 `fun='event'` 옵션을 사용한 것을 놓치지 말자.

5-2 연간 평균 간암 발생률 구하기

이번에는 전체 환자에서 연간 평균 간암 발생률을 계산해보자. 3장에서 dplyr의 summarise 기능을 이용해서 쉽게 구한 것을 떠올려 보자.
전체 환자에서 연간 평균 간암 발생률을 구하기 위해서는 우선 아래와 같은 값들이 필요하다.

- 전체 환자들 중 간암이 발생한 환자 숫자
- 전체 환자들 추적관찰기간의 총합
- 평균 연간 간암 발생률은 1/2로 계산할 수 있다.

간암 발생을 의미하는 hcc의 경우 0(간암 발생 안 함), 1(간암 발생)로 코딩되어 있어서 전체 환자들의 dat1$hcc를 모두 더하면 전체 환자들 중 간암이 발생한 환자수를 계산할 수 있다.
마찬가지로 전체 환자들 추적관찰기간의 총합은 hcc_yr을 모두 더하면 계산할 수 있다. 이제 코드를 써보자. 편의상 연구에 포함된 전체 환자수도 같이 나타내는 코드를 쓰기로 한다.

```
dat1 %>%
 summarise(patient_number = n(),
           n_hcc = sum(hcc),
           person_year = sum(hcc_yr),
           incidence_rate = n_hcc / person_year)

# A tibble: 1 × 4
  patient_number  n_hcc  person_year  incidence_rate
           <int>  <dbl>        <dbl>           <dbl>
1           1500    143        9172.          0.0156
```

전체 환자 1500명 중 간암은 총 143명에서 발생하였다. 전체 환자의 추적관찰기간 총합은

9172인년이며, 따라서 연간 평균 간암 발생률은 0.02/인년이다.

실제 연간 평균 간암 발생률 은 위에서 계산한 것보다 조금 낮을 가능성이 있다. 이유는 본 연구에서는 항바이러스제가 간암 발생에 미치는 효과를 보기 위해 항바이러스제 시작 후 1년 이내에 간암이 발생한 환자는 모두 제외하였기 때문이다. 따라서 연구 시작시점부터 관찰기간까지 1년 동안 간암이 발생한 사람은 아무도 없다.

앞의 KM 곡선을 잘 보면 X축 0에서 1년까지 기간에 간암 발생률은 계속 0으로 편평하게 유지됨을 볼 수 있다. 1년 동안은 아무도 간암 발생(분자) 없이 추적관찰기간(분모)만 증가하기 때문에 실제 간암 평균 발생률은 우리가 계산한 것보다 아주 미세하게 낮을 수 있다. 하지만 이는 이쪽 분야(만성 B형간염에서 항바이러스제와 간암 발생 간의 관계) 연구에서는 일반적으로 많이 쓰이는 방법이다.

5-3 누적 간암 발생률 구하기

이번에는 특정 시점에서 누적 간암 발생률을 계산해보자. 2, 3, 4, 5, 10년 시점까지의 누적 간암 발생률을 계산해본다. stepfun 기능을 이용하면 아래와 같이 쉽게 구할 수 있다.

```
fit.hcc<-survfit(Surv(hcc_yr,hcc)~1, data=dat1)

survest<-stepfun(fit.hcc$time, c(1,fit.hcc$surv))
y2<-1-survest(2)
y3<-1-survest(3)
y4<-1-survest(4)
y5<-1-survest(5)
y10<-1-survest(10)
year<-c("2 Year","3 Year","4 Year", "5 Year","10 Year")
rate<-c(y2,y3,y4,y5,y10)

# 데이터프레임으로 만들어서 결과 제시하기
cum_hcc_rate<-data.frame(time=year,rate=rate*100)
cum_hcc_rate
```

```
     time      rate
1  2 Year  2.510502
2  3 Year  4.254727
3  4 Year  5.878186
4  5 Year  7.625977
5 10 Year 14.418970
```

Tip

위의 코드를 잘 보면 fit.hcc라는 생존함수 객체에서 특정 time에 생존확률 값만 추출한 다음 우리가 관심 있는 누적 발생률의 경우 1-생존확률의 값 형태를 취하고 있다는 것을 알 수 있다. 그다음에 여기서 모인 값들을 1개의 데이터프레임으로 만들어서 cum_hcc_rate라는 객체에 저장하여 제시한 것이다.

6 데이터 분석: ALT 정상화

본 연구에서 가장 중요한 독립변수는 항바이러스제 사용 후 추적관찰기간 동안 ALT의 정상화와 정상시점이다. 기본 개념은 아래 그림과 같다.

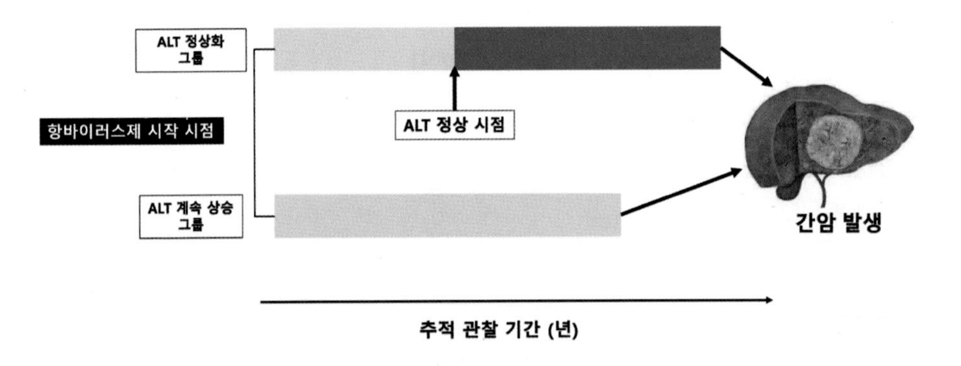

일부 환자에서는 치료를 시작한 뒤 ALT가 빨리 정상화될 수 있고, 늦게 될 수도 있다. 또 추적관찰기간 동안 ALT가 정상화되지 못하고 계속 증가된 상태로 유지될 수도 있다. 또 다른 중요한 점은 환자들마다 ALT가 정상화되는 시기가 모두 다를 수밖에 없다는 것이다.

6-1 ALT 정상화 KM 곡선 그리기

ALT 정상화율을 카플란-마이어 곡선으로 나타내보자. dat1에서 추적관찰기간 동안 ALT 정상화 여부는 alt_nl 변수에 저장되어 있고 ALT 정상화까지 기간은 alt_nl_duration 변수에 저장되어 있다. 당연히 추적관찰기간 동안 ALT가 정상화되지 않고 계속 상승되어 있는 환자들에서 alt_nl_duration 변수값은 마지막 추적관찰기간이 될 것이다.
우선 카플란-마이어 곡선부터 그려보자.

```
fit.alt<-survfit(Surv(alt_duration, alt_nl=='normal')~1, data=dat1)

ggsurvplot(fit.alt,
           fun='event',
           conf.int = FALSE,
           xlim=c(0,5),
           ylim=c(0,1),
           break.time.by=1,
           risk.table = TRUE,
           censor = FALSE)
```

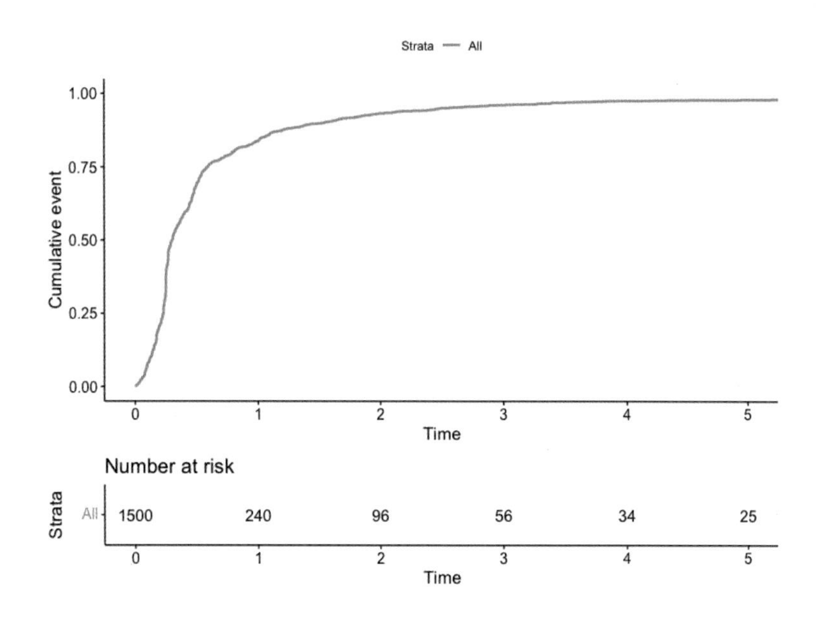

앞 그래프에서는 X축을 일부러 5년까지만 그렸다. 대부분의 환자에서 초반 1-2년 안에 ALT 정상화가 이루어지기 때문이다. X축 하단의 number at risk에 숫자가 급격히 줄어드는 이유는 ALT가 정상화되고 나면 해당 환자는 number at risk에서 제외되기 때문이다. 즉 초반에 많은 환자들이 ALT가 정상화되었다는 의미이다. 위의 간암 KM 곡선과 비교해보면 2, 4년에 해당하는 number at risk 숫자에서 많이 차이가 날 것이다.

6-2 ALT 정상화율 구하기

이전 특정 시점(년)에서 간암 누적 발생률을 계산했던 것과 같은 방식으로 추적관찰기간 1, 2, 3, 4, 5년째 ALT 누적 정상화율을 계산해보자. 역시 stepfun 기능을 사용하면 된다. 이번에는 round 함수를 이용해서 소수점 셋째자리에서 반올림하여 둘째자리까지만 나타내는 코드를 써보자. 아래 결과를 보면 대부분의 환자에서 추적관찰기간 초반 1-2년 내에 대부분 ALT가 정상화되는 것을 알 수 있다.

```
fit.alt<-survfit(Surv(alt_duration, alt_nl=='normal')~1, data=dat1)

survest<-stepfun(fit.alt$time, c(1,fit.alt$surv))
y1<-round(1-(survest(1)),3)
y2<-round(1-(survest(2)),3)
y3<-round(1-(survest(3)),3)
y4<-round(1-(survest(4)),3)
y5<-round(1-(survest(5)),3)
year<-c("1 Year","2 Year","3 Year","4 Year","5 Year")
rate<-c(y1,y2,y3,y4,y5)
cum_ALT_rate<-data.frame(time=year,rate=rate*100)
cum_ALT_rate

    time   rate
1  1 Year   83.9
2  2 Year   93.2
3  3 Year   96.0
4  4 Year   97.5
5  5 Year   98.0
```

6-3 ALT 정상화와 간암, Landmark 분석

본 연구에서 가장 중요한 독립변수는 ALT 정상화 여부에 따른 간암 발생위험도의 차이를 비교하는 것이다. 가장 먼저 추적관찰기간 동안 ALT가 정상화되는 환자와 계속 상승되어 있는 환자들 간의 간암 발생위험도를 비교해보자.

위에서 언급하였듯이 ALT가 정상화되는 시점은 모든 환자에서 서로 다르기 때문에 이를 반영하려면 일반적으로 많이 하는 생존분석을 해서는 안 된다. 6장에서 설명하였듯이 guarantee time bias 혹은 immortal bias가 발생할 수 있기 때문이다. 따라서 본 연구에서는 이를 극복하기 위해서 landmark 분석과 시간의존 콕스 모델(time-dependent Cox model)을 이용한 분석을 시행할 것이다.

1) landmark 분석: landmark point를 1년으로 계산하기

landmark point를 1년으로 하여 landmark 분석을 수행해보자. 이를 위해서는 아래의 조건을 만족하여야 한다.

- 모든 환자는 최소 1년 추적관찰기간이 필요하다.
- 추적관찰기간 1년 이내 이벤트(본 연구에서는 간암 발생)가 발생한 환자는 제외해야 한다.
- landmark point, 즉 추적관찰기간 1년 시점에 관심 있는 독립변수(본 연구에서는 ALT 정상화 여부)를 이용해서 그룹을 나누는데, 이는 고정된 값이 된다.

  예를 들어 A라는 환자가 0.5년에 ALT가 정상화되었다면 이 환자는 1년 시점에 ALT 정상화 그룹에 포함되게 된다. 하지만 B라는 환자가 1.5년에 ALT가 처음으로 정상화되었다면 이 환자는 1년 시점에는 ALT가 정상이 아니었기 때문에 1년 landmark 분석에서는 ALT가 정상화되지 않은 군으로 분류된다(비록 landmark point 이후 ALT가 정상이 되더라도).

위의 조건들을 고려하여 기존의 ALT 정상화와 ALT 정상화 시점을 나타내는 변수 `alt_nl`, `alt_duration`을 landmark 분석을 위해 아래와 같이 변형해보자.

- ALT가 1년 이내에 정상화된 환자 → ALT 정상화 그룹으로 분류
- ALT가 1년 이후 정상화된 환자 → ALT 비정상 그룹으로 분류하고, ALT 정상화 변수의 값은 비정상(abnormal)으로 다시 분류

• ALT가 계속 비정상인 환자 → ALT 비정상 그룹으로 그대로 분류

아래와 같이 코딩할 수 있다. 여기서 1년 시점(landmark point)에서 ALT 정상화 여부를 yr1.alt_nl이라는 변수에 할당했다.

```
dat1 <- dat1 %>%
  mutate(yr1.alt_nl = ifelse(alt_nl=='normal' & alt_duration<=1, 'normal', 'abnormal'))
```

그렇다면 기존의 ALT 정상화 여부를 의미하던 alt_nl과 새롭게 만든 yr1.alt_nl 간의 차이를 살펴보자.

```
dat1 %>%
  count(alt_nl, yr1.alt_nl)
# A tibble: 3 × 3
    alt_nl  yr1.alt_nl      n
     <chr>       <chr>  <int>
1 abnormal    abnormal     18
2   normal    abnormal    225
3   normal      normal   1257
```

즉 1,257명의 환자에서는 1년 이내 ALT가 정상화되었기에 alt_nl, yr1.alt_nl 두 변수 모두에서 normal의 값을 가진다. 그러나 225명의 경우 alt_nl은 normal인데 yr1.alt_nl은 abnormal의 값을 가지기 때문에 전체 추적관찰기간 동안 결국 ALT가 정상화되긴 했겠지만 1년 시점에서는 ALT가 아직 정상이 되지 않았음을 확인할 수 있다. 즉 1년 이후에 ALT가 정상화된 것이다.

마지막 18명의 환자는 추적관찰기간 내내 비정상 ALT를 보였던 환자를 의미한다.

그렇다면 1년 시점의 ALT 정상화 여부에 따른 두 그룹으로 전체 환자를 분류한 뒤, 두 군의 간암 발생에 차이가 있는지 KM 곡선을 그려보자. 그리고 두 군 간의 간암 발생에서 유의한 차이가 있는지 로그-순위 검정(log-rank test)을 이용해서 확인해보자.

```
fit.alt.1yr<-survfit(Surv(hcc_yr, hcc)~yr1.alt_nl, data=dat1)

ggsurvplot(fit.alt.1yr,
          fun='event',
          conf.int = FALSE,
          xlim=c(0,13),
          ylim=c(0,0.5),
          break.time.by=2,
          risk.table = TRUE,
          censor = FALSE,
          pval = TRUE)
```

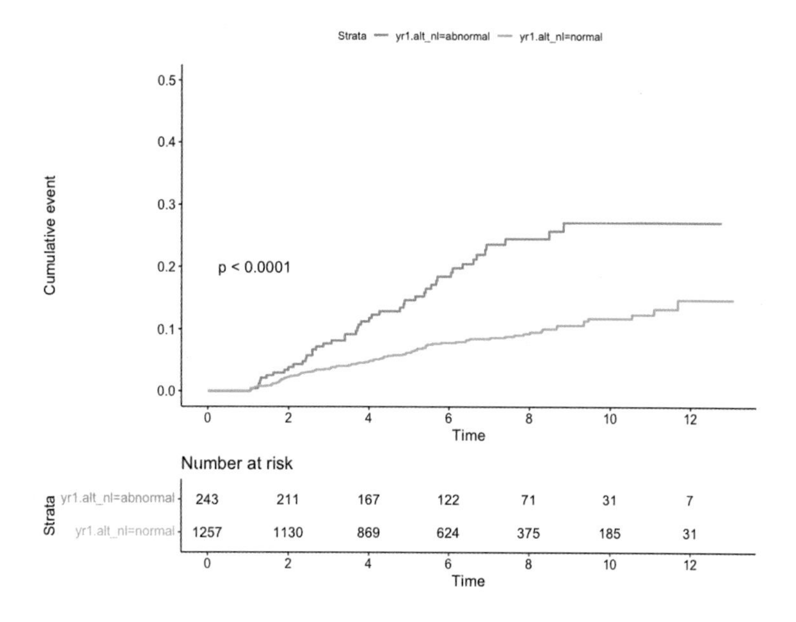


```
# Log-rank test
survdiff(Surv(hcc_yr, hcc)~yr1.alt_nl, data=dat1)

Call:
survdiff(formula = Surv(hcc_yr, hcc) ~ yr1.alt_nl, data = dat1)

                        N Observed Expected (O-E)^2/E (O-E)^2/V
yr1.alt_nl=abnormal   243       46     22.8     23.52        28
yr1.alt_nl=normal    1257       97    120.2      4.47        28

 Chisq= 28  on 1 degrees of freedom, p= 1e-07
```

앞의 KM 곡선에서 보듯이 1년 시점에 ALT가 정상화된 그룹에서 간암 발생이 유의하게 낮음을 알 수 있다. 주의해야 할 점은 ALT 정상화로 나눌 때 기존의 `alt_nl` 변수를 사용하는 것이 아니라 landmark 분석을 위해 새롭게 만든 `yr1.alt_nl`이란 변수를 이용해야 한다는 것이다.

2) landmark 분석: landmark point를 2년으로 계산하기

이번에는 landmark point를 2년으로 분석해보자. 앞서 실행한 1년 분석은 비교적 간단한 편이었다. 모든 환자들이 최소 1년의 추적관찰기간을 가지고 있고, 1년 안에 간암이 발생한 환자들은 연구 처음부터 제외되었기 때문이다.
2년을 landmark point로 분석할 때는 아래와 같은 점을 다시 고려해야 한다.

- 최소 2년의 추적관찰기간이 있는 환자만 포함하여야 한다.
- 추적관찰기간은 2년 이내 이벤트(본 연구에서는 간암 발생)가 발생한 환자는 제외해야 한다.
- landmark point, 즉 추적관찰기간 2년 시점에 ALT 정상화 여부에 따라 두 그룹으로 나누어야 한다.

그렇다면 위의 조건을 만족하지 않는 환자들을 제외한 뒤 새롭게 변수를 만들되 아래처럼 코딩을 해야 한다. 조금 더 복잡해진다.

- 추적관찰기간 2년 이내 환자 모두 제외 (새로운 데이터로 만들기: `dat.land`)
- ALT가 2년 이내에 정상화된 환자 → ALT 정상화 그룹으로 분류
- ALT가 2년 이후 정상화된 환자 → ALT 비정상 그룹으로 분류하고,
  ALT 정상화 변수의 값은 비정상(abnormal)으로 다시 분류
- ALT가 계속 비정상인 환자 → ALT 비정상 그룹으로 그대로 분류

```
dat.land <- dat1 %>%
  filter(hcc_yr>=2) %>%   #추적관찰기간 2년 미만 제외
  mutate(yr2.alt_nl = ifelse(alt_nl=='normal' & alt_duration<=2, 'normal', 'abnormal'))

dat.land %>%
  count(alt_nl, yr2.alt_nl)
```

```
#Atibble: 3 × 3
    alt_nl   yr2.alt_nl       n
     <chr>        <chr>   <int>
1 abnormal     abnormal      10
2   normal     abnormal      87
3   normal       normal    1244
```

count 함수를 통해 보면 1,244명의 환자는 2년 이내에 ALT가 정상화되었으며, 87명의 경우 2년 이후에 ALT가 정상화되었음을 이해할 수 있을 것이다.
이제 2년 시점 ALT 정상화 여부에 따른 간암 발생의 차이를 알아보고 통계적으로 유의한지 분석해보자.

```
fit.alt.2yr<-survfit(Surv(hcc_yr, hcc)~yr2.alt_nl, data=dat.land)

ggsurvplot(fit.alt.2yr,
           fun='event',
           conf.int = FALSE,
           xlim=c(0,13),
           ylim=c(0,0.5),
           break.time.by=2,
           risk.table = TRUE,
           censor = FALSE,
           pval = TRUE)
```

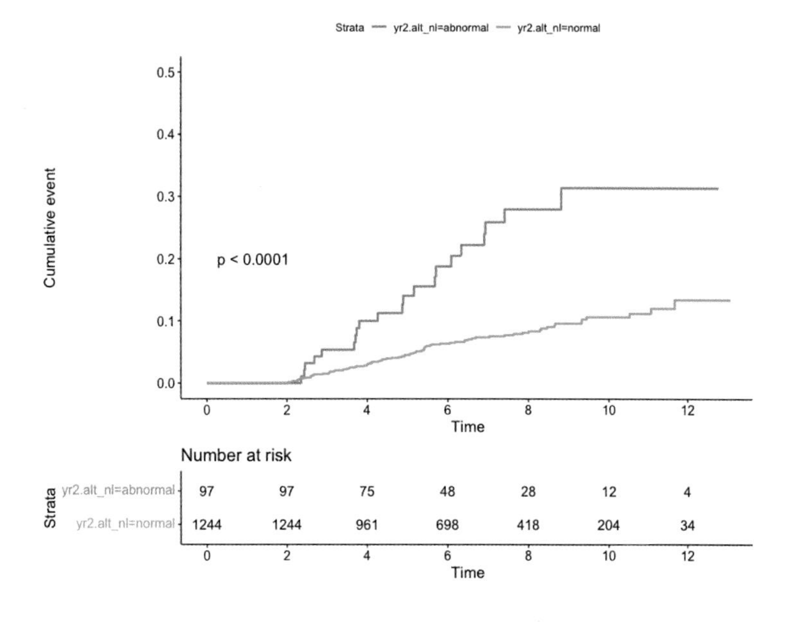

```
# Log-rank test
survdiff(Surv(hcc_yr, hcc)~yr2.alt_nl, data=dat.land)

Call:
survdiff(formula = Surv(hcc_yr, hcc) ~ yr2.alt_nl, data = dat.land)

                          N  Observed  Expected  (O-E)^2/E  (O-E)^2/V
yr2.alt_nl=abnormal      97        21      7.41      24.95       26.8
yr2.alt_nl=normal      1244        86     99.59       1.86       26.8

 Chisq= 26.8  on 1 degrees of freedom, p= 2e-07
```

1년 landmark 분석과 동일하게 2년 시점에도 ALT가 정상화된 환자들에서 낮은 간암 발병위험을 보이며 이는 통계적으로 유의하다. 위에서 시행한 1년, 2년 landmark 분석의 KM 곡선이 앞서 2절 '분석 계획' 부분에서 제시한 본 연구의 Figure 2A, Figure 2B이다.

2년 landmark 분석을 할 때는 추적관찰기간 2년 미만 환자는 제외된다. 이에 1년 landmark 분석과 달리 dat.land라는 새로운 데이터에 저장을 하였다. 우리는 앞으로 시간의존 콕스 모델도 사용할 것인데, 그 때는 전체 환자 모두를 사용해야 한다. 2년 landmark 분석 때 사용한 데이터는 전체 환자보다 159명 적다.

6-4 ALT 정상화 시점과 간암 발생

1) ALT 정상화 시점에 따른 그룹 만들기

관심을 가지고 살펴볼 수 있는 또 하나의 사항은 ALT 정상화 시점에 따른 간암 발생위험도의 차이가 존재하는지 여부이다. 편의상 추적관찰기간 동안 ALT가 정상화되는 시점을 6개월 이내, 12개월 이내, 24개월 이내로 분류해보자. 그리고 계속 비정상인 환자들은 비정상군으로 분류한다. 이를 alt_nl_cate라는 변수에 다음과 같이 저장해보자.

```
# ALT 정상화 시점의 분포 파악
summary(dat1$alt_duration)

    Min.   1st Qu.    Median      Mean   3rd Qu.       Max.
0.002738  0.227242  0.298426  0.672285  0.588638  11.633128
```

```
# ALT 정상화 시점에 따른 그룹화
dat1$alt_nl_cate<-ifelse(dat1$alt_duration<=0.5, "<6_months",
                         ifelse(dat1$alt_duration<=1, "<12_months",
                                ifelse(dat1$alt_duration<=2,"<24_months","abnormal")))

dat1 %>%
 count(alt_nl_cate)
# A tibble: 4 × 2
  alt_nl_cate      n
        <chr>  <int>
1  <12_months    222
2  <24_months    144
3   <6_months   1038
4    abnormal     96
```

ALT 정상화 시점에 따라서 네 그룹으로 나뉘고, 6개월 이내 ALT가 정상화된 환자가 가장 많다. 하지만 count 함수에서 확인하듯이 alt_nl_cate라는 변수는 factor인데, 순서가 <12_months, <24_months, <6_months, abnormal로 알파벳순으로 되어 있다.
우리가 알고자 하는 것은 간암 발생위험도가 가장 낮은 <6_months 그룹에 비해 다른 그룹의 위험도는 어떠한지 시점에 따른 그룹 간 차이이다. 따라서 우리는 각 그룹을 비교할 때 <6_months 값을 기준값(reference)으로 하고 <12_months, <24_months, abnormal 순서(level)로 아래와 같이 변경한다.

```
dat1$alt_nl_cate<-factor(dat1$alt_nl_cate,
                         levels=c("<6_months","<12_months","<24_months","abnormal"))

dat1 %>%
  count(alt_nl_cate)
# A tibble: 4 × 2
  alt_nl_cate      n
        <fct>  <int>
1   <6_months   1038
2  <12_months    222
3  <24_months    144
4    abnormal     96
```

2) ALT 정상화 시점에 따른 KM 곡선 그리기

위에서 나눈 그룹에 따른 간암 발생의 KM 곡선을 그려보자.

```
fit.alt.gr<-survfit(Surv(hcc_yr, hcc)~alt_nl_cate, data=dat1)

ggsurvplot(fit.alt.gr,
           fun='event',
           conf.int = FALSE,
           xlim=c(0,13),
           ylim=c(0,0.5),
           break.time.by=2,
           risk.table = TRUE,
           censor = FALSE,
           pval = TRUE)
```

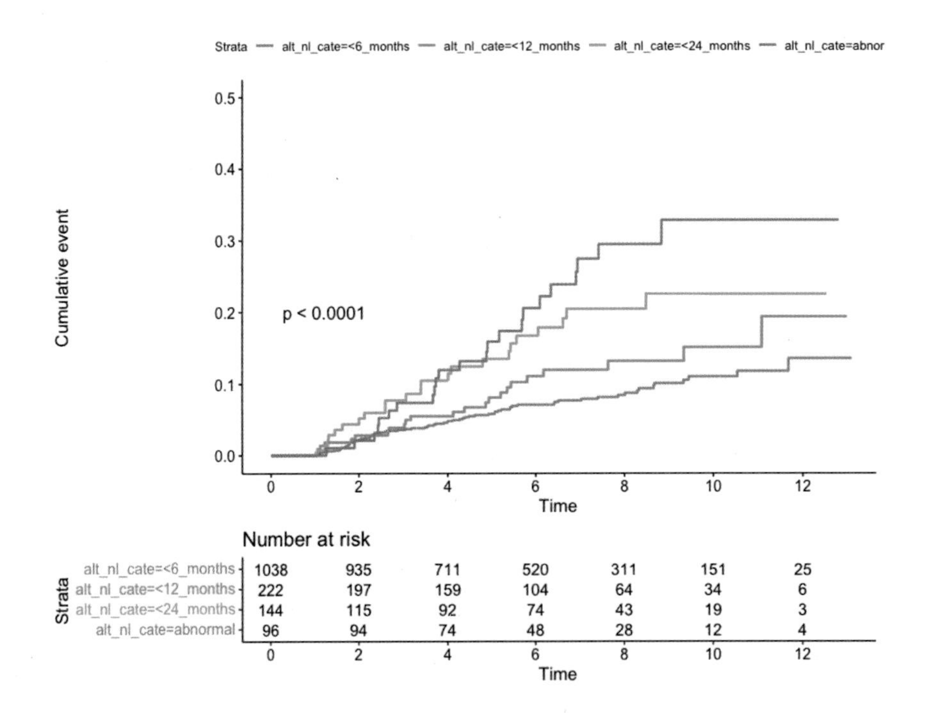

```
# Log-rank test
survdiff(Surv(hcc_yr, hcc)~alt_nl_cate, data=dat1)

Call:
survdiff(formula = Surv(hcc_yr, hcc) ~ alt_nl_cate, data = dat1)

                           N Observed Expected (O-E)^2/E (O-E)^2/V
alt_nl_cate=<6_months   1038       74    99.12     6.368    20.759
alt_nl_cate=<12_months   222       23    21.14     0.164     0.192
alt_nl_cate=<24_months   144       23    12.95     7.791     8.571
alt_nl_cate=abnormal      96       23     9.78    17.858    19.175

 Chisq= 32.2  on 3 degrees of freedom, p= 5e-07
```

네 그룹 간의 간암 발생위험도는 확연히 차이가 난다. 간암 발생위험도는 ALT가 추적관찰기간 동안 정상화되지 않은 그룹 >ALT가 24개월 이내 정상화되는 그룹 >ALT가 12개월 이내 정상화되는 그룹 >ALT가 6개월 이내 정상화되는 그룹 순이다. 즉 ALT가 빨리 정상화될수록 낮은 간암 발생위험도를 가지게 되며, 이 네 그룹 간의 간암 발생위험도 차이는 로그-순위 검정 이용 시 유의함을 알 수 있다.

7 데이터 분석: 간암 발생의 위험인자 찾기

이번에는 지금까지 분석한 ALT 이외에 환자의 기저특성 중 ALT와 상관없이(독립적으로) 간암 발생과 연관이 있는 위험인자를 단변량, 다변량 분석으로 찾아보자. ALT 정상화 여부는 ALT 정상화 시점에 따른 그룹을 나타내는 변수인 alt_nl_cate를 사용한다. 여기에서는 시간의존 콕스 모델은 적용하지 않고, 일반 콕스 모델을 분석하듯이 진행한다.

7-1 단변량 분석

1) gtsummary 패키지를 이용해서 단변량 분석하기

먼저 단변량 분석으로 유의한 인자들을 찾아보자. 6장 생존분석에서 배운 것처럼 gtsummary 패키지를 이용해 한꺼번에 단변량 분석을 진행해보자.

```
cox.uni<-dat1 %>%
 select(hcc_yr,hcc, age, sex, plt, inr,
        alt, bil, alb, cr, fatty, lc, hbeag, dm, dna_log, alt_nl_cate) %>%
 tbl_uvregression(method=coxph,
                  y=Surv(hcc_yr,hcc),
                  exponentiate = TRUE)
cox.uni
```

Characteristic	N	HR[1]	95% CI[1]	p-value
age	1,500	1.06	1.04, 1.07	< 0.001
sex	1,500			
F		–	–	
M		2.70	1.75, 4.15	< 0.001
plt	1,500	0.99	0.98, 0.99	< 0.001
inr	1,500	3.29	1.97, 5.51	< 0.001
alt	1,500	1.00	1.00, 1.00	0.001
bil	1,500	1.01	0.96, 1.06	0.8
alb	1,500	0.59	0.46, 0.76	< 0.001
cr	1,500	0.91	0.63, 1.32	0.6
fatty	1,500			
Fatty liver		–	–	
No fatty liver		4.63	2.43, 8.82	< 0.001
not_available		7.44	3.15, 17.5	< 0.001
lc	1,500	14.4	7.80, 26.7	< 0.001
hbeag	1,500	0.57	0.41, 0.79	< 0.001

Characteristic	N	HR[1]	95% CI[1]	p-value
dm	1,500	2.44	1.52, 3.92	< 0.001
dna_log	1,500	0.80	0.72, 0.89	< 0.001
alt_nl_cate	1,500			
< 6_months		–	–	
< 12_months		1.46	0.91, 2.33	0.11
< 24_months		2.38	1.49, 3.80	< 0.001
abnormal		3.15	1.97, 5.03	< 0.001

1 HR = Hazard Ratio, CI = Confidence Interval

7-2 다변량 분석

1) gtsummary 패키지를 이용해서 다변량 분석하기

단변량 분석에서 유의한 인자를 포함시켜 다변량 분석을 해도 되지만, 이전에 배운 것처럼 step 기능을 이용하면 유의한 변수를 자동으로 선택하게 해준다. 이후 extractHR 함수로 바로 다변량 분석 최종 모델에 포함된 변수를 확인해보자.

```
fit<-coxph(Surv(hcc_yr, hcc==1)~age+sex+plt+inr+alt+bil+alb+cr+fatty+lc+hbeag+dm
+dna_log+alt_nl_cate,
           data=dat1)
fit.multi<-step(fit, direction= 'backward')
extractHR(fit.multi)

                           HR   lcl    ucl      p
age                      1.04  1.02   1.07  0.000
sexM                     3.29  2.01   5.38  0.000
plt                      1.00  0.99   1.00  0.044
inr                      2.03  0.90   4.57  0.086
cr                       0.46  0.16   1.29  0.141
fattyNo fatty liver      2.07  1.07   4.03  0.032
fattynot_available       2.08  0.86   5.01  0.102
lc                       6.55  3.40  12.62  0.000
alt_nl_cate<12_months    1.65  1.03   2.65  0.039
alt_nl_cate<24_months    1.95  1.21   3.13  0.006
alt_nl_cateabnormal      3.27  2.00   5.32  0.000
```

step 함수를 이용해서 age, sex, plt, inr, cr, fatty, lc, alt_nl_cate 이렇게 총 8개의 변수가 최종 모델에 포함되었다. 이를 gtsummary 패키지를 이용해 테이블로 만들어보자.

```
cox.multi<-coxph(Surv(hcc_yr, hcc==1)~age+sex+plt+inr+cr+fatty+lc+alt_nl_cate,
            data=dat1) %>%
  tbl_regression(exponentiate=TRUE,
                 add_n=FALSE)
cox.multi
```

Characteristic	HR[1]	95% CI[1]	p-value
age	1.04	1.02, 1.07	< 0.001
sex			
F	–	–	
M	3.29	2.01, 5.38	< 0.001
plt	1.00	0.99, 1.00	0.044
inr	2.03	0.90, 4.57	0.086
cr	0.46	0.16, 1.29	0.14
fatty			
Fatty liver	–	–	
No fatty liver	2.07	1.07, 4.03	0.032
not_available	2.08	0.86, 5.01	0.10
lc	6.55	3.40, 12.6	< 0.001
alt_nl_cate			
< 6_months	–	–	
< 12_months	1.65	1.03, 2.65	0.039
< 24_months	1.95	1.21, 3.13	0.006
abnormal	3.27	2.00, 5.32	< 0.001

1 HR = Hazard Ratio, CI = Confidence Interval

2) 단변량, 다변량 분석 결과 하나의 테이블로 만들기

이제 앞의 결과를 하나의 테이블로 만들어보자.

```
cox.table<-tbl_merge(
 tbls = list(cox.uni, cox.multi),
 tab_spanner = c("**Univariate analysis**","**Multivariable analysis**")
) %>%
 modify_caption('**Table. Risk factors for hepatocellular carcinoma develoment**')
cox.table
```

Table. Risk factors for hepatocellular carcinoma develoment

		Univariate analysis			Multivariable analysis		
Characteristic	N	HR[1]	95% CI[1]	p-value	HR[1]	95% CI[1]	p-value
age	1,500	1.06	1.04, 1.07	< 0.001	1.04	1.02, 1.07	< 0.001
sex	1,500						
F		–	–		–	–	
M		2.70	1.75, 4.15	< 0.001	3.29	2.01, 5.38	< 0.001
plt	1,500	0.99	0.98, 0.99	< 0.001	1.00	0.99, 1.00	0.044
inr	1,500	3.29	1.97, 5.51	< 0.001	2.03	0.90, 4.57	0.086
alt	1,500	1.00	1.00, 1.00	0.001			
bil	1,500	1.01	0.96, 1.06	0.8			
alb	1,500	0.59	0.46, 0.76	< 0.001			
cr	1,500	0.91	0.63, 1.32	0.6	0.46	0.16, 1.29	0.14
fatty	1,500						
Fatty liver		–	–		–	–	
No fatty liver		4.63	2.43, 8.82	< 0.001	2.07	1.07, 4.03	0.032
not_available		7.44	3.15, 17.5	< 0.001	2.08	0.86, 5.01	0.10
lc	1,500	14.4	7.80, 26.7	< 0.001	6.55	3.40, 12.6	< 0.001
hbeag	1,500	0.57	0.41, 0.79	< 0.001			
dm	1,500	2.44	1.52, 3.92	< 0.001			
dna_log	1,500	0.80	0.72, 0.89	< 0.001			

		Univariate analysis			Multivariable analysis		
Characteristic	N	HR[1]	95% CI[1]	p-value	HR[1]	95% CI[1]	p-value
alt_nl_cate	1,500						
< 6_months		–	–		–	–	
< 12_months		1.46	0.91, 2.33	0.11	1.65	1.03, 2.65	0.039
< 24_months		2.38	1.49, 3.80	< 0.001	1.95	1.21, 3.13	0.006
abnormal		3.15	1.97, 5.03	< 0.001	3.27	2.00, 5.32	< 0.001

1 HR = Hazard Ratio, CI = Confidence Interval

이렇게 만든 테이블을 워드 파일에 이용하기 쉽게 아래와 같이 저장할 수 있다.

```
cox.table %>%
 as_flex_table() %>%
 flextable::save_as_docx(path='coxtable.docx')
```

테이블로 제시해도 되지만 다음과 같이 보기 좋게 forest plot으로 나타낼 수도 있다.

```
library(forestmodel)

forest_model(fit.multi)
```

Variable		N	Hazard ratio		p
age		1500		1.04 (1.02, 1.07)	<0.001
sex	F	542		Reference	
	M	958		3.29 (2.01, 5.38)	<0.001
plt		1500		1.00 (0.99, 1.00)	0.044
inr		1500		2.03 (0.90, 4.57)	0.086
cr		1500		0.46 (0.16, 1.29)	0.141
fatty	Fatty liver	368		Reference	
	No fatty liver	1048		2.07 (1.07, 4.03)	0.032
	not_available	84		2.08 (0.86, 5.01)	0.102
lc		1500		6.55 (3.40, 12.62)	<0.001
alt_nl_cate	<6_months	1038		Reference	
	<12_months	222		1.65 (1.03, 2.65)	0.039
	<24_months	144		1.95 (1.21, 3.13)	0.006
	abnormal	96		3.27 (2.00, 5.32)	<0.001

0.2 0.5 1 2 5 10

8 데이터 분석: 하위그룹 분석

8-1 지방간이 없는 환자

지방간이 있으면 항바이러스제가 효과적으로 작용을 하여도 ALT가 여전히 상승한 채로 유지될 수 있다. 따라서 위에서 분석한 항바이러스제와 간암 발생위험도 간의 관계가 지방간이 있는 환자들에서도 과연 유지되는지 확인해보아야 한다.

그러므로 이번에는 전체 환자를 대상으로 하지 않고 지방간(fatty)이 없는 환자만을 대상으로 하위그룹(subgroup) 분석을 해보자. 분석 방법이나 흐름은 동일하다.

우선 지방간이 없는 환자 데이터를 만들자. 지방간이 없는 환자는 1048명이다.

```
nofatty<-dat1 %>%
  filter(fatty=='No fatty liver')

dim(nofatty)
[1] 1048  24
```

alt_nl_cate 변수에 대한 KM 곡선을 그린 후 단변량 분석부터 해보자.

```
fit.nofatty<-survfit(Surv(hcc_yr, hcc)~alt_nl_cate, data=nofatty)

ggsurvplot(fit.nofatty,
           fun='event',
           conf.int = FALSE,
           xlim=c(0,13),
           ylim=c(0,0.6),
           break.time.by=2,
           risk.table = TRUE,
           censor = FALSE,
           pval = TRUE)
```

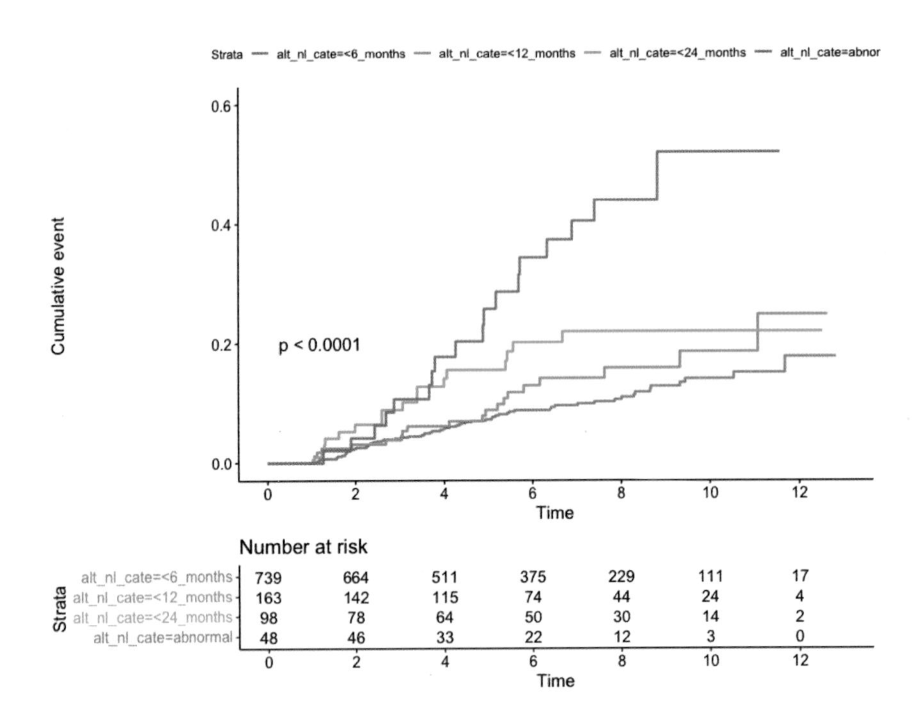


```
# Log-rank test
survdiff(Surv(hcc_yr, hcc)~alt_nl_cate, data=nofatty)

Call:
survdiff(formula = Surv(hcc_yr, hcc) ~ alt_nl_cate, data = nofatty)

                          N Observed Expected (O-E)^2/E (O-E)^2/V
alt_nl_cate=<6_months   739       67    86.98     4.588    15.990
alt_nl_cate=<12_months  163       20    18.59     0.107     0.126
alt_nl_cate=<24_months   98       17    10.97     3.311     3.640
alt_nl_cate=abnormal     48       18     5.46    28.805    30.197

 Chisq= 36.9  on 3 degrees of freedom, p= 5e-08
```

전체 환자군과 같이 지방간이 없는 환자에서도 ALT가 빨리 정상화될수록 간암 발생위험도가 낮으며, 이는 통계적으로도 유의하게 차이가 난다.

이 환자군에서 ALT 정상화 시점에 따른 단변량 분석을 먼저 한 뒤 이전과 동일하게 다변량 분석을 해보자.

```
cox.uni.nofatty<-nofatty %>%
 select(hcc_yr,hcc, age, sex, plt, inr,
        alt, bil, alb, cr, lc, hbeag, dm, dna_log, alt_nl_cate) %>%
 tbl_uvregression(method=coxph,
                  y=Surv(hcc_yr,hcc),
                  exponentiate = TRUE)
cox.uni.nofatty
```

Characteristic	N	HR[1]	95% CI[1]	p-value
age	1,048	1.05	1.03, 1.07	< 0.001
sex	1,048			
F		–	–	
M		3.04	1.88, 4.91	< 0.001
plt	1,048	0.99	0.99, 0.99	< 0.001
inr	1,048	3.36	1.68, 6.74	< 0.001
alt	1,048	1.00	1.00, 1.00	0.011
bil	1,048	0.99	0.93, 1.06	0.8
alb	1,048	0.63	0.48, 0.83	0.001
cr	1,048	1.00	0.68, 1.47	> 0.9
lc	1,048	12.4	6.06, 25.4	< 0.001
hbeag	1,048	0.64	0.45, 0.92	0.016
dm	1,048	2.64	1.56, 4.47	< 0.001
dna_log	1,048	0.84	0.74, 0.96	0.007
alt_nl_cate	1,048			
< 6_months		–	–	
< 12_months		1.40	0.85, 2.30	0.2
< 24_months		2.01	1.18, 3.42	0.010
abnormal		4.29	2.55, 7.23	< 0.001

1 HR = Hazard Ratio, CI = Confidence Interval

여기에서는 지방간이 없는 환자만 분석하므로 기존의 fatty 변수는 단변량 분석에서 제외하여야 한다.

step 기능을 이용해 다변량 분석까지 진행하자.

```
fit.nofatty<-coxph(Surv(hcc_yr, hcc==1)~age+sex+plt+inr+alt+bil+alb+cr+lc+hbeag+
dm+dna_log+alt_nl_cate,
            data=nofatty)
fit.multi.nofatty<-step(fit.nofatty, direction = 'backward')
extractHR(fit.multi.nofatty)

                        HR   lcl    ucl     p
age                   1.04  1.02   1.06 0.000
sexM                  3.27  1.94   5.50 0.000
plt                   1.00  0.99   1.00 0.084
alb                   0.76  0.55   1.05 0.095
cr                    0.64  0.29   1.43 0.281
lc                    6.72  3.17  14.26 0.000
alt_nl_cate<12_months 1.54  0.93   2.56 0.095
alt_nl_cate<24_months 1.49  0.87   2.55 0.147
alt_nl_cateabnormal   3.49  2.03   6.00 0.000
```

다변량 분석 최종 모델에는 age, sex, plt, alb, cr, lc, alt_nl_cate가 포함된다.

```
cox.multi.nofatty<-coxph(Surv(hcc_yr, hcc==1)~age+sex+plt+alb+cr+lc+alt_nl_cate,
          data=nofatty) %>%
  tbl_regression(exponentiate=TRUE,
                 add_n=FALSE) %>%
  modify_caption('**Table. Risk factors for hepatocellular carcinoma in patients
without fatty liver**')
cox.multi.nofatty
```

Table. Risk factors for hepatocellular carcinoma in patients without fatty liver

Characteristic	HR[1]	95% CI[1]	p-value
age	1.04	1.02, 1.06	< 0.001
sex			
F	–	–	
M	3.27	1.94, 5.50	< 0.001
plt	1.00	0.99, 1.00	0.084
alb	0.76	0.55, 1.05	0.095
cr	0.64	0.29, 1.43	0.3
lc	6.72	3.17, 14.3	< 0.001
alt_nl_cate			
< 6_months	–	–	
< 12_months	1.54	0.93, 2.56	0.095
< 24_months	1.49	0.87, 2.55	0.15
abnormal	3.49	2.03, 6.00	< 0.001

[1] HR = Hazard Ratio, CI = Confidence Interval

위의 테이블 결과를 보면, ALT가 6개월 이내 정상화된 그룹에 비해서 12, 24개월 이내 정상화된 그룹에서 간암 발생이 더 높지만 통계적으로는 유의하지 않다. 하지만 ALT가 계속 비정상인 환자들은 ALT가 6개월 이내 정상화되는 그룹보다 간암 발생위험도가 3.49배 더 높게, 유의하게 나타난다.

실제 논문에서는 지방간이 없는 환자에서도 모든 그룹이 통계적으로 유의하게 나타났다. 그러나 현재는 실습을 위해 임의로 만든 데이터이며 실제 논문보다 환자 수가 1/3밖에 되지 않아서 통계적인 검증력(파워)이 훨씬 감소했기 때문에 다소 차이가 나는 결과가 나온 것이다.

8-2 간경변증이 있는 환자

이번에는 간경변증(lc)이 있는 환자들만 같은 방법으로 분석해보자. 우선 간경변증이 동반된 환자 데이터를 먼저 만든다. 분석 방법은 위와 동일하므로 여기에서는 코드만 나열하고 단변량 분석 결과는 간경변증 여부만 제시하겠다.

```
lc<-dat1 %>%
 filter(lc==1)
dim(lc)

[1] 715 24

fit.lc<-survfit(Surv(hcc_yr, hcc)~alt_nl_cate, data=lc)

# KM 곡선
ggsurvplot(fit.lc,
           fun='event',
           conf.int = FALSE,
           xlim=c(0,13),
           ylim=c(0,0.6),
           break.time.by=2,
           risk.table = TRUE,
           censor = FALSE,
           pval = TRUE)
```

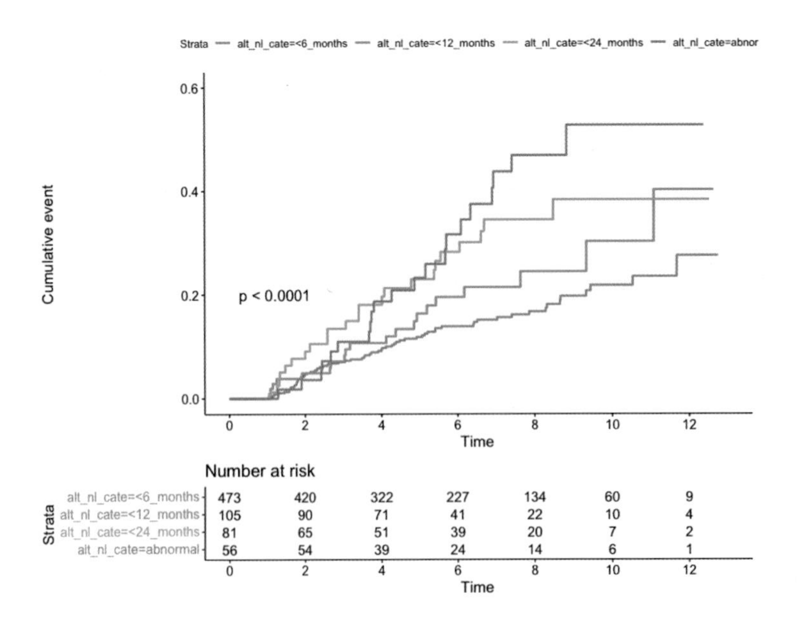

```
#단변량 분석
lc %>%
 select(hcc_yr,hcc, alt_nl_cate) %>%
 tbl_uvregression(method=coxph,
                  y=Surv(hcc_yr,hcc),
                  exponentiate = TRUE)
```

Characteristic	N	HR[1]	95% CI[1]	p-value
alt_nl_cate	715			
< 6_months		—	—	
< 12_months		1.44	0.88, 2.37	0.2
< 24_months		2.16	1.34, 3.46	0.001
abnormal		2.61	1.60, 4.27	<0.001

1 HR = Hazard Ratio, CI = Confidence Interval

```
#단변량 분석 table
cox.uni.lc<-lc %>%
 select(hcc_yr,hcc, age, sex, plt, inr,
        alt, bil, alb, cr, fatty, hbeag, dm, dna_log, alt_nl_cate) %>%
 tbl_uvregression(method=coxph,
                  y=Surv(hcc_yr,hcc),
                  exponentiate = TRUE)
cox.uni.lc

#다변량 분석
fit.lc<-coxph(Surv(hcc_yr, hcc==1)~age+sex+plt+inr+alt+bil+alb+cr+fatty+hbeag+dm
+dna_log+alt_nl_cate,
        data=lc)
fit.multi.lc<-step(fit.lc, direction = 'backward')
extractHR(fit.multi.lc)

                          HR    lcl    ucl      p
age                     1.04   1.02   1.06  0.000
sexM                    3.28   1.96   5.50  0.000
plt                     1.00   0.99   1.00  0.043
inr                     2.36   1.07   5.20  0.034
cr                      0.57   0.22   1.44  0.233
```

```
alt_nl_cate<12_months  1.59    0.96    2.64    0.072
alt_nl_cate<24_months  2.05    1.27    3.31    0.003
alt_nl_cateabnormal    3.04    1.83    5.03    0.000
#다변량 분석 table만들기
cox.multi.lc<-coxph(Surv(hcc_yr, hcc==1)~age+sex+plt+inr+fatty+alt_nl_cate,
          data=lc) %>%
 tbl_regression(exponentiate=TRUE) %>%
 modify_caption('**Table. Risk factors for hepatocellular carcinoma in patients
with cirrhosis**')
cox.multi.lc
```

Table. Risk factors for hepatocellular carcinoma in patients with cirrhosis

Characteristic	HR[1]	95% CI[1]	p-value
age	1.04	1.02, 1.06	< 0.001
sex			
F	–	–	
M	2.83	1.76, 4.57	< 0.001
plt	1.00	0.99, 1.00	0.070
inr	2.42	1.10, 5.32	0.029
fatty			
Fatty liver	–	–	
No fatty liver	1.99	0.96, 4.12	0.063
not_available	2.01	0.78, 5.15	0.15
alt_nl_cate			
< 6_months	–	–	
< 12_months	1.57	0.95, 2.61	0.080
< 24_months	2.04	1.26, 3.29	0.003
abnormal	3.22	1.93, 5.36	< 0.001

1 HR = Hazard Ratio, CI = Confidence Interval

8-3 하위그룹 분석 결과 하나의 테이블로 제시하기

```
subgroup.table<-tbl_merge(
 tbls = list(cox.multi.nofatty, cox.multi.lc),
 tab_spanner = c("**No fatty liver**","**Liver cirrhosis**")
) %>%
 modify_caption('**Table. Risk factors for hepatocellular carcinoma in subgroups**')
subgroup.table
```

Table. Risk factors for hepatocellular carcinoma in subgroups

	No fatty liver			Liver cirrhosis		
Characteristic	HR[1]	95% CI[1]	p-value	HR[1]	95% CI[1]	p-value
age	1.04	1.02, 1.06	< 0.001	1.04	1.02, 1.06	< 0.001
sex						
F	–	–		–	–	
M	3.27	1.94, 5.50	< 0.001	2.83	1.76, 4.57	< 0.001
plt	1.00	0.99, 1.00	0.084	1.00	0.99, 1.00	0.070
alb	0.76	0.55, 1.05	0.095			
cr	0.64	0.29, 1.43	0.3			
lc	6.72	3.17, 14.3	< 0.001			
alt_nl_cate						
< 6_months	–	–		–	–	
< 12_months	1.54	0.93, 2.56	0.095	1.57	0.95, 2.61	0.080
< 24_months	1.49	0.87, 2.55	0.15	2.04	1.26, 3.29	0.003
abnormal	3.49	2.03, 6.00	< 0.001	3.22	1.93, 5.36	< 0.001
inr				2.42	1.10, 5.32	0.029
fatty						
Fatty liver	–	–		–	–	
No fatty liver				1.99	0.96, 4.12	0.063
not_available				2.01	0.78, 5.15	0.15

1 HR = Hazard Ratio, CI = Confidence Interval

C

E

F

G

H

l

M

O

P

R

S

T

V

찾아보기 R 함수

M

N

O

P

Q

R